菊花

扶桑

树蕨

铺地柏

紫藤

凤尾兰

容器组合花坛

罗汉松

红千层

花 境

牡丹花

鹤望兰

大花三色堇

矮金彩柏

构　骨

五叶地锦

榕树的气生根

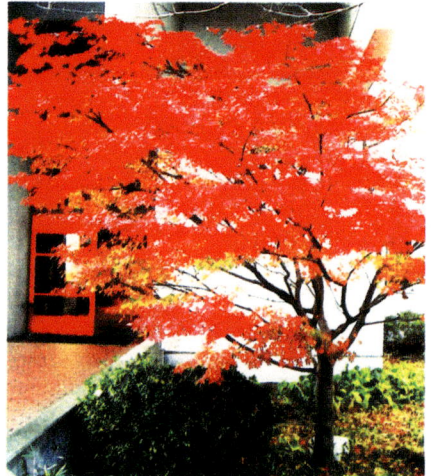

紫红鸡爪槭

普通高等教育土建学科专业"十一五"规划教材

高校建筑学与城市规划专业教材

园林植物与应用 （第二版）

李文敏　编著

中国建筑工业出版社

图书在版编目（CIP）数据

园林植物与应用/李文敏编著. —2版. —北京：中国
建筑工业出版社，2010.2（2024.6重印）
（普通高等教育土建学科专业"十一五"规划教材.
高校建筑学与城市规划专业教材）
ISBN 978-7-112-11969-1

Ⅰ．园… Ⅱ．李… Ⅲ．园林植物-高等学校：技
术学校-教材 Ⅳ．S688

中国版本图书馆 CIP 数据核字（2010）第 053999 号

普通高等教育土建学科专业"十一五"规划教材
高校建筑学与城市规划专业教材
园林植物与应用（第二版）
李文敏　编著

*

中国建筑工业出版社出版、发行（北京西郊百万庄）
各地新华书店、建筑书店经销
霸州市顺浩图文科技发展有限公司制版
建工社（河北）印刷有限公司印刷

*

开本：787×1092毫米　1/16　印张：24¾　插页：2　字数：600千字
2011年12月第二版　2024年6月第十六次印刷
定价：**46.00** 元
ISBN 978-7-112-11969-1
（19224）

本书第二版是作者根据读者和专家的意见和建议，在保持第一版特色的基础上，精心修改和补充而成的。

　　本书结合工程设计的应用性，植物和生态的科学性，艺术美学的观赏性，融入现代植物景观规划设计的理念和方法。全书共分八章，结合植物学、园艺学、树木学、花卉学、生态学、美学、植物规划设计等多学科知识，注重理论与实践、基础与应用相结合，进行有针对性内容的选材和编排。讲述植物的功能作用，城市园林常用植物种类，植物规划设计基本原理与方法，以及城市规划中相关的植物知识。全书图文并茂，内容详尽实用，可作为高校建筑学、城市规划、风景园林（景观）、环境艺术（艺术设计）等专业教学用书，也是各类设计工作者进行植物造景设计的参考书。

＊　　＊　　＊

责任编辑：杨　虹
责任设计：董建平
责任校对：马　赛　兰曼利

第二版前言

我国将培养建筑师、城市规划师、园林师的重点放在土木建筑类工科院校，这与国际上许多发达国家的学科设置有相似之处。建筑学、城市规划、风景园林（景观）、环境艺术（艺术设计）专业，已有数十年的教学历史，但长期缺乏适合土建科学教学的植物知识教材。作者基于长期从事"园林植物与应用"课程的教学及实践，在集前辈之长处与本人之经验的基础上编著了《园林植物与应用》教材，适用于建筑学、城市规划、风景园林（景观）、环境艺术（艺术设计）等专业教学。

本教材的特点：

（1）以植物在规划设计中的科学应用为主要线索，力求以基础性、系统性、规律性、针对性形成体系，展现给读者。

（2）为了在教材中更好地突出植物元素的重要性，采取"与工程设计相联系"的原则组织材料，力求学生入门快、与其他规划设计课的联系位点多、实践应用性强。

（3）在介绍植物基础知识和常用植物种类时，采取"渗透式或跳跃式"叙述法，将植物文化、艺术美学、植物的工程功能等交互渗透融合，为"中外园林史"、"城市园林绿地系统规划和种植设计"等课程的衔接，留下伏笔。

（4）《园林植物与应用》是一门理论与实践密切结合的应用性专业基础课，结合教材，配套了《园林植物与应用——实习指导书》，通过正确观察记录植物的生长变化，帮助工科学生深刻认识生命景观元素的动态性，进一步理解在规划设计中的特殊性。

本教材的内容涵盖了植物学、园艺学、树木学、花卉学、植物生态学、美学、植物景观设计、城市规划原理等多学科知识。全书分八章，主要介绍植物的生态与规划设计功能、植物学相关基础知识、常用木本与草本植物、植物景观规划设计概要、城市规划中的植物规划、生态城市建设与标准、城市森林概述等内容。通过本课程学习，希望学生能系统掌握城市园林植物主要种类和植物规划设计的基本知识，培养与同行交流合作的专业语言，在高年级综合学习中，能正确应用于建筑、城市规划、风景园林（景观）设计中。

本书曾以讲义形式于1999～2005年先后在同济大学建筑与城市规划学院多个年级多个专业试用，来此进修的许多大学教师将此讲义带回本校选用。2006年中国建筑工业出版社正式出版。这次修订再版，广泛听取了读者意见，并得到同济大学资深教授陈久昆、吴为廉的指点帮助，王紫晗、胡小路同志对本书部分插图进行了重绘，谨在此对他们的宝贵意见和建议及热情的相助，表示衷心感谢！

本书是同济大学"十五"规划教材，得到"同济大学教材、学术著作出版基金委员会资助"。

　　由于本书涉及知识面广，编者水平所限，书中一定还会存在错误和缺点，恳请读者继续予以批评指正，以便在再次再版时进一步改正。

李文敏

2009 年 10 月

第一版前言

我国工科院校设置城市规划、风景园林、景观设计、环境艺术等相关专业，已有数十年的历史，但缺乏适合工科学生的植物应用教材。作者基于长期从事园林植物与应用课程的教学及实践，在集前人之长处与本人之经验的基础上编著了《园林植物与应用》教材，适用于城市规划、风景园林、景观设计、环境艺术等专业高年级本科生。

园林植物与应用是一门理论与实践密切结合的应用性专业基础课，本教材相应配套了园林植物认识实习指导书。在"景观规划设计基本原理"课程作前期铺垫之后，该课程与"城市绿地系统规划"等专业课平行安排和讲授。目的是要学生通过本课程学习，进一步理解植物要素的特殊性，系统掌握相关的植物与规划设计的基本知识，培养与同行交流的基本能力，在高年级综合学习中，能正确应用于景观设计及城市规划中。

本教材的主要内容涵盖了植物学、园艺学、树木学、花卉学、植物生态学、美学、植物造景及配置等多学科知识，兼具基础性与应用性。从理论与实践、基础与实用相结合进行选材。全书分八章，主要介绍植物的生态与规划设计功能、植物学相关基础知识、常用木本与草本植物、植物景观规划与设计原理、基本理论及方法、城市规划中的植物问题、生态城市建设与标准、城市森林概述等内容。使学生在认识常用植物基础上，进一步了解植物的生物学习性，分布及应用特点，在规划设计中正确选择配置树种，达到建设可持续绿地和优秀植物景观的目的。

上海市政设计研究院沈霞景观师和湖南省常德市建筑勘测设计院张春红规划师为本书的插图做了大量绘制工作，中国建筑工业出版社王伯扬编审对本书提出了许多有益建议。

本书是同济大学"十五"规划教材，得到"同济大学教材、学术著作出版基金委员会资助"。

由于时间仓促，加之编著者水平有限，书中错误难免，请读者指出，不胜感谢。

李文敏

2005 年 12 月

目　录

第一章　植物的功能作用

第一节　植物的生态环境功能

一、调节温度和空气湿度

绿色植物能通过叶片的阻隔、反射和吸收挡去部分太阳光直射，还能通过光合作用和蒸腾作用消耗热量，使树下气温降低。据测定，绿色植物在夏季能吸收60%～80%日光能，90%辐射能，使树荫下的气温比裸露地气温低3℃左右；草坪表面温度比土地面低6～7℃，比沥青路面低8～20℃；有垂直绿化的墙面比没有绿化的墙面降低温度5℃左右。冬季，树木可以阻挡寒风袭击和延缓散热，能稍稍提高温度。夏季中午，有地被的地面，比硬质铺装地辐射热低（表1-1）。上海电车三场停车场有一株高1.6m，冠幅2m左右的大叶黄杨，周围是水泥地坪，树荫下气温比停车场中央低4.2℃。

一些城市与风景区最热月均温比较　　　　　　　　　　　表1-1

城市或景区	黄山	泰山	庐山	北京	上海	广州
最热月均温	18.0℃	20.0℃	22.0℃	25.8℃	27.9℃	28.3℃

人最舒适的温度是24℃，相对湿度是70%，风速是2m/s。据上海市园林植物科研所测定，丁香花园增湿6%，淮海公园增湿2%，动物园天鹅湖增湿36%，树木一般增湿4%～30%，特别是叶厚、皮厚、含水特别多的植物，可以增大空气湿度，隔离火花飞溅，有效阻挡火势蔓延，如珊瑚树、厚皮香、木荷等。

植物根系从土壤中吸收的水分，绝大部分通过蒸腾作用散失到空气中。据计算，树木在生长过程中，所蒸腾的水分，要比它本身重量大300～400倍。一亩阔叶林在一个生长季节能蒸腾160t水，比同一纬度上相同面积的海洋蒸发的水分还多50%。因此，绿化地区上空的湿度比无绿化地区上空要高，在通常情况下高10%～20%。

图1-1　植物能降低风速

二、防风固沙

树木成林，可以降低风速，发挥防风作用。据测定，林带背

1

风向

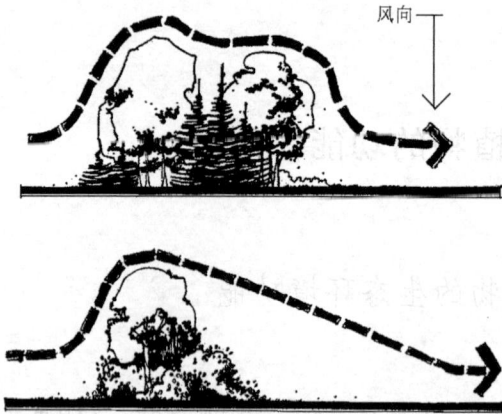

图 1-2　片林和狭长林带有显著防风效能

后树高 20～30 倍的范围内，有显著的防护效能，风速可降低 30％～50％（图 1-1）。林带还能削弱风的携沙能力，另外，树木有庞大的根系，可以紧固沙粒，使流沙变为固沙。

树木组成防风林带（图 1-2），结构以半透风者效果为好。植物降低风速的程度，主要决定于植物体形的大小，树叶的茂盛程度。乔木防风能力比灌木强，灌木又大于草木，阔叶树比针叶树强，常绿阔叶树又比落叶阔叶树强。用以固沙为主要目的的防沙林带，则紧密结构者为有效。

三、防止水土流失

大面积种植绿化植物，对保持水土、涵养水源有很大的作用。植物根系盘根错节，有固土、固石的能力，还有利于水分渗入土壤下层，枝叶可遮挡降雨的雨量，树木的落叶可形成松软的死地被物，能截阻地表径流，使之渗入地下，从而减少暴雨所造成的水土流失。

四、吸收二氧化碳放出氧气

绿色植物的叶绿素利用太阳能吸收二氧化碳，放出氧气。据测定，在生长季节，$1hm^2$ 阔叶林，每天能吸收 1t 二氧化碳，放出 0.73t 氧气，如果以成年人每天呼吸消耗 0.75kg 氧气计算，每人有 $10m^2$ 的树木覆盖面积，就可以满足呼吸作用所需要的氧气。但实际上还有燃烧等对氧的消耗，因此，一般认为城市绿地面积应达到 $30～40m^2$/人；联合国提出要达到 $60m^2$/人。

五、吸收有毒气体

随着工业的发展，工厂排放的"三废"日益增多，对大气、水体、土壤产生污染，不仅影响农、林、牧、渔各业的发展，而且还严重影响人类的健康和生命。因此，近年来，环境保护愈来愈为人们重视。在环境保护措施中常使用生物防治，由于很多植物具有一定程度的吸收不同有毒气体的能力，使空气得以净化，可在环境保护上发挥其作用。如 $1hm^2$ 柳杉林，每月可以吸收二氧化硫 60kg，$1hm^2$ 垂柳在生长季节每月可吸收 10kg 二氧化硫。据南京化工公司研究，绿化林带能使大气中二氧化硫浓度降低。该公司有一片约 $1hm^2$ 的树林，当二氧化硫烟气通过树林后，浓度便有明显降低。特别是当二氧化硫浓度突然升高，烟气笼罩大地时，浓度降低程度更为显著。在氟化氢污染地区，有些树木可吸收氟，其体内含氟量可以达到 1‰，有的可高达 4‰。大气中氟化氢可因树木吸收而降低浓度。据南京有关单位于 1975～1976 年共同测定，氟化氢通过一条宽约 20m 的杂木林带后（林带的树种有臭椿、榆树、乌柏、麻栎、梓树、女贞等），浓度的降低要比通过空旷地快 40％以上。城市中的异味可以通过群植植物消除，起到清新空气的作用（图 1-3）。

六、吸滞尘埃

大气中除受有害气体污染外，在城市里街道场地还产生大量尘埃，工厂排放炭粒和铅、汞微粒等粉尘，它们进入人们的呼吸道，可引起气管炎、支气管炎；进入肺部能引起肺炎、矽肺和结核等。但植物，特别是树木的叶子，有的表面粗糙，有的长有绒毛，有的分泌黏液，能吸附空气中的灰尘和粉尘。蒙尘的植物，经过雨水冲洗，又能恢复吸尘作用。

图 1-3 植物能消除空气中的异味

据报道绿地中的含尘量要比街道少 1/3～2/3。某工矿区的降尘量为 $1.52g/m^2$，而在附近的公园里只有 $0.22g/m^2$，两者相差近 7 倍。根据某工业区初步测定，大气中飘尘的浓度，绿地比非绿地为低。面积在 7～8hm^2 以上的绿地较非绿地对照可减少灰尘约 10%～50%。据南京有关单位研究，一个水泥厂中有绿化林带阻挡的地段要比无树木空旷地带减少降尘量（较大颗粒的粉尘）23%～52%，减少飘尘量（较少颗粒的粉尘）37%～60%（表 1-2）。

几种树木叶片的滞尘量　　　　　　　　　　　　表 1-2

树种	滞尘量(g/m^2)	树种	滞尘量(g/m^2)
榆树	12.27	大叶黄杨	6.63
朴树	9.37	夹竹桃	5.28
广玉兰	7.10	悬铃木	3.37

资料来源：中国园林，1998，4（41）。

七、杀菌抑菌

空气中散布着各种细菌，不少是对人体有害的病菌。但是，在绿化区，每 $1m^3$ 空气中的细菌含量要比闹市区少得多。一方面是绿化地区空气中灰尘减少，从而也减少了细菌，另一方面许多植物能分泌杀菌素，如松树分泌的杀菌素，挥发到空气中，它可杀死白喉、痢疾和结核菌。$1hm^2$ 桧柏林每天能分泌出 30kg 杀菌素。

据法国测定，在城市百货商店空气中含菌量高达 400 万个/m^3，林荫道为 58 万个/m^3，公园内为 1000 个/m^3，而林区只有 55 个/m^3。林区与百货商店相差 70000 倍。

南京有关单位于 1975 年，进行了城市绿地减少空气含菌量的初步观察，观察结果表明：

1. 城市中各类地区，因人流、车辆及绿化状况的不同，对空气中含菌量有明显影响（表 1-3）。

城市中各类地区空气中含菌量比较 表 1-3

类 型	地 点	人流、车辆、绿化状况	空气含菌数（个/m³）
公共场所	某火车站	人多、车多、绿化差	49700
街道	南伞巷	人多、车多、无绿化	14050
	新街口	人多、车多、绿化好	24480
公园	玄武湖	人多、绿化好	6980
机关	市防疫站	人少、绿化好	3450
植物园	植物研究所	人少、树木茂密	1046

由表 1-3 可知，各类地区中以公共场所的空气含菌量最高，街道次之，公园、机关又次之，城郊植物园最低，相差可达几倍至 48 倍。这除了与人流密度和车辆多少有密切关系外，绿化树木的多少对空气含菌量也有重要的影响。如街道中南伞巷和新街口同属人多、车多的热闹地区，但后者行道树枝叶浓密，起了减尘的作用，而前者基本上没有绿化，所以空气含菌量要比后者高 0.8 倍。

2. 各类林地和草地的抑菌作用有所不同（表 1-4）

从表 1-4 来看，各类林地和草地都有一定的抑菌作用，其中松树林、柏树林与樟树林抑菌能力较强，这与它们的叶子能散发某种挥发性物质有关。

各类林地的抑菌作用 表 1-4

类 型	空气含菌数（个/m³）	类 型	空气含菌数（个/m³）
松树林(黑松)	589	喜树林	1297
草地(细叶结缕草)	688	麻栎林	1667
日本花柏林	747	杂木林	1965
樟树林	1218		

八、衰减噪声

噪声是指一切对人们生活和工作有妨碍的声音。声级单位是分贝。零分贝是人刚刚能听到的声音，40 分贝以上的声音会干扰人们休息，60 分贝以上的声音会干扰人们的工作；车间、汽车、火车的噪声可达 80 分贝，这样的声级使人感到疲倦和不安；90～100 分贝是严重的，长期在这种环境中工作使人的听力受到损伤，还能引起神经官能症，心跳加快，心律不齐，血压升高，冠心病和动脉硬化等。

植物，特别是树木，对减弱噪声有一定的作用。一般认为疏松的树木群比成行的树木更能防止噪声；分枝低、树冠低的乔木比分枝高、树冠高的乔木减低噪声的作用大；在行道树之间栽上灌木，其防噪声效果比单纯一行乔木为好；重叠排列的、大而健壮的、具有坚硬叶子的树种，在其着叶季节对减小噪声非常有效；一系列狭窄的林带要比一个宽林带效果好。在街道、广场、公共娱乐场所与工厂周围，建造不同规格与结构的林带，是防止噪声的重要措施（图 1-4、图 1-5、图 1-6）。

防止噪声较好的树种有：雪松、桧柏、龙柏、水杉、悬铃木、梧桐、垂柳、薄壳山核桃、马褂木、柏木、臭椿、樟树、榕树、柳杉、栎树、珊瑚树、桂花、女贞等。

图 1-4 密植灌木篱能减弱装货卸货的噪声

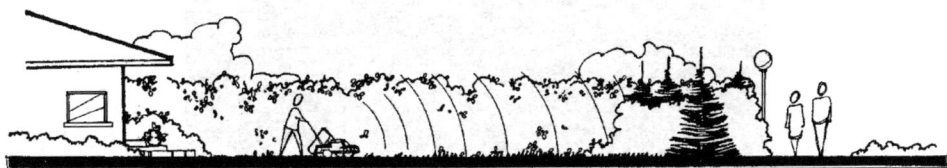

图 1-5 密植的针叶树能减弱动力噪声

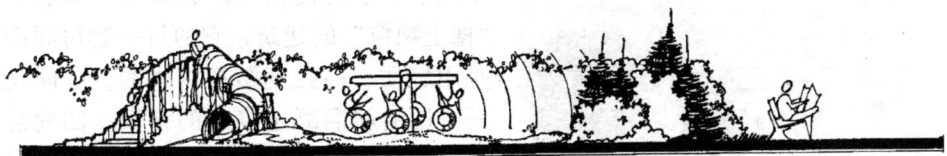

图 1-6 针叶乔木与落叶灌木能减弱娱乐噪声

第二节 植物的启迪功能

世界上植物种类繁多，形态各异，许多建筑师常常从中得到启迪。据悉，在世界著名建筑中，有许多仿照植物外形建造的独特建筑，成为令人瞩目的新奇景观。

一、源于植物外形的建筑

澳大利亚闻名全球的"悉尼歌剧院"，是设计师从睡莲花形似太阳光芒的造型中，得到设计灵感，建造了睡莲花瓣式的建筑外形（图 1-7）；意大利的"巴齐礼拜堂"，其外形是一朵含苞待放的荷花，漂浮在水面上，松开的花朵及半开花瓣间的缝隙是本建筑自然采光的入口，建筑色彩由白色与绿色组成，格外新奇；根据玉米排列模式，芝加哥的建筑师设计了两幢高耸入云的"玉米智能塔"（图 1-8），成为芝加哥一景；坐落在上海浦东的"东方艺术中心"，其顶平面造型是一朵美丽的蝴蝶兰，轻盈活泼，夜晚在灯光的装扮下，像一只翩翩起舞的蝴蝶，异常醒目；上海某绿地的游路，是仿照大树的分枝来设计的，不同的分枝就是不同宽度的游步道，各块绿地空间依附在树枝间，使地面与空间融为一体。

二、源于植物对光能利用的启示

德国建筑学家设计制造成功一种向日葵式的旋转房屋。它装有如同雷达一样的红外线跟踪器，只要天一亮，房屋上的马达就开始启动，使房屋迎着太阳缓慢转动，始终与太阳保持最佳角度，使阳光最大限度地照进屋内。夜间，房屋又在

图 1-7　悉尼歌剧院

图 1-8　芝加哥"玉米智能塔"

不知不觉中慢慢复位。英国有一幢名叫"穗上颗粒"的建筑，它的每一套房间都是用轻质、高强度塑料制成的。中间是一个用钢筋混凝土浇筑的井筒，四周悬挂许多支臂。房间环绕井筒悬挂，从远处看，就像一个硕大的麦穗。南美洲亚马逊河流域生长的王莲，其叶子直径可达 2～3m。这种叶子的背面有粗大叶脉和相互交错的小叶脉，支撑力很强。英国著名建筑师约瑟，根据王莲叶的叶脉结构，设计建造了一座顶棚跨度很大的展览大厅，整个结构很有特点，既轻巧雄伟，又经济耐用。

车前草是一种草本药用植物，它的叶片排列十分规则，两片叶之间的夹角都是 137°，所以每片叶子都能得到充足阳光。于是，建筑师根据车前草叶子排列结构，设计建造了螺旋式楼房，使每间房屋在一年四季中都可以得到阳光的照射，成为深受人们欢迎的"采光建筑"。

三、源于植物的内部结构

日本的"千代工程"，模拟竹荪结构，形成朦朦胧胧的室内装饰景观，澳大利亚的"猕猴桃汽车休息站"，是高速路上靓丽的一道景观。

第三节　植物的建造功能

植物的建造功能对室外环境的总体布局和室外空间的形成非常重要。在设计过程中，首先要研究的因素之一，便是植物的建造功能。它的建造功能在设计中确定以后，才考虑其观赏特性。植物在景观中的建造功能是指它能充当构成因素，如像建筑物的地面、顶棚、围墙、门窗一样。从构成角度而言，植物是一种设计因素或一种室外环境的空间围合物。然而"建造功能"一词并非是将植物的功能仅局限于机械的、人工的环境中。在自然环境中，植物同样能成功地发挥它的建造功能。

一、构成空间

所谓空间感的定义是指由地平面、垂直面以及顶平面单独或共同组合成的具有实在的或暗示性的范围围合。植物可以用于空间中的任何一个平面，如在地平面上，以不同高度和不同种类的地被植物或矮灌木来暗示空间的边界。在此情形中，植物虽不是以垂直面上的实体来限制着空间，但它确实在较低的水平面上围起一定范围（图1-9、图1-10）。一块草坪和一片地被植物之间的交界处，虽不具有实体的视线屏障，但却暗示着空间范围的不同。

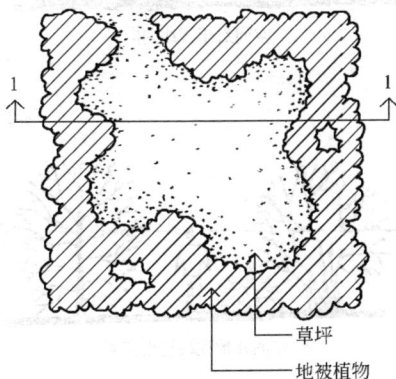

图 1-9　平面

图 1-10　地被和草坪暗示虚空间的边缘

在垂直面上，植物能通过几种方式影响空间感。首先，树干如同直立于外部空间中的支柱，它们多是以暗示的方式，而不是以实体限制着空间（图1-11）。其空间封闭程度随树干的大小、疏密以及种植形式而不同。树干越多，如像自然界的森林，那么空间围合感越强（图1-12）。树干暗示空间的例子，如种满行道树的道路，乡村中的植篱或小块林地。即使在冬天，无叶的枝丫也能暗示着空间的界限。

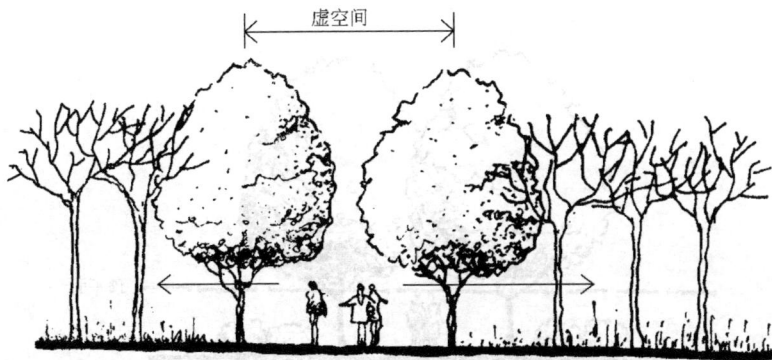

图 1-11　树干构成虚空间的边缘

　　植物的叶丛是影响空间围合的第二个因素。叶丛的疏密度和分枝的高度影响着空间的闭合感。阔叶或针叶越浓密、体积越大，其围合感越强烈。而落叶植物的封闭程度，随季节的变化而不同。在夏季，浓密树叶的树丛，能形成一个个闭合的空间（图1-13），从而给人以内向的隔离感；而在冬季，同是一个空间，则比夏季显得更大、更空旷，因植物落叶后，人们的视线能延伸到所限制的空间范围以外的地方。在冬天，落叶植物是靠枝条暗示着空间范围，而常绿植物在垂直面上能形成周年稳定的空间封闭效果。

围合

图1-12　树木构成的围合空间

夏季

空间封闭视线内向

冬季

空间开敞视线透出空间

图1-13　不同季节同一空间产生的效果

　　植物同样能限制、改变一个空间的顶平面。植物的枝叶犹如室外空间的顶棚，限制了伸向天空的视线，并影响着垂直面上的尺度（图1-14）。当然，此间也存在着许多可变因素，例如季节、枝叶密度以及树木本身的种植形式。当树木树冠相互交冠、遮蔽了阳光时，其顶面的封闭感最强烈。亨利·F·阿诺德在他的著作《城市规划中的树木》中介绍道，在城市布局中，树木的间距应为3～5m，如果树木的间距超过了9m，便会失去视觉效应。

顶平面

图1-14　树冠的底部形成顶平面空间

如图 1-15 所示，空间的三个构成面（地平面、垂直面、顶平面）在室外环境中，以各种变化方式互相组合，形成各种不同的空间形式。但不论在何种情况中，空间的封闭度是随围合植物的高矮大小、株距、密度以及观赏者与周围植物的相对位置而变化的。例如，当围合植物高大、枝叶密集、株距紧凑并与赏景者距离近时，会显得空间非常封闭。

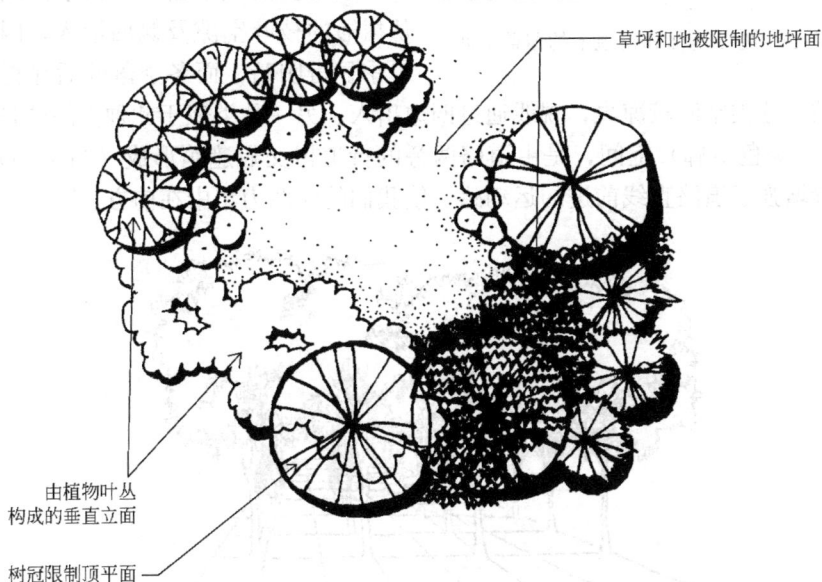

草坪和地被限制的地坪面

由植物叶丛构成的垂直立面

树冠限制顶平面

图 1-15 由植物材料限制的室外空间

在运用植物构成室外空间时，如利用其他设计因素一样，设计师应首先明确设计目的和空间性质（开敞、封闭、隐秘、雄伟等），然后风景园林师才能相应的选取和组织设计所要求的植物。在以下段落和插图中，将讨论利用植物构成的一些基本空间类型。

开敞空间：仅用低矮灌木及地被植物作为空间的限制因素。这种空间四周开敞、外向、无隐秘性，并完全暴露于天空和阳光之下（图 1-16）。

半开敞空间：该空间与开敞空间相似，它的空间一面或多面部分受到较高植物的封闭，限制了视线的穿透（图 1-17）。这种空间与开敞空间有相似的特性，不过开敞程度较小，其方向性指向封闭较差的开敞面。这种空间通常适于用在一面需要隐密性，而另一侧又需要景观的居民住宅环境中。

图 1-16 低矮的灌木和地被植物形成开敞空间

图 1-17 半开敞空间视线朝向开敞面

顶平面空间：利用具有浓密树冠的遮阴树，构成一顶部覆盖而四周开敞的空间（图 1-18）。一般说来，该空间为夹在树冠和地面之间的宽阔空间，人们能穿

图 1-18 处于地面和树冠下的覆盖空间

行或站立于树干之中，利用覆盖空间的高度，能形成垂直尺度的强烈感觉。从建筑学角度来看，犹如我们站在四周开敞的建筑物底层中或有开敞面的车库内。在风景区中，这种空间犹如一个去掉低层植被的城市公园。由于光线只能从树冠的枝叶空隙及侧面渗入，因此在夏季显得阴暗，而冬季落叶后显得明亮

较开敞。这类空间较凉爽，视线通过四边出入。另一种类似于此种空间的是"隧道式"（绿色走廊）空间，是由道路两旁的行道树交冠遮荫形成（图1-19）。这种布置增强了道路直线前进的运动感，使我们的注意力集中在前方。

图 1-19　行道树交冠形成的绿色走廊

完全封闭空间：如图 1-20 所示，这种空间与上面的覆盖空间相似，但最大的差别在于，这类空间的四周均被中小型植物所封闭。这种空间常见于森林中，它相当黑暗，无方向性，具有极强的隐密性和隔离感。

图 1-20　完全封闭空间

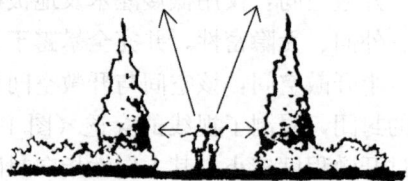

图 1-21　封闭垂直面，开敞顶平面的垂直空间

垂直空间：运用高而细的植物能构成一个方向直立、朝天开敞的室外空间（图1-21）。设计要求垂直感的强弱，取决于四周开敞的程度。此空间就像歌特式教堂，令人翘首仰望将视线导向空中。这种空间尽可能用圆锥形或纺锤形植物，越高则空间感越大，而树冠则越来越小。

简而言之，风景园林师仅借助于植物材料作为空间限制的因素，就能建造出许多类型不同的空间。图 1-22 是这些不同空间在一个小型绿地上的组合示意图。

植物材料除了能创造出各种具有特色的空间外，也能构成相互联系的空间序

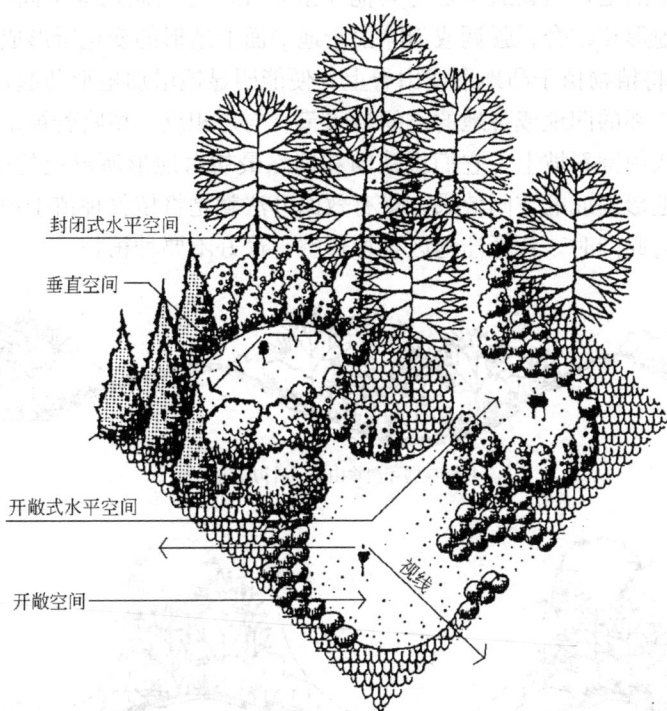

图 1-22　各种空间类型的轴测图

列，如图 1-23 所示，植物就像一扇扇门，一堵堵墙，引导游人进出和穿越一个个空间，在发挥这一作用的同时，植物一方面改变空间的顶平面的遮盖，一方面有选择性地引导和阻止空间序列的视线。植物能有效地"缩小"空间和"扩大"空间，形成欲扬先抑的空间序列。设计师在不变动地形的情况下，利用植物来调节空间范围内的所有方面，从而能创造出丰富多彩的空间序列。

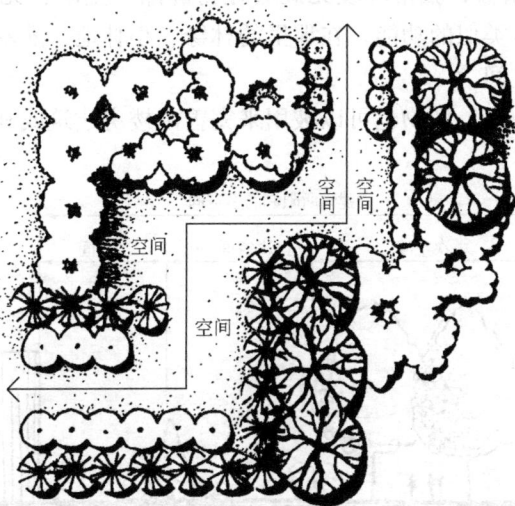

图 1-23　植物以建筑方式构成和连接空间序列

应该指出的是，植物通常是与其他要素相互配合共同构成空间轮廓。例如，植物可以与地形相结合，强调或消除由于地平面上地形的变化所形成的空间（图1-24）。如果将植物植于凸地形或山脊上，便能明显地增加地形凸起部分的高度，随之增强了相邻的凹地或谷地的空间封闭感。与之相反，植物若被植于凹地或谷地内的底部或周围斜坡上，它们将减弱和消除最初由地形所形成的空间。因此，为了增强由地形构成的空间效果，最有效的办法就是将植物种植于地形顶端、山脊和高地，与此同时，让低洼地区更加透空，最好不要种植物。

植物减弱和消除由地形所构成的空间

植物增强由地形构成的空间

图 1-24　植物的空间构成作用

植物还能改变由建筑物所构成的空间。植物主要作用，是将各建筑物所围合的大空间再分割成许多小空间。例如在城市环境和校园布局上，在楼房建筑构成的硬质主空间中，用植物材料再分割出一系列亲切的、富有生命的次空间（图1-25）。如果没有植被，城市环境无疑会显得冷酷、空旷、无人情味。乡村风景中的植物，同样有类似的功能，在那里的林缘、小林地、灌木树篱等，都能将乡村分割成一系列空间。

从建筑角度而言，植物也可以被用来完善由楼房建筑或其他设计因素所构成

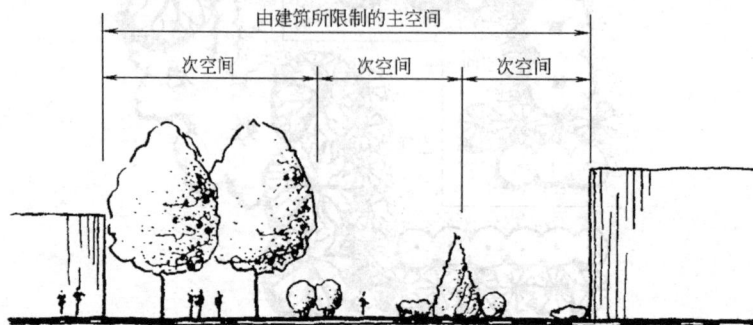

由建筑所限制的主空间

次空间　　　次空间　　　次空间

图 1-25　植物的空间分隔作用

的空间范围和布局。

围合：这术语的意思就是完善大致由建筑物或围墙所构成的空间范围。当一个空间的两面或三面是建筑和墙，剩下的开敞面则用植物来完成整个空间的"围合"（图1-26）。

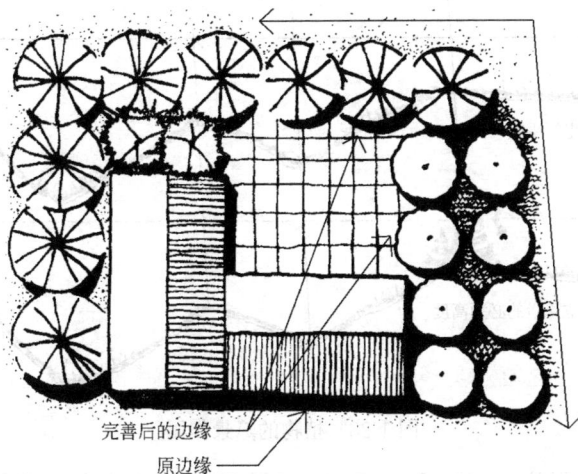

图 1-26　植物的封闭作用

连接：连接是指植物在景观中，通过将其他孤立的因素从视觉上将其连接成一完整的室外空间。像围合那样，运用植物材料将其他孤立因素所构成的空间给予更多的围合面（图1-27）。连接形式是运用线型种植植物的方式，将孤立的因素有机地连接在一起，完成空间的围合。图1-27是一个庭院图示，该庭院最初由建筑物所围成，但最后的完善，是以大量的乔灌木，将各孤立的建筑有机地结合起来，从而构成连续的空间围合。

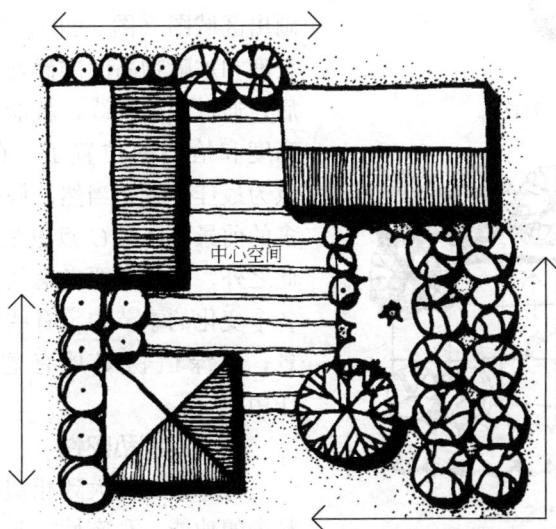

图 1-27　植物的连接作用

二、障景

构成室外空间是植物建造功能之一，它的另一建造功能为障景。植物材料如直立的屏障，能控制人们的视线，将所需的美景收于眼里，而将俗物障之于视线

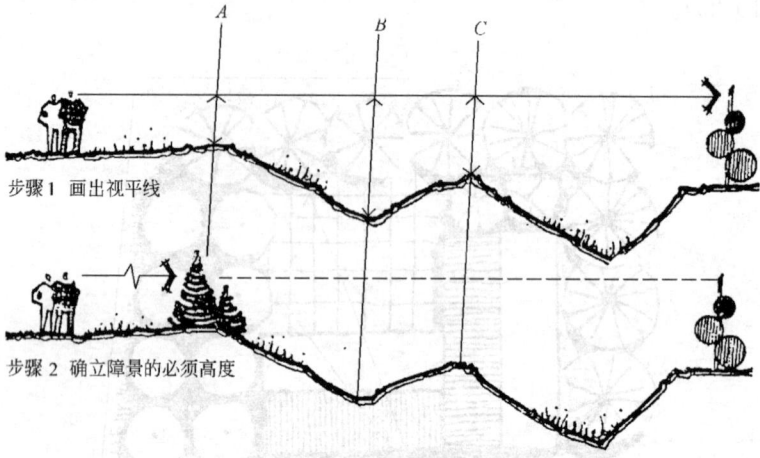

步骤 1 画出视平线

步骤 2 确立障景的必须高度

图 1-28 植物的障景作用

以外。障景的效果依景观的要求而定，若使用不通透植物，能完全屏障视线通过，而使用枝叶较疏透的植物，则能达到漏景的效果。为了取得有效的植物障景，风景园林师必须首先分析观赏者所在位置，被障物的高度，观赏者与被障物的距离以及地形等因素。所有这些因素都会影响所需植物屏障的高度、分布以及配置。较高的植物虽在某些景观中有效，但它并非占绝对的优势。因此，研究植物屏障各种变化的最佳方案，就是沿预定视线画出区域图（图 1-28）。然后将水平视线长度和被障物高度准确地标在区域内。最后，通过切割视线，就能定出屏障植物的高度和恰当的位置了。在图 1-28 中，A 点为最佳位置。当然，假如视线内需要更多的前景，B 和 C 点也是可以考虑的。除此之外，另一需要考虑的因素是季节。在各个变化的季节中，有些植物才能成为障景，常绿植物即具有这种永久性屏障作用。

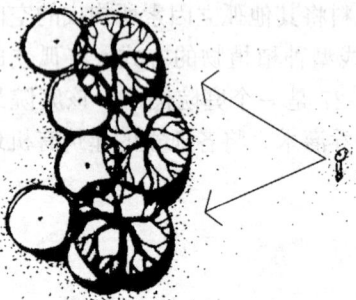

障景

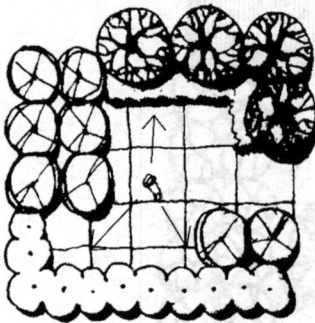

私密控制

图 1-29 植物的障景作用

三、控制私密性

与障景功能大致相似的作用，是控制私密的功能。私密性控制就是利用阻挡人们视线高度的植物，进行所限区域的围

合。私密控制的目的，就是将空间与其环境完全隔离开（图 1-29）。私密控制与障景二者间的区别，在于前者围合并分割一个独立的空间，从而封闭了所有出入空间的视线。而障景则是慎重种植植物屏障，有选择地屏障视线。私密空间杜绝任何在封闭空间内的自由穿行，而障景则允许在植物屏障内自由穿行。在进行私密场所或居民住宅的设计时，往往要考虑到私密控制。

由于植物具有屏蔽视线的作用，因而私密控制的程度，将直接受植物的影响。如果植物的高度高于 2m，则空间的私密感最强。齐胸高的植物能提供部分私密性（当人坐于此时，则具有完全的私密感）。而齐腰的植物是不能提供私密性的，即使有也是微乎其微的。

第四节　植物的观赏功能

在一个设计方案中，植物材料不仅从建筑学的角度上被运用于限制空间、建立空间序列、屏障视线以及提供空间的私密性，而且还有许多观赏功能。植物的建造功能则主要涉及设计的结构外貌，而观赏功能则主要涉及其观赏特性，包括植物的大小、色彩、形态、质地以及与总体布局和周围环境的关系等，都能影响设计的美学特性。植物种植设计的观赏特性是非常重要的。这是因为任何一个赏景者的第一印象便是对其外貌的反应。种植设计形式也能成功地完成其他有价值的功能。比如建立空间、改变气温以及保持土壤。但是，如果该设计形式不美观，那它将极不受欢迎。为了使人们满意，一个种植设计，既要有引人注目的形式，也要有满足其他功能方面的独到之处。

本节主要叙述植物的各种不同观赏特性。如植物的大小、形态、色彩、质地等。

一、植物的大小

植物最重要的观赏特性之一，就是它的大小。因此，在为设计选择植物素材时，应首先对其大小进行推敲。因植物的大小直接影响着空间范围、结构关系以及设计的构思与布局。

大中型乔木：从在景观中的结构和空间来看，最重要的植物便是大中型乔木。当大中型乔木居于较小植物之中时，它将占有突出的地位，可以充当视线的焦点（图 1-30）。大中型乔木在环境中的另一个建造功能，便是在顶平面和垂直面上封闭空间。前面曾提到，大中乔木的树冠和树干都能成为室外空间的"顶棚和墙壁"（图 1-14、图 1-18、图 1-19 和图 1-20），这样的室外空间感，将随树冠的实际高度而产生不同程度的变化。大中型乔木在景观中还被用来提供阴凉（图 1-31）。

小乔木和观赏植物：根据植物的大小，我们确定，凡最大高度为 4.5～6m 的植物为小乔木和观赏植物。小乔木包括油橄榄、桂花。观赏植物包括：海棠类、紫荆。与大中型乔木一样，小乔木与观赏植物在景观中具有许多潜在的功能。

小乔木和观赏植物也可作为焦点和构图中心，如图 1-32 所示，这一特点是

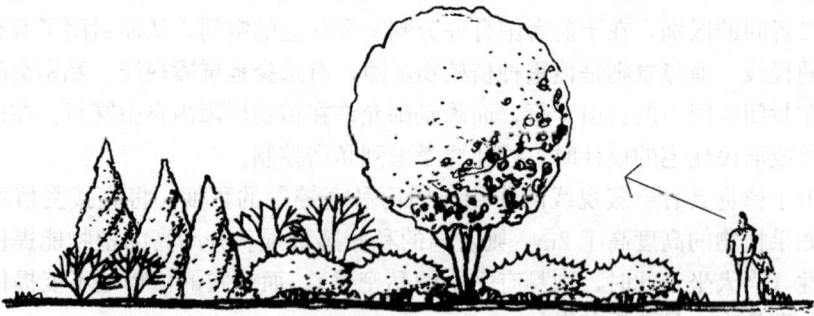

图 1-30　高大树木因其大小而在其他植物中占优势

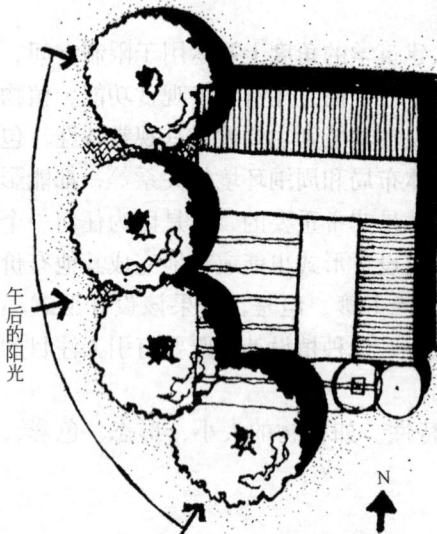

图 1-31　大型庭荫树种在建筑及户外空间的西南、西和西北侧，可阻挡下午炎热的太阳

靠其大小，或是观赏植物的明显器官，花或果实来完成。

大灌木：按其植物的大小，另一类植物叫大灌木，其最大高度为3～4.5m。与小乔木相比较，灌木不仅较矮小，而且最明显的是缺少树冠。一般说来，灌木叶丛几乎贴地而长，而小乔木则有一定距离，从而形成树冠或林荫（图1-33）。

中灌木：这一类植物包括高度在1～2m的植物，它们也可以是各种形态、色彩或质地。这些植物的叶丛通常贴地或仅微微高于地面。中灌木的设计功能与矮小灌木基本相同，只是围合空间范围较之稍大点。此外，中灌木还能在构图中起到大灌木或小乔木与矮小灌木之间的视线过渡作用。

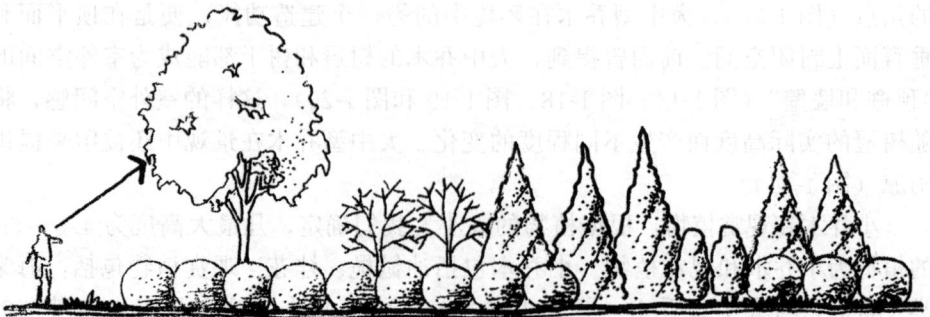

图 1-32　在植物配置中作为主景的观赏树

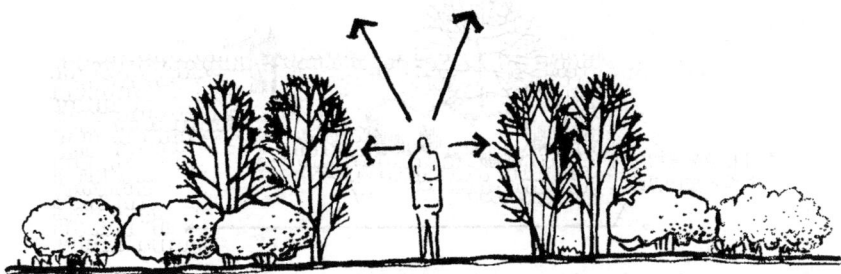

图 1-33 高灌木在垂直面封闭空间，但顶平面视线开敞

矮小灌木：矮灌木是尺度上较小的植物。成熟的矮灌木最高仅 1m。但是，矮灌木的最低高度必须在 30cm 以上，因为低于这一高度的植物，一般作为地被植物对待。矮灌木包括：龟甲冬青、小叶黄杨、小叶女贞、棣棠、雀梅、绣线菊等。矮小灌木种植在景观中可以将两个分离的群体连接成整体（图 1-34、图 1-35）。

图 1-34 布局分裂的两个群体

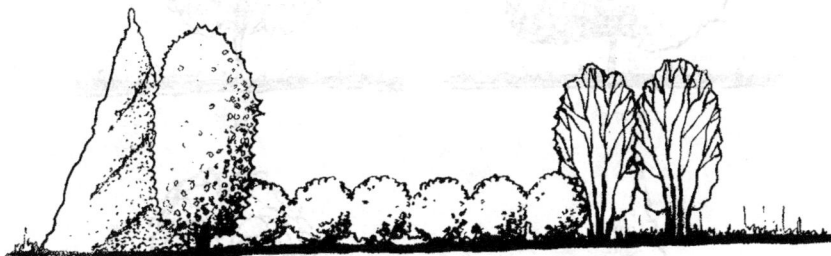

图 1-35 小灌木从视觉上将两部分连成整体

地被植物：所谓"地被植物"指的是所有低矮、爬蔓的植物，其高度不超过 15～30cm 的木本或草本。以下列举者均属地被：洋常春藤、蔓长春花。地被植物可以作为室外空间的植物性"地毯"或铺地，能引导视线，范围空间（图 1-36）。

地被植物的实用功能，还在于为那些不宜种植草皮或其他植物的地方提供下层植被。地被植物还能稳定土壤，防止陡坡的土壤被冲刷。

二、植物的外形

单株或群体植物的外形，是指植物从整体形态与生长习性来考虑大致的外部轮廓。虽然它的观赏特征不如其大小特征明显，但是它在植物的构图和布局上，

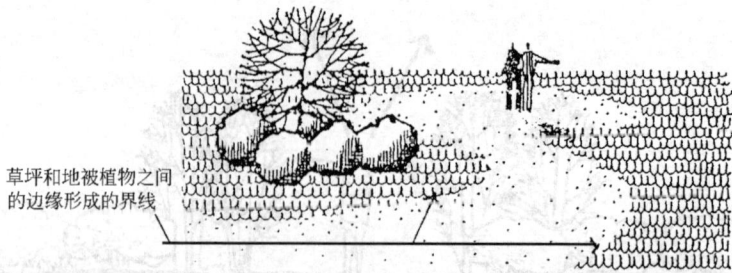

图 1-36 草坪与地被之间的线条能吸引视线、范围空间

影响着统一性和多样性。在作为背景物，以及在设计中植物与其他不变设计因素相配合中，也是一关键性因素。植物外形基本类型为：纺锤形、圆柱形、水平展开形、圆球形、圆锥形、垂枝形。上述各种植物形状如图 1-37 所示。每一种形状的植物都具有自己独特的性质，以及独特的设计应用。

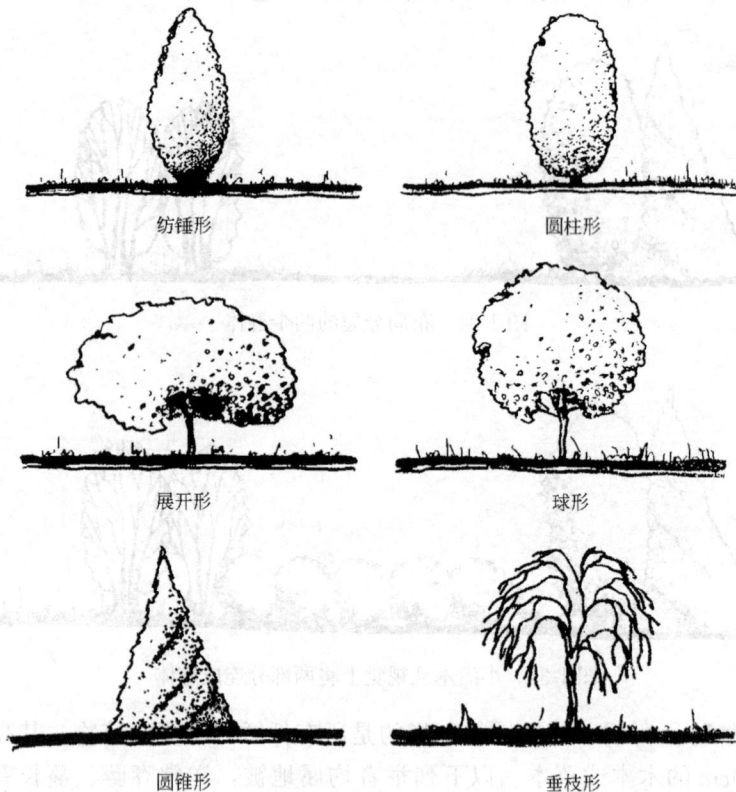

纺锤形   圆柱形

展开形   球形

圆锥形   垂枝形

图 1-37 植物外形的基本类型

纺锤形：这类植物有池杉、柏木。在设计中，纺锤形植物通过引导视线向上的方式，突出了空间的垂直面。

圆柱形：其代表植物有喜树和法国冬青。

展开形：代表植物如二乔玉兰、山楂和合欢，都属该类型植物。展开形植物的形状能使设计构图产生一种宽阔感和外延感。

　　圆球形：这类植物主要有樟树、女贞、朴树以及榕树。圆球形植物是其外形圆柔温和，可以调和其他外形较强烈的形体，也可以和其他曲线形的因素相互配合、呼应。

　　圆锥形：这种植物的外观呈圆锥状，如水杉、池杉。

　　垂枝形：垂枝形植物具有明显的悬垂或下弯的枝条。常见的植物有：垂柳、垂枝榆以及盘槐等。

　　毫无疑问，并非所有植物都能准确地符合上述分类。有些植物的形状极难描述。但是尽管如此，植物的形态仍是一个重要的观赏特征。不过，当植物是以群体出现时，单株的形象便消失，它的自身造型能力受到削弱。在此情况下，整个群体植物的外观便成了重要的方面。

三、植物的色彩

　　植物的色彩可以被看做是情感象征，这是因为色彩直接影响着一个室外空间的气氛和情感。鲜艳的色彩给人以轻快、欢乐的气氛，而深暗的色彩则给人异常郁闷的气氛。植物的色彩，通过植物的各个部分而呈现出来，如通过树叶、花朵、果实、大小枝条以及树皮等。树叶的主要色彩为绿色，其间也伴随着深浅的变化，呈现黄、蓝和古铜色，存在于春秋时令的树叶、花朵、枝条和树干之中。此外，植物的色彩在室外空间设计中能发挥很多功能。从而影响设计的多样性、统一性，以及空间的情调和感受。

四、植物的质地

　　所谓植物的质地，是指单株植物或群体植物直观的粗糙感和细腻感。它受植物叶片的大小、枝条的长短、树皮的外形、植物的综合生长习性，以及观赏植物的距离等因素的影响。

　　粗壮型：粗壮型通常由大叶片、浓密而粗壮的枝干，以及疏松的生长习性而形成。具有粗壮质地的植物有：梧桐树、七叶树、龙舌兰、二乔玉兰、八角金盘、八仙花。当将粗壮型植物植于中粗型及细小型植物丛中时，会"跳跃"而出，首先为人所看见，并有趋向赏景者的视觉效果（图 1-38）。

图 1-38　粗质感的植物趋向赏景者，而细质感的却远离赏景者

　　中粗型：中粗型植物是指那些具有中等大小叶片、枝干，以及具有适度密度的植物。它们往往充当粗壮型和细小型植物之间的过渡成分。

　　细质型：细质地植物长有许多小叶片和微小脆弱的小枝，以及具有整齐密集的特性。鸡爪槭、绣线菊、锦熟黄杨都属细质地植物，它们具有远离观赏者的倾向（图 1-38）。

　　总而言之，观赏植物的大小、形态、色彩和质地等，是设计师在使用植物素材时卓有效用的因素。

第五节 植物的美学功能

在本章前几部分，大体上讨论了植物的各种不同的功能作用，或更确切地说，讨论了植物在景观中的造景作用。根据前面所描绘的观赏植物特性来看，植物还能发挥许多美学功能。

从美学的角度来看，植物可以在外部空间内，将一幢房屋形状与其周围环境联结在一起，统一和协调环境中其他不和谐因素，突出景观中的景点和分区，减弱构筑物粗糙呆板的外观，以及限制视线。这里应该指出，我们不能将植物的美学作用，仅局限在将其作为美化和装饰材料的意义上。下面我们将详细叙述植物的重要美学作用。

一、完善作用

植物通过重现房屋的形状和块面的方式，或通过将房屋轮廓延伸至其相邻的周围环境中的方式，而完善某项设计和为设计提供统一性。例如，一个房顶的角度和高度均可以用树木来重现，这些树木具有房顶的同等高度，或将房顶的坡度延伸融会在环境中（图1-39）。反过来，室内空间也可以直接延伸到室外环境中，方法就是利用种植在房屋侧旁、具有与屋顶同等高度的树冠（图1-40）。所有这些表现方式，都能使建筑物和周围环境相协调，从视觉上和功能上看上去是一个统一体。

图1-39 植物与建筑互补，植物延长建筑轮廓线

图1-40 树冠的下层延续了房屋的顶棚，使室内外空间融为一体

二、统一作用

植物的统一作用，就是充当一条普通的导线，将环境中所有不同的成分从视觉上连接在一起。在户外环境的任何一个特定部位，植物都可以充当一种恒定因素，其他因素变化而自身始终不变。正是由于它在此区域的永恒不变性，便将其他杂乱的景色统一起来。这一功能运用的典范，体现在城市中沿街的行道树，在那

里，每一间房屋或商店门面都各自不同（图1-41），如果沿街没有行道树，街景就会分割成零乱的建筑物。而另一方面，沿街的行道树，又可充当与各建筑有关联的联系成分，从而将所有建筑物从视觉上连接成一个统一的整体（图1-42）。

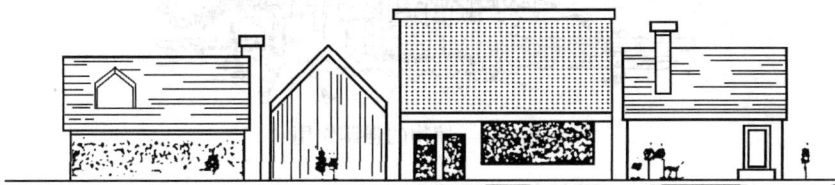

图1-41　无树木的街景杂乱无章，协调性差

图1-42　有树木的街景，由于树木的共同性将街景统一

三、强调作用

植物的另一美学作用，就是在户外环境中突出或强调某些特殊的景物。本章开篇曾提到，植物的这一功能是借助本身截然不同的大小、形态、色彩或与邻近环境不相同的质地来完成的。植物的这些相应的特性格外引人注目，它能将观赏者的注意力集中到其所在的位置。鉴于植物的这一美学功能，它极其适合用于公共场所出入口、交叉点、房屋入口附近，或与其他突出可见的场所相互联系起来（图1-43、图1-44）。

图1-43　植物的标志作用

四、识别作用

植物的另一个美学作用是"识别作用"，这与强调作用极其相似。植物的这一作用，就是指出或"认识"一个空间或环境中某景物的重要性和位置（图1-45），植物能使空间更显而易见，更易被认识和辨明。植物特殊的大小、形态、色彩、质地或排列都发挥识别作用，这就如种植在一件雕塑作品之后的高大树木。

图 1-44　植物的强调作用

图 1-45　植物的识别作用

五、软化作用

植物可以用在户外空间中软化或减弱形态粗糙及僵硬的构筑物。无论何种形态、质地的植物，都比那些呆板、生硬的建筑物和无植被的城市环境更显得柔和。被植物所柔化的空间，比没有植物的空间更诱人，更富有人情味。

六、框景作用

植物对可见或不可见景物，以及对展现景观的空间序列，都具有直接的影响，这一点我们曾在讨论植物的构造作用部分时提到过。植物以其大量的叶片、枝干封闭了景物两旁，为景物本身提供开阔的、无阻拦的视野，从而达到将观赏者的注意力集中到景物上的目的。在这种方式中，植物如同众多的遮挡物，围绕在景物周围，形成一个景框。将照片和风景画装入画框的传统方式，就如同那种将树干置于景物的一旁，而较低枝叶则高伸于景物之上端的方式（图 1-46）。

图 1-46　植物的框景作用

思考题

1. 植物的生态功能主要有哪些？
2. 分析行道路树的建造功能和美学功能。

第二章　植物学基础知识

为了应用植物，设计好植物景观，就必须认识植物，了解植物，掌握植物学相应的基础知识。为此，本章选编了种子植物的形态结构及植物分类学的相关知识，作为学习园林植物的前期铺垫。

有机体（除了最低等的病毒外）都是由细胞构成，作为多细胞有机体的植物也不例外。它是由许多形态和功能不同的细胞组成，构成植物体的细胞由于长期适应不同环境条件，引起了细胞功能和形态结构上的分化。由此，形成各种不同的组织。各种组织有机地结合形成具有一定外部形态和内部构造，执行一定生理功能的器官。典型的种子植物具有根、茎、叶、花、果、实六大器官，执行着不同的生理功能。其中根、茎、叶执行着养料、水分的吸收、运输、转化、合成，担负着植物体的营养生长，称为营养器官。而花、果实、种子与植物产生后代有关，具有保持种族延续的功能，称为繁殖器官。这些器官有机地结合为一个整体，共同完成植物的新陈代谢及生长发育过程。

第一节　植物的根

根是植物的营养器官，是植物长期适应陆地生活的结果。习惯上把根称为地下部分，把枝干及其分枝形成的树冠称为地上部分，地上部分与地下部分的交界处，称为根茎。除少数气生根外，一般植物根生长在地下。

一、根的功能

1. 吸收功能

植物体所需要的水分、无机盐类大部分是靠根从土壤溶液中吸取的，根吸收作用最活跃的区域仅限于根尖部分（图 2-1）。

2. 固定功能

只要你沿着河床走，就可以观察到岸边暴露的大树根系，或者拔出杂草，也可以得到有关根的固着功能方面的第一手资料。某些植物可借其具有的变态，以某种异常的方式来固着。例如常春藤从茎上产生不定根固着在它物表面，菟丝子则是通过它的吸收根伸入寄主的维管组织中固着并吸收水分和营养。

3. 输导功能

根吸收的水分、无机盐，通过根的维管组织，输送到枝叶，而叶制造的养料送到茎和根，以维持根的生长和生活需要。

4. 贮藏功能

从胡萝卜可看到根的贮藏功能，它贮藏大量养料而变得特别肥大肉质化，成

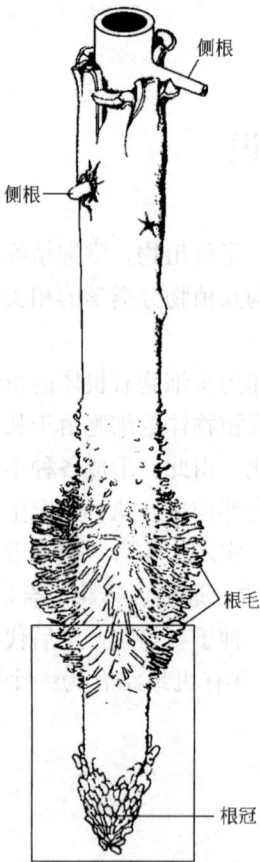

图2-1 根尖纵切面

为特殊的贮藏器官，成了人们生活中的食物。类似的植物还有红薯、山药等。

二、根的类型和根系

1. 根的类型

种子植物的根（root）有主根、侧根和不定根。

主根——种子萌发时最早由胚根突破种皮向下生长形成的根，叫主根（main root）。主根通常呈垂直状，向地下生长，入土较深。

侧根——主根生长到一定长度，在一定部位侧向从内部生出许多支根，叫侧根（branch root）。侧根的生长方式有一定方向，往往与主根形成一定的角度。侧根达到一定长度，又能生出新侧根，如果按照它们的次序，在主根上所生的侧根，叫一级侧根，在一级侧根上生有的叫二级侧根，二级侧根上生有的叫三级侧根，如此分支下去，便形成一个庞大的根系。

不定根——由茎和叶上发育出来的根叫不定根（adventitious root），不定根多发生在茎节上（图2-2），例如玉米。当植株在有根系长出后不久，即从最近土表的茎节上长出支柱根，这些支柱根具有根的正常功能，也起着支撑植株的作用。有时不定根并不在节上形成，如将柳树的一根插条插到湿润的土壤中，切口端就可以产生新根，秋海棠属、景天属等植物，也可以通过叶插的方法，在叶的主脉切口处生根（图2-2）。印度榕生长在热带，从这些大树的地上分枝上可以形成不定根，向下伸入泥土中，它们即在那里长大，并有效地支持着巨大的横枝。在印度某些地区把榕树视为圣树。过去，印度商人在榕树的支柱根和伸展的枝中间设立露天市场（图2-3）。

2. 根系

一株植物根的总和叫根系（root system），根系有直根系和须根系两种类型。

直根系：有明显的主根和侧根之分（taproot system），如大多数双子叶植物和裸子植物。快速生长的直根系，它能够使植物很快地在土壤中向下穿入，以吸取深层的水源。有些植物的直根系明显超过植物地上部分的高度，具有这种根系的植物叫深根性植物，如马尾松成年后主根可深达5m以上，还有其他松树、柏树、广玉兰，也属于这类根系。

须根系：主根和侧根无明显区别的根系，或者根系全由不定根组成（fibrous root system）。单子叶植物多为须根系。例如禾本科植物，主根长出后不久就停止生长或死亡，由胚轴和茎基部的节上生出许多不定根组成须根系。一般直根系分支层次明显，根系分布在土壤的深处，组成须根系的根粗细差不多，根系分布在土层的浅处（图2-4）。典型的一年生植物玉米或黑麦在一个生长季

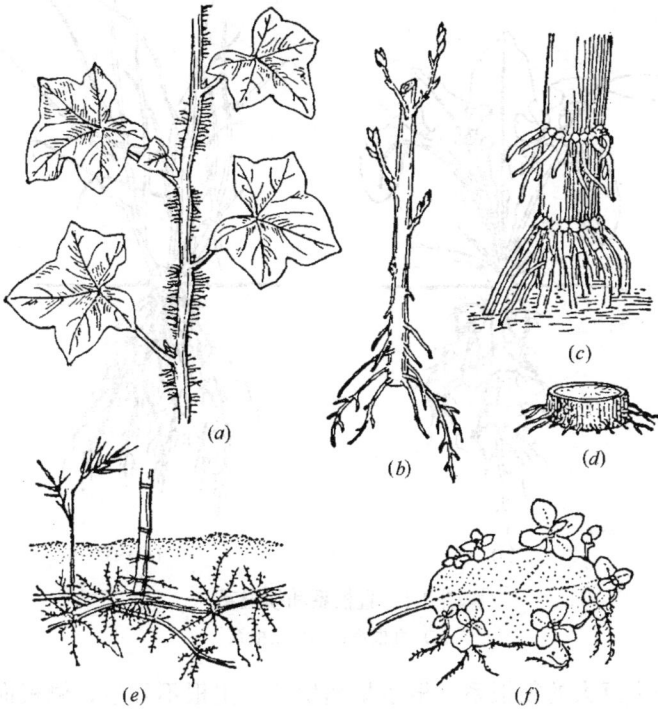

图 2-2 不定根

(a) 常春藤枝上的气生根；(b) 柳枝插条上的不定根；

(c) 玉米茎上的支柱根；(d) 老根上的不定根；

(e) 竹鞭上的不定根；(f) 落地生根叶上小植株的不定根

图 2-3 榕树气生根下的古老市场

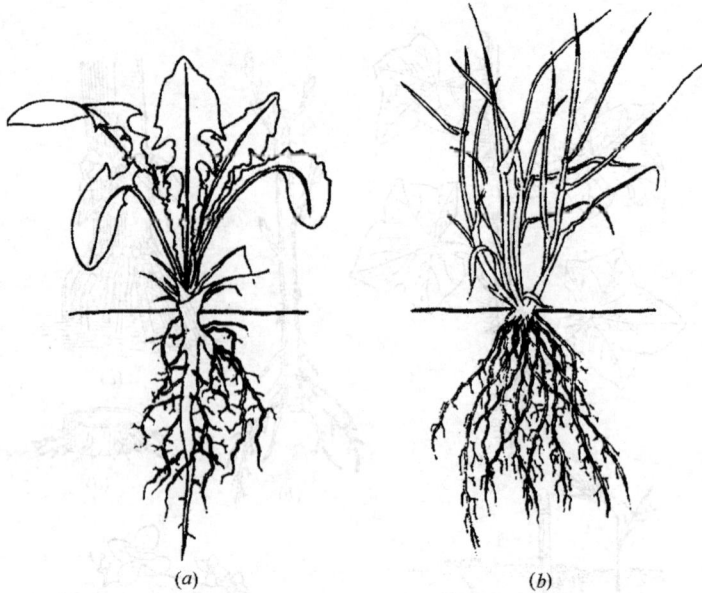

图 2-4　直根系和须根系

(*a*) 直根系；(*b*) 须根系

节，会形成一个巨大的须根系。根系呈丛生状，主根不发达，侧根向四周扩张，长度远远超过主根。棕榈、竹类等很多单子叶植物也属于这种根系，一些乔木如悬铃木，刺槐也是须根系。它们的根系大部分分布在土壤表层，约20～60cm。

根系的深浅不但决定于植物的遗传性，也决定于外界条件，特别是土壤条件。如土壤水分、土壤类型等。长期生长在河流两岸或低湿地区的树种，如柳树、枫杨等，在土壤表层就能获得充足的水分，所以根系发育为浅根性。生长在干旱或沙漠地区的植物，只能在土壤深层吸收水分，一般成深根性，如沙漠中的植物，根可达5m深。即使是同一种植物，生长在地下水位较低，土壤肥沃，排水良好的地区，根系分布于较深土层；反之，则多分布在较浅的土层。另外，用种子繁殖的苗木，主根明显，根系深；扦插和压条繁殖的苗木，无明显主根，根系分布浅。

植物的根系特征是种植设计选择的重要依据之一。用作防风林带的树种，一般要选深根性树种，才具有较强的抗风力。营造水土保持林，一般宜用侧根发达固土能力强的树种。营造混交林时，除考虑地上部分的相互关系外，还要注重选择深根性与浅根性树种的合理配植，以利于不同土层深度水分和养分的充分吸收与利用。在建筑物周边种植时，需考虑到根系与建筑基础的关系，选用浅根系或根系离建筑基础要有一定距离。一般乔木要求远离5m左右。

三、根系的生长特点

1. 根系的年生长动态

树木根系没有自然休眠期，只要条件合适，就可全年生长或随时可由停顿状态迅速过渡到生长状态。生长势的强弱和生长量的大小，随土壤温度、水分、通气条件及树体内营养状况而异。但根系的伸长生长在一年中是有周期性的，根的生长与地上部分有关，且往往与之生长交错进行。一般根系生长要求温度比萌芽低，因此，春季根开始生长比地上部分早。春季根开始生长即出现第一个生长高峰，其发根量与树体贮藏营养水平有关。然后，是地上部分开始迅速生长，而根系生长趋于缓慢。当地上部分生长趋于停止时，根系生长出现一个大高峰。其强度大，发根多。落叶前根系还可能有一次生长小高峰。有些树种，根系的生长一年内可能有好几个生长高峰。据报道，生于美国佐治亚洲的美国山核桃，根生长高峰一年内可多达4～8次。松、柏类一般秋冬停止生长，阔叶树冬季根在粗度上有缓慢生长。在生长季节，根系在一昼夜内的生长也是动态变化的。据对葡萄和李子根的观察，夜间的生长量和发根数多于白天。

2. 根系的生命周期

一般幼树期根系生长快，其生长速度都超过地上部分。随着年龄增加，根系生长速度趋于缓慢，并逐年与地上部分的生长保持着一定的比例关系。在整个生命过程中，根系始终发生局部的自疏与更新。待根系达到最大幅度后，发生向心更新。当树木衰老，地上部分濒于死亡，根系仍能保持一段时间的寿命。至于须根，从形成到壮大直至衰亡，一般有数年的寿命。

根系的生长发育很大程度上受土壤环境条件的影响，土壤温度、湿度、通气条件、营养状况、土壤类型、土层厚度、母岩分化、地下水位，对根系的生长与分布都有密切关系。

根系的生长动态与植树或移栽都有着密切的关系，一般植树季节应选在适合根系再生和枝叶蒸腾量最小的时期。在四季分明的温带地区，一般以秋冬落叶后至春季萌芽前的休眠时期最为适宜。就多数地区和大部分树种来说，以晚秋和早春为最好。晚秋是指地上部分进入休眠，而根系仍能生长的时期；早春是指气温回升土壤刚解冻，根系已能生长，而枝芽尚未萌发之时。树木在这两个时期内，因树体储藏营养丰富，土温适合根系生长，而气温较低，地上部分还未生长，蒸腾较少，容易保持和恢复以水分代谢为主的平衡。至于春栽好还是秋栽好，世界各国学者历来有许多争论。主张秋栽为好的占多数，但从生产实践来看，因各地具体条件不同，不可拘泥于一说。大致上，冬季寒冷地区和在当地不甚耐寒的树种宜春栽；冬季较温暖和在当地耐寒的树种宜秋栽。冬季，从植株地上部分蒸腾量少这一点来说，也是可以移栽的，但要看树种（尤其是根系）的抗寒能力，只有在当地抗寒性很强的树种才行。夏季由于气温高，植株生命活动旺盛，一般是不适合移栽的。但如果夏季正值雨季的地区，由于供水充足，土温较高，有利根系再生，空气湿度大，地上蒸腾少，在这种条件下也可以移栽。但必须选择春梢停长的树种，抓紧连绵阴雨时期进行，或配合其他减少蒸腾的措施（如遮荫）才能保证成活。至于具体到一个地区的植树季节应根据当地的气候特点、树种类别、任务大小及技术力量而定。

四、根的变态

在自然界中由于环境的变化，植物的器官因适应某一特殊环境而改变它原有的功能，因而也改变形态和结构，经过长期的自然选择，已成为该种植物的特征，这种与一般形态结构不同的变化，称为变态。根的变态有以下几种主要类型：

1. 贮藏根

贮藏根贮藏养料，肥厚多汁，形状多样，常见于二年生或多年生草本双子叶植物。如萝卜的肉质直根（由主根发育而来）、兰花的肉质根、大丽花、红薯的块状根（由不定根或侧根发育而来，如图 2-5 所示）。

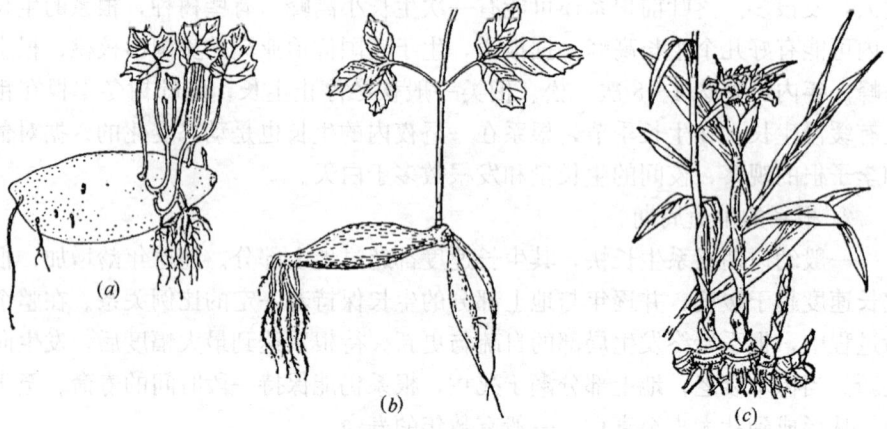

图 2-5　变态根

(a) 由甘薯的块根上长成不定根和地上枝；

(b) 由大丽菊的块根上长成新的块根和地上枝；

(c) 从姜的根茎上长成不定根和地上枝

2. 气生根

气生根是指生长在地面以上空气中的根。如玉米茎节上生出的一些不定根；榕树枝上产生多数下垂的气生根，它们都可以伸入土壤，产生侧根，成为支柱根。榕树的支柱根在热带和亚热带可以形成"独木成林"景观（图 2-7）。常春藤、络石、凌霄等植物在细长柔软的茎上形成气生根，以固着它物表面，攀缘上升，成为攀缘根。生在海岸腐泥中的红树和池边的水松，它们都有许多支根从腐泥中向上生长，挺立在腐泥外空气中，成为呼吸根。寄生植物菟丝子，以突起状的根伸入寄主茎组织中，吸取寄主体内的养料和水分，成为寄生根。

五、根瘤与菌根

1. 根瘤

豆科植物的根上常生有各种形态的瘤状突起，称为根瘤（图 2-6）。根瘤是土壤中一种细菌（根瘤菌）侵入根内而产生的共生体。根瘤菌穿过根毛细胞的细胞壁而进入根毛之内，然后沿根毛向内侵入皮层，一方面根瘤菌在皮层细胞内迅速繁殖，使细胞充满根瘤菌，另一方面，受根瘤菌侵入的皮层细胞，因根

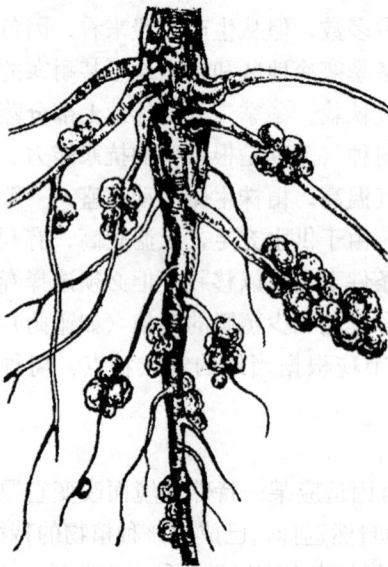

图 2-6　豆科植物的根瘤

瘤菌的分泌物刺激皮层细胞而使其迅速分裂，产生大量新细胞，在根的表面形成瘤状突起，这就是根瘤。

根瘤菌的最大特点是具有固氮作用，根瘤菌中的固氮酶能把空气中的游离氮（N_2）转变为氨（NH_3），为植物体的生长发育提供可以利用的含氮化合物。同时，根瘤菌也从根的皮层细胞中吸取生长发育所需的水分和养料。由于根瘤菌可以分泌一些含氮物质到土壤中，或有一些根瘤自根部脱落，可以增加土壤肥力，为其他植物所利用，因此，生产上常施用根瘤菌肥或用豆科植物与其他作物套作、轮作或间作，可以达到少施氮肥，提高土壤肥力。具有根瘤的根系和残株遗留在土壤中，也能增加土壤肥力。

除豆科植物外，桤木、杨梅、罗汉松、铁树等植物的根上都具有根瘤。近年来，把固氮菌中的固氮基因转移到其他农作物和经济植物中，已成为分子生物学和遗传工程的研究目标之一。

2. 菌根

菌根是植物的根与土壤中的真菌形成的共生体。菌根主要有两种类型，外生菌根和内生菌根。外生菌根的菌丝不进入根细胞中，在根的表面形成菌丝体，由菌丝代替根毛的功能，增加根系的吸收面积，如松、云杉、山毛榉、鹅耳枥等植物的根上常有外生菌根。内生菌根的菌丝通过胞壁侵入到细胞内，形成丛枝状分枝，例如桑、葡萄、柑橘、核桃、杨树、杜鹃及兰科植物的根上具有内生菌根。此外，有些植物则是内、外菌根合生，如草莓、苹果、银白杨和柳的根。

真菌与高等植物共生，能够加强根的吸收能力，把菌丝吸收的水分、无机盐等供给绿色植物使用，以帮助植物生长，同时还能产生植物激素和维生素 B 等刺激根系的发育，增进植物根部的输导和吸收作用，并分泌水解酶类，促进根周围有机物的分解，从而对高等植物的生长发育有积极作用。而高等植物把它所制造的糖类及氨基酸等有机养料提供给真菌，以满足真菌生长发育的需要。菌根和种子植物的关系是共生关系，真菌将吸收的水分、无机盐和转化的有机物质，供给种子植物，而植物把它所制造和储藏的有机养料供给真菌。此外，菌根还可以促进根细胞内储藏物质的分解，促进根系生长。

很多造林树种在没有相应的真菌存在时，就不能正常地生长或种子萌发，如松树在没有菌根的土壤里，吸收养分很少，以致生长缓慢，甚至死亡。同样，某些真菌如不与一定植物的根共生，也将不能存活。在林业生产中，应用人工方法接种和感染所需要的真菌，使其长出菌根，大大提高根的吸收能力，以利于在荒地上成功造林。目前已发现有 2000 多种高等植物能形成菌根，其中很多都是造林树种，如银杏、侧柏、桧、毛白杨和椴等。

六、根的欣赏

一些古老的树木因地质的变迁，或洪水的冲击，或由于根的增粗生长而裸露地面，或盘绕于干，给人以苍劲稳健的感觉。如高山上的松树常因根穿于岩缝之间而组合成为佳景，盆景中的老树盘根错节，正是园艺师模仿植物的天姿而创造的大自然缩影。榕树以下垂的气生根形成独木成林景观（图 2-7），常春藤、薜荔、络石以攀缘气生根成为岩石园庭园的美化材料。

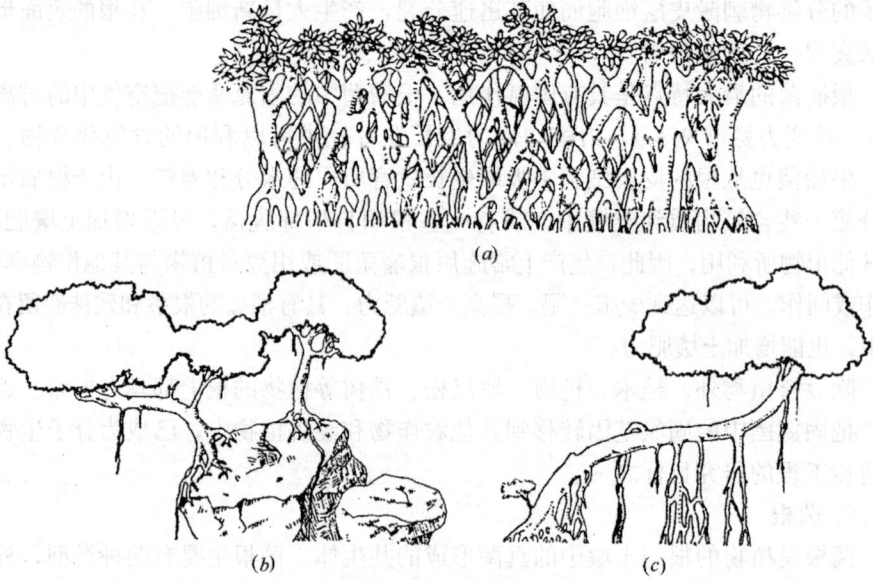

图 2-7　榕树的气生根造型

（a）榕树根篱造型；（b）附石榕树造型；（c）气生根引导成为支柱根的造型

思考题

1. 根与根系的类型有哪些?
2. 根瘤与菌根的功能是什么?

第二节　植物的茎

茎（stem）是植物的三大营养器官之一，是连接叶和根的轴状结构，为了便于授粉和种子传播，花和果也在茎上形成。茎起源于种子幼胚的胚芽和胚轴，茎的侧枝起源于叶腋的芽。茎一般生长在地面上，也有些植物的茎生于地下或水中。茎为水和无机养料从根到叶提供了一条通道，同时还提供了有机养料、激素和其他代谢产物在植物各个部分之间传递的途径。此外，茎还有贮藏和繁殖作用，例如马铃薯、慈菇、藕的地下茎。

一、茎的形态

茎是细长的轴器官，多数呈圆柱形，也有三棱形（莎草科植物），四棱形（迎春花、方竹、唇形科植物）和其他变态。茎的中心通常是充实的，但也有中空的，如竹子。茎的长短大小差别很大，短的只有几厘米，高的可达 100m 以上。茎和根的区别也就是茎的形态特征，主要表现在以下两点。

1. 茎有节和节间之分

茎上着生叶和芽的部位称为节，相邻两节之间的无叶部分叫节间。有些植物茎上的节很明显，如玉米和各种竹子的茎。不同植物茎的长短不一，有些植物节间很长，如瓜类植物长达数十厘米。有些植物则很短，如蒲公英节间极度缩短，被称为莲座状植物。甚至同一种植物中有节间长短不一的茎，节间长的叫长枝，节间短的叫短枝，如雪松的长枝上叶散生，短枝上叶簇生。苹果的长枝长叶，短枝着花，也叫果枝。

2. 茎的节上着生叶，在叶腋和茎的顶端有芽

茎的节上可以生一至几片叶，着生叶和芽的茎称为枝（shoot）。茎上的叶子脱落后留下的痕迹叫叶痕（leaf scar），同样，小枝脱落后在茎上会留下枝痕。有些植物茎上还可以看到芽鳞痕（bud scale scar），这是鳞芽展开时其外的鳞片脱落后留下的痕迹，可以根据芽鳞痕来判断枝条的年龄。有的植物的茎表面可以见到形状各异的裂缝，这是茎上的皮孔，皮孔是周皮上的通气结构，是植物气体交换的通道。皮孔的形态、大小与分布因植物不同而异，因此，落叶乔木和灌木的冬枝，可以利用叶痕、芽鳞痕、皮孔作为鉴别植物的依据（图 2-8）。

二、芽

1. 芽的概念

芽（bud）是幼态未伸展的枝、花或花序，包括茎尖分生组织及其外围的附属物。也就是说，枝、花或花序尚未发育的雏体就是芽。

2. 芽的类型

以后发展成枝或叶的芽称为叶芽（branch bud），发展成花或花序的芽称为花芽（floral bud），既形成花也形成叶的芽称为混合芽（mixed bud），如梨、苹果、石楠、白丁香、海棠等的芽。枝条顶端生的芽叫顶芽（terminal bud），叶腋处生的芽叫腋芽（axillary bud），腋芽因生在枝的侧面，也称侧芽（lateral bud）。大多数植物的叶腋内有一个腋芽，但也有的植物叶腋内可以生长两个以上的芽，一般将中间先生出的一个芽称为腋芽，其他的芽称为副芽（accessory bud），如刺槐、紫穗槐有一个副芽，而桃和皂荚有两个副芽。有些植物的侧芽为庞大的叶柄基部所覆盖，直到叶子脱落后才显露出来，叫柄下芽（subpetiolar bud），如悬铃木。有鳞片包被的芽叫鳞芽（scaly bud），无鳞片包被的芽叫裸芽（naked bud）。

另外，还有许多芽不是生长在枝顶或叶腋，而是生长在茎的节间、老茎、根或叶上，这些没有固定着生部位的芽，被称为不定芽（adventitious bud），在营养繁殖时常常利用不定芽。与此相对应，常把顶芽和腋芽称为定芽（normal bud）。依据芽的生理状态又分为活动芽（active bud）和休眠芽（dormant bud）。在当年生长季节可以开放形成新枝、花或花序的芽，叫活动芽，一般一年生草本植物的芽都是活动芽，而多年生木本植物，通常只有顶芽和顶芽附近的侧芽开放，为活动芽。而下部的芽在生长季节不活动，保持休眠状态，始终以芽的形式

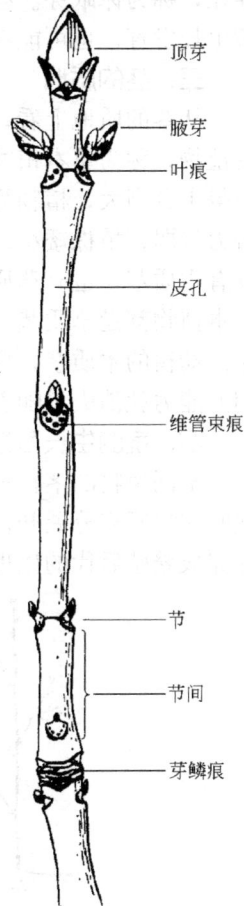

图 2-8 茎的形态

顶芽
腋芽
叶痕
皮孔
维管束痕
节
节间
芽鳞痕

存在，称为休眠芽。有的休眠芽长期不活动，当顶芽受到损害生长受阻后，才接替生长发育，也可能在植物一生中都保持休眠状态。

三、茎的质地

从茎的质地上看，有木质和草质之分，木质茎的植物称为木本植物，草质茎的植物，称为草本植物。木本植物茎内木质部发达，茎干支持力量强，植物往往长得十分高大，植物死亡后茎干仍然直立。草本植物茎内木质部不发达，茎干支持力量弱，植株矮小，植物死亡后茎干多倒伏。裸子植物只有木质茎，双子叶植物有木质茎，也有草质茎。草质茎一般柔软，绿色，寿命较短，绝大多数一年生草本植物都是草质茎。木质茎出现较早，坚硬而粗大，寿命较长，有的可达上千年。幼树的木质茎，含有叶绿素，能进行光合作用，当茎增大形成周皮，光合作用的能力就消失。随着树龄增大，木质特征越来越明显。

四、茎的生长习性

不同植物的茎在长期的进化过程中，有各自的生长习性，以适应外界环境，使叶在空间充分展开，尽可能地充分接受日光照射，制造自己需要的营养物质，并完成繁殖后代的生理功能，由此产生了以下四种主要的生长方式（图2-9）：

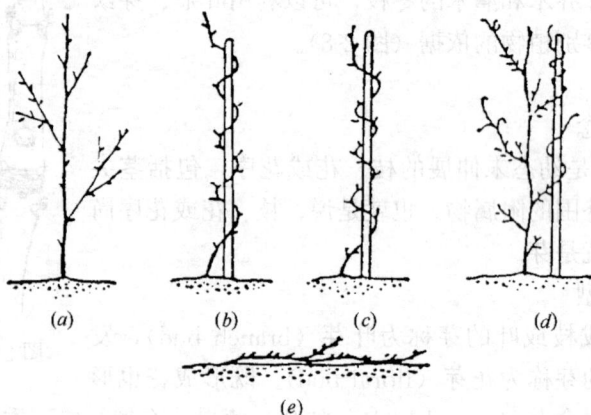

图 2-9 茎的生长习性
(a) 直立茎；(b) 右旋缠绕茎；(c) 左旋缠绕茎；(d) 攀缘茎；(e) 匍匐茎

1. 直立茎：茎背地而生，直立。大多数植物的茎是这样的。
2. 缠绕茎：茎幼时较柔软，不能直立，以茎本身缠绕于其他支柱上升。缠绕茎的缠绕方向，有些是左旋的，即按反时针方向，如茑萝、牵牛花等；有些是右旋，即按顺时针方向，如忍冬等。有些植物的茎既可左旋，也可右旋，称为中性缠绕茎，如何首乌的茎。
3. 攀缘茎：茎较柔软，不能直立，以特有的结构攀缘他物上升。按它们的攀缘结构的性质可分为以下五种：
(1) 以卷须攀缘的茎，如葡萄、丝瓜、黄瓜等的茎。
(2) 以气生根攀缘的茎，如常春藤、络石、薛荔等。
(3) 以叶柄攀缘的茎，如旱金莲、铁线莲等。
(4) 以钩刺攀缘的茎，如白藤等。
(5) 以吸盘攀缘的茎，如爬山虎等。

有缠绕茎和攀缘茎的植物，统称藤本植物。不少有观赏价值的藤本植物，如茑萝、凌霄、紫藤、葡萄等在栽培技术上，必须根据它们的生长习性，及时和适当地搭好棚架，使枝叶得以合理展开，获得充分的光照，以达到最佳景观效果。

4. 匍匐茎：茎细长柔软，沿着地面蔓延生长，一般节间较长。如草莓、铺地柏、旱金莲、狗牙根草等。

五、茎的分枝方式

分枝是植物茎生长时普遍存在的现象，由于分枝的结果，植物形成了庞大的枝系。每种植物有一定的分枝方式，种子植物常见的分枝方式有单轴分枝和合轴分枝两种（图2-10）。

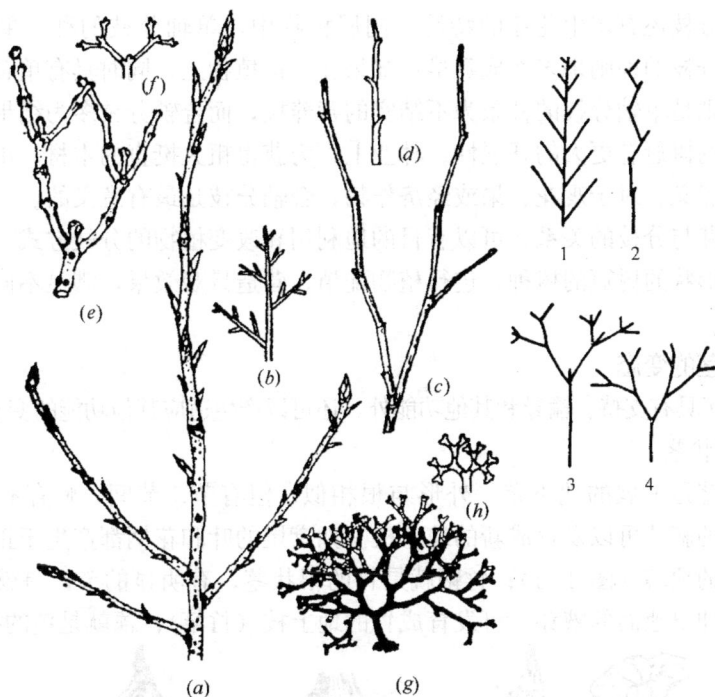

图 2-10　分枝的类型
（a）、（b）单轴分枝；（c）、（d）合轴分枝；（e）、（f）假二叉分枝；（g）、（h）二叉分枝
1.2.3.4. 不同分枝模式图

1. 单轴分枝

植物在生长过程中，主茎的顶芽活动始终占优势，不断向上生长形成主轴，侧芽发育形成侧枝，侧枝又以同样的方式形成次级侧枝，但主轴的生长明显，并占绝对优势，因而形成发达而通直的主茎，这种分枝方式叫单轴分枝。裸子植物和一些被子植物如松、杉、柏类，杨树类，山毛榉类均属于这种分枝方式。这种分枝方式的树材高大通直，适于建筑、造船等用途，而且出材率高。

2. 合轴分枝

植物在生长过程中，没有明显的顶端优势，顶芽只活动很短的一段时间后便死亡，或生长极为缓慢，或转变为花芽，紧邻下方的腋芽开放长成侧枝，代替原来的主轴向上生长。生长一段时间后，侧枝的顶芽同样地被下方的腋芽所取代，如此反复，这种分枝方式叫合轴分枝。合轴分枝使树冠呈开展形，更利于通风透光。大部分被子植物是合轴分枝方式，如榆、柳、苹果、梨、槭、无花果、梧桐、菩提树、桃、番茄、马铃薯等。

在合轴分枝中，有一种特殊情况，即顶芽下面两个对生的腋芽发展成两个相同的侧枝，这种特殊的合轴分枝又叫假二叉分枝，如丁香、梓树、泡桐、七叶树、茉莉花、石竹等对生叶序的植物。从外表上看，假二叉分枝与真正的二叉分枝相似，因此而得名。真正的二叉分枝多见于低等植物，在一些高等植物如苔藓、蕨类植物中也存在。合轴分枝是较为进化的分枝方式。

有些植物，在同一植株上有两种不同的分枝方式，如白玉兰，既有总状分枝，又有合轴分枝。有些树木，在苗期为总状分枝，生长到一定时期变为合轴分枝。

合轴分枝还有多生花芽的特性。同属植物中，单轴分枝的种，果少而成熟迟；合轴分枝的种则果多而成熟早；如果在一株植物上，同时具有单轴分枝与合轴分枝，则是单轴分枝的枝条为不结实的营养枝，而合轴分枝多为结果枝。合轴分枝形成的树冠有更大的开展性。林业上，为获得粗大挺直的木材，单轴分枝有它特殊的意义。对于观花、果或经济作物，合轴分枝是最有意义的。

了解芽与分枝的关系，可以有目的地利用和改变植物的分枝方式。例如，可选择不同形状的树冠的树种，进行植物配植，营造景观效果，满足不同的功能和观赏要求。

六、茎的变态

茎除了具有支持、输导和其他功能外，还可以产生适应其他功能的变态。如：

1. 根状茎

根状茎是平展的地下茎，外形与根相似，但有节、节间，贮存有丰富的养料。节上的腋芽可以发育成新的地上枝。如鸢尾的叶和花柄都产生于正在生长着的根状茎的顶端（图2-11）；竹鞭就是竹的根状茎，有明显的节，笋就是由竹鞭的叶腋内伸出地面的腋芽，可发育成竹的地上枝（竹竿）；藕就是莲的根状茎。

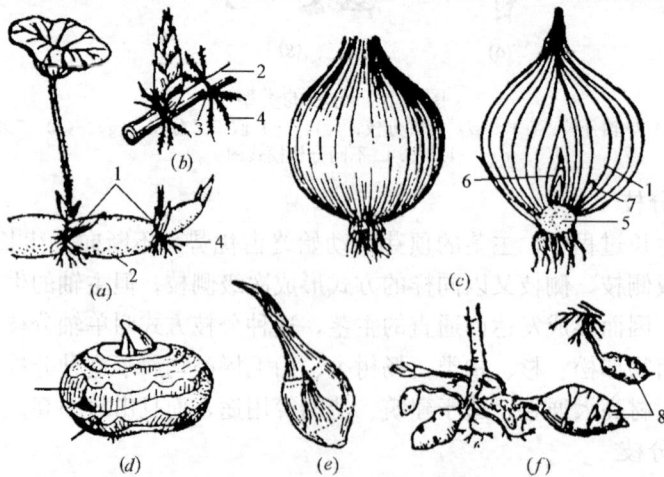

图 2-11 茎的变态（地下茎）
(a)、(b) 根状茎（莲、竹）；(c) 鳞茎（洋葱）；
(d)、(e) 球茎（荸荠、慈菇）；(f)、(g) 块茎（菊芋、甘露子）
1. 鳞叶；2. 节间；3. 节；4. 不定根；5. 鳞茎盘；6. 块根；7. 腋芽；8. 块茎

2. 球茎

球茎是一种直立、肥厚、缩短的地下茎（图 2-11），在球茎上可以看到一些叶腋中有芽。如荸荠、唐菖蒲（图 2-11）、芋、慈菇等。

3. 鳞茎

鳞茎不同于球茎，它的养料贮藏在叶状的鳞片中，茎的部分细小，但至少有一个中央的顶芽会产生一个直立的营养枝，此外，至少有一个腋芽，这种腋芽在第二年会长出鳞茎。如水仙（图 2-11）、百合、洋葱、大蒜等。

4. 块茎

块茎是由细长根状茎的顶部膨大而形成的（图 2-12），马铃薯即是一例。马铃薯有三种类型的茎：（1）普通的地上茎；（2）细长的地下根状茎；（3）细长的根状茎顶端膨大的块茎。在成熟的马铃薯上可以看到已经脱落的根状茎留下的痕。马铃薯的块茎上，还有节和节间、侧芽和一个顶芽，这些芽都可以发育成直立茎。

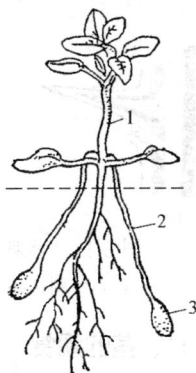

图 2-12 马铃薯的块茎
1. 地上茎；2. 地下根状茎；3. 根状茎顶端膨大的块茎

5. 茎卷须

卷须是卷曲的纤长结构，卷须具有敏感的触觉和支持植物的攀附作用。形态学上有两种卷须：叶卷须和茎卷须。茎卷须存在于节上叶腋内，并且卷须是分叉的。例如葡萄属和五叶地锦（图 2-13）。五叶地锦的卷须与它所附着的表面相接触时，会在每一个卷须端变成扁平的盘状吸器。

6. 叶状茎（也称叶状枝）

叶状茎是一类形如叶状并执行叶功能的绿色茎，其上可以产生花、果实以及退化的叶，如假叶树属（图 2-13），各种仙人掌都具有叶状枝。

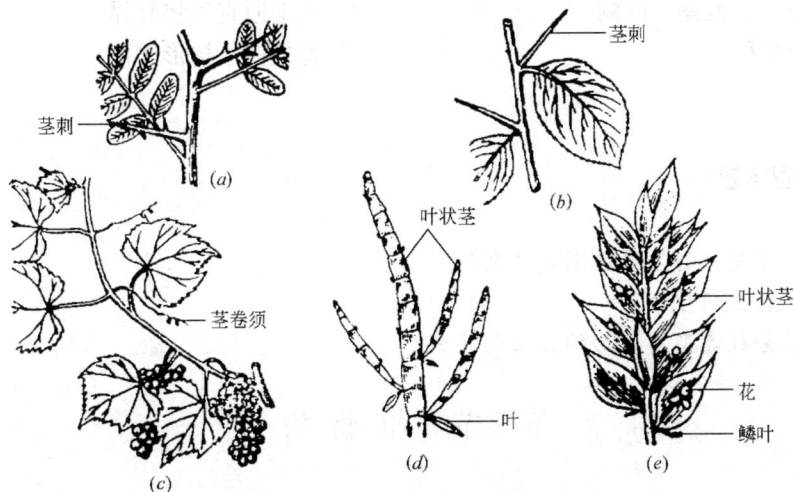

图 2-13 茎的变态（地上茎）
(a)、(b) 茎刺（皂荚、山楂）；(c) 茎卷须（葡萄）；
(d)、(e) 叶状茎（竹节蓼、假叶树）

35

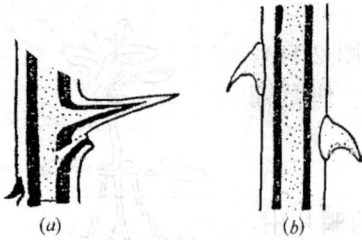

图 2-14　茎刺和皮刺

(a) 茎刺；(b) 皮刺

7. 茎刺

茎转变为刺，称为茎刺、枝刺。火棘、枳、皂荚、刺槐（洋槐）都是枝刺的好例子（图 2-14）。枝刺像普通枝，也着生在叶腋中，有时枝刺上带有叶，而且可以有分枝，这些证明了枝刺是变态茎。但是，在蔷薇茎上的刺叫皮刺，是由表皮形成的，与内部结构无联系（图 2-14）。

七、茎的观赏

树木茎（枝）的观赏与其姿态、色彩、高度、质感和其他因素密切相关。乔灌木中以枝干为主要观赏特性的树种比比皆是，如：

1. 枝干色彩

紫竹	暗紫色
马尾松、杉木、红桦	红褐色
棣棠、梧桐、竹	绿色
白桦、毛白杨、朴树	白或灰白色
白皮松、悬铃木	斑驳色
黄金碧玉竹	黄绿相间色

2. 枝干质感

紫薇、柠檬桉	细腻光滑
柏树、榆树、云杉	粗犷雄劲

3. 枝干姿态

佛肚竹	大腹便便
龟甲竹	布满奇节
银杏、银桦、梧桐	主干通直气势轩昂
白皮松	青枝白干树形秀丽

思考题

1. 茎与根的主要区别是什么？
2. 什么叫枝、茎？
3. 分枝类型与树形的关系是什么？

第三节　植物的叶

叶是种子植物制造有机养料的重要器官，也是植物进行光合作用的主要场所。叶的绿色薄壁细胞内含有叶绿体，它是吸收光能，并通过光合作用把光能转变为化学能的部位。同时，通过叶的蒸腾作用可将植物吸收的超过代谢需用量的多余水，变为水蒸气重新送回到大气中。此外，叶还具有吸收功能，根外追肥就是通过叶面吸收完成的。

一、叶的组成

一般植物的叶由叶片（lamina or blade）、叶柄（petiole）和托叶（stipule）三部分构成（图2-15）。叶片是薄而平展的绿色扁平体，不同植物叶片形状差异很大。叶柄位于叶片的基部，连接叶片与枝（茎），是二者之间物质交流的通道，还能支持叶片通过本身的长短和扭曲使叶片处于光合作用有利的位置。托叶是叶柄基部两侧所生的附属物，通常细小、早落，托叶的有无及形状随植物而不同，如豌豆的托叶为叶状，梨的托叶为线状，刺槐的托叶为刺，蓼科植物的托叶形成了托叶鞘。

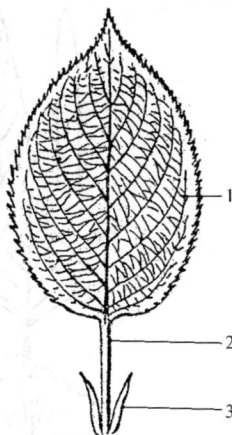

图 2-15　叶的组成
1. 叶片；2. 叶柄；3. 托叶

具叶片、叶柄、托叶三部分的叶称为完全叶（comlete leaf），例如梨、桃、豌豆、月季等。缺少其中任何一部分或两部分的叶称为不完全叶（incomplete leaf）。无托叶的不完全叶较为普遍，例如茶花、丁香、紫藤、黄杨等。有些植物有托叶，但早期脱落。无叶柄的叶，如莴苣、荠菜等。缺少叶片的情况极为少见，如我国的台湾相思树，除幼苗外，植株的所有叶均不具有叶片，而是由叶柄扩展成扁平状，代替叶片的功能，称叶状柄。

此外，禾本科植物等单子叶植物的叶，从外形上仅能区分为叶片和叶鞘（leaf sheath）两部分，为无柄叶。在叶片和叶鞘交界处的内侧，生有很小的膜状突起物，叫叶舌，能防止雨水和异物进入叶鞘的筒内。在叶舌两侧，有从叶片基部边缘处伸出的两片耳状的小突起，叫叶耳（auricle）。叶耳、叶舌的有无、形状、大小和色彩等，可以作为鉴别禾本科植物的依据。

二、叶片的形态

叶片的大小和形状在不同种类的植物中有很大的不同，但对一种植物而言是比较稳定的特征，可以作为鉴别植物的依据之一。但并不是最好的鉴定特征，因为叶形会因环境而变化。

1. 叶片的大小

不同植物的叶片大小不同，柏树的叶细小，呈鳞片状，长仅几个毫米；芭蕉的叶片长达 1～2m；王莲的叶片直径可达 1.8～2.5m，叶面能负荷重量 40～70kg，小孩坐在上面像乘小船一样；而亚马逊酒椰的叶片长可达 22m，宽达 1.2m。

2. 叶片的形状

主要根据叶片的长度和宽度的比值及最宽处的位置来决定。常见有下列几种（图 2-16）：

针形：叶细长，先端尖锐，如松、云杉。

线形：叶片狭长，全部宽度约相等，如韭菜、水仙、冷杉、水稻等。

披针形：叶片较线形为宽，由下部至先端渐次狭尖，如桃、柳等。

椭圆形：叶片中部宽而两端较狭，两侧叶缘呈弧形，如樟。

卵形：叶片下部圆阔，上部稍狭，如向日葵、女贞等。

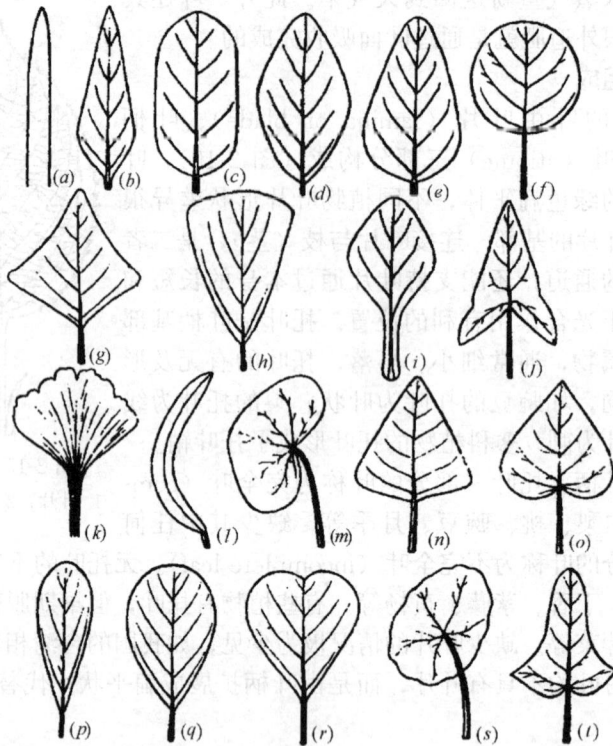

图 2-16 叶形

(a) 线形；(b) 披针形；(c) 矩圆形；(d) 椭圆形；(e) 卵形；(f) 圆形；(g) 菱形；(h) 楔形；(i) 匙形；
(j) 箭形；(k) 扇形；(l) 镰刀形；(m) 肾形；(n) 正三角形；(o) 心形；(p) 倒
披针形；(q) 倒卵形；(r) 倒心形；(s) 盾形；(t) 戟形

菱形：叶片近似等边菱形，如乌桕。

心形：与卵形相似，但叶片下部更为广阔，基部凹入，似心脏形，如紫荆。

剑形：叶形似宝剑，如凤尾兰、剑麻等。

盾形：叶柄着生于叶背近中央部分，如荷叶、旱金莲等。

3. 叶尖的形态

就叶尖而言，有以下一些主要形状（图 2-17）：

（1）渐尖（acuminate）——叶尖较长，或逐渐尖锐，如菩提树（*Ficus religiosa* L.）的叶。

（2）急尖（acute）——叶尖较短而尖锐，如荞麦的叶。

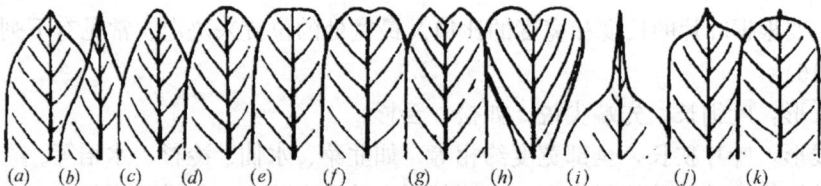

(a) (b) (c) (d) (e) (f) (g) (h) (i) (j) (k)

图 2-17 叶尖的类型

(a) 急尖；(b) 渐尖；(c) 钝尖；(d) 浑圆；(e) 截形；(f) 微凹；
(g) 微缺；(h) 倒心形；(i) 芒状；(j) 锐尖；(k) 细尖

（3）钝形（obtuse）——叶尖钝而不尖，或近圆形，如厚朴的叶。

（4）截形（truncate）——叶尖如横切成平边状，如鹅掌楸（*Liriodendron chinense* 马褂木）、蚕豆的叶。

（5）短尖（mucronate）——叶尖具有突然生出的小尖，如树锦鸡儿（*Caragana arborescens*）、锥花小檗（*Berberis aggregate*）的叶。

（6）骤尖（cuspidate）——叶尖尖而硬，如虎杖（*Polygonum cuspidatum*）、吴茱萸的叶。

（7）微缺（emarginate）——叶尖具浅凹缺，如苋、苜蓿的叶。

（8）倒心形（obcordate）——叶尖具较深的尖形凹缺，而叶两侧稍内缩，如酢浆草的叶。

4. 叶基的形态

就叶基而言，主要的形状有渐尖、急尖、钝形、心形、截形等，与叶尖的形状相似，只是在叶基部分出现。此外，还有耳形、箭形、戟形、匙形、偏斜形等（图 2-18）。

楔形：叶片的基部较长，逐渐变尖。

截形（truncate）：叶片的基部呈平边。

耳形（auriculate）：叶基两侧的裂片钝圆，下垂如耳，如白英、狗舌草的叶。

箭形（sagittate）：二裂片尖锐下指，如慈菇（*Sagittaria sagittifolia*）的叶。

戟形（hastate）：二裂片向两侧外指，如菠菜、旋花的叶。

匙形（spatulate）：叶基向下逐渐狭长，如金盏菊（*Calendula officinalis*）的叶。

偏斜形（oblique）：叶基两侧不对称，如秋海棠、朴树的叶。

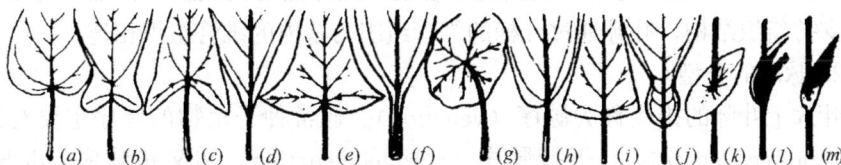

图 2-18　叶基的类型

（*a*）心形；（*b*）耳形；（*c*）箭形；（*d*）楔形；（*e*）戟形；（*f*）下延；（*g*）盾形；（*h*）斜形；（*i*）截形；
（*j*）翼形；（*k*）合生穿叶；（*l*）抱茎；（*m*）鞘状

5. 叶缘的形态

就叶缘来说，有下面一些情况（图 2-19）：

全缘（entire）——叶缘平整的，如女贞、白玉兰、樟、紫荆、海桐等植物的叶。

波状（undulate）——叶缘稍显凸凹而呈波纹状的，如胡颓子的叶。

锯齿状（serrate）——叶片边缘凹凸不齐，裂成齿状，齿尖锐而齿尖朝向叶先端的，也就是指向上方或前方的，如月季的叶。细锯齿是指锯齿较细小的，如猕猴桃的叶。所谓牙齿（dentate），是齿尖直向外方的，如茨藻的叶。凡齿基成圆钝形的，称圆缺缘（emarginate）。

重锯齿（double serrate）——是锯齿上又出现小锯齿的，如榆树的叶、樱草的叶、棣棠的叶。所谓圆齿（crenate），是齿不尖锐而成钝圆的，如山毛榉的叶。

缺刻（lobed or notched）——叶片边缘凹凸不齐，凹入和凸出的程度较齿状缘大而深的，称为缺刻。缺刻的形式和深浅又有多种。依缺刻的形式讲，有两种情况：一种是裂片呈羽状排列的，称为羽状缺刻（图2-19），如蒲公英、荠菜、鸟萝等植物的叶。另一种是裂片呈掌状排列的，称为掌状缺刻（图2-19），如枫香、梧桐、悬铃木、蓖麻等植物的叶。依裂入的深浅讲，又有浅裂、深裂、全裂三种情况。浅裂（cleft），也称半裂，缺刻很浅，最深达到叶片的1/2，如梧桐叶。深裂（partite）是缺刻超越1/2，缺刻较深，如荠的叶。全裂（dissect），也称全缺，缺刻极深，可深达中脉或叶片基部，如茑萝、白敛、铁树。因此，羽状缺刻和掌状缺刻都可以根据缺刻深浅，再加划分。

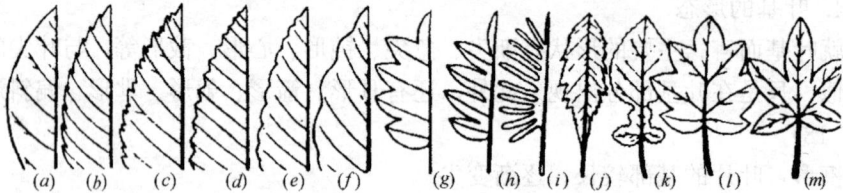

图2-19　叶缘的类型

（a）全缘；（b）锯齿；（c）重锯齿；（d）齿状；（e）钝齿状；（f）波状；（g）半裂；（h）羽状缺刻；
（i）羽状深裂；（j）倒向羽裂；（k）琴状裂叶；（l）掌状缺刻；（m）掌状深裂

三、叶脉

1. 叶脉的概念

叶脉（vein）是贯穿在叶肉内的维管组织及外围的机械组织，是叶肉输导组织和支持组织结构，叶脉通过叶柄的维管组织与茎内的维管组织相连。

2. 脉序的类型

叶片上叶脉的排序称为脉序（venation）。通常种子植物的脉序主要有网状脉序（netted venation）、平行脉序（parallel venation）和叉状脉序（dichotomous venation）三种类型（图2-20）。

网状脉序——由主脉分出更多的支脉，支脉上再分出更多的小脉，各支脉与小脉相互联结成网。网状脉序是多数双子叶植物的叶脉类型。网状脉序可根据主脉分出侧脉的方式不同再分成羽状网脉、掌状网脉（图2-20）。羽状网脉具有一条明显的主脉，主脉向两侧发出各级侧脉，组成网状；掌状网脉由叶基分出多条主脉，各主脉再分枝组成网状。

平行脉序——是各条叶脉近于平行排列（图2-20），主脉与侧脉间有细脉相连。平行叶脉是单子叶植物叶脉的特征。平行脉序可以分为直出平行脉和侧出平行脉两种。直出平行脉是各叶脉由叶基部平行直达叶尖，如竹类、水稻、小麦。侧出平行脉是中央主脉明显，侧脉垂直于主脉，彼此平行，直达叶缘，如香蕉、美人蕉、芭蕉。各叶脉自基部以辐射状态分出称辐射平行脉，如蒲葵、棕榈。脉自基部平行发出，但彼此逐渐远离，稍呈弧状，最后集中在叶尖汇合，称为弧形脉，如车前草。

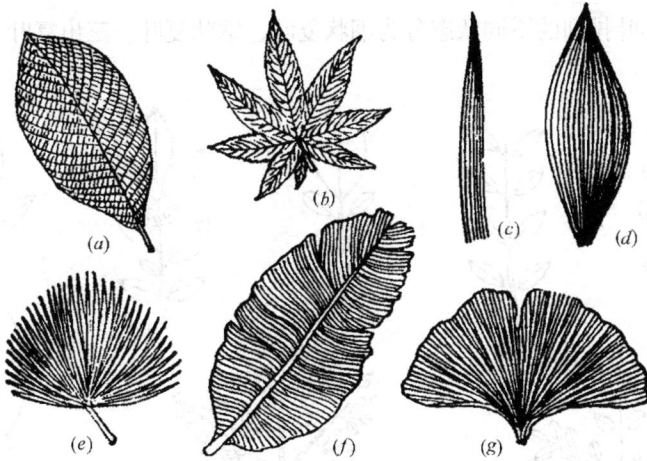

图 2-20　叶脉的类型

（a）、（b）网状脉（羽状网脉、掌状网脉）；（c）、（d）、（e）、（f）平行脉（直出脉、
弧形脉、射出脉、侧出脉）；（g）叉状脉

叉状脉序——叶脉作二叉分枝，并可有多级分枝，如银杏、蕨类植物（图 2-20）。叉状脉序是一种比较原始的脉序，此种脉序在蕨类植物中较为普遍，而在种子植物中少见。

四、叶序（phyllotaxy）

叶在茎上的分布格局称为叶序。常见有以下几种类型（图 2-21）：

1. 对生叶序（opposite）：每节上生两叶，相对排列，如丁香、女贞、石竹。

2. 互生叶序（alternate）：每节上只生一叶，交互而生，如樟、白杨、悬铃木。

3. 轮生叶序（whorled）：每节上生三叶或三叶以上，呈辐射状排列，如夹竹桃、百合、梓树等。

4. 簇生叶序：枝的节间极度缩短，叶成簇生于短枝上，如银杏、雪松、枸杞、落叶松等。

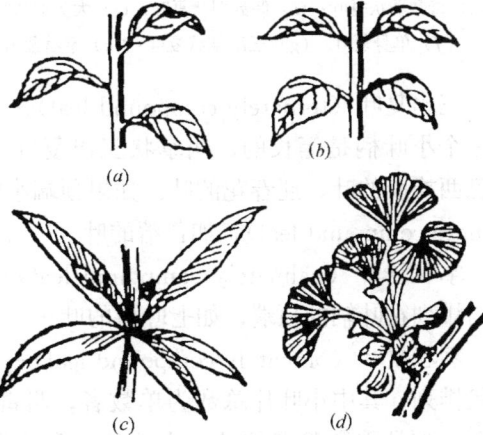

图 2-21　叶序

（a）互生叶序；（b）对生叶序；

（c）轮生叶序；（d）簇生叶序

五、单叶与复叶

1. 单叶和复叶的概念

一个叶柄上所生叶片的数目，各种植物也是不同的。一个叶柄上只生一个叶片的，叫单叶（simple leaf），如桃、李、柳等，单叶的叶片是一个整体。如果一个叶柄上生两个以上叶片的叶，称为复叶（compound leaf），如槐、月季等，复叶的叶柄可以称叶轴或总叶柄（common petiole）。总叶柄上着生许多的叶，叫小叶（leaflet），每个小叶的叶柄叫小叶柄（petiolule）。小叶的排列方式因植物而异。

41

2. 复叶的类型

复叶依小叶排列的不同状态分为羽状复叶、掌状复叶、三出复叶（图 2-22）。

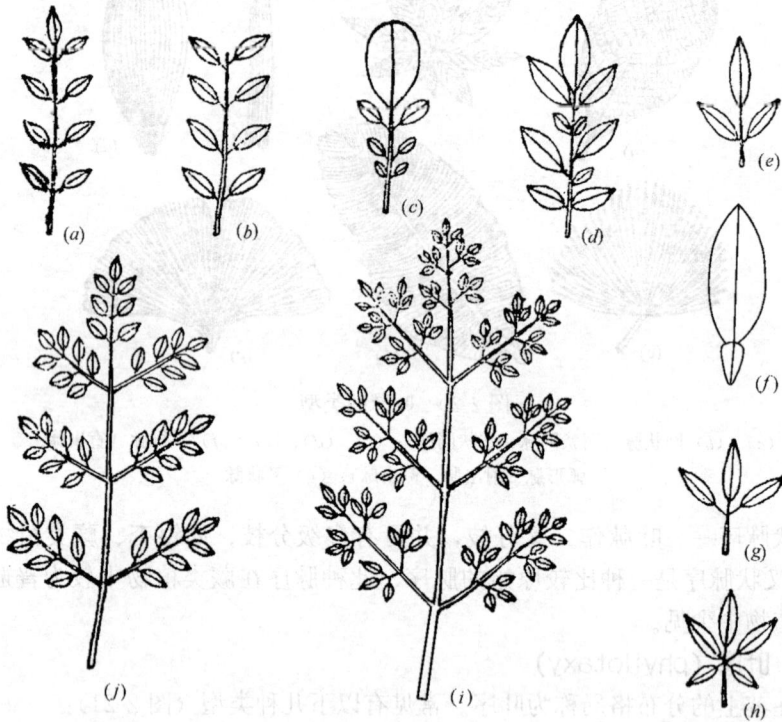

图 2-22　复叶的主要类型

（a）奇数羽状复叶；（b）偶数羽状复叶；（c）大头羽状复叶；（d）参差羽状复叶；（e）三出羽状复叶；
（f）单身复叶；（g）三出掌状复叶；（h）掌状复叶；（i）三回羽状复叶；（j）二回羽状复叶

三出复叶（ternately compound leaf）——是叶轴上生三片小叶，如果三出复叶三个小叶柄是等长的，叫掌状三出复叶（digitately ternate compound leaf），如巴西橡胶的叶，迎春花的叶；如果顶端小叶柄较长，叫羽状三出复叶（ternate pinnate compound leaf），如苜蓿的叶。

掌状复叶（palmately compound leaf）——是叶轴上生四片以上的小叶片，且均排列在叶轴的顶端，如七叶树的叶。

羽状复叶（pinnately compound leaf）——是小叶片都生在叶轴的两侧，成羽毛状排列，其中小叶片总数为单数者，叫奇数羽状复叶（oddpinnate compound leaf），如月季和刺槐的叶；小叶片总数为偶数者，叫偶数羽状复叶（evenpinnate compound leaf），如皂荚的叶。在羽状复叶中如果总叶柄不分枝，称一回羽状复叶（simple pinnate compound leaf），如月季的叶；总叶柄分枝一次称二回羽状复叶（bipinnate compound leaf），如合欢的叶；总叶柄分枝两次，叫三回羽状复叶（tripinnate compound leaf），如南天竹的叶。

复叶中也有一个叶轴只具一个叶片的，称单身复叶（unifoliate compound leaf），如橙、柑橘类、柚。单身复叶是由三出复叶两侧的小叶退化而形成的，可以看到总叶柄顶端与小叶连接处有明显的关节（图 2-22）。

由于小叶具有单叶的特征，特别当小叶较大或很多时，有时就可能怀疑这种结构是单叶还是复叶的小叶。其实，二者有着本质上的区别。第一，一般小枝的顶端有顶芽，而复叶的叶轴顶端没有顶芽。第二，小枝上每一单叶的叶腋内有腋芽，而复叶的小叶叶腋处无腋芽，腋芽生在总叶柄的叶腋处。第三，单叶在小枝上以一定的角度伸向不同的方向，而复叶中的小叶与总叶柄在一个平面上伸展。第四，落叶时小枝上只有叶脱落，而复叶先是小叶脱落，最后叶轴（总叶柄）也脱落。

六、异形叶性 (heterophylly)

一般情况是，一种植物具有一定形状的叶，但有些植物，却在一个植株上具有不同形状的叶，这种在同一植株上具有不同叶形的现象，称为异形叶性（图2-23）。异形叶性的发生，有两种情况，一种是叶因枝的老幼不同而叶形各异，例如蓝桉，在嫩枝上的叶较小，卵形无柄对生，而老枝上的叶较大，披针形或镰刀形，有柄，且常下垂。桧柏在老枝上多为鳞形叶，嫩枝上多见到刺形叶。我们常见的白菜、油菜，基部的叶较大，有显著的叶柄，而上部的叶较小，无柄，抱茎而生。园林上常用的小檗，幼期的叶为匙形，在以后的生长过程中再长出的叶为刺形。这类由于发育年龄不同而出现的异形叶性，称为系统发育异形叶性。另

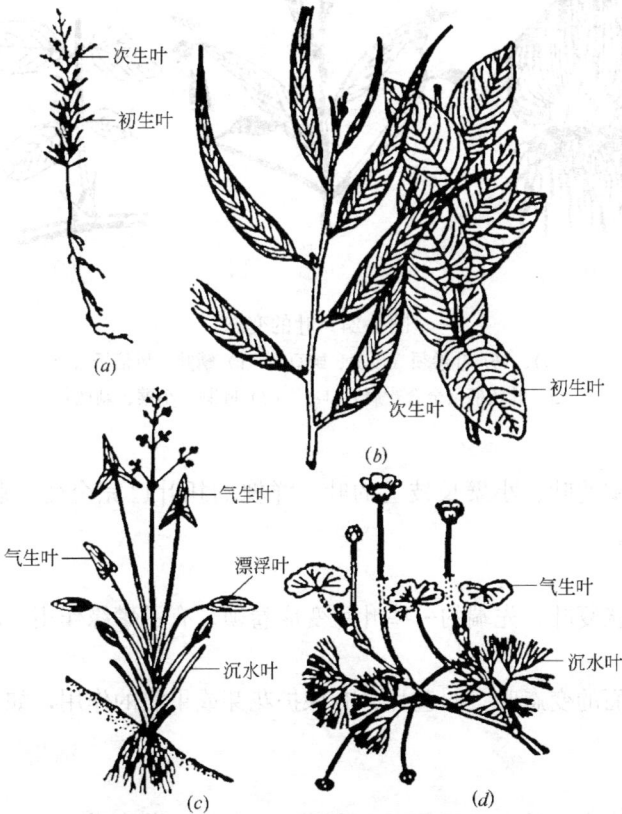

图 2-23 异形叶性

(a) 金钟柏；(b) 蓝桉；(c) 慈菇；(d) 水毛茛

一种情况是由于外界环境影响而引起异形叶性。例如慈姑，有三种不同形状的叶，气生叶——箭形，漂浮叶——椭圆形，而沉水叶——带形。又如水毛茛，气生叶——扁平状，沉水叶——细裂成丝状，这类称为生态异形叶性。

七、叶的变态

叶除了执行光合作用外，还可以发生变态，具有其他功能。如：

1. 鳞叶

叶特化成鳞片状，称为鳞叶。鳞叶有两种情况，一种是木本植物的鳞芽外的鳞叶，呈褐色，具茸毛或黏液，有保护芽的作用；另一种是地下茎上的鳞叶，如荸荠、慈姑上的膜质鳞叶，褐色膜状（图2-24）。

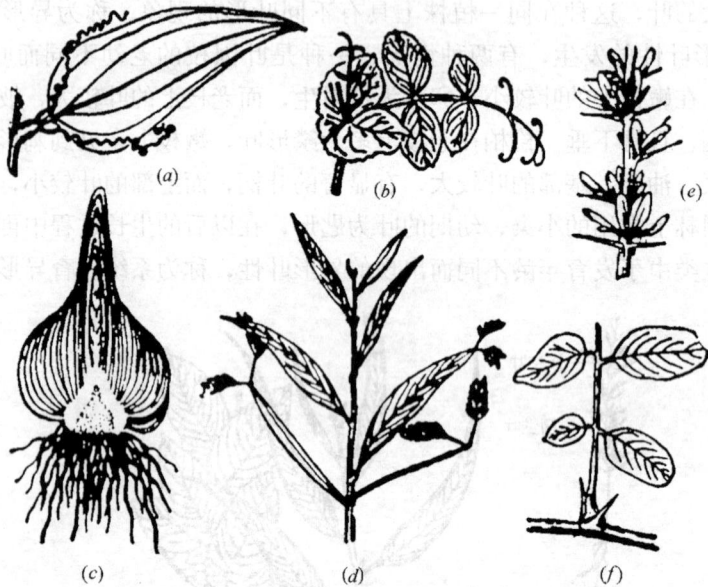

图 2-24 叶的变态
(a)、(b) 叶卷须（菝葜、豌豆）；(c) 鳞叶（风信子）；
(d) 叶状柄（金合欢属）；(e)、(f) 叶刺（小檗、刺槐）

2. 叶刺

各种仙人掌的叶、小檗长枝上的叶、洋槐的托叶已完全变为刺（图2-24），有时很难区分。

3. 叶卷须

豌豆的羽状复叶，先端的一些叶片变成卷须，有了攀缘作用（图2-24）。

4. 苞片

生于花下面的变态叶，叫苞片，有保护花芽或果实的作用，如菊科植物花序外的苞片。

5. 捕虫叶

在食虫植物中，叶变成了囊状（狸藻）、盘状（茅膏菜）、瓶状（猪笼草），这些叶在未获得动物食料时仍能生存，但有适当动物性食料，能结出更多的果实和种子，原因何在，尚无确定解释。

八、叶的寿命和落叶

植物叶的寿命因各植物而异同，一般植物的叶寿命不过几个月，如杨、柳、榆、槐、椿、楝、合欢等，它们的叶春季长出，到秋季全部脱落，叶的寿命只有一个生长季节，大多保持5～10个月，这样的树称为落叶树。而有的树叶子寿命可延续一年或多年，而且老叶多在新叶形成之后逐渐脱落，故其树冠比较稳定，如松柏、女贞、荔枝、龙眼、芒果等，这类树称为常绿树。松属植物的叶寿命可达2～5年；紫杉6～10年，冷杉3～10年。

九、叶的观赏

植物的叶具有极其丰富多彩的形态，是构成植物景观的重要因素。不同的叶具有不同的观赏特点，如棕榈、蒲葵、椰子、槟榔均具有热带情调，但前二者的掌状叶形，给人以朴素之感，后二者的大形羽状叶给人以轻快洒脱的联想。

叶片的质地可以使观赏者产生不同的质感，革质的叶片具有较强的反光能力，有光影闪烁之效果；纸质、膜质叶片常呈半透明状，给人以恬静之感；而粗糙多毛的叶片，则多富有野趣。

叶色的观赏价值更大，虽同为绿叶，仔细观察则有嫩绿、浅绿、鲜绿、暗绿、墨绿、蓝绿、亮绿、黄绿等之分，现略归纳如下：

1. 深绿叶色的植物：油松、圆松、雪松、云杉、侧柏、山茶、女贞、桂花、槐、榕、毛白杨、构树、月桂等；在这类暗绿色树丛前配植浅绿色树冠，会形成满树黄花的效果。

2. 浅绿叶色的植物：水杉、落羽松、金钱松、七叶树、鹅掌楸、玉兰。

3. 春色叶植物：有的植物因季节和气候叶色发生周期性变化，其中早春叶色有明显变化的树种有：石楠（鲜红）、山麻杆（鲜红），香椿（紫红），五角枫（红色），黄连木（紫红色），柳树（淡绿）。这类树种如种植在浅灰色建筑物前或深绿色树丛前，能产生类似开花的观赏效果。

4. 秋色叶植物：有些植物的叶子在秋季有显著的色彩变化，被称为秋色叶树或秋景树。如秋季呈红色或紫红色的有：鸡爪槭、五角枫、枫香、地锦、五叶地锦、爬山虎、茶条槭、小檗、樱花、漆树、盐肤木、黄连木、柿树、黄栌、南天竹、乌桕、卫矛、山楂等；秋季呈黄或黄褐色的有：银杏、鹅掌楸、梧桐、榆、槐、白桦、无患子、栾树、悬铃木、水杉、落叶松、金钱松、栓皮栎、麻栎、加拿大杨。这些仅示秋叶之一般变化，实则在红与黄中，又可细分为许多类别。在景观设计中，秋色叶植物早就为各国人民所重视。例如我国北方每到深秋观赏黄栌的红叶，而南方则以枫香、乌桕的红叶著称。在欧美的秋色叶中，以红槲、桦类等最为夺目；而在日本，则以槭树类最为普遍。

5. 紫红叶色的植物：有些植物的变型或变种，其叶常年均为异色，如紫叶小檗、紫叶李、紫叶桃。

6. 双色叶植物：有些植物其叶背与叶表的颜色显著不同，在微风中有特殊的闪烁变化效果，如银白杨、胡颓子、栓皮栎、红背桂、油橄榄等。

7. 斑叶植物：有些植物的绿叶上有其他颜色的斑点和花纹，如洒金桃叶珊瑚、变叶木、四季海棠、金叶鸡爪槭、金心黄杨、金边黄杨、金叶雪松等。

还有些植物其嫩叶与成年叶之色差异很大，因而形成在绿色树冠上开满鲜花的感觉，石楠、香樟树等就有此效果。此外，叶还有音响效果，特别是针叶树最易发音，所以古来即有"松涛"、"万壑松风"的匾额来赞颂园景之美；而"雨打芭蕉"亦可成为自然界的音乐；至于响叶杨，即是坦率地以其能产生音响而得名了。

有些植物的叶片极富特色，巨形叶片的鱼尾葵、高山蒲葵、王莲；叶形奇特的羊蹄甲、马褂木、含羞草等。

思考题

1. 什么是叶序？有哪几种类型？
2. 单叶与复叶的主要区别是什么？
3. 哪种植物是叉状脉序？
4. 什么叫异形叶性？

第四节　植物的花

种子植物从种子萌发时起，就不断进行着生长和发育，在以营养生长为基础的前提下，经过一定时期，满足了光照、温度等因素的要求，以及某些激素的诱导作用后，在茎上孕育着花原基并发育成花（flower）。从植物系统进化和植物形态学的角度来看，花实际上是一种不分枝且节间短缩的、适于生殖的变态短枝。花柄是枝条的一部分，花托是花柄顶端略为膨大的部分，花萼、花冠、雄蕊和雌蕊是着生于花托上的变态叶（图2-25）。在植物的个体发育中，花的分化标志着植物从营养生长进入生殖生长。花是被子植物特有的有性生殖器官，是形成雌雄生殖细胞和进行有性生殖的场所。被子植物通过花器官完成受精、结果、产生种子等一系列有性生殖过程，以繁衍后代，延续种族。同时，花和果实是受环境变化影响最小的，所以在被子植物分类上十分重视花的形态。花还有高度的美学观赏价值，果实和种子在食物生产上又极为重要。

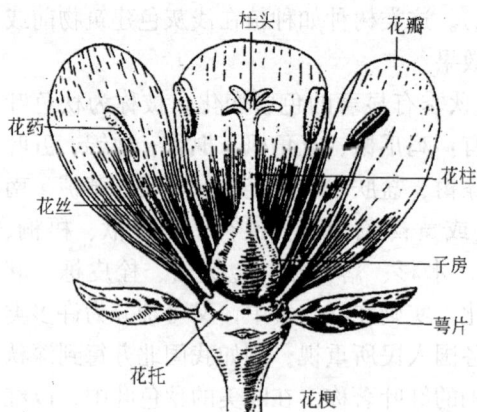

图 2-25　花的基本组成部分

（图中标注：柱头、花瓣、花药、花柱、花丝、子房、萼片、花托、花梗）

一、花的组成

一朵完整的花包括五个部分，即花柄、花托、花被、雄蕊群、雌蕊群（图2-25）。一朵具备五个部分的花称为完全花。如果有一部分或两部分缺少不全的，称为不完全花。

1. 花柄（pedicel）

花柄或称花梗，是着生花的小枝，也是花和茎相连的通道。花柄的内部结构和茎相同，当果实形成时，花柄变为果柄。花柄有无或长短因植物种类而异，如垂丝海棠的花柄很长，而贴梗海棠的花柄就很短，有些植物的花没有花柄。花柄有具分枝的也有不分枝的。分枝的花柄称小花梗，顶端着生一花。

2. 花托（receptacle）

花托是花柄的顶端，是花萼、花冠、雄蕊和雌蕊着生的部位。在多数植物中花托略微膨大。花托的形状随植物种类而异，例如白玉兰的花托伸长为圆柱状；草莓的花托肉质化隆起呈圆锥形；莲的花托膨大呈倒圆锥形；蔷薇、桃的花托呈杯状或壶状；柑橘的花托扩大为盘状，能分泌蜜汁；花生的花托在雌蕊基部形成短柄状，在花完成受精后能迅速伸长，形成雌蕊柄，将子房推入土中，发育为果实。西番莲的花托，在雄蕊群和花冠间延伸成柄，称为雌雄蕊柄。

3. 花被（perianth）

花被是花萼和花冠的总称，当花萼与花冠形态相似不易区分时，可统称为花被，如洋葱、百合。按花中花被具备的情况不同，可分为单被花、双被花、无被花。它由扁平状瓣片组成，在花中主要是起保护作用。

花被由于形态和作用的不同，可分内外两部分，在外的称花萼，在内的称花冠，两者具全的花称双被花，如油菜、豌豆、番茄等；仅有花萼或花冠的花，多称为单被花，如荔枝、板栗等；也有花被完全不存在的称为无被花，如杨、柳等。

花萼（calyx）——花最外一轮的变态叶，由若干萼片（sepal）组成。萼片完全分离的称离萼，如山茶。萼片合生的，构成合萼，合生部分叫萼筒，有些植物的萼筒伸长成一细小的管状突起，称为距（spur），如凤仙花、旱金莲等植物的花萼（图2-26）。有些植物在花萼之外还有一轮叫副萼（accessory calyx），如锦葵、棉花、草莓。萼片通常在花开之后脱落，但有些植物直到果实成熟时，花萼仍然存在，叫宿存萼（persistent calyx），如茄、柿等。花萼通常呈绿色，主要有保护花

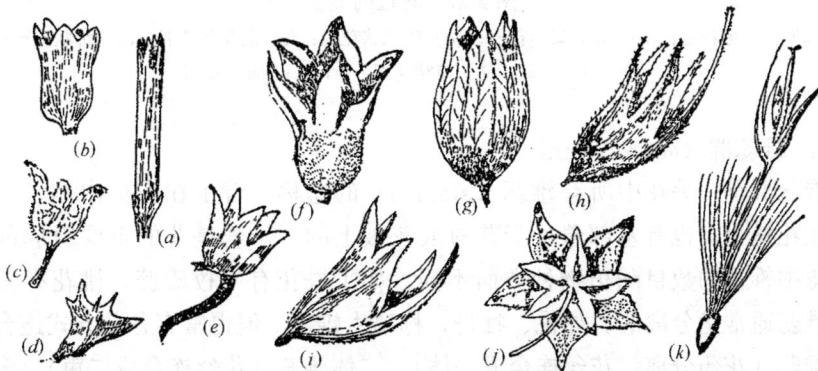

图 2-26 各种形状的花萼

(a) 石竹的管状萼；(b) 楼斗菜的壶状萼；(c) 茄的漏斗状萼；(d) 野芝麻的唇形萼；(e) 旱金莲的
有距萼；(f) 天仙子属；(g) 蝇子草属整齐萼；(h) 三叶草属；(i) 鼠尾草属的不整齐萼；
(j) 委陵菜属的两层萼（外层为副萼）；(k) 飞廉属的毛状萼（冠毛）

蕾、幼果和进行光合作用的功能。有些植物花萼颜色鲜艳，有引诱昆虫传粉的作用，如一串红。有的植物的萼片变为冠毛，有助于果实传播，如蒲公英。

花冠（corolla）——位于花萼的内侧，由若干花瓣组成，排列成一轮或多轮。花瓣细胞内含有花青素或有色体，颜色绚丽多彩。含花青素的花瓣显红、蓝、紫等色（液胞内细胞液的酸碱度决定）。含有色体的呈黄色、橙黄色或橙色。有的花瓣两种情况都存在，呈现出各种颜色，两者都没有的呈现白色。花瓣基部有分泌蜜汁的腺体，可以分泌蜜汁和香味，有的还能分泌挥发油类，产出特殊的香味。花冠的色彩和芳香以及蜜汁都有招致昆虫传送花粉的作用，为进一步完成有性生殖创造了有利条件。与萼片一样，花瓣有分离、连合之分，完全分离的花称离瓣花，如桃花、毛茛。花瓣连合在一起的，称合瓣花，如牵牛花、矮牵牛、茄花等。花瓣也有形成距的，如三色堇。

由于花瓣的分离连合，花冠筒的长短，花冠裂片的形状及大小不同，形成各种类型的花冠，常见的几种如图 2-27 所示。

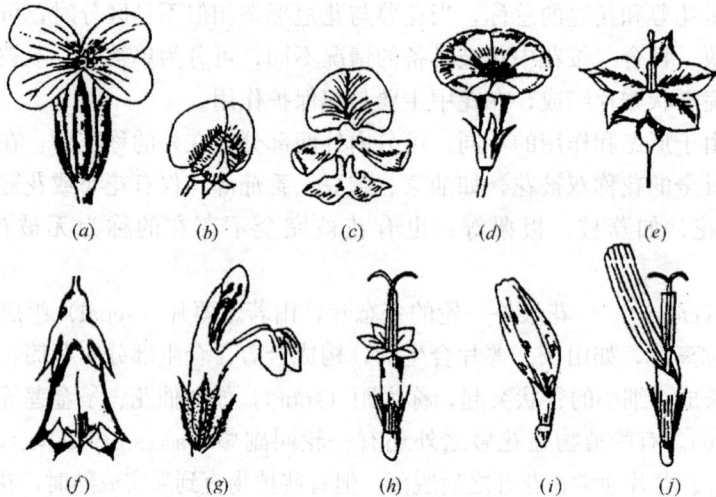

图 2-27　花冠的类型

（a）十字形花冠；（b）、（c）蝶形花冠；（d）喇叭状花冠；（e）漏斗状花冠；（f）钟状花冠；
（g）唇形花冠；（h）筒状花冠；（i）、（j）舌状花冠

4. 雄蕊群（androecium）

雄蕊群是一朵花中所有雄蕊（stamen）的总称，着生在花被内侧，一般直接生在花托上，也有基部着生于花冠或花被上的。雄蕊是花的重要组成部分之一。花中雄蕊的数目随植物种类而不同，如丁香花有两枚雄蕊，桃花有多数雄蕊。雄蕊通常是分离的，如桃、牡丹，称离生雄蕊。但也常有各种方式连合，如单体雄蕊（花药分离，花丝连合成一体）、二体雄蕊（花丝连合成二束）、多体雄蕊（花丝连合成多束）、聚药雄蕊（花丝分离，花药合生）、二强雄蕊（花中雄蕊二长二短）、四强雄蕊（花中雄蕊四长二短）。

5. 雌蕊群（gynoecium）

雌蕊群是一朵花中所有雌蕊 (pistil) 的总称,但多数植物的花只有一个雌蕊。雌蕊位于花的中央或花托顶部,是花的另一个重要组成部分。每一雌蕊由柱头 (stigma)、花柱 (style) 和子房 (ovary) 三部分组成 (图 2-25)。柱头位于雌蕊的上部,是承受花粉的地方,常常扩展成各种形状。花柱位于柱头和子房之间,一般较细长,是花粉萌发后,花粉管进入子房的通道。子房是雌蕊基部膨大的部分,外为子房壁,内包藏着胚珠,受精后整个子房发育为果实,子房壁成为果皮,胚珠发育为种子。由 1 个心皮 (carpel) 构成的雌蕊称为单雌蕊,如大豆、桃;由两个或两个以上心皮构成的雌蕊,称为复雌蕊;如果心皮彼此,形成一朵花内有多个分离的雌蕊,称为离生雌蕊,如白玉兰、草莓、蔷薇等;如果几个心皮相互连接成一个雌蕊,称为合生雌蕊,多数被子植物具有这种类型的雌蕊。

根据花中雌雄蕊具备与否,可把花分为以下三种:

两性花——同时兼有雌、雄蕊的花,如油菜、蚕豆等。

单性花——仅有雄蕊或雌蕊的花,如构树、南瓜、玉米、桑等。只有雌蕊的花,叫雌花;只有雄蕊的花,叫雄花。如果雌花和雄花着生在同一植物体上,叫雌雄同株,如玉米、南瓜等;如果雌花和雄花分别着生在不同植株上,叫雌雄异株,如银杏、构树、杨梅等;如在同一植株上既生两性花又生单性花的,则叫杂性同株,如芒果、荔枝、臭椿等。

无性花——花中既无雌蕊,也无雄蕊,也可叫中性花,如向日葵头状花序中的舌状花。

二、花序

被子植物的花,有的是单独一朵生在茎顶上或叶腋,称为单生花,如玉兰、牡丹、芍药等。但大多数植物的花,密集或稀疏地按一定排列顺序着生在特殊的总花轴上,我们将许多花在总花轴上有规律的排列方式,称为花序。花序的总花柄称花轴或花序轴。花序下部变态的叶,称为苞片。根据花序轴的长短、分枝与否、花柄有无、各花开放的顺序,以及其他特殊因素所产生的变异等,花序可分为无限花序 (indefinite inflorescence) 和有限花序 (definite inflorescence) 两大类。

1. 无限花序

无限花序的特点为:在开花期间花序主轴可以继续向上生长伸长,不断产生苞片和花芽,个花的开放顺序是花轴基部的花先开,然后向上方顺序依次开放。如果花序轴短缩,个花密集成一平面或球面时,开花顺序是先从边缘开始,然后向中央依次开放。常见类型如下:

总状花序 (raceme) 花互生排列在不分枝的花轴上,个花的花柄几乎等长,如紫藤、油菜花、一串红、荠菜的花序 (图 2-28)。

伞房花序 (corymb) 花序轴较短,着生在花轴上的花,花柄不等长,基部的花柄较长,向上渐短,个花排列在近于同一个平面上,如梨、苹果、山楂等(图 2-28)。

伞形花序 (umbel) 花序轴进一步缩短,各花自花轴顶端生出,花柄几乎等长,整个花序的形似开张的伞,如常春藤、葱、人参等 (图 2-28)。

穗状花序 (spike) 花序轴直立,较长,其上着生许多无柄的两性花,如车

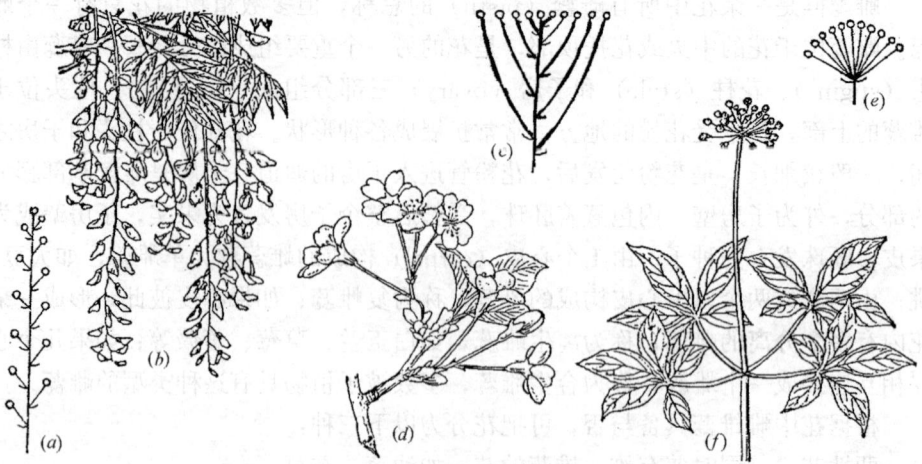

图 2-28 无限花序图（一）

（a）总状花序模式图；（b）紫藤的总状花序；（c）伞房花序模式图；（d）日本樱花的伞房花序；
（e）伞形花序模式图；（f）人参的伞形花序

前、马鞭草等（图 2-29）。

柔荑花序（catkin） 花序轴上着生许多无柄或具短柄的单性花，通常雌花序轴直立，雄花序轴下垂，开花后，整个花序一起脱落，如杨树、柳树、枫杨等（图 2-29）。

肉穗花序（spadix） 结构与穗状花序相似，但花序轴膨大，肉质化，其上生多数无柄的单性花，有的肉穗花序外面包有一片大型苞片，称为佛焰苞，这类花序又称佛焰花序，如马蹄莲、玉米、香蒲、棕竹等（图 2-29）。

头状花序（capitulum） 花轴极度缩短成球形或盘形，上面密生许多近无柄或无柄的花，花序外层的苞片常聚生成总苞，生于花序基部，如菊、向日葵、千日红等（图 2-30）。

隐头花序（hypanthodium） 花轴肉质，特别肥大并凹陷成囊状，很多无柄单性花隐生于囊体的内壁上，雄花位于上部，雌花位于下部。整个花序仅囊体前端留一小孔，可容昆虫进出进行传粉，如无花果、薜荔等（图 2-30）。

上述各种花序的花序轴都不分枝，而有些植物的花序轴具有分枝，在每一分枝上又按上述的某一花序着生花朵，这类花序叫做复合花序。常见有以下几种：

圆锥花序（panicle） 又称复总状花序，花序轴的分枝成总状排列，每一个分枝相当于一个总状花序，如南天竹、女贞（图 2-31）。

复伞形花序（compound umbel） 花轴顶端分出伞形分枝，各分枝之顶，再生一伞形花序，如胡萝卜的花序（图 2-31）。

复伞房花序（compound corymb） 伞房花序的每一个分枝再形成一伞房花序，如火棘、日本绣线菊、石楠的花序（图 2-31）。

复穗状花序（compound spike） 花序轴上依穗状式着生分枝，每一个分枝相当于一个穗状花序，如小麦（图 2-31）。

50

2. 有限花序

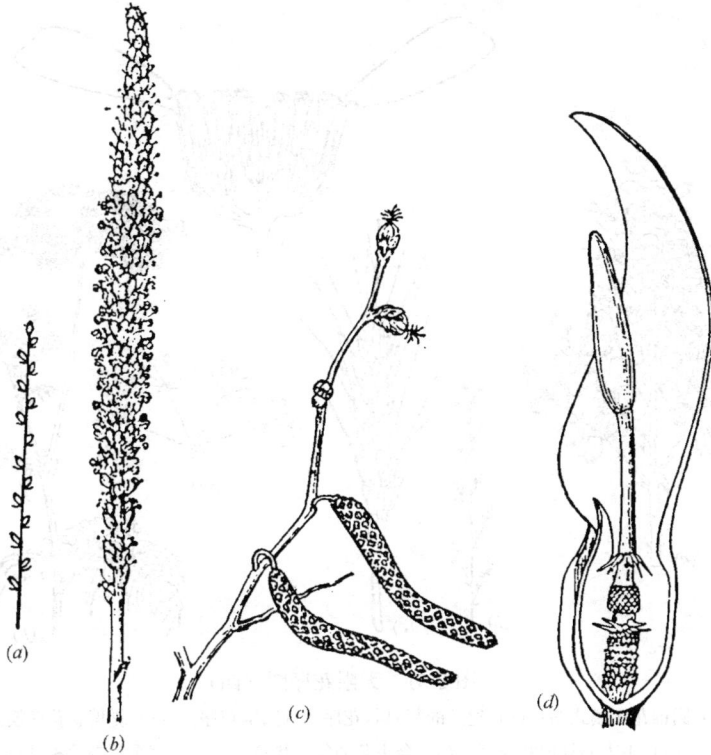

图 2-29 无限花序图（二）

（a）穗状花序模式图；（b）车前的穗状花序；（c）榛的柔荑花序（雄花序）；（d）天南星的肉穗花序

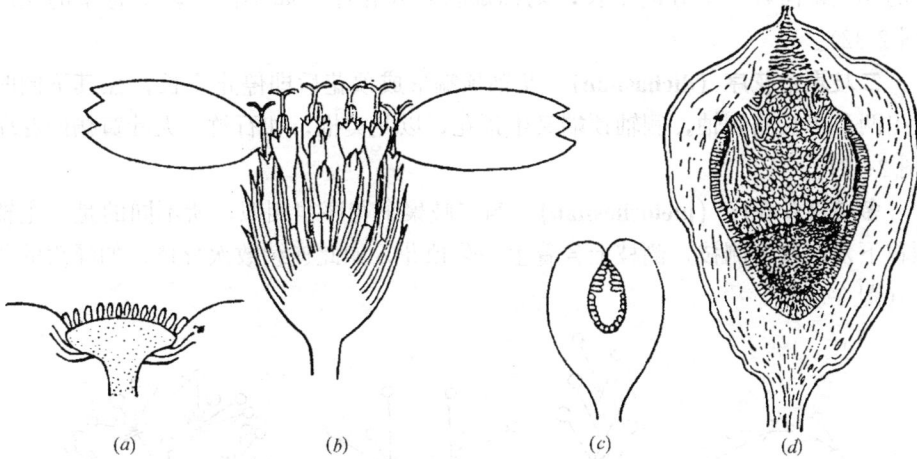

图 2-30 无限花序图（三）

（a）头状花序模式图；（b）蓍（锯草）的头状花序剖面；（c）隐头花序模式图；（d）无花果的隐头花序

有限花序的特点和无限花序相反。花轴顶端由于顶花的开放，而限制了花轴的继续生长。各花的开放顺序是由上而下，由内向外。常见有以下类型：

单歧聚伞花序（monochasium） 花轴顶端形成一花之后，在顶花的下面的苞片腋中仅形成一侧枝，同样在枝端生花，侧枝上又分枝着生花朵如前，所以整个花序是一个合轴分枝。如果分枝时，分枝成左、右间隔生出，而分枝与花不在

51

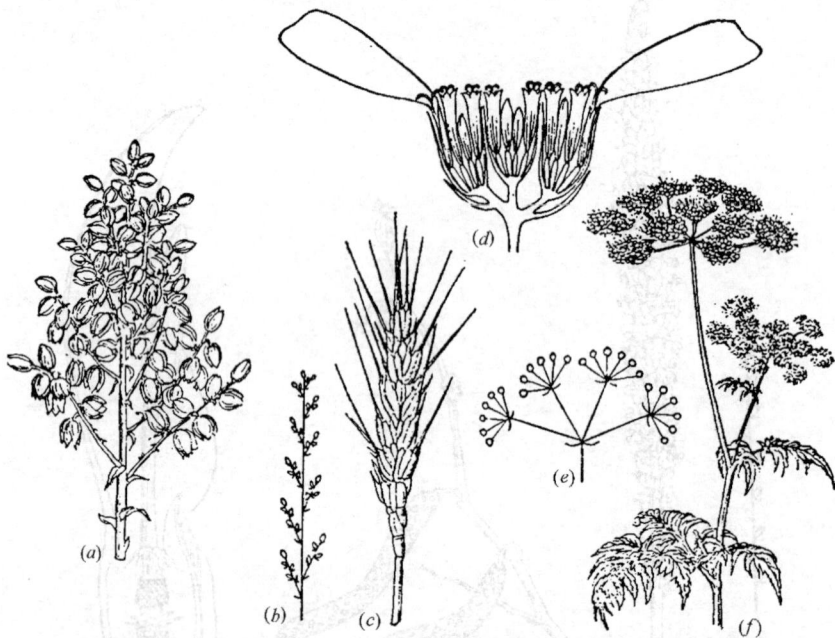

图 2-31　无限花序图（四）

（a）圆锥花序模式图；（b）丝兰的复总状花序图（圆锥花序）；（c）复穗状花序模式图；

（d）小麦的复穗状花序；（e）合头菊的复头状花序；（f）复伞形花序模式图

同一平面上，这种聚伞花序称为蝎尾状聚伞花序，如唐菖蒲（图 2-32）。如果分出的侧枝都向着一个方向生长，则称螺状聚伞花序，如小菖兰，勿忘草的花序（图 2-32）。

二歧聚伞花序（dichasium）　花轴顶端形成顶花后即停止生长，在其下同时发出两条等长的侧轴，侧轴顶端又生顶花，以此类推，如石竹、大叶黄杨的花序（图 2-32）。

多歧聚伞花序（pleiochasium）　与二歧聚伞花序很相似，所不同的是在主轴顶花下发出数个侧枝，侧枝上各着生一朵顶花，如此连续数次分枝，如泽漆的花序（图 2-32）。

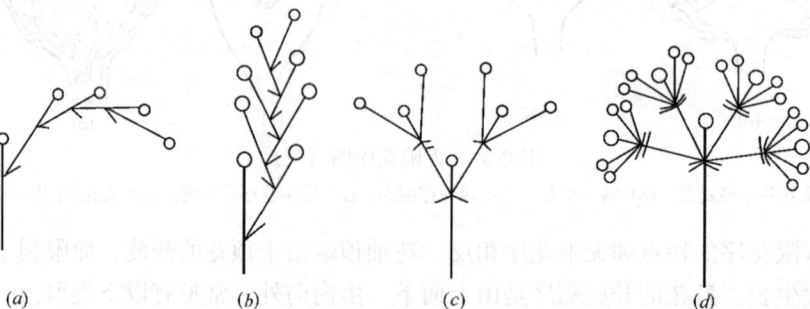

图 2-32　有限花序类型

（a）、（b）单歧聚伞花序（螺状聚伞花序、蝎尾状聚伞花序）；

（c）二歧聚伞花序；（d）多歧聚伞花序

被子植物的花序形态一般虽作上述分类，但在自然界中花序的类型比较复杂，有些植物是有限花序和无限花序混生，如主轴为无限花序，侧轴为有限花序，七叶树的聚伞圆锥花序就属此种类型。有的外形是无限花序，而开花次序却具有有限花序的特点。例如葱的花序呈伞形，苹果的花序呈伞房形，但它们又兼具有有限花序的顶花先开的特点。

三、开花

当植物发育到一定阶段，雄蕊的花粉粒和雌蕊的胚囊达到成熟，或两者之一已成熟，原来紧包的花萼、花冠即行开放，露出雌、雄蕊，为下一步传粉做准备，这一现象叫做开花。开花是园林植物的一个重要时期，而各种植物的开花都有一定的规律，掌握植物的开花规律，有利于组织景观，安排旅游，创造出秀丽如画的美好景色。了解植物的开花主要是了解植物的开花习性和开花期。

开花习性各种植物不同，一二年生植物，生长几个月后就开花，一生只开花一次；多年生植物要生长多年后才（完成童期生长）开花。大多数多年生木本植物和草本植物到达成熟期后，能年年再次开花；如桃 3～5 年、柑橘 6～8 年、桦木 10～12 年、银杏 20～40 年达到成熟，以后则每年开花，直到枯亡为止。少数多年生植物，一生中只开花一次，如竹类，花后往往死去。

开花期是指一株植物从第一朵花开放到最后一朵花开毕所经历的时间。每一种植物的开花期，在同一地区大体上是一定的。有些植物先开花后长叶，称为先叶开花植物；有些则花叶并放；有些则在叶长成后才开花。

花期长短各植物不一致，有的仅几天，如牡丹花；有的可持续 1～2 个月或更长时间，如腊梅，夹竹桃，紫薇等可延续几个月；有些热带植物可以终年开花，如可可、桉树等。昙花的花期很短，一般仅开 2～3 小时，因而有"昙花一现"之称。常见的桃、榆叶梅、丁香花开花期 10 天左右。有些植物的开花期较长，如扶桑的花以花期来说是很长的，但每朵花只开放 1～2 天，牵牛花是一朝荣华的花卉，而紫茉莉花却是竞争一晚，半支莲在日出后开放至下午时凋谢。然而花期的长短受环境的影响较大，通常适当降低温度，可以延长开花的时间。热带紫薇是终年开花。

四、花的观赏

植物的花朵形状各异，大小有别，色彩鲜艳，芬芳香味，各种类型的花序，形成了不同的观赏效果。玉兰一树千花、亭亭玉立；荷花高洁丽质，雅而不俗，香而不浓；梅花姿容、色彩、香味三者兼有，"一树独先天下春"；牡丹盛春怒放，朵大色艳，气势豪放；夏榴红似火，金桂仲秋黄；隆冬山茶吐艳，腊梅飘香。而六月雪，那繁密的小白花给人以玲珑清雅的感觉，像一幅恬静自然的图画；花丝金黄，雄蕊长长地伸出花冠之外的金丝桃，独具一格；朵朵红花垂于枝叶间的拱手吊兰，好似古典的宫灯；具有白色巨苞的珙桐花，宛若群鸽栖止枝梢。而珍珠梅、绣球花等，排成庞大的花序，也具有大花种类的美感。

花的观赏效果还与其花在树上的分布、叶簇的陪衬等有密切关系。有的先叶开花植物，在开花时，叶片尚未展开，全树只见花不见叶，花感强烈，如梅花、白玉兰、贴梗海棠等；有的展叶后才开的植物，全树花叶相衬，有丽而不艳、秀而不媚之效，如山茶花、石榴、牡丹等。

一些花形奇特的种类，如鹤望兰、兜兰、飘带兰等，极具吸引力。还有些花散发浓浓香味，如木香、月季、桂花、白兰花、含笑、夜合欢、米兰、茉莉花、柑橘等，可以设计为芳香园。此外，花朵的色彩变化极多，现将常见观花植物的花色列举如下：

红色系：海棠、贴梗海棠、桃花、杏、梅、樱花、榆叶梅、蔷薇、玫瑰、月季、石榴、牡丹、山茶、杜鹃、夹竹桃、紫薇、紫荆、刺桐、扶桑等。

黄色系：迎春花、金钟花、连翘、云南黄馨、棣棠、金丝桃、金丝梅、腊梅、黄花夹竹桃、金莲花、孔雀草等。

紫蓝色系：紫藤、紫丁香、杜鹃、紫玉兰、木槿、泡桐、醉鱼草、兰雪花、紫罗兰、风信子等。

白色系：白玉兰、茉莉、栀子、白丁香、溲疏、山梅花、白碧桃、白花夹竹桃、银薇、葱兰、白山茶等。

复色系：西府海棠、八仙花、木芙蓉、洒金碧桃等。

思考题

1. 花由哪几部分组成？

2. 什么叫完全花、不完全花、两性花、单性花、无性花、雌雄同株、雌雄异株、杂性同株？

3. 先叶开花植物是指哪一类植物？

第五节 果实和种子

一、果实的形成和结构

被子植物经开花传粉和受精后，花的各部分发生显著变化。通常花瓣凋谢，花萼枯萎（少数植物的花萼宿存），雄蕊和雌蕊的柱头和花柱也都枯萎，仅子房连同其中的胚珠生长膨大，发育形成果实。一般情况下，植物的果实仅由子房发育形成，这种果实称为真果，如桃、杏等。有些植物的果实，除子房外，还有花的其他部分（如花托、花被等）参与发育，和子房一起形成果实，这种果实称为假果，如梨、苹果、石榴等。果实包括种子和果皮两部分，果皮的构造可分外果皮、中果皮、内果皮三层。但由于植物种类不同，果皮的结构、色泽、质地以及各层发育的程度变化是很大的，有时三层不易区分出来。

二、果实的类型

1. 聚合果

由一朵花中的许多离生单雌蕊聚集在花托上，并与花托共同发育成果实，这叫聚合果（图2-33），如草莓、莲、八角、芍药、白玉兰等植物的果实。

2. 聚花果

一些植物的果实，是由整个花序发育而成的果实，称为聚花果，也叫复果（图2-34）。如桑葚来源于一个雌花序，菠萝的果实由多花聚生在肉质花轴上发

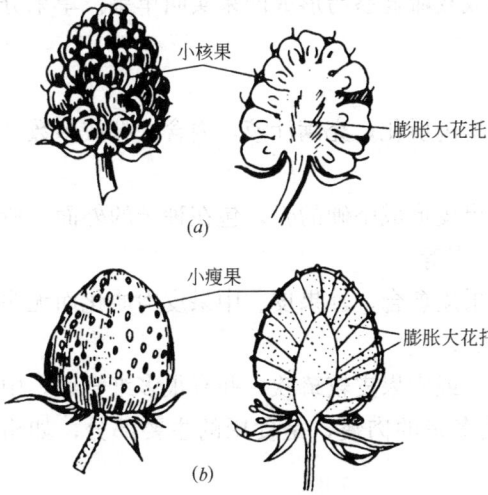

图 2-33 聚合果

（a）悬钩子的聚合果；（b）草莓的聚合果

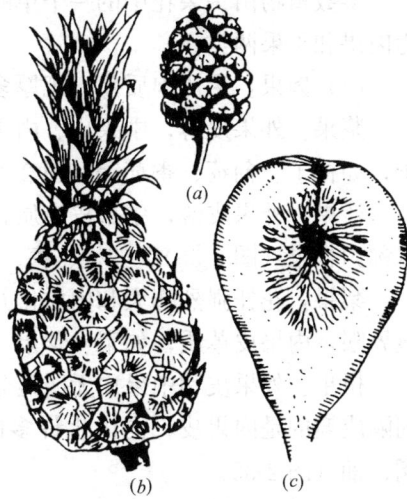

图 2-34 聚花果

（a）桑葚；（b）凤梨；（c）无花果

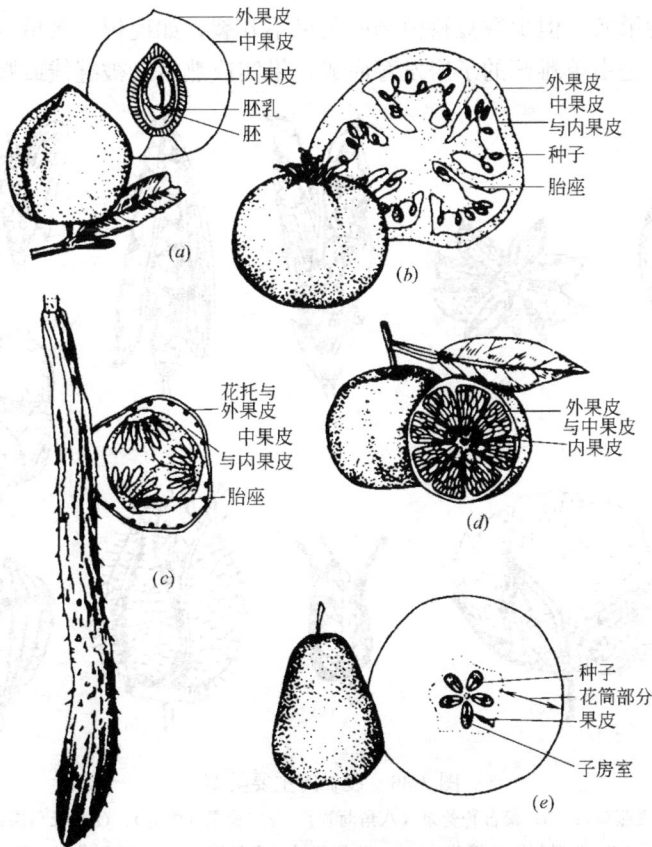

图 2-35 肉果的主要类型

（a）核果（桃）；（b）浆果（番茄）；（c）瓠果（黄瓜）；（d）柑果（柑橘）；（e）梨果（梨）

育而成，无花果的肉质花轴内陷成囊状，囊的内壁上着生许多小坚果。

3. 单果

多数植物由一朵花中的一个单雌蕊或复雌蕊参与形成的果实叫单果。单果分为肉果和干果两类。

(1) 肉果：果皮肉质化，肥厚多汁。

浆果：外果皮薄，中果皮、内果皮均肉质化，充满汁液，内含一粒或多数种子，如柿子、葡萄、番茄等（图2-35）。

核果：外果皮薄，中果皮肉质，内果皮形成坚硬的壳，包在种子的外面，所以称为核果（图 2-35），如桃、梅、杏、李等。

梨果：花托强烈膨大和肉质化并与果皮愈合，外果皮、中果皮肉质化而无明显界限，内果皮革质，如梨、苹果（图 2-35）。

柑果：外果皮和中果皮无明显分界，或中果皮较疏软，并有很多维管束，中间隔成瓣的是内果皮，向内生许多肉质多浆的肉囊，是食用的主要部分，如柑橘、柚（图 2-35）。

(2) 干果：果实成熟时果皮干燥，根据果皮开裂与否可分为裂果和闭果。

1) 裂果类

荚果：由单雌蕊发育而成的果实，成熟后果皮沿背缝线和腹缝线两边开裂，如豆科植物的果实。但少数豆科植物的荚果不开裂，如槐树，黄檀（图 2-36）。

蓇葖果：是由单雌蕊的子房发育而成，果实成熟时沿被缝线或腹缝线一边开

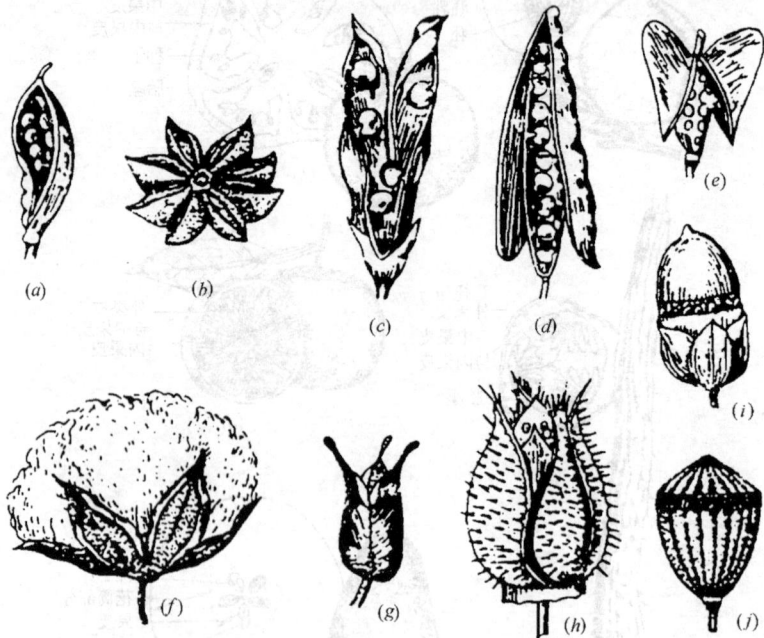

图 2-36　裂果的主要类型

(a) 蓇葖果（飞燕草）；(b) 聚合蓇葖果（八角茴香）；(c) 荚果（豌豆）；(d) 长角果；(e) 短角果（荠菜）；(f) 背裂蒴果（棉花）；(g) 间裂蒴果（金丝桃）；(h) 轴裂蒴果（曼陀罗）；(i) 盖裂蒴果（马齿苋）；(j) 孔裂蒴果（虞美人）

裂，如飞燕草的果实，梧桐和芍药的每一个小果（图2-36）。

角果：由两个心皮的复蕊子房发育而成，具假隔膜，成熟后果皮由上而下两边开裂，如十字花科植物的果实（图2-36）。

蒴果：由复雌蕊构成的果实，成熟时以多种方式（被裂、腹裂、盖裂、孔裂等）开裂，如乌桕，罂粟（图2-36）。

2）闭果类（图2-37）

其他果实类型如图2-38～图2-41所示。

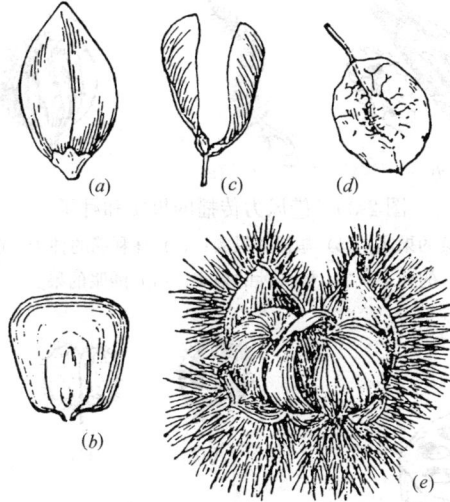

图2-37 各种闭果

（a）荞麦的坚果；（b）玉米的颖果；（c）槭树的翅果；（d）榆树的翅果；（e）板栗的坚果

瘦果：只含一粒种子，果皮种皮分开，如向日葵。

颖果：与瘦果相似，但果皮与种皮愈合，因此常将果实误认为种子，如毛竹，玉米。

坚果：果皮坚硬，内含一粒种子，果皮与种皮分离，有些植物的坚果包藏于总苞内，如板栗，麻栎。

翅果：果皮伸长成翅，如臭椿，榆树，三角枫。

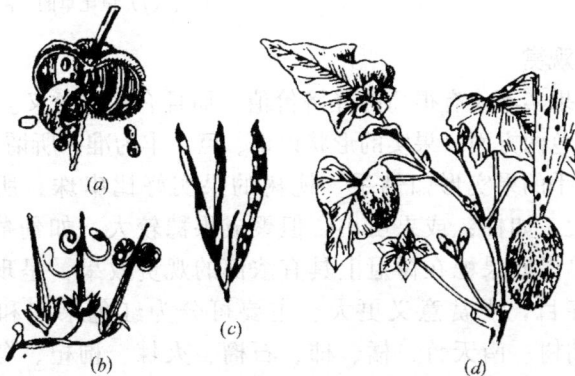

图2-38 靠果实本身机械力量散播的种子

（a）凤仙花；（b）老鹳草；（c）莱豆；（d）喷瓜

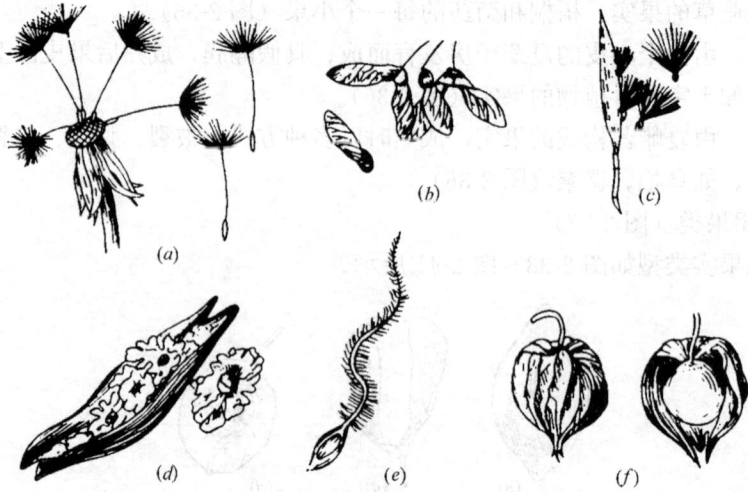

图 2-39　借风力传播的果实和种子

（a）蒲公英的果实；（b）槭树的果实；（c）马利筋的种子；（d）紫薇
的种子；（e）铁线莲的果实；（f）酸浆的果实

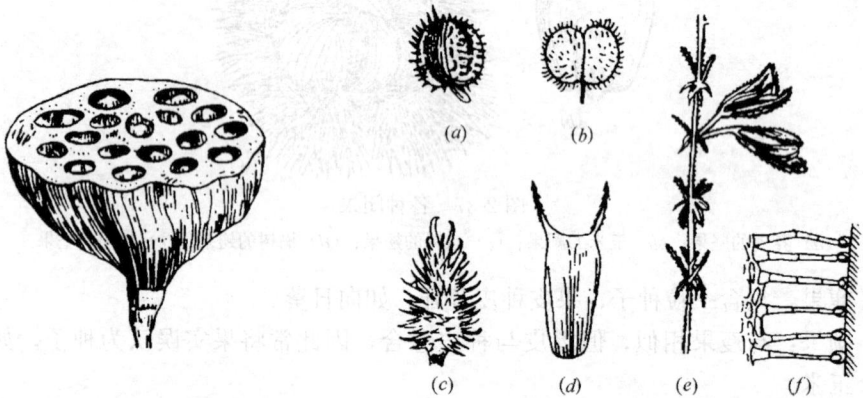

图 2-40　莲的果实和种子
借水力传播

图 2-41　借人类和动物传播的种子

（a）蓖麻的果实；（b）葎草的果实；（c）苍
耳的果实；（d）鬼针草的果实；
（e）、（f）鼠尾草的一部分

三、果实的观赏

许多植物的果实不仅有很高的经济价值，而且有观赏意义。选择观赏树种，一般要注意形与色两方面。果实的形状以奇、巨、丰为准。所谓"奇"是指形状奇特有趣，如佛手的果实形如佛手，槐树的果实好比串珠。所谓"巨"是指单体之果形较大，如柚；或果虽小，但聚成果穗较大，如葡萄、女贞等。所谓"丰"是指单果或果穗在树冠上具有浓郁的观赏效果，呈现繁茂丰盛，果实的色彩鲜艳夺目，观赏意义更大。主要可分为红色果实和黄色果实两大类，前者如珊瑚树、南天竹、橘、柿、石榴、火棘、枸杞、冬青、枸骨、杨梅、花红、山楂等；后者如杏、枇杷、金橘等；选择观赏植物，以果实不易脱落浆汁较少者为好。

第六节 植物分类的基础知识

一、概述

植物分类学是一门历史悠久的学科，它的主要内容是对各种植物进行描述、记载、鉴定、分类和命名。它是各种应用植物学的基础学科，亦是研究园林植物应具备的基础知识。

地球上生长着种类繁多、令人眼花缭乱的植物，目前所知植物的种类达 50 万种，这些植物直接或间接地与人们的生活有着密切的关系，是人们衣食住行等生活资料的主要源泉。远在古代处于蒙昧状态的人类，就开始识别和利用植物，有人将人类对植物的分类活动远推到史前时代，说原始人类在采集野菜和野果作为食物时，就有了分类知识，特别对于有毒或无毒的能吃或不能吃的必然加以区分。如希腊学者亚里士多德（公元前 384～前 322 年）和他的学生，按照作物生长习性，把植物分为乔木、灌木、草木三大类，在每一类中又分落叶、常绿、野生、栽培、有花、无花等。这些原始的植物分类及应用知识，依托语言、记忆和文字而历代相传。

尽管人们在生产实践中，很早就有植物分类知识，但成为比较有系统的分类学，还应从瑞典著名博物学家林奈（Linnaeus）时代算起。大致从 18 世纪中开始，到 19 世纪末，可称为古典植物分类学。主要的做法是采集标本，根据器官形态的差别（营养器官和繁殖器官）进行分类和命名，方法只限于描述和绘图。自从英国科学家达尔文（1809～1892 年）在《物种起源》一书中提出"进化论"学说以后，分类学的概念和工作方法有了改变，许多分类学家就企图建立科学的自然分类系统。而后自然分类学开始编写世界各地的植物志，利用当时所知全部形态学知识，作为建立自然分类学说的依据，以期创建一个能反映自然实际的分类系统。由于生物必须按其与祖先的亲缘关系的亲疏来归类，而类群之间又不存在明确的界限，人能直接观察和追溯以往发生的事件最多也不过几千年，因而建立自然分类系统，只有借助于间接的证据，如古代植物化石，现存植物的相似性和差异性研究等。而被保存和被发现的化石很不完善，分类学家只能从现存的植物资料来比较推测它的起源。所以到目前为止，还没有一个大家所公认的完善的真正反映系统发育特征的分类系统。林奈的《自然分类系统》、《植物志属》、《植物种志》；恩格勒主编的《植物自然分志》、《植物分科志要》；哈钦松的《有花植物科志》等均是目前植物学界的权威著作。

下面从自然分类系统和人为分类系统两部分作简要介绍。

二、自然分类系统

自然分类法是在达尔文的进化学说发表之后逐渐建立起来的，是从生物进化的观点出发，以植物之间的亲缘关系的亲疏远近作为分类的标准，力求客观地反映出生物界的亲缘关系和演化过程的分类方法。依自然分类方法建立起来的分类系统称自然分类系统。建立自然的分类系统，要求人们应用现代科学的先进技术，从植物学的各个学科（形态解剖学、古植物学、植物细胞学、植物化学、植物分子生物学和植物地理学等）中去了解植物的自然性质，确认植物之间的亲缘关系，反映植物界的演化规律和演化过程。

1. 分类方法

自然分类系统认为现代的植物都是从共同的祖先演化而来的，彼此间都有或亲或远的亲缘联系，关系愈近相似性愈多，愈远则差异性愈大。在这种思想的指导下，把形状与起源相同的植物归为一类，形状和起源彼此不同的归为其他类别，依次将植物进行分门别类，顺序排列，形成分类系统。这样就能够比较彻底地说明植物界发生发展的本质和进化上的顺序性。分类的任务就是要阐明物种间的亲缘关系，进而研究物种的起源、分布中心、演化过程、演化倾向。

2. 分类单位

在自然分类法中各级分类单位按照高低和从属关系顺序排列，具体规定了以下分类单位，即界、门、纲、目、科、属、种，借以顺序表明各分类等级。有时因在某一等级中不能确切而完全地包括其形状或系统关系，故可加设：亚门、亚纲、亚目、亚科、亚属、亚种、变种等以资细分。种是最基本的单位，集相近的种而成属，类似的属而成科，由科并为目，由目集成纲，由纲而成门，由门合为界。这样顺序定级，就称为植物界的自然分类系统。每种植物都可在各级分类单位中表示出它的分类地位和从属关系。

现以碧桃为例：

界……植物界 Regnum plantae

门……种子植物门 Spermatophyta

亚门……被子植物亚门 Angiospermae

纲……双子叶植物纲 Dicotyledoneae

亚纲……离瓣花亚纲 Archichlamydeae

目……蔷薇目 Rosales

科……蔷薇科 Rosaceae

亚科……李亚科 Prunoideae

属……梅（李）属 Prunus

种……桃 Prunus persica（L.）Batsch

变种……碧桃 Prunus persica var. duplex Rehd.

种是分类上的基本单位，对种的认识各派学者并不统一，目前为大家所能接受的概念为：种是在自然界客观存在的一个类群，这个类群中的所有个体都有极其相似的形态特征和生理生态特征，个体间可以自然交配产生正常后代而使种族延续，在自然界有一定的分布区域。种与种之间有明显界限，除了形态特征的差别外，还存在着"生殖隔离"现象，即异种之间不能产生后代，即使产生后代亦不能具有正常的生殖能力。物种中虽具有相对稳定的特征，但又是在不断发展演化中。如果种内某些个体之间具有显著差异时，可视差异大小分为亚种（subspecies）、变种（varietas）和变型（forma）等。

亚种是种内的变异类型，这个类型除了在形态构造上有显著的变化特点外，在地理分布上也有较大范围的地带性分布区域。

变种在植物分类中是一个比较常用的单位，是种内的变异类型，它与原种在形态特征上有较小的差异，例如花色的变化、毛的有无、枝条下垂与否等。这些特征是种内个体在不同环境条件影响下所产生的可遗传变异。

变型是指在形态特征上与原种有差异的个体类型，但变异更小，不稳定，也不遗传，如花色不同，重瓣与单瓣，叶面上有无色斑等等。

园林植物和农作物，经过人工选育而出现的变异，如色、香、味、植株大小、产量高低等，以此而划分的种内个体群，叫做品种（curtivar）。如菊花的品种，苹果的国光、青蕉、红元帅等品种。品种只用于栽培植物，不用于野生植物中。

3. 植物命名

植物和名称有俗名和学名之分，俗名因各国（地）语言不同而给予不同的名称。如马铃薯，我国北方叫土豆，南方称洋山芋（或洋芋），英语叫 potato，不同的国家还会有其他名称，这种现象称同物异名。另一方面，同一名称又指的不是一种植物，例如我国叫白头翁的植物有 10 多种，它们分别属于毛茛科、蔷薇科等不同的科、属。为解决这一混乱现象，应给予每一种植物统一的名称，以便进一步科学研究植物和交流成果。

瑞典植物学家林奈于 1753 年发表的《植物种志》（Species Plantarum）中比较完善地创立了植物命名的双名法（林奈氏双名法）。在双名法的基础上，经过反复修改和完善，制定了《国际植物命名法规》，其中对植物的命名作了详细规定，要点为：

- 每种植物只能有一个合法的名称，即用双名法确定的名称，也称学名。
- 植物的学名必须用拉丁词或拉丁化的词表示。
- 植物的学名由三部分构成，即属名、种加词、命名人名姓氏的缩写。
- 属名用名词单数第一格，种加词用形容词，并要求与属名的性、数、格一致。
- 双名法的书写形式为：属名、种加词用斜体书写，命名人名姓氏缩写用正体书写。属名的第一个字母必须大写，种加词全为小写。如银杏的学名书写形式为：

Ginkgo   biloba   L.
　　属名　　种加词　　定名人

- 新发表的学名，必须附有拉丁文正式发表的描述。
- 种下分类单位采用三名命名法（三名法），即：属名＋种加词＋亚种或变种加词。如红玫瑰是玫瑰的变种，其学名为：

Rosa   rugosa   Thunb.   var.   *rosa*   Rehd.
属名　　种加词　　种定名人　　　　变种加词 变种定名人

变型学名表示法，以红梅为例：

Prunus   mume   Sieb. et Zucc.   f.   *alphandii*   Rehd.

栽培种学名表示法，以绒柏为例：

Chamaecyparis pisifera Endl. cv. Squarrosa.

三、人为分类系统

人为分类法是人们按照自己的目的和方便或限于自己的认识，选择植物的一个或几个（如形态、习性、生态作用或经济价值）特征作为分类标准，不考虑植物种间的亲缘关系和在系统发育中的地位的一种分类方法。这种按人为的分类方法建立起来的分类系统称为人为分类系统。人为分类系统不能反映植物的亲缘关系和进化顺序，常把亲缘关系很远的植物归为一类，而把亲缘关系很近的植物又分开了。如我国明代李时珍（1508～1578年），按照植物的外形及其用途，把1195种植物分为草、木、谷、果、菜五部，写成了《本草纲目》。又如林奈依据雄蕊的有无、数目及着生情况，将植物分成24纲，其中1～23纲为显花植物，24纲为隐花植物。

在园林领域常用的几种人为分类法为：

1. 按植物生长类型分类

（1）乔木类：树体高大，茎具有明显的主干性，依高度分为大乔（>30m），中乔（29～8m），小乔（<8m）等三级，有的分得更细。本类又依其生长速度分为速生树（快长树）、中生树、慢长树三类。

（2）灌木类：茎干丛生状，无明显主干，树体高度多在6m以下。

（3）藤木类：缠绕或攀附他物而向上生长的植物，包括木质和草质。

（4）匍地类：干、枝等均匍地生长，与地面接触部分可长出不定根，如铺地柏、旱金莲等。

（5）草本类：植物体含水量高，柔软，生命周期较短。

2. 按植物观赏特性分类

（1）观花植物：如牡丹花、山茶花、大丽花等。

（2）观叶植物：如苏铁、鱼尾葵、散尾葵、龙舌兰、一品红、花叶芋等。

（3）观果植物：火棘、金弹子、金橘等。

（4）观茎植物：如佛肚竹、紫竹、白皮松、紫薇等。

（5）观树形植物：如龙爪槐、雪松、南洋杉、金钱松等。

3. 按植物在园林绿化中的功能分类

（1）孤植树（园景树）：通常作为中心景物，赏其树形和姿态，也可观其花、果、叶等，如南洋杉、雪松、合欢、龙爪槐等。

（2）庭荫树：植于庭园和风景园林中，以绿荫为主要目的的树种，一般是冠大绿荫的落叶树，如梧桐、银杏、榉树、槐树、七叶树等。

（3）行道树：植于道路两侧，给行人和车辆遮阳，并构成街景的树种。有落叶的，也有常绿的，但必须具备抗性强、耐修剪、主干直、分枝点高等特点，如悬铃木、银杏、樟树等。

（4）绿篱树：也叫隔离树，主要作用是分隔空间，屏障视线，或作雕塑、喷泉的背景。要求树种耐修剪，多分枝，生长缓慢，适于密植，多为常绿。绿篱的种类很多，有花篱、果篱、刺篱、绿篱等。按高度来分，有高篱、中篱和矮篱。各类绿篱树种列举如下：

花篱：栀子花、九里香、玫瑰、木槿、榆叶梅、杜鹃、麻叶绣球、金钟花、茉莉、扶桑等。

果篱：南天竹、火棘、枸骨、枸杞等。

刺篱：枸骨、柞木、小檗、阔叶十大功劳、蔷薇等。

高篱：（1～5m）侧柏、桧柏、刺柏、女贞、珊瑚树、蚊母、杨梅等。

中篱：（1m左右）千头柏、大叶黄杨、小叶女贞、火棘、栀子等。

矮篱：（1m以下）龟甲冬青、瓜子黄杨、雀舌黄杨等。

（5）垂直绿化植物：利用缠绕或攀缘植物来绿化建筑、篱笆、园门、亭廊、棚架等，称垂直绿化。常用植物如紫藤、葡萄、爬山虎、木香、叶子花、茑萝等。

（6）地被植物：包括覆盖在裸露地面上的各种草本植物，如葱兰、白兰、三叶草、马蹄金、结缕草、羊茅类、鸢尾类、石蒜类、玉簪类、红花酢浆草、麦冬类等。

（7）抗污染植物：这类树种对烟尘及有害气体有较强抗性，还能吸收部分有害气体，起到净化空气的作用，特别适于厂矿和特殊地区绿化要求。如臭椿、榆、朴、构树、悬铃木、合欢、广玉兰、珊瑚树、棕榈树、夹竹桃等。

4. 按用途分类

按经济用途分类可将植物分为果树类、油料植物类、药用植物类、香料植物类、纤维植物类、饲料植物类、薪材植物类、观赏植物、其他经济用途类等，在此不详述。

四、观赏植物主要类群

通常根据植物形态特征、生活习性及进化顺序，将植物界区分为藻类植物、菌类植物、苔藓植物、蕨类植物、裸子植物和被子植物。各类植物之间的关系如下：

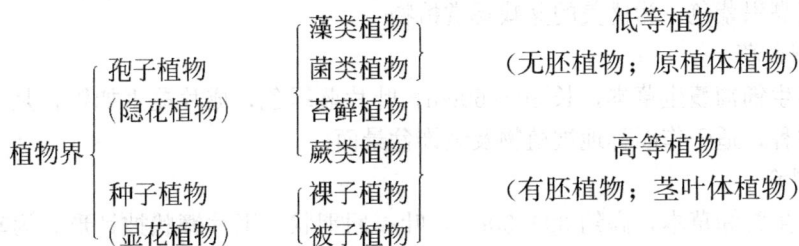

$$
植物界
\begin{cases}
孢子植物 \\
（隐花植物）
\begin{cases}
藻类植物 \\
菌类植物
\end{cases}
\quad
\begin{matrix}
低等植物 \\
（无胚植物；原植体植物）
\end{matrix}
\\[2em]
种子植物 \\
（显花植物）
\begin{cases}
苔藓植物 \\
蕨类植物 \\
裸子植物 \\
被子植物
\end{cases}
\quad
\begin{matrix}
高等植物 \\
（有胚植物；茎叶体植物）
\end{matrix}
\end{cases}
$$

藻类、菌类、苔藓、蕨类用孢子进行繁殖，所以叫孢子植物，由于不开花，不结果，所以叫隐花植物，而裸子植物和被子植物要开花结果，用种子繁殖，所以叫种子植物或显花植物。藻类、菌类合称为低等植物，苔藓、蕨类、种子植物合称为高等植物。低等植物常生活于水中或阴湿的地方。在形态上无根、茎、叶分化，又叫原植体植物；构造上一般无组织分化，生殖器官单细胞，合子发育时离开母体，不形成胚，故又称无胚植物。高等植物绝大多数为陆生，在形态上有根、茎、叶的分化，又叫茎、叶植物，构造上有组织分化，生殖器官多细胞，合子在母体内发育形成胚，故又称有胚植物。

园林植物包括蕨类植物和种子植物两个类群的高等植物，分别简介于下：

（一）蕨类植物

现有的蕨类植物有12000种，我国约有2600种。为多年生植物，有根、茎、叶和维管束的分化。根为须根状。茎多为根状茎，在土中横走，上升或直立。叶有小型叶和大型叶之分，一部分种类为小叶型，大部分种类为大叶型。大叶型的叶常为多次羽状分裂或复叶。当蕨类植物生长发育到一定时期，在叶的背面，生有许多褐色的小突起，叫做孢子囊群，每个成熟的孢子囊内产生许多孢子，孢子成熟后，从囊中散出，在适宜的环境里萌发成原始体，然后发育成绿色心脏形的叶状体，叫原叶体。以后由原叶体产生精子和卵，通过卵受精再发育成幼蕨。

在古代的时候，蕨类植物在地球上的分布非常广泛，植株高大，数量也很多。后来由于环境的改变，使大批高大的蕨类死亡，在地壳中形成煤。目前，大多数的蕨类植物都是草本的，只有炎热而潮湿的南方才能看到较大的树蕨。蕨类植物的生长环境是多样的，有水生的，也有能生长在较干旱地区的，但大多数的种类生长在林下、山野的阴坡、溪旁、沼泽等较为阴湿的环境。在气候温暖潮湿的地区，生长尤为繁茂。我国云南、四川、贵州、广东、广西、福建、台湾等省，蕨类植物的种类和数量均极为丰富，在世界上占有重要的地位。

蕨类植物常常是森林植被草本层的主要组成部分，不少种类可作为反映环境条件的指示植物。如紫萁为酸性土的指示植物；蜈蚣草为钙质土或石灰岩的指示植物。桫椤指示热带及亚热带气候；麟毛蕨则指示亚寒带、北温带气候。有些蕨类植物是有名的药材，如石松、紫萁、狗脊、贯众等，还有一些种类幼叶可作蔬菜。水生种类可作饲料和绿肥。在园林绿化方面，蕨类植物是重要的观叶植物，可盆栽观赏或切叶装饰切花。此外，还可作地被植物等。

园林常见的栽培蕨类有以下几种：

1. 铁线蕨

多年生草本，高15～40cm，叶片叉分，小羽片扇状分裂，细腻雅致，叶柄及叶轴呈亮黑紫色，为优美的盆栽观赏植物。

2. 翠云草

多年生匍匐蔓生草本，长30～60cm，叶片蓝绿色，成片蔓生如锦，是一种美丽的蕨种，适于作园林地被植物及装饰盆景面。

3. 贯众

多年生常绿草本，高约30～50cm，叶一回羽状，羽片镰状披针形，为较好的林下地被植物。

4. 肾蕨

多年生草本，羽叶丛生，羽片多数，密生，无柄、长椭圆形，孢子囊群位于叶缘与中脉间，囊群盖肾形。盆栽观赏，适于作室内布置。

（二）种子植物

种子植物的最大特点是通过有性生殖产生种子，并以种子繁殖后代。由于种子中的胚有种皮保护，它对外界的抵抗能力大为加强。另外，种子植物的孢子体非常发达，高度分化，体内结构比较复杂，相反配子体极其简化，不能离开孢子体独立生活，这就更有利于其陆生生活。因而种子植物成为现代地球上植物界中最进化、适应性最强、分布最广、种类最多、观赏价值也最高的一群植物。已知种类约有25万种，占全部植物种类的一大半。

根据种子是否有果实包被，种子植物可分为裸子植物和被子植物两大类。

1. 裸子植物

裸子植物是种子植物中比较低等的一种植物，特点是无子房构造，胚珠裸露，着生在大孢子叶上，不形成果实。大部分是高大的乔木，极少数是灌木，无草本类型，叶多为针形、鳞形、条形、钻形、披针形，稀为扇形。

裸子植物发生发展的历史悠久，最早出现在古生代，中生代最盛，到新生代第四纪冰川降临，大多数受冻灭绝。我国当时发生的山地冰川，有不少山区未受冰川直接影响，因此植物资料丰富，裸子植物种类最多，而且许多是世界各国已经绝种的孑遗植物，或称活化石植物。

裸子植物广布于北半球温带至寒带地区以及亚热带的高山地区，全世界共有12科71属，约300种；我国有11科，41属，236种，47变种，其中引种栽培1科，7属，51种。常组成大面积针叶林。有很多种类在园林绿化中占有重要地位，如银杏、雪松、水杉、苏铁等，均为园林著名观赏树种。

2. 被子植物

这是植物界中最高等的一类植物，显著的特点是出现了真正的花，所以又叫有花植物。胚珠包被在子房里，不裸露。种子包被在果实内，这可以保护胚不受外界不良环境条件的影响，并使后代的繁殖和传播得到可靠的保证。植物体在构造上也较其他类型植物更为完善，表现在机械组织和输导组织明显分工，进一步说明被子植物比裸子植物更为进化。

被子植物由于能适应千变万化的环境条件，在漫长的历史过程中发展由乔木、灌木到多年生或一二年生的草本类型。它们中间有些还出现了适应于水生环境的类型，更能适应恶劣的环境。这些特性裸子植物是不具备的，它们既缺乏类型上的多样性，又缺少任何水生植物。因此，被子植物的出现及其在自下而上竞争中取得的优势，根本改变了地球上植物类群的面貌，也丰富了园林景观，对美化人类生活有重要作用。

被子植物全世界约有25万种；我国约25000种，其中木本植物约7500余种（乔木约2000种，灌木5500余种）。

被子植物主要根据子叶的数目分为双子叶植物和单子叶植物两个纲。

（1）双子叶植物纲

主要特征：种子的胚具二片子叶；通常为直根系；茎中维管束环状排列，有形成层能产生增粗生长；叶子网状脉序；花各部每轮通常4～5基数。

双子叶植物的种类约占被子植物的3/4，其中约有一半的种是木本植物。因此，双子叶植物是园林树木种类的重点所在。根据花瓣的连合与否，常分为离瓣花亚纲（古生花瓣亚纲）和合瓣花亚纲（后生花瓣亚纲）。

1）离瓣花亚纲：是较原始的被子植物。花无被、单被或双被，而以花瓣通常分离为主要特征，如杨柳科、胡桃科、山毛榉科、榆科、桑科、木兰科、樟科、蔷薇科、豆科、山茶科等。

2）合瓣花亚纲：花瓣多数合生，花大多数有花萼、花冠的区别，雄蕊与花冠稍愈合，如杜鹃花科、柿科、木犀科、夹竹桃科、玄参科、紫葳科、茜草科、忍冬科等。

（2）单子叶植物纲

主要特征：种子的胚具一片子叶；多为须根系，茎内具不规则排列的散生维管束无形成层，一般无增粗生长；叶为平行脉序；花各部每轮通常 3 基数。

单子叶植物的种类约占被子植物的 1/4，其中草本植物占优势，木本植物约占 10％。在园林中常见植物的科如禾本科、棕榈科、芭蕉科、百合科、鸢尾科、兰科等。

从植物界的基本类群，可以初步知道植物进化的一般规律：由低等到高等，由简单到复杂，由水生到陆生，由少数种演化发展到多数种的演化。

第七节　中国植物自然分布特点

一、地形特征

我国全境地势西高东低，复杂多样。山地占总面积的 33％，高原占 26％，盆地占 19％，平原占 12％，丘陵占 10％。地势自西向东可分为三级阶梯：

第一级　青藏高原，平均海拔 4000m，高原上山岭沟谷纵横，湖泊众多；

第二级　青藏高原以北、以东，海拔在 1000～2000m，有高原和盆地，主要有云贵高原、黄土高原、内蒙古高原和四川盆地、塔里木盆地、准噶尔盆地等；

第三级　大兴安岭、太行山、巫山及云贵高原东缘一线以东，海拔 50m 以下，有丘陵和平原交错带，主要有东北平原、华北平原、长江中下游平原、江南丘陵，少数山峰可达 2000m，沿海平原多在海拔 50m 以下。

二、气候特征

由南向北，由东向西逐渐变化，跨越温热两大气候带，大部分地区位于北温带和亚热带，属东亚季风气候。极高山区为寒冷气候，青藏高原为特殊的高原气候。我国从东到西占有从湿润到干旱的不同干湿地区，加之多种地形的影响，形成气候复杂的特点，具有多样的气候类型。

三、植被分布特征

与气候、地形相对应的植物分布，有从西向东延伸，从北向南彼此更替的规律。

1. 从青藏高原到东南沿海的植被更替如下：

高原冻荒漠—高原草甸灌丛—亚高山针叶林—落叶阔叶林与常绿阔叶混交林—热带雨林

2. 由北至南的植被更替如下：

针叶林—森林草原—草原—夏绿林—落叶阔叶与常绿阔叶混交林—常绿林—热带雨林

3. 由西北高原至华北平原的植被更替如下：

荒漠—半荒漠—草原—森林草原—夏绿林

四、代表植物

1. 寒温带

以黑龙江北部最为典型，植物以针叶占优势。长白山区代表树种为红松，大兴安岭地区代表树种为樟子松、兴安落叶松和白桦。内蒙古一带气候干旱，以干性草原为主，代表植物为麻黄。

2. 温带

长城以南，秦岭以北，以济南为代表。植物大部分为夏绿林，也有部分亚高山针叶林。

3. 亚热带

秦岭、淮河以南，南岭以北，以长沙市为代表。长沙以北，以落叶阔叶常绿阔叶混交林为主。广泛分布有蔷薇属、珍珠梅属、刺李属、樱草属、堇菜属、茶子属、忍冬属、小檗属、醉鱼草属、八仙花属的各个不同种。长沙以南，长江中下游和西江流域，以常绿树为主，代表植物有榕属、枇杷属、樟属、竹类、石楠属、杉木、苦槠属、栎属、罗汉松属。

4. 热带

南岭以南的地区，包括东南沿海、南海诸岛，云南南部及西藏高原东南部。代表植物有榕属、荔枝、椰子、台湾相思、龙眼、菠萝、咖啡、华南五针松、陆均松、罗汉松属。

5. 高原

青海、西藏及云贵高原的年温变化与长江流域近似，但海拔高度与纬度的增加，植物群有所不同。云贵高原由松林和松栎林组成，包括落叶松、花旗松、云南松等，有的还有华山松、苦槠、欧洲矮棕属和栓皮栎、槲栎等。

6. 海滨

沿海地区的植物分布，总要比同纬度的分布类型偏南。植物种类也总要比相应纬度地区多。如辽东半岛普遍分布着南蛇藤，而天津、保定一带则不能生长。

思考题

1. 植物自然分类的依据是什么？
2. 植物类群中，裸子植物与被子植物有何特征？

第三章 园林树木

园林树木是指一类主要用于城市环境中的木本植物，其类别多，分类难。本章仅以某种植物的主要特征，如树姿、叶色、花姿花色等，来分别归类描述。很多植物兼有多种特色，应用时可全面考虑。

第一节 荫 木 类

荫木的主要观赏特点，并非艳葩嘉果，而以色相构成葱茏之林相，是以林相美为目的的树丛、森林。其树种的选择应注意其环境功能、树之姿态、色彩之美。所以城市常用植物中的树木与林业中以生产为目的的树木，绝然异致。城市中的森林多以混交林构成有环境功能、有季相景观、有多样林缘林冠线的片林。竹类也是构成林相的树种之一，其风韵宜人之处，皆为人知。公园和庭院中常以模拟自然群落来构成林相，树种的选择，应注意实际情形，合理布置，形成风景林。

一、针叶类

1. 苏铁（凤尾蕉，凤尾松，避火蕉，铁树）（图 3-1）

Cycas revoluta Thunb.

苏铁科、苏铁属。

形态：常绿棕榈状木本植物，茎高达 5m，不分枝或少有分枝。异型叶，一是互生于主干上呈褐色鳞片状叶，一是生于茎端呈羽状的营养叶，长达 0.5～2.4m，厚革质而坚硬，羽片条形，长达 18cm，边缘显著反卷。雌雄异株，无花被，雄球花长圆柱形，小孢子叶木质，密被黄褐色绒毛，背面着生多数药囊；雌球花略呈扁球形，大孢子叶宽卵形，有羽状裂，密被黄褐色绵毛，在下部两侧着生 2～4 个裸露的直生胚珠。种子卵形而微扁，长 2～4cm。花期6月～8月，种子10月成熟，熟时红色。

图 3-1 苏铁

分布：原产中国南部，在福建、台湾、广东各省均有。日本、印尼及菲律宾亦有分布。

习性：喜暖热湿润气候，不耐寒，在温度低于0℃时极易受害。生长速度缓慢，寿命可达200余年。俗传"铁树60年开一次花"，实则十余年以上的植株在南方每年均可开花。

繁殖方法：可用播种、分蘖、埋插等法繁殖。

观赏功能及园林用途：苏铁体型优美，有反映热带风光的观赏效果，常布置于花坛的中心或盆栽布置于大型会场内供装饰用。

经济用途：苏铁可入药，据传其叶煎水可治咳嗽；种子微毒，亦可入药，有通经止咳、止痢之效，又可食；茎内淀粉可以加工食用（称"西米"）。

同属其他植物：

（1）华南苏铁（刺叶苏铁）

Cycas rumphii Miq.

高 4～15m，分枝或不分枝。叶丛呈向上生长状，羽状叶长 1～2m；羽片宽条形，长 15～38cm，宽 0.5～1.5cm，叶缘扁平或微反卷，叶上部之羽片渐短，近顶端处仅数毫米，叶柄有刺。春夏开花，大孢子叶边缘细裂而短如刺齿。种子卵形或近球形。

产印尼、澳大利亚北部，马来西亚至非洲马达加斯加等地；广州、南京、上海有盆栽。

繁殖栽培及园林用途同苏铁。

（2）云南苏铁

Cycas siamonsis Miq.

植株较矮小，干茎粗大。羽片薄革质而较宽，宽 1.5～2.2cm，边缘平，基部不下延。

产于我国广西、云南；缅甸、越南、泰国也有分布。

（3）篦齿苏铁

Cycas poctinata Griff.

干茎粗大，高可达 3m，叶长大，可达 1.5～2.2m；羽片厚革质，长达 15～25cm，宽 0.6～0.8cm；边缘平，两面光亮无毛，叶脉两面隆起，且叶表叶脉中央有 1 凹槽；羽片基部下延，叶柄短，有疏刺。

产于尼泊尔、印度；我国云南、四川、广州有栽培。

2. 南洋杉

Araucaria cunninghamii Sweet.

南洋杉科、南洋杉属。

形态：常绿大乔木，高 60～70m，胸径达 1m 以上，幼树呈整齐的尖塔形，老树成平顶状。主枝轮生，平展，侧枝亦平展或稍下垂。叶二型：生于侧枝及幼枝的叶多呈针状，质软，开展，排列疏松，长 0.7～1.7cm；生于老枝的叶，则密聚，三角状钻形，长 0.6～1.0cm。雌雄异株。球果卵形，苞鳞刺状且尖头向后强烈弯曲；种子两侧有翅。

分布：原产大洋洲东南沿海地区，如澳大利亚北部、新南威尔士及昆士兰等州。中国的广州、厦门、云南西双版纳、海南等地均有露地栽培；在其他城市也常作盆栽观赏。

品种：

（1）银灰南洋杉　cv. Glauca：叶呈银灰色。

（2）垂枝南洋杉　cv. Pendula：枝下垂。

习性：性喜暖热气候而空气湿润，不耐干燥及寒冷，喜生于肥沃土壤，较耐风。生长迅速，再生能力强，砍伐后易生萌蘗。

繁殖栽培：用播种繁殖。

观赏功能及园林用途：南洋杉树形高大，姿态优美，与雪松、日本金松、金钱松、巨杉（世界爷）合称为世界五大公园树。南洋杉最宜为园景树或作纪念树，亦可作行道树用。如在厦门万石植物园门外即用南洋杉作行道树，十分壮观。但以选无强风地方为宜，以免树冠偏斜。南洋杉又是珍贵的室内盆栽装饰树种。

经济用途：木材可供建筑及制家具用，树皮可提取松脂。

同属其他植物：

（1）诺福克南洋杉（细叶南洋杉、南洋杉）

Araucaria heterophylla (Salisb.) Franco (*A. excelsa* R. Br.)

叶钻形，两侧略扁，长 7～18mm，端锐尖。球果近球形，苞鳞的先端向上弯曲。

原产大洋洲诺福克岛，中国已有引入。

（2）大叶南洋杉（披针叶南洋杉）

Araucaria bidwillii Hook

乔木，高达 50m。叶卵状披针形，长 18～35mm。果实球形，长 20cm 以上，苞鳞的先端呈三角状突尖向后反曲；种子先端肥大、外露，两侧无翅。

原产澳大利亚，中国已引入。

3. 金钱松（图 3-2）

Pseudolarix kaempferi Gord.

松科、金钱松属。

形态：落叶乔木，高达 40m，胸径 1m。干直挺秀，树冠阔圆锥形，树皮赤褐色，呈狭长鳞片状剥离。大枝不规则轮生，平展，1 年生长枝黄褐或赤褐色，无毛。冬芽卵形，锐尖，芽鳞先端长尖。叶条形，在长枝上互生，在短枝上 25～30 枚轮状簇生，叶长 2～5.5cm，宽 1.5～4mm。雄球花数个簇生于短枝顶部，有柄，黄色花粉有气囊；雌球花单生于短枝顶部，紫红色。球果卵形或倒卵形，长 6～7.5cm，径 4～5cm，有短柄，当年成熟，淡红褐色。种鳞木质，卵状披针形，基部两侧耳状，熟时脱落；苞鳞小，基部与种鳞相结合，不露出；种子卵形，白色，种翅连同种子几乎与种鳞等长。花期 4～5 月；果 10～11 月上旬成熟。子叶 4～6，发芽时出土。

分布：我国特有第三纪子遗植物，国家重点保护植物之一。分布在长江中下游各省。浙江西天目山海拔 100～1500m 处，庐山海拔 1000m 处，有保存较好的天然大树。江苏南部、浙江、安徽南部、福建北部、江西、湖南、湖北、四川等地都有星散分布。

习性：性喜光，幼时稍耐荫，喜温凉湿润气候和深厚肥沃、排水良好的湿润中性或酸性土。有相当的耐寒性，能耐−20℃的低温。抗风力强，不耐干旱瘠薄，也不适应盐碱地和积水低洼地。生长速度中等偏快，10～30 年生期间生长最快，在适宜条件下，每年可加高约 1m 左右，此后则渐变缓慢。枝条萌芽力较强。

金钱松属于有真菌共生的树种，菌根多则对生长有利。结实习性是常隔 3～5 年才丰产一次。

繁殖栽培：用播种繁殖。移植或定植，应在发芽前进行，否则不易成活。

园林用途和环境功能：本树为珍贵的观赏树木之一，与南洋杉、雪松、日本金松和巨杉合称为世界五大公园树。金钱松体形高大，树干端直，入秋叶变为金黄色，极为美丽。可孤植或丛植。在浙江西天目山金钱松常与银杏、柳杉、枫香、交让木、毛竹等混生形成美丽的自然景色。也可作行道树，与雪松等常绿树配置一起，入秋时黄绿相映极为美丽。还可盆栽，制作丛林式盆景。

经济用途：木材较耐水湿，可供建筑、船舶等用。根皮可药用，有止痒、杀虫与抗霉菌之效；泡酒后名为"土槿皮酊"，可外用治癣病。种子可榨油。

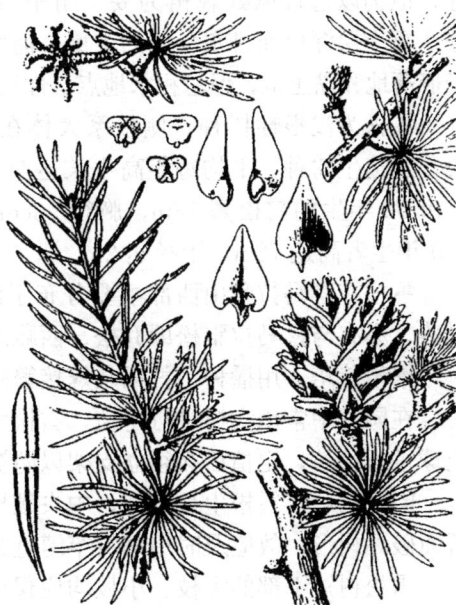

图 3-2　金钱松

4. 雪松（图 3-3）

Cedrus deodara（Roxb）Loud.

松科、雪松属。

形态：常绿乔木，高达 50m 以上至 72m，胸径达 3m，树冠圆锥形。树皮灰褐色，鳞片状开裂；大枝不规则轮生，平展；一年生长枝淡黄褐色，有毛，短枝灰色。叶针状，灰绿色，长 2.5～5cm，宽与厚相等，各面有数条气孔线，在短枝顶端簇生 20～60 枚。雌雄异株，少数同株，雌雄球花异枝；雄球花椭圆状卵形，长 2～3cm；雌球花卵圆形，长约 0.8cm。球果椭圆状卵形，长 7～12cm，径 5～9cm，顶端圆钝，熟时红褐色；种鳞阔扇状倒三角形，背面密被锈色短绒毛；种子三角状，种翅宽大。花期 10～11 月；球果次年 9～10 月成熟。

分布：原产于喜马拉雅山西部自阿富汗至印度海拔 1300～3300m 间；中国自 1920 年起引种，现在长江流域各大城市中多有栽培。青岛、大连、西安、昆明、北京、郑州、上海、南京等地均生长良好。

在南京地区根据树形和分枝情况可分为 3 个类型：

（1）厚叶雪松：叶短，长 2.8～3.1cm，厚而尖；枝平展而开张；小枝略垂或近平展；树冠壮丽，生长较慢，绿化效果好。

（2）垂枝长叶雪松：叶最长，平均长 3.3～4.2cm；树冠尖塔形，生长较快。

（3）翘枝雪松：枝斜上，小枝略垂；叶长 3.3～3.8cm；树冠宽塔形，生长最快。

习性：阳性树，有一定耐荫能力，但最好顶端有充足的光热，否则生长不良；幼苗期耐荫力较强。喜温凉气候，有一定耐寒能力，大苗可耐短期的—25℃低温。1949 年前雪松的栽培北界在青岛，后经引种试种，现已能在北京生长良好，但仍以选背风处栽植为妥。耐旱力较强，年雨量达 600～1200mm 左右最好。喜土层深厚而排水良好的土壤，能生长于微酸性及微碱性土壤上，亦能生长于瘠薄地和黏土地，但忌积水地点。性畏烟，含二氧化硫气体会使嫩叶迅速枯萎。

雪松为浅根性树种，侧根系大体在土壤 40～60cm 深处为多。生长速度较快，属速生树种，平均每年高生长达 50～80cm，但视生境及管理条件而异。南京市 50 年生的雪松高 18m，胸径 93cm；昆明市 20 年生雪松高 18m。寿命长，600 年生者高达 72m，干径达 2m。

雪松在喜马拉雅山西部主要分布于海拔 1300～3300m 地带，其中有成纯林群落，亦有与喜马拉雅松即乔松、西藏冷杉、长叶云杉成混生林。

繁殖栽培：用播种、扦插及嫁接繁殖。

在园林中常用大树进行定植，雪松大树的移植期以每年 4～5 月为宜。应带土球进行移植，定植后必须立支架以防被风吹歪。

园中的壮年雪松生长迅速，中央领导枝质地较软，常呈弯垂状，最易被风吹折而破坏树形，故应及时用细竹竿缚直为妥。

雪松树冠下部的大枝、小枝均应保留，使之自然地贴近地面才显整齐美观，万万不可剪除下部枝条，否则从园林观赏角度而言是弄巧成拙的。但作行道树时因下枝过长妨碍车辆行驶，故常剪除下枝而保持一定的枝下高度。

园林用途和环境功能：雪松树体高大，树形优美，为世界著名的观赏树。印度民间视为圣树，并作为名贵的药用树木。最宜孤植于草坪中央、建筑前庭之中心、广场中心或主要大建筑物的两旁及园门的入口等处。其主干下部的大枝自近地面处平展，长年不枯，能形成繁茂雄伟的树冠，这一特点更是独植树的可贵之点。经过冬季，皎洁的雪片纷落于翠绿色的枝叶上，形成许多高大的银色金字塔，则更为引人入胜。此外，列植于园路的两旁，形成甬道，亦极为壮观。

经济用途：材质致密，坚实耐腐而有芳香，不易翘裂，宜供制家具、造船、建筑、桥梁等用。木材又可蒸制香油，涂抹皮茸，有防水浸之效。

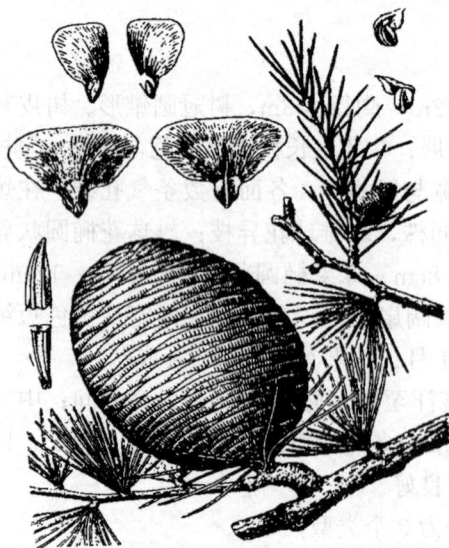

图 3-3 雪松

5. 油松（短叶马尾松，东北黑松）（图 3-4）

Pinus tabulaeformis Carr.

松科、松属。

形态：常绿乔木，高达 25m，胸径约 1m，树冠在壮年期呈塔形或广卵形，在老年期呈盘状或伞形。树皮灰棕色，呈鳞片状开裂，裂缝红褐色。小枝粗壮，无毛，褐黄色，冬芽长圆形，端尖，红棕色，在顶芽旁常轮生 3～5 个侧芽。叶 2 针 1 束，罕 3 针 1 束，长 10～15cm，叶鞘宿存。雄球花橙黄色，雌球花绿紫色。当年小球果的种鳞顶端有刺，球果卵形，无柄或极短柄，可宿存枝上数年。种子卵形，淡褐色，有斑纹，翅长约 1cm。花期 4～5 月，果次年 10 月成熟。

分布：辽宁、吉林、内蒙古、河北、河南、山西、陕西、山东、甘肃、宁夏、青海、四川北部等地。朝鲜亦有分布。

习性：强阳性树种，但一年生幼苗能在 0.4 郁闭度的林下生长，随着苗龄的增长需光性增加，最后成为群体的最上层。性强健耐寒，能耐 −30℃ 的低温，耐干燥大陆性气候，在年雨量 300mm 处亦能生长，但 700mm 处生长更佳。对

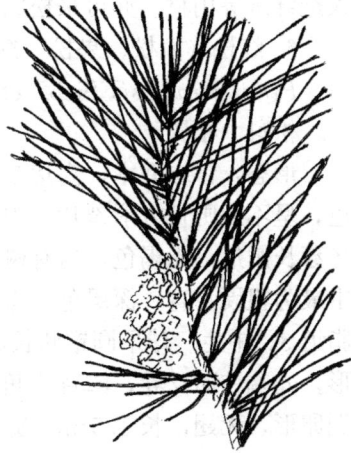

图 3-4 油松

土壤要求不严，能耐干旱瘠薄土壤，能生长在山岭陡崖上，只要有裂隙的岩石都能生长油松，也能生于砂地上，但在低湿处及黏重土壤上生长不良，易使主枝早封顶，缩短寿命，不宜栽于季节性积水处。喜生于中性、微酸性土壤中，不耐盐碱，在 pH 达 7.5 以上时即生长不良。

油松在自然界的水平分布，大体在北纬 33°～41°，东经 102°～118° 间，即以华北为分布中心。其垂直分布为：在东北南部（辽宁）约海拔 500m 以下，在华北北部大抵在 1500m 以下，在南部则在 1900m 以下。油松的自然群落在 1500m 以下多与小叶椴、栓皮栎、白蜡、花楸、山杨等混生，在 1500m 以上多与蒙古栎、辽东栎、白桦等混生。

油松属深根性树种，垂直根系及水平根系均发达，在深厚土层中主根可达 4m 以上，但在土层瘠薄或平坦的地方，其水平根系吸收根群大抵分布在地表下 30～40cm 左右，吸收根有菌根菌共生。油松寿命很长，在许多名山古刹中均能看到寿达数百年的高龄古树，在泰山上有三株古油松，北京戒台寺的卧龙松是油松，北海的团城、北京潭柘寺均有非常著名的油松古树。

繁殖栽培：种子繁殖，春播、秋播的出苗率均为 70%。育苗不忌连作，而且连作会使幼苗生长健壮。

油松的病害主要是幼苗期的立枯病，虫害主要是松毛虫和红蜘蛛的危害。

观赏特性和园林用途：油松树干挺拔苍劲，四季常青，不畏风雪严寒，故象征坚贞不屈，不畏强暴的气质。松树树冠开展，年龄越老姿态越奇，老枝斜展，枝叶婆娑，苍翠欲滴，每当微风吹拂，发出阵阵声响有如大海波涛，俗称"松

涛"。由于树冠青翠浓郁，有庄严静肃、雄伟宏博的气氛。早在秦代，即曾用作行道树，在古典园林中作为主要的景物者更是不少。应用中，除了适于孤植、丛植、纯林群植外，亦宜混交种植。适于作油松伴生树种的有元宝枫、栎类、桦木、侧柏等。

油松于 1862 年或更早以前，即被引入欧洲。

经济用途：木材富含松脂，耐腐，适作为建筑、家具、枕木、矿柱、电杆、人造纤维等用材。亦可采松脂供工业用。

6. 红松（海松，果松，红果松，朝鲜松）（图 3-5）

Pinus koraiensis Sieb. et Zucc.

松科、松属。

形态：常绿乔木，高达 50m，胸径 1.0～1.5m。树冠卵状圆锥形。树皮灰褐色，呈不规则长方形裂片，内皮赤褐色。1 年生小枝密被黄褐色或红褐色柔毛；冬芽长圆形，赤褐色，略有树脂。针叶 5 针 1 束，长 6～12cm，在我国的五针松中最为粗硬，直，深绿色，缘有细锯齿，腹面每边有蓝白色气孔线 6～8 条，树脂道 3，中生。球果圆锥状长卵形，长 9～14cm，熟时黄褐色，有短柄，种鳞菱形，先端钝而反卷，鳞背三角形，有淡棕色条纹，鳞脐顶生，不显著。种子大，倒卵形，无翅，长 1.5cm，宽约 1.0cm，有暗紫色脐痕。子叶 13～16。花期 5～6 月；果次年 9～11 月成熟。

分布：产于东北辽宁、吉林及黑龙江省，在长白山、完达山、小兴安岭极多，在大兴安岭北部有少量。朝鲜、俄罗斯远东地区及日本北部亦有分布。

习性：阳性树，但较耐荫，尤其在幼苗阶段能在 0.3 的郁闭度条件下生长良好，以后随着年龄的增长而提高喜光性。性喜较凉爽气候，耐寒性强，能耐－50℃左右的低温。喜空气湿润的近海洋性气候，对酷热及干燥的大陆性气候的适应能力较差，故在一定程度上限制了其分布范围。一般言之，其自然分布的北界约在北纬 50°，南界约在北纬 40°，东达沿海各岛，西界哈尔滨、沈阳、丹东一带。

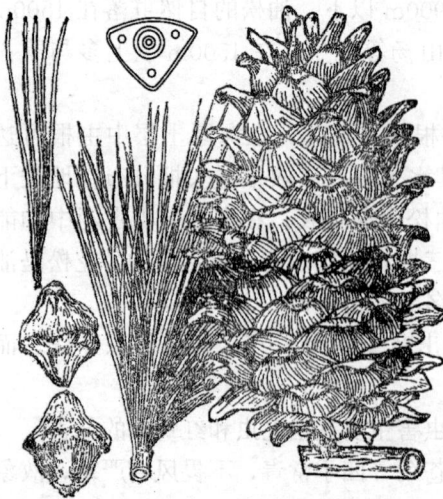

图 3-5 红松

红松喜生于深厚肥沃、排水良好而又适当湿润的微酸性土壤上，能稍耐干燥瘠薄土地，也能耐轻度的沼泽化土壤，能忍受短期流水的季节性水淹，但在不适宜的环境则生长不良。

红松在自然界表现为浅根性，水平根系很发达，只有少数长根，故较易风倒。尤其幼树根系较弱，但壮龄树的水平根系很发达；根上均有菌根菌共生。

红松的生长速度中等而偏慢，红松开始结实的年龄因环境不同而异，在天然林中如郁闭度较小而阳光充足时则结实早，否则会晚。在自然林中，一般约 60～80 年始结实；但人工栽植者，15～

20 年即可结实。其结实有明显的间歇期，通常每 3～4 年丰产一次，其余年份则产量很少。成熟后，球果渐脱落，但种子仍存于果内而不散落。每公顷中等林可产种子 300～350kg 左右，丰收年则可达 500kg 以上。

红松在自然界与其他树混生者为多，但亦有纯林。由于幼苗期较耐荫，所以在天然林中能形成异龄的多世代的红松群体，而且能在群体的中、上层成为优势种。在长白山区海拔 500～1600m 常与杉松（辽东冷杉）、臭冷杉（东陵冷杉）、红皮云杉、长白鱼鳞云杉、黄花落叶松、胡桃楸、五角枫、黄檗、白桦、水榆花楸等混生。在小兴安岭地区，在低洼处常与臭冷杉、水曲柳、珍珠梅等混生；在山坡下部潮湿而排水良好处则与椴、硕桦、光叶春榆、榛、溲疏等混生；在阳坡土壤较干燥处则常与硕桦、蒙栎及数种杜鹃混生。

观赏功能及园林用途：树形雄伟高大，宜作北方森林风景区材料，或配植于庭园中。在北京郊区及山东山区引种，生长表现尚好。

经济用途：木材质软，易于加工，富含松脂，有防腐、耐久等优点。系优良用材树种，可供建筑、家具、车、船、电杆、造纸等用。针叶富含丙种维生素（0.3%），又可作饲料；种子可食，含油达 70% 左右，又可入药，有祛风补虚、滋养身体之效。自树干可割取松脂，自伐后之老植株中亦能提炼松节油。

7. 偃松

Pinus pumila (Pall.) Regel

松科、松属。

形态：常绿灌木，高达 3～6m，胸径 20cm，树干多伏卧状。一年生枝褐色，密被柔毛。叶 5 针 1 束，较细短，硬直而微弯，长 3～8cm，树脂道多为 2，边生。球果圆锥状卵形，长 3.0～4.5cm，成熟时紫褐色或红褐色；种鳞上部边缘微外曲，果熟时种子不脱落，暗褐色，无翅。花期 6～7 月，次年 9～11 月种熟。

分布：产于东北长白山海拔 1800m 以上、小兴安岭 1000m 以上及大兴安岭 600～1000m 等土层浅薄、寒冷地带。俄罗斯远东地区、朝鲜、日本也有分布。

习性：性耐寒，耐瘠薄，喜阴湿。在东北之亚高山上与西伯利亚刺柏（矮桧）等混生，形成密茂矮林。

繁殖栽培：多播种繁殖。对于栽培品种，可嫁接在黑松砧木上。

树干横卧，偃蹇多姿，宜在山坡上、山石间栽种，布置庭园或盆栽，整枝成盆景。在北方风景区中，可种于山脊或山顶，对保持水土、美化山容均有积极作用。

此外，木材、树根可提松节油。种子可食，亦可榨油。

8. 华山松（图 3-6）

Pinus armandii Franch.

松科、松属。

形态：常绿乔木，高达 35m，胸径 1m；树冠广圆锥形。小枝平滑无毛，冬芽小，圆柱形，栗褐色。幼树树皮灰绿色，老则裂成方形厚块片固着树上。叶 5 针一束，长 8～15cm，质柔软，边缘有细锯齿，树脂道多为 3，中生或背面 2 个边生，腹面 1 个中生，叶鞘早落。球果圆锥状长卵形，长 10～20cm。柄长 2～

图 3-6　华山松

5cm，成熟时种鳞张开，种子脱落。种子无翅或近无翅，花期 4～5 月，球果次年 9～10 月成熟。

分布：山西、陕西、甘肃、青海、河南、西藏、四川、湖北、云南、贵州、台湾等省（区）均有分布。在自然界大抵生于海拔 1000～3000m 处，有纯林及混交林。

习性：阳性树，但幼苗略喜一定庇荫。喜温和凉爽湿润气候，自然分布区年平均气温多在 15℃ 以下，年降水量 600～1500mm，年平均相对湿度大于 70%。耐寒力强，在其分布区北部，甚至可耐 −31℃ 的绝对低温。不耐炎热，在高温季节长的地方生长不良。喜排水良好，能适应多种土壤，最宜深厚、湿润、疏松的中性或微酸性壤土。不耐盐碱土，耐瘠薄能力不如油松、白皮松。生长速度中等而偏快，在北方 10 年后可超过油松，在南方可与云南松相比。15 年生华山松人工林，在云南安宁平均树高 8.5m，平均胸径 10.1cm，陕西秦岭为 4.7m 和 7.8cm，河南嵩山为 4.2m 和 5.2cm。据 1979 年底实测，中国科学院北京植物园 25 年华山松孤植树，高 7.4m，冠幅 6.0m，胸径 21cm。孤植树开始结实年龄最早为 10～12 年，林内大部分树木在 25 年生左右始果，30～60 年间系结实盛期。根系较浅，主根不明显，多分布在深 1.0～1.2m 以内，侧根、须根发达，垂直分布于地下 80cm 范围之内。

园林用途和环境功能：华山松高大挺拔，针叶苍翠，冠形优美，生长迅速，是优良的庭园绿化树种。华山松在园林中可用作园景树、庭荫树、行道树及林带树，亦可用于丛植、群植，并系高山风景区之优良风景林树种。对二氧化硫抗性较强，在北方抗性超过油松。

华山松亦为重要的用材树种，木材质地轻软，易加工，耐久用，适作建筑、家具、枕木、细木工等用。种子易食用，亦可榨油。又系造纸良材，针叶可提芳香油。

9. 日本五针松（五钗松，日本五须松，五针松）

Pinus parviflora Sieb. et Zucc.

松科、松属。

形态：常绿乔木，高 10～30m，胸径 0.6～1.5m；树冠圆锥形。树皮灰黑色，呈不规则鳞片状剥裂，内皮赤褐色。一年生小枝淡褐色，密生淡黄色柔毛。冬芽长椭圆形，黄褐色。叶较细，5 针一束，长 3～6cm，内侧两面有白色气孔线，钝头，边缘有细锯齿，树脂道 2，边生，叶龄 3～4 年。球果卵圆形或卵状椭圆形，长 4.0～7.5cm，径 3.0～4.5cm，熟时淡褐色，种鳞长圆状倒卵形，种子倒卵形，长 1.0～1.2cm，宽 6～8mm，黑褐色而有光泽；种翅三角形，淡褐色。

分布：原产于日本本州中部及北海道、九州、四国等地。中国长江流域部分城市及青岛等地园林中有栽培，各地也常栽为盆景。

有多数观赏价值很高的品种。

阳性树，但比赤松及黑松耐荫。喜生于土壤深厚、排水良好适当湿润之处，在阴湿之处生长不良。虽对海风有较强的抗性，但不适于砂地生长。生长速度缓慢。

用种子、嫁接或扦插繁殖，我国花农多用嫁接法繁殖。

该树为珍贵树种之一，主要作观赏用，宜与山石配植形成优美的园景，但若任其自然生长则树形较普通，难以充分发挥其美丽针叶的特点，故通常均进行专门的整形工作。亦适作盆景、桩景等用。

10. 白皮松（虎皮松，白骨松，蛇皮松）（图 3-7）

Pinus bungeana Zucc.

松科、松属。

形态：常绿乔木，高达 30m，胸径 1m 余；树冠阔圆锥形、卵形或圆头形。树皮淡灰绿色或粉白色，呈不规则鳞片状剥落。1 年生小枝灰绿色，光滑无毛；大枝自近地面处斜出。冬芽卵形，赤褐色。针叶 3 针 1 束，长 5～10cm，边缘有细锯齿，树脂道边生；基部叶鞘早落。雄球花序长约 10cm，鲜黄色；雌球花生新枝近顶部。球果圆锥状卵形，长 5～7cm，径约 5cm，成熟时褐绿色。种子大，卵形褐色，长 1.2cm，宽 0.7cm，翅长约 0.6cm。花期 4～5 月；果次年 9～11 月成熟。

分布：为中国特产，是东亚惟一的三针松；在陕西蓝田有成片纯林，山东、山西、河北、陕西、河南、四川、湖北、甘肃等省均有分布，生于海拔 500～1800m 地带。辽宁、北京、曲阜、庐山、南京、苏州、上海、杭州、武汉、衡阳、昆明、西安等地均有栽培。

习性：阳性树，稍耐荫，幼树略耐半荫，耐寒性不如油松，喜生于排水良好而又适当湿润的土壤上，对土壤要求不严，在中性、酸性及石灰性土壤上均能生长，可生长在 pH8 的土壤上，亦能耐干旱土地，耐干旱能力较油松为强。

白皮松是深根性树种，但能在浅土层生长，较抗风，生长速度中等，在初期不如油松，但在后期较油松快，20 年生植株高达 4m。

在华北每年 4 月上旬开始萌动，5 月中旬以后新叶开始伸长，但速度较慢，直至 8 月中旬始结束；5 月中下旬始花，花期约半月；9 月上旬树皮剥落较盛，至 10 月下旬止。孤植的白皮松，侧主枝的生长势较强，中央领导干的生长量不大，故形成主干低矮、整齐紧密的宽圆锥形树冠，直到老年期亦能保持较完整的体态。密植的白皮松或施行打枝的则因侧主枝生长少而中央领导干高生长量较多，能形成高大的主干或圆头状树冠。但此时应注意，其干皮较薄，易在向阳面发生日烧病。

白皮松寿命长，有千余年的古树，陕西西安市长安县黄良乡湖村小学（温国寺旧址）有约 1300 年生古白皮松，高 26.5m，冠 16m，胸径 1.06m。北京北海团城上亦有古松，名"白袍将军"。

白皮松在自然界有纯林亦有混交林，例如在秦岭与河南、山西交界的大松岭有纯林，在山西吕梁山海拔1200～1850m处有与侧柏及栎的混交林。白皮松在华北能生长在平原，亦能生长在海拔1800m左右的高山上，在四川、湖北等华西和华中地区，可见于海拔1000～1200m山区。

白皮松之主根长，侧根稀少，故移植时应少伤根。白皮松对病虫害的抗性较强，较易管理。对主干较高的植株，需注意避免干皮受日灼伤害。

观赏功能及园林用途：白皮松系特产中国的珍贵树种，自古以来即用于配植宫廷、寺院以及名园之中。其树干皮呈斑驳状的乳白皮，极为醒目，衬以青翠的树冠，可谓独具奇观。宜孤植亦宜群植成林，或列植成行，或对植堂前。古人曾云："松骨苍，宜高山，宜幽洞，宜怪石一片，宜修竹万竿，宜曲洞粼粼，宜塞烟漠漠"，这可谓真正体会到松类观赏特性的真知灼见。具体对白皮松而言，则有张著的《白松》诗句："叶坠银钗细，花飞香粉干，寺门烟雨里，混作白龙看。"此外，在常绿针叶树中，白皮松对二氧化硫气体及烟尘均有较强的抗性。

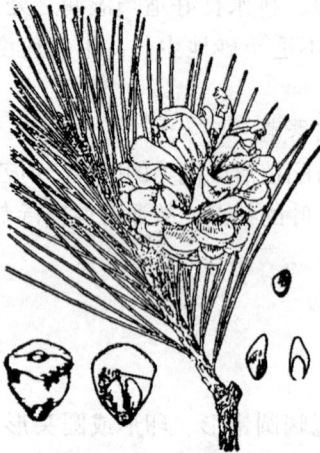

图3-7 白皮松

1846年英国人将本种引入伦敦，现在邱园中有长成的大树。在北京，许多园林、古寺中都种植有白皮松，已成为北京古都园林中特色树种。

经济用途：材质较脆，但纹理美丽，可供家具及文具用。种子可食。球果入药，对气管炎有一定疗效。

11. 赤松（日本赤松）

Pinus densiflora Sieb.

形态：常绿乔木，高达35m，胸径1.5m；树冠圆锥形或扁平伞形。树皮橙红色，呈不规则薄片剥落。一年生小枝橙黄色，略有白粉。冬芽长圆状卵形，栗褐色。叶2针1束，长5～12cm。1年生小球果种鳞先端的刺向外斜出，球果长圆形，长3～5.5cm，径2.5～4.5cm，有短柄。花期4月，果次年9～10月成熟。

分布：产于黑龙江（鸡西、东宁）、吉林长白山区、山东半岛、辽东半岛及苏北云台山区等地，日本、朝鲜及俄罗斯远东地区亦有分布。

赤松性喜阳光，比马尾松耐寒，喜酸性或中性排水良好的土壤，在石灰质、砂地及多湿处生长略差。深根性，耐潮风能力比黑松差，故在海岸栽培的多为黑松或黑松与赤松的杂交种。用播种法繁殖。木材可供制家具用。

12. 马尾松（图3-8）

Pinus massoniana Lamb.

松科、松属。

形态：常绿乔木，高达45m，胸径1m余；树冠在壮年期呈狭圆锥形，老年期则开张如伞状；干皮红褐色，呈不规则裂片；一年生小枝淡黄褐色，轮生；冬芽圆柱形，端褐色。叶2针1束，罕3针1束，长12～20cm，质软，叶缘有细锯齿；树脂道4～8，边生。球果长卵形，长4～7cm，径2.5～4cm，有短柄，成熟时栗褐色，脱落而不宿存树上，种鳞的鳞背扁平，横脊不很显著，鳞脐不突起，无刺。种子长4～5mm，翅长1.5cm。子叶5～8。花期4月，果次年10～12月成熟。

分布：北自河南及山东南部，南至两广、台湾，东起沿海，西至四川中部及贵州，遍布华中、华南各地。在长江下游海拔800m以下，中游1200m以下，上游1500m以下均有分布。

习性：强阳性树种，不耐荫，幼苗也不耐荫庇。性喜温暖湿润气候，在年均温13～22℃、年降雨量700mm以上地区才能生长良好。耐寒性差，在−13℃以下时叶端会受冻枯萎。喜酸性黏质壤土，对土壤要求不严，能耐干旱瘠薄土地，在沙土、砾石土及岩缝间均能生长，但因不耐盐碱，故在钙质土上生长不良。土壤pH值的适应范围约在4.5～6.5。

马尾松根系深广，主根发达，可深达地下5m以下，侧根繁多并有菌根共生，故能生于瘠薄的荒山及砾岩地区，是荒山绿化的先锋树种。但在土层浅处生长的，干形常弯曲而且树冠呈水平伞状，在土层深厚肥沃处生长的，主干通直且速度较快。

马尾松生长速度中等偏快，一般20年生，高可达10～15m，胸径约14cm左右，30年生高可达18～25m，40年生达25～29m，胸径约35cm。一般说，在30年生以后，高生长变慢，粗生长加快。在幼苗阶段，头3年生长缓慢，每年约长20～50cm，至3～5年后则变快，每年高生长可达50～100cm，甚至200cm。马尾松在壮龄以前，侧枝轮生，一般轮生每年生长1轮，但在亚热带气候暖热处可再发生副梢而每年生长2轮甚至3轮。

马尾松实生苗5～6年时开始结实，至10年以后逐渐增产，但一般是每隔2～3年丰产一次，在30龄前均属结实盛期，以后则产量下降。寿命约300年左右。在自然界可天然下种更新。大面积绿化时最好不用纯林，采用混植方式，常见与栎树混植，如麻栎、栓皮栎、石栎等，或与枫香、黄檀、化香、木荷等混植。但在有松疣病的地区应避免与栎类混植。

图3-8 马尾松

主要病虫害：松毛虫，松干蚧等。

观赏特性与园林用途：马尾松树形高大雄伟，是江南及华南自然风景区和普遍绿化及造林的重要树种。1829年，威尔斯（W. Wells）曾引入英国。

经济用途：木材耐腐，可供建筑、水下工程、家具、造纸等用。是产松脂的主要树种。马尾松脂是全国松脂产量的90％。叶可提制挥发油，根可提取松焦油。干枝可供培养贵重的中药茯苓、松蕈等。花粉可入药或供婴儿褯褓中防湿疹及保护皮肤用。

13. 黄山松（台湾松）

Pinus taiwanensis Hayata.

松科、松属。

形态：常绿乔木，高达 30m，胸径达 80cm；树冠伞形。1 年生小枝淡黄褐色或暗红褐色，无毛。叶 2 针 1 束，长 5～13cm，树脂道 3～7 （9），中生。球果卵形，长 3～5cm，径 3～4cm，几无柄，可宿存树上数年之久，鳞背稍肥厚隆起，横脊显著，鳞脐有短刺。花期 4～5 月，果次年 10 月成熟。子叶 6～7 枚。

分布：本种为中国特有树种，产于台湾海拔 750～2800m 山区，浙江海拔 800～1500m 山区，福建海拔 1000～1500m 山区，安徽黄山 600～1800m 地带，江西庐山 1000m 以上地带，湖南衡山 1000m 以上地带。

阳性树，性喜凉爽湿润的高山气候，大抵年均温为 7.7～15℃的地区，适应温度范围约−22～34℃，适宜雨量为 1500～2000mm 左右。喜排水良好、土层深厚酸性黄壤，pH 约为 4.5～5.5。亦耐瘠薄土地，但生长矮小。根系深，有菌根菌共生。生长速度中等而偏慢，10 年生者约高 5m，40 年生者高约 20m。黄山松在长江流域的 500m 以下的低海拔地区虽也能生长，但生长状况比马尾松差得多。在自然界中高山山地常成纯林。用播种繁殖，实生苗达 6 年生时即可开花结实。本种可供自然风景区的高、中山地带绿化配植用，例如庐山的汉阳峰一带，树形优美雄伟，极为美观。材质较轻软，强度中等，比马尾松的材质好，可供建筑、家具用，又可采割松脂供工业及医药用。

14. 黑松（白芽松，日本黑松）

Pinus thunbergii Parl.

松科、松属。

形态：常绿乔木，高达 30～35m，胸径达 2m；树冠幼时呈狭圆锥形，老时呈扁平伞状。树皮灰黑色，枝条开展，老枝略下垂。冬芽圆筒形，银白色。叶 2 针 1 束，粗硬，长 6～12cm，在枝上可存 3 年，偶有存 5 年的，树脂道 6～11，中生。雌球花 1～3，顶生。球果卵形，长 4～6cm，径 3～4cm，有短柄；鳞背稍厚，横脊显著，鳞脐微凹，有短刺，种子倒卵形，灰褐色，略有黑斑，长 3～7mm，径 0.2～3.5mm，种翅长 1.5～1.8cm。子叶 5～10，通常 7～8。花期 3～5 月，果次年 10 月成熟。

分布：原产日本及朝鲜。中国山东沿海、辽东半岛、江苏、浙江、安徽等地有栽植。

习性：阳性树，但比赤松略能耐荫，幼苗期比成年树耐荫。在原产地的自然分布较赤松偏南。性喜温暖湿润的海洋性气候。极耐海潮风和海雾；对土壤要求不严，喜生于干砂质壤土上，比赤松更能耐瘠薄土地，能生长于阳坡的干燥瘠薄土地上，能生长在海滩附近的沙地及 pH8 的土壤上，但以在排水良好适当湿润富含腐殖质的中性壤土中生长最好。例如在山东栽培的，10 年生可高 7m 余，干粗约 10cm，20 年生可达 12m 余，30 年生高约 16m，40 年生高 18m。过去曾在南京一带试栽，初期生长尚佳，但十余年后即生长不良，10 年生者高仅 3m，粗7.7cm，20 年生高仅 5.7m，粗 11cm，树冠秃顶。

大面积山地绿化时，为了提高成活率，近年来多用 1～2 年生苗栽植，但在生长季应注意除草。在园林中则常用大苗定植。黑松抗病虫害较强，对松毛虫、松干蚧的抗性比油松、赤松都强。

黑松若任其自然生长，常难得到整齐的树形，故欲得到主干修直的树作庭荫树时，必行整形修剪工作，修剪时期可在 4～5 月间或秋末。黑松在自然界达百年以上的大树，才有良好的体态可供欣赏。

观赏功能及园林用途：本树为著名的海岸绿化树种，可用作防风、防潮、防沙林带及海滨浴场附近的风景林、行道树或庭荫树。在国外亦有密植成行并修剪成整形式的高篱者，一般多为 7～8m 高，围绕于建筑或住宅之外，既有美化又有防护作用。但在上海长势不佳。

经济用途：木材富松脂，坚韧耐用，可供建筑、薪炭用。黑松又可作嫁接日本五针松及雪松的砧木。

15. 长叶松（大王松）

Pinus palustris Mill.

松科、松属。

常绿乔木，高达 40m，树冠阔长圆形，小枝橙褐色，冬芽长圆形，银白色。叶 3 针 1 束，暗绿色，长 30～45cm，叶鞘宿存，丛聚于小枝先端，呈下垂状。树脂道内生。球果几无柄，圆柱形，暗褐色，长 15～20cm，鳞脐有三角形反曲的短刺。原产于美国东南沿海一带，中国杭州、上海、无锡、福州、南京有引种栽培，生长迅速。性喜暖热湿润的海洋性气候。在美国为重要的用材树种，每年冬季由东南部向北部城市运销大量枝条作室内装饰用，主要观赏其柔美纤长的针叶。用种子繁殖。

16. 湿地松

Piuns elliottii Engeim.

松科、松属。

形态：常绿乔木，在原产地高 30～36m，胸径 90cm，树皮灰褐色，纵裂成大鳞片状剥落；枝每年可生长 3～4 轮，小枝粗壮；冬芽红褐色，圆柱形，先端渐狭，无树脂。针叶 2 针、3 针 1 束并存，长 18～30cm，粗硬有光泽，深绿色，腹背两面均有气孔线，叶缘具细锯齿，叶鞘长约 1.2cm，球果 2～4 个聚生，罕单生，圆锥形，长 6.5～16.5cm，有梗，种鳞平直或稍反曲，鳞盾肥厚，鳞脐疣状，先端急尖，种子卵圆形，略呈 3 棱，长约 6mm，黑色而灰色斑点，种翅长 0.8～3.3cm，易脱落。花期在广州为 2 月上旬至 3 月中旬，果次年 9 月上中旬成熟。

分布：原产美国南部暖热潮湿的低海拔地区（600m 以下）。中国山东平邑县以南直至海南岛的陵水县，东自台湾，西至成都的广大地区内多处试栽均表现良好。

习性：喜夏雨冬旱的亚热带气候，但对气温的适应性强，能耐 40℃ 的绝对最高温和—20℃ 绝对最低温。在中性至强酸性红壤丘陵地以及表土 50～60cm 以下为铁结核层的沙黏土地均生长良好，而在低洼沼泽地边缘生长更佳，故名湿地松。但也较耐旱，在干旱贫瘠低丘陵地能旺盛生长；在海岸排水较差的固沙地亦能生长正常。湿地松的抗风力较强，在 11～12 级台风袭击下很少受害。

根系耐海水灌溉，但针叶不能抵抗盐分的侵袭，故在华南海滨，应在迎海风方向种 2～3 行木麻黄作为屏障，湿地松即可不受咸风为害。湿地松根系在幼龄时就很发达，3 年生幼树的侧根扩展直径达 7～8m，是消灭茅草荒山的一个优良先锋树种。

湿地松为强阳性树种，极不耐荫，即使细苗亦不耐荫。

观赏特性及园林用途：湿地松苍劲而速生，适应性强，木材质量好，松脂产量高。在长江以南自然风景区和城市绿地中，可作为重要树种应用。

17. 杉木（沙木，沙树，刺杉）（图 3-9）

Cunninghamia lanceolata（Lamb.）Hook.

杉科、杉木属。

形态：常绿乔木，高达 30m，胸径 2.5～3.0m。树冠幼年期为尖塔形，大树为广圆锥形，树皮褐色，裂成长条片状脱落。叶披针形或条状披针形，常略弯而呈镰状，革质，坚硬，深绿而有光泽，长 2～6cm，宽 3～5mm，在相当粗的主枝、主干上常有反卷状枯叶宿存不落；球果卵圆至圆球形，长 2.5～5cm，径 2～4cm，熟时苞鳞革质，棕黄色，种子长卵或长圆形，扁平，长 6～8mm，暗褐色，两侧有狭翅，每果内约含种子 200 粒；子叶 2。发芽时出土，花期 4 月，果10 月下旬成熟。

分布：长江流域以南各省自治区及河南、陕西均有分布与栽培，多用作造林。垂直分布上限因风土不同而有差异，大别山区为海拔 700m 以下，福建山区1000m 以下，大理 2500m 以下。

习性：阳性树，喜温暖湿润气候，不耐寒，绝对最低气温以不低于－9℃为宜，但亦可抗－15℃低温。雨量以1800mm 以上为佳，但在 600mm 以上处亦可生长，杉木的耐寒性大于其耐旱力。故对杉木生长和分布起限制作用的主要因素首先是水湿条件，其次才是温度条件。杉木喜肥嫌瘦，畏盐碱土，最喜深厚肥沃排水良好的酸性土壤（pH4.5～6.5），但亦可在微碱性土壤上生长。杉木为速生树种之一。20 年者树高约 18.0m，胸径18.5cm。但视环境而异，最速者 6年高达 9m，在土层瘠薄干燥的山脊，则 20 年生高仅 7m。其生长最速的时期，大抵在 4～14 年左右。一般 5 年生开始结实，但林中生长的常在 15～20 龄始结实。寿命可达 500 年以上，杉木根系强大，易生不定根，萌芽更新能力亦强，虽经火烧，亦可重新生出强壮萌蘖。其在生长过程中，表现

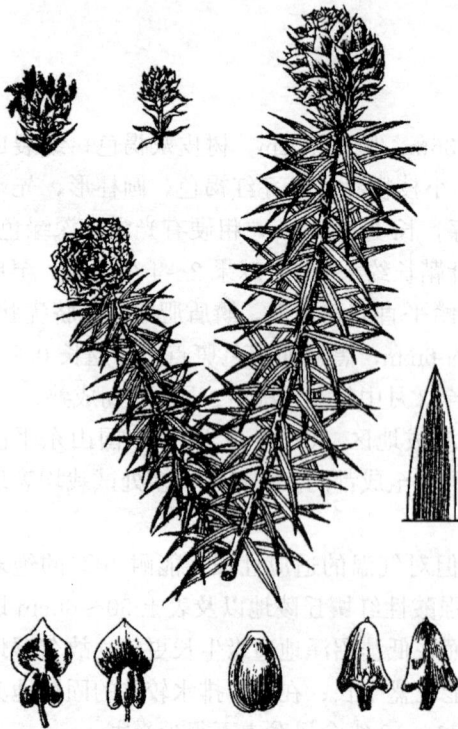

图 3-9 杉木

出很强的干性，各侧主枝在郁闭的情况下，自然整枝良好，下枝会迅速枯死。因此，萌蘖更新者也可长成乔木。

观赏功能及园林用途：杉木主杆端直，最适于园林中群植成林或列植道旁。1804 年及 1844 年流入英国，在英国南方生长良好，视为珍贵的观赏树。美国、德国、荷兰、波兰、丹麦、日本等国植物园均有栽培。

经济用途：材质优良，轻软而芳香，耐腐而又不受白蚁蛀食，不翘裂，易加工，最宜供建筑、家具、造船用，为我国南方重要用材树种之一。此外，杉树皮含单宁 10%，可制栲胶。

18. 柳杉（长叶柳杉，孔雀松，木杪椤树，长叶孔雀松）（图 3-10）

Cryptomeria fortunei Hooibrenk ex Otto et Dietr.

杉科、柳杉属。

形态：常绿乔木，高达 40m，胸径达 2m 余，树冠卵状锥形，树皮赤棕色，纤维状裂成长条片剥落，大枝斜展或平展，小枝常下垂，绿色。叶长 1.0～1.5cm。幼树及萌芽枝之叶长达 2.4cm，钻形，微向内曲，先端内曲，四面有气孔线，螺旋状排列，叶基显著下延。雄球花黄色，雌球花淡绿色。球果熟时深褐色，径 1.5～2.0cm。花期 4 月，果 10～11 月成熟。

分布：产于浙江天目山、福建南屏三千八百坎及江西庐山等处海拔 1100m 以下地带，浙江、江苏南部、安徽南部、四川、贵州、云南、湖南、湖北、广东、广西及河南郑州等地有栽培，生长良好。

习性：为中等阳性树，略耐荫，亦略耐寒，在河南郑州及山东泰安可生长，在年平均温度为 14～19℃，1 月份平均气温在 0℃ 以上的地区均可生长。喜空气湿度较高，怕夏季酷热或干旱，在降水量达 1000mm 左右处生长良好。喜生长于深厚肥沃的沙质壤土，若在西晒强烈的黏土地则生长极差。喜排水良好，在积水处，根易腐烂。枝条柔韧，能抗雪压及冰挂。柳杉为浅根性树种，尤其在青年期以前，大抵根群集于 30cm 以内的表土层中，在壮年期根系才较深；一般其水平根的扩展长度比入土深度大十余倍。由于根系不深，故抗暴风能力不强。生长速度中等，年平均长高 50～100cm，一般在 30 龄后则高生长极少，但直径的生长可继续到数百年，故常长成极粗的大树。一般言之，50 年生者，高约 18m，胸径约 35cm，寿命很长，在江南山野中常见数百年的古树，如江西庐山及浙江天目山之古柳杉已成名景，云南昆明西山筇竹寺有 500 余年的古柳杉，高 30m，胸径 1.53m，冠幅 12m。

柳杉在自然界中，常与杉木、榿树、金钱松等混生。

柳杉喜湿润空气，畏干燥，故移植时注意勿使根部受干，在园林中平地初栽后，夏季最好设临时荫棚，以免枝叶枯黄。

图 3-10 柳杉

观赏功能及园林用途：柳杉树形圆整而高大，树干粗壮，极为雄伟，最适孤植、列植，亦宜丛植或群植。在江南习俗中，自古以来常用作墓道树，亦宜作风景林栽植。

经济用途：材质轻而较松，不翘曲，易加工，可供建筑、造船、家具和细工用；枝、叶、木材碎片可制芳香油；树皮入药，可治疮疖或制栲胶。

19. 日本柳杉

Cryiomeria japonica（L. f.）D. Don

杉科，柳杉属。

常绿乔木，在原产地高达 45m，胸径达 2m 余。与柳杉不同点主要是种鳞数多，为 20～30 枚；苞鳞的尖头和种鳞顶端的齿缺均较长，每种鳞有 3～5 种子。

原产日本。中国有引入，在南京、上海、扬州、无锡、南通及庐山均有栽培。

园艺品种很多，有呈灌木状的观赏品种。

20. 巨杉（世界爷，北美巨杉）

Sequoiadendron giganteum（Lindl.）Buchholz.

杉科、巨杉属。

形态：常绿巨型乔木，在原产地高达 100m，胸径达 10m，干基部有垛柱状膨大物；树皮深纵裂，厚 30～60cm；树冠圆锥形。冬芽小而裸；小枝初现绿色，后变淡褐色。叶鳞状钻形，螺旋状排列，下部贴生小枝，上部分离部分长 3～6mm，先端锐尖，两面有气孔线。雌雄同株。球果椭圆形，长 5～8cm，种鳞盾形顶部有凹槽，幼时中央有刺尖，每种鳞有种子 3～9；种子长圆形，淡褐色，长 3～6mm，两侧有翅。球果次年成熟。子叶 4（3～5）。

分布：原产美国加利福尼亚（California）。

阳性树，生长快，而树龄极长。播种繁殖，但幼苗易生病害。我国杭州、庐山、昆明等地引种栽培，可作园景树，为世界著名树种之一。

21. 落羽杉（落羽松）

Taxodium distichum（L.）Rich.

杉科、落羽杉属。

形态：落叶或半常绿乔木，高达 50m，胸径达 3m 以上，树冠在幼年期呈圆锥形，老树则开展成伞形，树干尖削度大，基部常膨大而有屈膝状之呼吸根；树皮呈长条状剥落；枝条平展，大树的小枝略下垂；1 年生小枝褐色，生叶的侧生小枝排成 2 列，叶条形，长 1.0～1.5cm，扁平，先端尖，排成羽状 2 列，上面中脉凹下，淡绿色，秋季凋落前变暗红褐色。果圆球形或卵圆形，径约 2.5cm，熟时淡褐色；种子褐色，长 1.2～1.8cm。花期 5 月；果次年 10 月成熟。

分布：原产美国东南部，其分布区较池杉为广，在北美洲可分布到北纬 40°地带，有一定耐寒力。我国已引入栽培达半个世纪以上，在长江流域及华南大城市的园林中常有栽培，最北界已达河南南部鸡公山一带。

习性：强阳性树；喜暖热湿润气候，极耐水湿，能生长于浅沼泽中，亦能生长于排水良好的陆地上。在湿地上生长时，树干基部可形成板状根，自水平根系上能向上伸出筒状呼吸根，特别称为"膝根"。土壤以湿润而富含腐殖质者最佳。在原产地能形成大片森林。抗风性强。

繁殖栽培：可用播种及扦插法繁殖。

定植后主要应防止中央领导干成为双干，在扦插苗中尤应注意，见有双主干者应及时疏剪掉弱干而保留强干，疏剪纤弱枝及影响主干生长的徒长枝。

观赏功能及园林用途：落羽杉树形整齐美观，近羽毛状的叶丛极为秀丽，入秋，叶变成古铜色，是良好的秋色树种。最适水旁配植又有防风护岸之效。落羽杉属与水杉、水松、巨杉、红杉同为孑遗树种，也是世界著名的园林树木。在广州、杭州、上海、武汉、南京、庐山、鸡公山以及北京小气候良好处均有栽植。总的效果在暖热地区低海拔的平原及丘陵地带生长良好，在千米以上和年降雨量在 700～800mm 以下以及冬季低温在 −20℃ 以下，则生长受阻。

经济用途：木材纹理直，硬度适中，耐腐，可供建筑、家具、电杆、造船等用。木材又耐白蚁蛀蚀。材质虽次于杉木，但比水杉优良。

22. 池杉（池柏，沼杉，沼落羽松）（图 3-11）

Taxodium ascendens Brongn.

杉科、落羽杉属。

形态：落叶乔木，在原产地高达 25m；树干基部膨大，常有屈膝状的吐呼吸根，称为"膝根"，在低湿地生长"膝根"尤为显著。树皮褐色，纵裂，成长条片脱落。枝向上展，树冠较窄，呈尖塔形；当年生小枝绿色，细长，略向下弯垂，2 年生小枝褐色。叶多钻形，略内曲，常在枝上螺旋状伸展，下部多贴近小枝，基部下延，长 4～10mm，先端渐尖，上面中脉略隆起，下面有棱脊，每边有气孔线 2～4。果圆球形或长圆球形，有短梗，向下斜垂，熟时褐黄色。长 2～4cm；种子不规则三角形，略扁，红褐色，长 1.3～1.8cm，边缘有锐脊。花期 3～4 月，果 10～11 月成熟。

分布：产于美国弗吉尼亚州（Virginia）南部至佛罗里达州（Florida）南部，再沿墨西哥湾至亚拉巴马州（Alabama）及路易斯安那州（Louisisiana）东南部，常在沿海平原、沼泽及低湿地海拔 30m 以下之处见到。我国自 20 世纪初引至南京、南通及鸡公山等地，后又引至杭州、武汉、庐山、广州等地，现已在许多城市尤其是长江以北水网地区作为重要造林和园林树种。

习性：喜温暖湿润气候和深厚疏松之酸性、微酸性土。强阳性，不耐荫，耐涝，又较耐旱。对碱性土颇敏感，pH 值达 7.2 以上时，即可发生叶片黄化现象。枝干富韧性，加之冠形窄，故抗风力颇强。萌芽力强。速生树种，约自

图 3-11　池杉

3～4龄起至20年生以前，高、粗生长均快。7～9年生树始结实。

繁殖栽培：池杉用播种和扦插繁殖，苗期管理主要是防止地老虎等地下害虫，还需经常灌溉，并及时除草、中耕和薄施、多施追肥。

观赏功能及园林用途：池杉树形优美，枝叶秀丽婆娑，秋叶棕褐色，是观赏价值很高的园林树种，特适水滨湿地成片栽植，丛植为园景树。此树生长快，抗性强，适应地区广，材质优良，加之树冠狭窄，枝叶稀疏，荫蔽面积小，耐水湿，抗风力强，故特适在长江流域及珠江三角洲等农田水网选用，水库附近以及"四旁"造林绿化，及防风、防浪、生产木材等用。

经济用途：池杉材质似水杉，而韧性过之，是建筑、枕木、电杆、家具的用材，适作水桶、蒸笼等用。

23. 水杉（图3-12）

Metasequoia glyptostroboides Hu et Cheng

杉科、水杉属。

形态：落叶乔木，树高达35m，胸径2.5m；干基常膨大，幼树树冠尖塔形，老树则为广圆形。树皮灰褐色；大枝近轮生，小枝对生。叶交互对生，叶基扭转排成2列，呈羽状，条形，扁平，长0.8～3.5cm，冬季与无芽小枝一同脱落。雌雄同株，花单性；雄球花单生于枝顶和侧方，排成总状或圆锥花序；雌球花单生于去年生枝顶或近枝顶。珠鳞11～14对，交叉对生，每球鳞有5～9胚珠。球果近球形，长1.8～2.5cm，熟时深褐色，下垂，种子扁平，倒卵形，周有狭翅，子叶2，发芽时出土。花期2月；果11月成熟。

分布：产于四川石柱县，湖北利川县磨刀溪、水杉坝一带及湖南龙山、桑植等地海拔750～1500m，气候温和湿润，沿河酸性土沟谷中。40年来已在国内南北各地及世界50个国家引种栽培。

习性：阳性树，喜温暖湿润气候，要求产地1月平均气温在1℃左右，最低气温-8℃，7月份平均气温24℃左右，年雨量1500mm。据近年来各地试栽经验来看，具有一定的抗寒性。喜深厚肥沃的酸性土，但在微碱性土壤上亦可生长良好。水杉要求土层深厚、肥沃，尤喜湿润而排水良好，不耐涝，对土壤干旱也较敏感。故山东群众说："水杉水杉，干旱不长，积水涝煞"，正说明了它的生态习性。水杉生长速度较快，每年增高约1m左右，在北京10年生者高约8m。据树干解析材料，在原产地树高年生长最高峰（1.43m）出现在10～15年，胸径年生长最高峰（2.1cm）出现在20～25年。而在引种地区，则树高和胸径年生长最大值出现得更早，其绝对值也更大，从而显示出水杉速生丰产的特点。南京中山陵园树龄24年时，平均树高22.5m，平均胸径26.8cm，最大胸径39.0cm；湖北潜江县广华寺农场树龄16年时，平均树高11.5m，平均胸径14.5cm，最大胸径18.0cm。单行栽植或孤植，其生长尤为迅速。如安徽滁县琅玡山25年生水杉，树高23m，胸径53cm；昆明黑龙潭昆明植物研究所植物园28年生的树，高19m，胸径64cm。这些数字表明，在一般栽培条件下，水杉可在15～20年左右成材。如立地条件适宜，栽培措施精细，则其成材期可望缩短至10～15年。如在杭州，一般10年左右即可成材，10年生水杉平均高达10m左右，胸径20cm

以下。

水杉开始结实的年龄较晚，一般 10 年以上大树始现花蕾，但所结种子多瘪粒。在其原产地，通常 25～30 年生大树始结实，40～60 年大量结实，至 100 年而不衰。

耐盐碱能力较池杉为强，在含盐量 0.2% 以下之轻盐碱地可以生长。喜光树种，幼苗则能稍耐避荫。对二氧化硫、氯气、氟化氢等有害气体的抗性较弱。

繁殖栽培：主要有播种和扦插两种方法。

园林用途和环境功能：水杉树冠呈圆锥形，姿态优美。叶色秀丽，秋叶转棕褐色，均甚美观。宜在园林中丛植、列植，也可成片林植。水杉生长迅速，是郊区、风景区绿化中的重要树种。

经济用途：水杉木材纹理直，质轻软，易于加工，油漆及胶接性能良好，适制桁条、门窗、楼板、家具及造船等用。其管胞长，纤维素含量高，是良好的造纸用材。

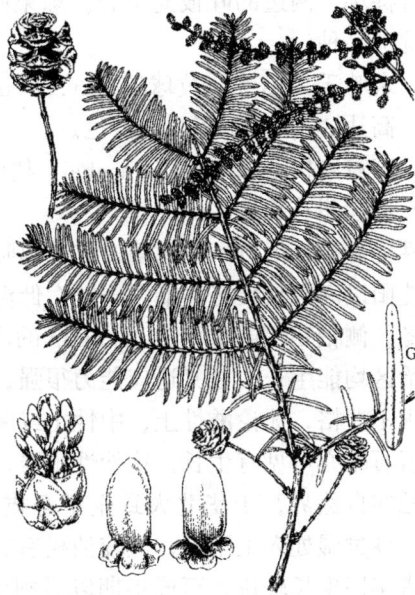

图 3-12　水杉

24. 侧柏（扁松，扁柏，扁桧，黄柏，香柏）（图 3-13）

Platycladus orientalis（L.）Franco

柏科、侧柏属。

形态：常绿乔木，高达 20m 左右，胸径 1m。幼树树冠尖塔形，老树广圆形；树皮薄，浅褐色，呈薄片状剥离；大枝斜出；小枝直展，扁平，无白粉。叶全为鳞状。雌雄同株，单性，球花单生小枝顶端；雄球花有 6 对雄蕊，每雄蕊有花药 2～4；雌球花有 4 对珠鳞，中间 2 对各有 1～2 胚珠。球果卵形，长 1.5～2.5cm，熟前绿色，肉质，种鳞顶端反曲尖头。成熟后变木质，开裂，红褐色。种子长卵形，无翅或几乎无翅；子叶 2，发芽时出土。花期 3～4 月；果 10～11 月成熟。

分布：原产华北、东北，目前全国各地均有栽培，北自吉林经华北，南至广东北部、广西北部，东自沿海，西至四川、云南。朝鲜亦有分布。

品种很多，在国内外较多应用的有：

（1）千头柏 cv. Sieboldii（子孙柏、凤尾柏、扫帚柏）：丛生灌木，无明显主干，高 3～5m，枝密生，树冠呈紧密卵圆形或球形。叶鲜绿色。球果略长圆形；种鳞有锐尖头，被极多白粉。是一稳定品种，播种繁殖时遗传特点稳定。在中国及日本等地久经栽培，长江流域及华北南部多栽作绿篱或园景树或用于造林。

（2）金塔柏（金枝侧柏）cv. Beverleyensis：树冠塔形，叶金黄色。南京、杭州等地有栽培，北京近年有引种。可在背风向阳处露地过冬，并能开花结实。

（3）洒金千头柏 cv. Aurea Nana：矮生密丛，圆形至卵圆，高 1.5m。叶淡黄绿色，入冬略转褐绿。杭州等地有栽培。

（4）北京侧柏 cv. Pekinensis：乔木，高 15～18m，枝较长，略开展；小枝纤细。叶甚小，两边的叶彼此重叠。球果圆形，径约 1cm，通常仅有种鳞 8 枚，是一个优美品种。

（5）金叶千头柏（金黄球柏）cv. Semperarescens：矮型紧密灌木，树冠近于球形，高达 3m。叶全年呈金黄色。

（6）窄冠侧柏 cv. Zhaiguancebai：树冠窄，枝向上伸展。叶亮绿色，生长旺盛。江苏徐州有栽培。

习性：喜光，但有一定耐荫力，喜温暖湿润气候，但亦耐多湿，耐旱；较耐寒，在沈阳以南生长良好，能耐－25℃低温，在哈尔滨市须在背风向阳地行露地保护过冬。侧柏在年雨量为 1638.8mm 的广州以及年雨量仅为 300mm 左右的内蒙古自治区均能生长，故其适应能力很强。喜排水良好而湿润的深厚土壤，但对土壤要求不严格，无论酸性土、中性土或碱性土上均能生长，在土壤瘠薄处和干燥的山岩石路亦可见有生长。抗盐性很强，可在含盐 0.2% 的土壤上生长。

侧柏在自然界，于华北大致生于海拔 1500m 以下地区。侧柏的根系发达，虽然在土壤过湿处入土不深，但较油松有较强的耐湿力。生长速度中等而偏慢，幼年、青年期生长较快，至成年期以后则生长缓慢，20 年生高约 6～7m。侧柏的寿命极长，可达两千年以上。在河南登封县嵩阳书院之"二将军"柏，树高 18.2m，胸径 3.8m，冠幅 17.8m，估计树龄达 2500 年以上。

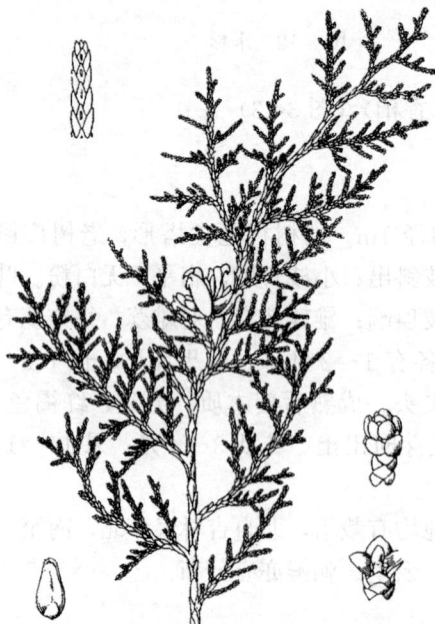

图 3-13 侧柏

观赏功能及园林用途：侧柏是我国最广泛应用的园林树种之一，自古以来即常栽植于寺庙、陵墓地和庭园中。北京中山公园有辽代古柏已达千年左右，枝干苍劲，气魄雄伟。一个配植得很成功的例子是北京天坛，大片的侧柏和桧柏与皇穹宇、祈年殿的汉白玉石台阶栏杆和青砖石路形成强烈的烘托作用，充分地突出了主体建筑，很好地表达了主题思想。大片柏林形成了肃静清幽的气氛，而祈年殿、皇穹宇及天桥等在建筑形式上、色彩上均与柏林互相呼应，出色地表现了"大地与天通灵"的主题。

而天坛的地下水位较高，侧柏及圆柏能很好地适应这个环境，因此这是配植上既符合树种习性又能充分发挥观赏特性的优秀实例，而且这种配植在管理方面十分简便。此外，由于侧柏寿命长，树姿美，所以各地多有栽植，至今在名山大川常见侧柏古树自成景物。如陕西黄陵县轩辕庙的"轩辕柏"为轩辕庙八景之一，树高达19m，胸径约2m，推算树龄达2700年以上。又如，泰山岱庙的汉柏，高约19m，干周约5m，传为汉武帝手植。

侧柏成林种植时，最好与桧柏、油松、黄栌、臭椿等混交，这比纯林为佳。但从风景艺术效果而言，以与圆柏混交为佳，如此则能形成较统一而且宛若纯林并优于纯林的艺术效果，在管理上亦有防止病虫蔓延之功效。

侧柏在夏季虽碧翠可爱，但缺点是自11月至次年3月下旬的近5个月期间变成土褐色。枝、叶、根皮、种子入药，有止血祛风湿、利尿、止咳功效。

25. 日本花柏（花柏）

Chamaecyparis pisifera (Sieb. et Zucc.) Endl.

柏科、扁柏属。

形态：常绿乔木，在原产地高达50m，胸径1m，树冠圆锥形。叶表暗绿色，下面有白色线纹，鳞叶端锐尖，枝略开展，侧面之前较中间之叶稍长。球果圆球形，径约6mm。种子三角状卵形，两侧有宽翅。

分布：原产日本。中国东部、中部及西南地区城市园林中有栽培。

品种：品种颇多，国外栽培者在60个以上，我国习见者有：

(1) 线柏 cv. Filifera：常绿灌木或小乔木，小枝细长而下垂，华北多盆栽观赏，江南有露地栽培。用侧柏作砧木行嫁接繁殖。

(2) 绒柏 cv. Squarrosa：树冠塔形，大枝近平展，小枝不规则着生，非扁平，小乔木，高5m。叶条状刺形，柔软，长6~8mm，下面有2条白色气孔线。

(3) 凤尾柏 cv. Plumosa：小乔木，高5m；小枝羽状。鳞叶较细长，开展，稍呈刺状，但质软，长3~4mm，也偶有呈花柏状枝叶的。枝叶浓密，树姿、叶形很美。

习性：对阳光的要求属中性而略耐荫；喜温凉湿润气候及湿润土壤，不喜干燥土地。生长速度比日本扁柏快。

繁殖栽培：可用播种及扦插繁殖，大树移植较容易，但应带土团或于前1~2年行断根法。移植时期是秋季；如果当地冬季低温达−10℃以下，则以春季移植为宜。如果在−5℃左右，则春季或秋季均适于移植。若需施行整形修剪，以在初秋为宜。

观赏功能及园林用途：在园林中可行独植、丛植或作绿篱用。枝叶纤细优美秀丽，特别是许多品种具有独特的姿态，观赏价值很高。日本庭园中常见应用。

26. 柏木（垂丝柏）（图3-14）

Cupressus funebris Endl.

柏科、柏木属。

形态：常绿乔木，高35m，胸径2m；树冠狭圆锥形；干皮淡褐灰色，成长条状剥离，小枝下垂，圆柱形。生叶的小枝扁平。鳞叶端尖，叶背中部有纵腺点。球果次年成熟，形小，径 8～12mm，木质；种鳞 4 对，盾形，有尖头，每种鳞内含 5～6 粒种子。种子两侧有狭翅；子叶 2 枚。花期 3～5 月；球果次年 5～6 月成熟。

分布：浙江、江西、四川、湖北、贵州、湖南、福建、云南、广东、广西、甘肃南部、陕西南部等地均有生长。

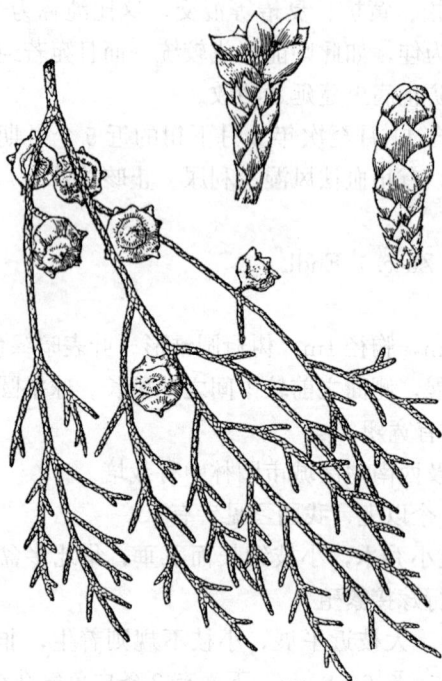

图 3-14 柏木

习性：柏木为阳性树，略耐侧方荫蔽。喜暖热湿润气候，不耐寒，是亚热带地区具有代表性的针叶树种，分布区内年均温约为 13～19℃。年雨量约在 1000mm 以上。对土壤适应力强，以在石灰质土上生长最好，也能在微酸性土上生长良好。耐干旱瘠薄，又略耐水湿。在南方自然界的各种石灰质土及钙质紫色土上常成纯林，所以是亚热带针叶树中的钙质土指示植物。在其他土壤上常成混交群落，混交的树种有青冈栎、青栲、枫香、云南樟、麻栎、桤木、檫木、棕榈等。柏木的根系较浅，但侧根十分发达，能沿岩缝伸展。生长较快，20 年生高达 12m，干径 16cm。柏木的天然播种更新能力很强，但幼苗在过于郁闭的条件下生长不良。

柏木树冠较窄，又有耐侧方荫蔽的习性，故定植距离可较近。在 30 年生的柏木林中其树冠约为 2m 左右，而 30 年生的孤立树冠宽不足 4m。

柏林寿命长，在西南各地常见有古柏，如昆明黑龙潭之 1 株柏木，传为宋代所植，称为"宋柏"，1976 年 5 月实测，树高 28m，胸径 1.9m，冠幅 17m。成都又有孔明手植柏，森森古木蔚然大观。

观赏功能及园林用途：柏木树冠整齐，能耐侧荫。故最宜群植成林或列植成甬道，形成柏木森森的景色。宜于在公园、建筑前、陵墓、古迹和自然风景区绿化用。

经济用途：心材大，材质优，具有香气，耐湿抗腐，是良好的建筑、造船、制水桶、细工等用材。球果、枝、叶、根均可入药。果可治风寒感冒、虚弱吐血、胃痛等症；根、枝、叶均可提炼"柏香油"供出口；叶可治烫伤。

27. 圆柏（桧柏）（图 3-15）

Sabina chinensis（L.）Ant.

柏科、圆柏属。

形态：常绿乔木，高达 20m，胸径达 3.5m，树冠尖塔形或圆锥形，老树则成阔卵形、球形或钟形。树皮灰褐色，呈浅纵条剥离，有时呈扭转状。老枝常扭曲状；小枝直立或斜生，亦有略下垂的。冬芽不显著。异型叶有两种，鳞叶交互对生，多见于老树或老枝上；刺叶常 3 枚轮生，长 0.6～1.2cm，叶上面微凹；有 2 条白色气孔带。雌雄异株，极少同株；雄球花黄色，有雄蕊 5～7 对，对生；雌球花有珠鳞 6～8，对生或轮生。球果球形，径 6～8mm，次年或第三年成熟，熟时暗褐色，被白粉，果有 1～4 粒种子，卵圆形。子叶 2，发芽时出土。花期 4 月下旬，果多次年 10～11 月成熟。

分布：原产中国东北南部及华北等地，北自内蒙古及沈阳以南，南至两广北部，东自滨海各省，西至四川、云南均有分布。朝鲜、日本也产。

变种、变型及品种：野生变种、变型和园艺品种极多，现将主要的介绍如下：

(1) 野生变种、变型有：

1) 垂枝圆柏 f. *pendula* (Franch.) Cheng et W. T. Wang：枝长，小枝下垂。原产陕南及甘肃东南部，北京等地有栽培。

2) 偃柏 var. *sargentii* (Henry) Cheng et L. K. Fu：本变种与圆柏主要区别在于：系匍匐灌木，小枝上伸成密丛状，树高 0.6～0.8m，冠幅 2.5～3.0m，老树多鳞叶，幼树之叶常针刺状，刺叶通常交叉对生，长 3～6mm，排列较紧密，略斜展。球果带蓝色，果有白粉，种子 3 粒。产于东北张广才岭海拔约 1400m 处。俄罗斯远东地区、日本也有分布。耐寒性甚强，亦耐瘠土，可生于高山及海岸岩石缝中，有固沙、保土之效，可植于岩石园及盆景观赏，又为良好的地被植物。扦插繁殖。

(2) 圆柏之栽培变型（品种），国内外多达 60 个以上：

1) 金叶桧 (cv. Aurea)：直立窄圆锥形灌木，高 3～5m，枝上伸；小枝具刺叶及鳞叶，刺叶具窄而不显之灰蓝色气孔带，中脉及边缘黄绿色，鳞叶金黄色。

2) 金枝球柏 (cv. Aureoglobosa)：丛生灌木，树冠近球形；多为鳞叶，小枝顶端初叶呈金黄色，上海、杭州、南京、北京等地有栽培。

3) 球柏 (cv. Globosa)：丛生灌木，近球形，枝密生；全为鳞叶，间有刺叶。

4) 龙柏 (cv. Kaizuca)：树形呈圆柱状，小枝扭曲上伸，枝密，在枝端成几个等长的密簇状，全为鳞叶，密生，幼叶淡黄绿，后呈翠绿色；球果蓝黑，略有白粉。华北南部及华东各城市常见栽培。用枝插繁殖，或嫁接于侧柏砧木上。

5) 金龙柏 (cv. Kaizuka Aurea)：全为鳞叶，枝端之叶为金黄色。华东一带城市园林中常有栽培。

6) 匍地龙柏 (cv. Kaizuca Procumbens)：无直立主干，植株就地平展。系庐山植物园用龙柏侧枝扦插后育成。

7) 鹿角桧 (cv. Pfitzeriana)：丛生灌木，干枝自地面向四周斜展，上伸，风姿优美，适应自然式园林配植。

8) 羽桧 (cv. Plumosa)：矮生植株，广阔灌木，树高 1.0～1.5m，主枝常偏于一侧，枝散展，小枝向前伸，枝丛密生，羽状；叶鳞状，密着，暗绿色，在树膛内夹有若干反映幼龄性状的刺叶。

9）塔柏（cv. Pyramidalis）：树冠圆柱形，枝向上直伸，密生；叶几全为刺形。华北及长江流域有栽培。

习性：喜光但耐荫性很强。耐寒、耐热，对土壤要求不严，能生于酸性、中性及石灰质土壤上，对土壤的干旱及潮湿均有一定的抗性。但以在中性、深厚而排水良好处生长最佳。深根性，侧根也很发达。生长速度中等而较侧柏略慢，25年生者高 8m 左右。寿命极长，各地可见到千百余年的古树。圆柏常见的病害有圆柏梨锈病、圆柏果锈病及圆柏石楠病等。这些病以圆柏为越冬寄主，对圆柏本身伤害不太严重，但对梨、苹果、海棠、石楠等则危害颇巨，故应注意防治，最好避免在苹果、梨园等附近种植。

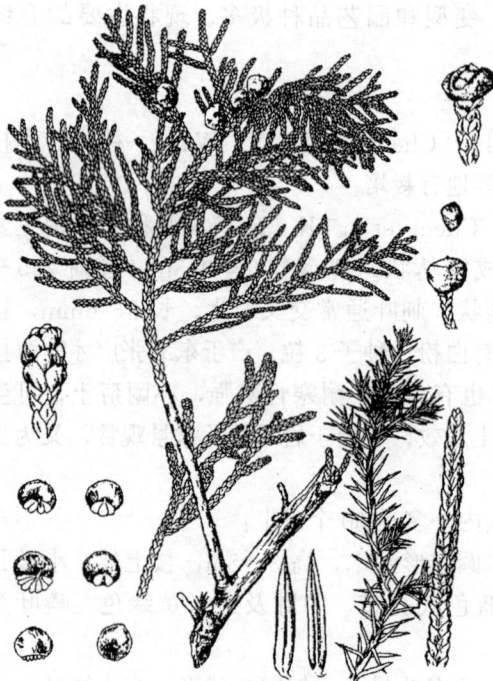

图 3-15　圆柏

园林用途和环境功能：圆柏在庭园中用途极广，性耐修剪又有很强的耐荫性，故作绿篱比侧柏优良，下枝不易枯，冬季颜色不变褐色或黄色，且可植于建筑之北侧荫处。我国历来多配植于庙宇陵墓建筑作墓道树或柏林。其树形优美，青年期呈整齐圆锥形，老树则干枝扭曲，奇姿古态，堪为独景。在苏州冯异祠有四株古桧，由于姿态奇古，而分别得"清"、"奇"、"古"、"怪"之名。山东泰安孔庙大成门内，左侧有老桧一株，高 10～12m，干径 0.7m，约为 500 年左右。北京中山公园中有辽代遗物，高 10 余米，干周近7m，约近千年。山东泰山炳灵殿前有汉武帝手植柏，其左有乾隆题之汉柏碑，生长势已弱，干周 4.6m。如果确属武帝时所植，则树龄当在 2000 年以上，可谓国宝，应加以保护。英国在 1767 年以前引入试种，1804 年又自广东引入苗木于皇家邱园，现在欧美各国园林中已广为应用。本树为我国自古喜用之园林树种之一，可谓民族形式庭园中不可缺少之观赏树，宜与宫殿式建筑相配合。但在配植时应勿与苹果、梨园靠近，以免锈病猖獗。在民间如河南鄢陵、山东菏泽等地尚习于用本种作盘扎整形之材料；又宜作桩景、盆景材料。该树种对多种有害气体有一定抗性，是针叶树中对氯气和氟化氢抗性较强的树种。对二氧化硫的抗性显著胜过油松。能吸收一定数量的硫和汞，阻尘和隔声效果良好。

经济用途：材质致密，坚硬，桃红色，美观而有芳香，极耐久，故宜供作图板、棺木、铅笔等，生长速度中等偏慢。种子可榨取脂肪油。

28. 砂地柏（新疆圆柏，天山圆柏，双子柏，叉子圆柏）（图 3-16）

Sabina vulgris Ant.

柏科、圆柏属。

形态：匍匐性灌木，高不及 1m。刺叶常生于幼树上，鳞叶交互对生，斜方形，先端钝或急尖，背面中部有明显腺体。多雌雄异株，球果成熟时褐色、紫蓝色或黑色，多少有白粉，种子 1～5，多为 2～3。

分布：西北及内蒙古。南欧至中亚蒙古也有分布。北京、西安等地有引种栽培。

习性：耐旱性强，生于石山坡及砂地、林下。

图 3-16　砂地柏

用途：可作园林绿化中的护坡、地被及固沙树种用。

29. 铺地柏（爬地柏，矮桧，匍地柏）

Sabina procumbens（Endl.）Iwata et Kusaka

柏科、圆柏属。

形态：匍匐小灌木，高达 75cm，冠幅逾 2m，贴近地面伏生，叶全为刺叶，3 叶交叉轮生，叶面上有 2 条白色气孔线，下面基部有 2 白色斑点，叶基下延生长，叶长 6～8mm；球果球形，内含种子 2～3。

分布：原产日本，我国各地园林中常见栽培，亦为习见桩景材料之一。

习性：阳性树，能在干燥的砂地上生长良好，喜石灰质的肥沃土壤，忌低湿地点。

繁殖：用扦插法易繁殖。

园林用途：在园林中可配植于岩石园或草坪角隅，又为缓土坡的良好地被植物，各地亦经常盆栽观赏。日本庭园中在水面上的传统配植技法"流枝"，即用本种造成。有银枝及金枝等变种。

30. 刺柏（璎珞柏，台湾柏，山刺柏，刺松）

Juniperus formosana Hayata

柏科、刺柏属。

形态：常绿乔木，高达 12m，胸径 2.5m；树冠狭圆锥形，小枝下垂，树皮灰褐色，叶全刺形，长 2～3cm，表面略凹，有两条白色气孔带或在尖端处合二为一，白色带比绿色部分宽，下面有钝纵脊，叶基不下延。球果球形或卵状球形，径 6～10mm，果顶有 3 条辐状纵纹或略开裂；每果有种子 3，2 年成熟，熟时淡红褐色；种子三角状椭圆形。

分布：产于台湾、江苏、安徽、浙江、福建、江西、湖北、湖南、陕西、甘肃、青海、四川、贵州、云南、西藏等高山区，常出现于石灰岩上或石灰质土壤中。

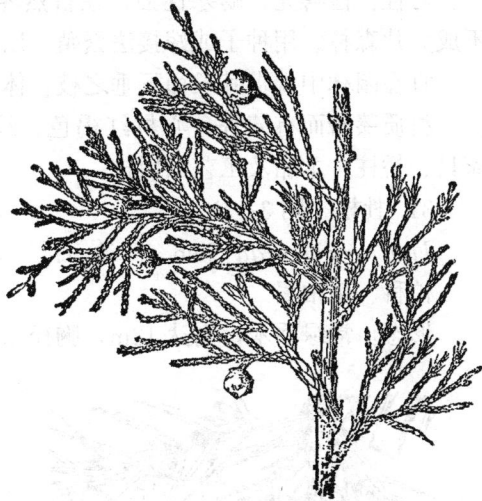

习性：性喜光，耐寒性强，在自然界常散见于海拔 1300～3400m 地区，但不成大片森林。用种子或嫁接法繁殖，以侧柏为砧木。

宜在园林中观赏其长而下垂之枝，体形甚是秀丽。

材质臻密而有芳香，心材红褐色，纹理直，结构细，耐水湿，宜作铅笔、家具、桥柱、木船及工艺品用材。

31. 杜松（图 3-17）

Juniperus rigida Sieb. et Zucc.

柏科、刺柏属。

形态：常绿乔木，高达 12m，胸径 1.3m；树冠圆柱形，老则圆头状。大枝直立，小枝下垂。叶全为条状刺形，坚硬，长 1.2～1.7cm，上面有深槽，内为一条狭窄的白色气孔带，叶下有明显纵脊，无腺体。球果球形，径 6～8mm，2 年成熟，熟时淡褐色或蓝黑色，每果内有 2～4 粒种子。花期 5 月；果次年 10 月成熟。

分布：产于黑龙江、吉林、辽宁海拔 500m 以下之低山区及内蒙古之海拔 1400m 地带，以及河北小五台山、华山、山西北部以及西北地区海拔 1400～2200m 之高山。在日本分布于本州中部以南及四国、九州。朝鲜亦产之。

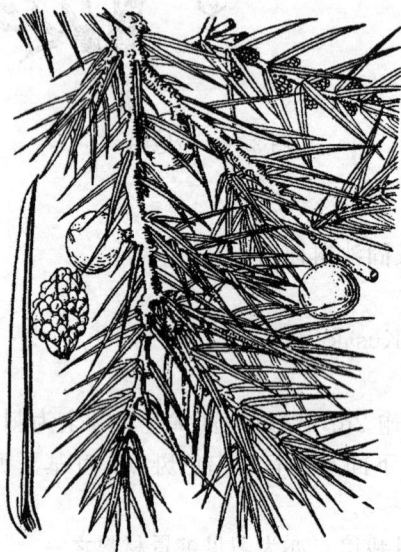

图 3-17　杜松

国外有若干变种及品种用于园林，如日本杜松（cv. Filiformis）为匍匐性变种；'线枝'杜松（cv. Filiformis）具长线状下垂小枝。

为强阳性树，有一定的耐荫性。性喜冷凉气候，比圆柏的耐寒性强得多；主根长而侧根发达，对土壤要求不严，能生于酸性土以至海边，在干燥的岩缝间或沙砾地也可生长，但以向阳适湿的沙质壤土最佳。

可用播种及扦插法繁殖，播前种子应行预措。

此树对海潮风有相当强的抗性，是良好的海岸庭园树种之一。本树亦为梨锈病之中间宿主，应避免在果园附近种植。

32. 罗汉松（罗汉杉，土杉）（图 3-18）

Podocarpus macrophyllus (Thunb.) D. Don.

罗汉松科、罗汉松属。

形态：常绿乔木，高达 20m，胸径达 60cm；树冠广卵形；树皮灰色，浅裂，呈薄鳞片状脱落。枝较短而横斜密生。叶条状披针形，长 7～12cm，宽 7～10mm，叶端尖，两面中脉显著而缺侧脉，叶表暗绿色，有光泽，叶背绿或粉绿色，叶螺旋状互生。雄球花 3～5 簇生叶腋。种子卵形、长约 1cm，未熟时绿色，熟时紫色，外被白粉，着生于膨大的种托上；种托肉质，椭圆形，初时为深红色，后变紫色，略有甜味，可食，有柄。子叶2，发芽时出土。花期4～5月；种子8～11月成熟。

分布：产于江苏、浙江、福建、安徽、江西、湖南、四川、云南、贵州、广西、广东等省区，在长江以南各省均有栽培。日本亦有分布。

变种、变型有：

（1）狭叶罗汉松 var. *angustifolius* Bl.：叶长5～9cm，宽3～6cm，叶端渐狭成长尖头，叶基楔形，产于四川、贵州、江西等省，广东、江苏有栽培。日本亦有分布。

图 3-18 罗汉松

（2）小罗汉松 var. *maki* Endl.：小乔木或灌木，枝直上着生。叶密生，长2～7cm，较窄，两端略钝圆。原产日本。在我国江南各地园林中常有栽培。朝鲜、日本、印度亦栽培。

习性：较耐荫，为半阴性树；喜排水良好而湿润的沙质壤土，又耐海潮风，在海边也能生长良好。耐寒性较弱，在华北只能盆栽，培养土可用沙和腐殖土等量配合。本种抗病虫害能力较强。对多种有毒气体抗性较强。寿命很长。

繁殖栽培：可用播种及扦插法繁殖。种子发芽率80%～90%；扦插时以在梅雨季中施行为好，易生根。斑叶品种如"银斑"罗汉松 cv. Argenteus 等，可用切接法繁殖。

定植时，如是壮龄以上的大树，须在梅雨季节带土球移植。罗汉松因较耐荫，故下枝繁茂亦很耐修剪。

园林用途和环境功能：树形优美，绿色的种子下有比其大10倍的红色种托，好似许多披着红色袈裟的罗汉，故得名。满树紫红点点，颇富奇趣。宜孤植作庭荫树，或对植、散植于厅、堂之前。罗汉松耐修剪及海岸环境，故特别适宜于海岸边植作美化及防风高篱、工厂绿化等用。短叶小罗汉松因叶小枝密，作盆栽或一般绿篱用，很是美观。又据报道鹿不食其叶，故又宜作动物园兽舍之用。矮化的及斑叶的品种是作桩景、盆景的极好材料。

经济用途：材质臻密，富含油质，能耐水湿且不易受虫害，可供制水桶、建筑及海、河土木工程用。

33. 竹柏（大叶沙木，猪油木）（图3-19）

Podocarpus nagi (Thunb.) Zoll. et Mor. ex Zoll.

罗汉松科、罗汉松属。

形态：常绿乔木，高20m；树冠圆锥形。叶对生，革质，形状与大小很似竹叶，故名，叶长 3.5～9cm，宽 1.5～2.5cm，平行脉 20～30，无明显中脉。种子球形，径 1.4cm，子叶 2 枚，种子 10 月成熟，熟时紫黑色，外被白粉；种托不膨大，木质。花期 3～5 月。

分布：产于浙江、福建、江西、四川、广东、广西、湖南等省。

习性：性喜温热湿润气候，大抵分布于年平均气温 18～26℃，极端最低气温达−7℃，但 1 月平均气温在 6～20℃，年雨量在 1200～1800mm 的地区。竹柏为阴性树种，在广西曾见生于阴坡的竹柏比生于阳坡的生长速度快数倍。竹柏

图 3-19 竹柏

对土壤要求较严，在排水好而湿润富含腐殖质的浓厚呈酸性的沙壤或轻黏壤上生长良好，但在土层浅薄、干旱贫瘠的土地上则生长极差，而在石灰质地区则不见分布。在自然界于富含腐殖质而较湿润的山地坡下、谷旁均生长良好，而在较干旱的台地上生长很慢，在积水处不能生长。有良好的自然更新能力，在竹柏林中和其他阔叶林下常可见到自然播种的幼苗。幼苗初期生长较慢，至 4、5 年后可逐渐变快。一般 10 年生的高 5m 余，胸径约 8～10cm。10 年生左右开始开花结实。

繁殖栽培：用播种及扦插法繁殖。竹柏不耐修剪。

园林用途和环境功能：竹柏的枝叶青翠而有光泽，树冠浓郁，树形美观，是南方的良好庭荫树和园林中的行道树，亦是城乡四旁绿化用的优秀树种。

经济用途：材质优良，纹理直，不裂，不翘变，可供建筑、家具、乐器、雕刻等用。种子含油率达 30%，种仁含油率达 50%～55%，油可供食用又可供工业用，是著名的木本油料树种，故广西称其为猪油木，属于不干性油类。

34. 粗榧（粗榧杉，中华粗榧杉，中华粗榧）（图 3-20）

Cephalotaxus sinensis (Rehd. et Wils.) Li

三尖杉科、三尖杉属。

形态：灌木或小乔木，高达 12m；树皮灰褐色，呈薄片状脱落。叶条形，通常直，很少弯曲。端渐尖，长 2～5cm，宽约 3mm，先端有微急尖或渐尖的短尖头，基部近圆或广楔形，几无柄，上面绿色，下面气孔带白色，较绿色边带约宽 3～4 倍。4 月开花；种子次年 10 月成熟，2～5 个着生于总梗上部，卵圆、近圆或椭圆状卵形。

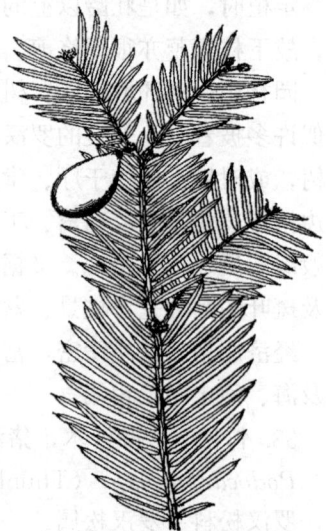

图 3-20 粗榧

分布：为我国特有树种，产于江苏南部，浙江、安徽南部、福建、江西、河南、湖北、湖南、陕西南部、四川、甘肃南部、云南东南部、贵州东北部、广西广东西南部及海南岛等地，多生于海拔 600～2200m 的花岗岩、砂岩或石灰岩山地。

习性：阳性树，较喜温暖，喜生于富含有机质之壤土内，抗虫害能力很强。生长缓慢，但有较强的萌芽力，耐修剪，但不耐移植。有一定耐寒力。

繁殖栽培：种子繁殖，亦可用扦插法繁殖。本树性强健，病虫害很少，除对整形配植者适当整剪外，不需特殊管理。但因移植能力较差，故定植施工中应加强养护。

园林用途和环境功能：通常多宜与他树配植，作基础种植用，或在草坪边缘，植于大乔木之下。其园艺品种又宜供作切花装饰材料。

经济用途：种子可榨油，供外科治疮疾用，叶、枝、种子及根可提取多种植物碱，对治疗白血病等有一定疗效。木材坚实，可作工艺品等用。

35. 三尖杉（图 3-21）

Cephalotaxus fortunei Hook. f.

三尖杉科、三尖杉属。

常绿乔木，小枝对生，基部有宿存芽鳞。叶在小枝上排列较稀疏，螺旋状着生成两列状，线状披针形，长 4～13cm，宽 3～4.5mm，微弯曲，叶端尖，叶基部楔形，叶背有 2 条白色气孔线，比绿色边缘宽 3～5 倍。雄球花 8～10 聚生成头状，生于叶腋，径约 1cm，梗长 68mm，每雄球花有 6～16 雄蕊，基部有 1 苞片；雌球花生于枝基部的苞片腋下，而稀生于枝端，有梗，胚珠常 4～8 个发育成种子。种子椭圆状卵形，长约 2.5cm，成熟时外种皮紫红色，柄长 1.5～2cm。

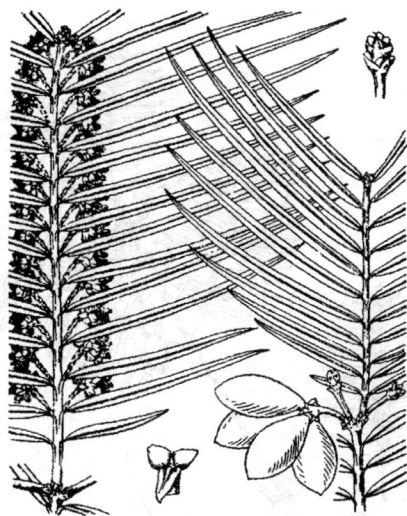

图 3-21 三尖杉

分布于安徽南部、浙江、福建、江西、湖南、湖北、陕西、甘肃、四川、云南、贵州、广西和广东北部等地。

性喜温暖湿润气候，耐荫，不耐寒。用种子及扦插法繁殖。可作园林绿化树用。材质富弹性，宜作扁担、农具柄用；种子含油率 30％以上，供工业用；亦可入药，有止咳、润肺、消积之效。

36. 红豆杉（观音杉）（图 3-22）

Taxus chinensis (Pilger) Rehd.

红豆杉科、红豆杉属。

形态：常绿乔木，高 30m，干径达 1m。叶螺旋状互生，基部扭转为二列，条形，略微弯曲，长 1～2.5cm，宽 2～2.5mm，叶缘微反曲，叶端渐尖，叶背有 2 条宽黄绿色或灰绿色气孔带，中脉上密生有细小凸点，叶缘绿带极窄。雌雄异株，雄球花单生于叶腋；雌球花的胚珠单生于花轴上部侧生短轴的顶端，基部有圆盘状种皮。种子扁卵圆形，有2棱，种脐卵圆形；假种皮杯状，红色。

分布于甘肃南部、陕西南部、湖北西部、四川等地。

在分布区多生于海拔1500～2000m的山地，喜温湿气候。用播种或扦插法繁殖。可供园林绿化用。木材耐腐，可供土木工程用材。种子含油率达60%，可供工业用；种子又可入药，有消积食及驱蛔虫之效。

变种有南方红豆杉（美丽红豆杉）var. *mairei* Cheng et L. K. Fu，与原种不同处为叶缘不反卷，叶背绿色边带较宽，中脉带上的凸点较大，呈片状分布，或无凸点，叶长2～3.5cm。

分布于长江流域以南各省。性喜气候较温暖多雨地方。

37. 白豆杉（短水松）（图3-23）

Pseudotaxus chienii (Cheng) Cheng.

红豆杉科、白豆杉属。

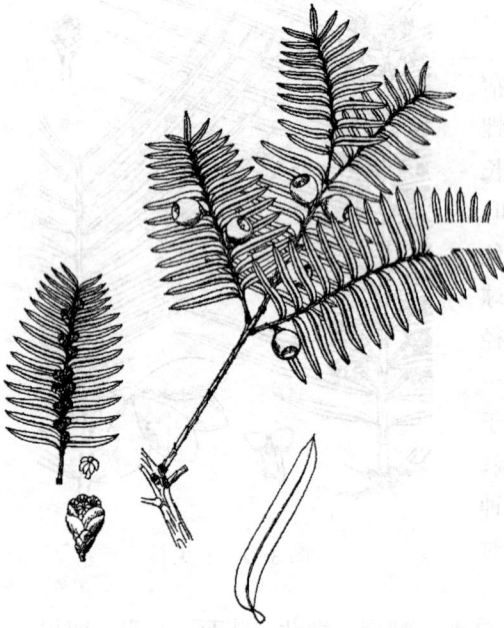

图3-22 红豆杉

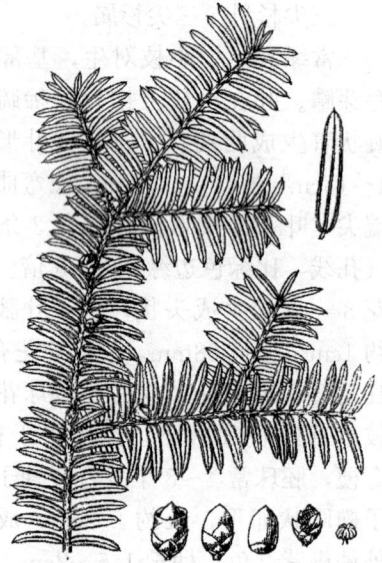

图3-23 白豆杉

灌木，高达4m。叶条形，长1.5～2.6cm，宽2.5～4.5mm；下面白色气孔带较绿色边带宽或近等宽。种子卵形，长5～8mm，成熟时肉质杯状，假种皮白色，基部有宿存苞片。花期3月下旬至5月；种子当年10月成熟。

树形优美，四季常青，肉质白色的假种皮，别致可观，可作园景树用。杭州等地已引种栽培。

38. 榧树（本草纲目）（榧，野杉，玉榧）（图3-24）

Torreya grandis Fort. et Lindl.

红豆杉科、榧树属。

形态：常绿乔木，高达 25m，胸径 1m；树皮黄灰色纵裂。大枝轮生，一年生小枝绿色，对生，次年变为黄绿色。叶条形，直而不弯，长 1.1～2.5mm，先端凸尖，上面绿色面有光泽，中脉不明显，下面有 2 条黄白色气孔带。雄球花生于上年生枝之叶腋，雌球花群生于上年生短枝顶部，白色，4～5 月开放。种子长圆形，卵形或倒卵形，长 2.0～4.5cm，径 1.5～2.5cm，成熟时假种皮淡紫褐色，胚乳微皱；种子第二年 10 月左右成熟。

分布：江苏南部、浙江、福建北部、安徽南部及湖南。

品种："香榧"（cv. Merrillii）：嫁接树高达 20m。叶深绿色，质较软；种子圆状倒卵形，长 2.7～3.2cm，产浙江诸暨等地。

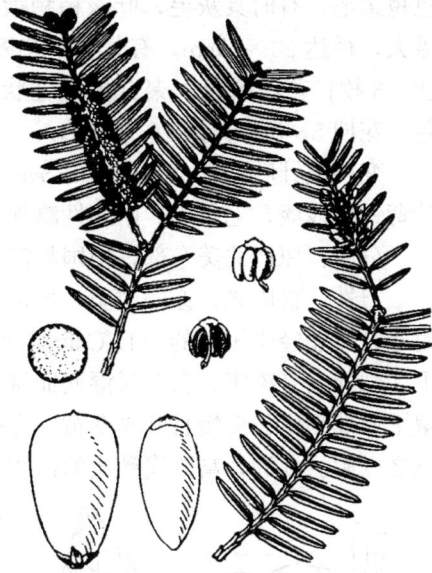

图 3-24 榧树

习性：阴性，喜温暖湿润气候，不耐寒，喜生于酸性而肥沃深厚土壤，对自然灾害之抗性较强，树冠开张。在浙江西天目山多分布于海拔 400～1000m 间，常与柳杉、金钱松、连香树、香果树等混生。榧树寿命长而生长慢，实生苗约 8～9 年结实，但盛果期很长，至百龄老树犹能丰产，寿命可达 500 年。由于榧实第三年才成熟，所以一树上可见三代种实，对预报产量较有利。但采摘时亦较麻烦，须注意避免碰落小果。

园林用途和环境功能：我国特有树种，树冠整齐，枝叶茂密，特适孤植，也可列植。耐荫性强，可长期保持树冠外形。在针叶树种中本属植物对烟害的抗性较强，病、虫亦较少，又较能耐湿黏土壤。

榧实味香美，可生食或炒食，亦可榨油，为在园林中结合果实生产之优良树种之一。木材黄白色，致密而富弹力，耐朽、不翘裂，又少虫蠹，故宜供造船及建筑等用。

[附] 日本榧树 T. *nucifera*（L.）Sieb. et Zucc. 似榧树，但二三年生枝渐变淡红褐色或微带紫色，叶长 2～3cm，先端具较长刺状尖头，基部微圆或楔形，可资区分。我国自其原产地日本引入，青岛、庐山、沪、杭、宁等地均有栽培。

二、常绿阔叶类

1. 广玉兰（洋玉兰，大花玉兰，荷花玉兰）（图 3-25）

Magnolia grandiflora L.

木兰科、木兰属。

形态：常绿乔木，高 30m。树冠阔圆锥形。芽及小枝有锈色柔毛。叶倒卵状长椭圆形，长 12～20cm，革质，叶端钝，叶基楔形，叶表有光泽，叶背有铁锈色短柔毛,有时具灰毛,叶缘稍稍微波状;叶柄粗,长约 2cm。花杯形,白色,极大,径达 20～25cm,有芳香,花瓣通常 6 枚,少有达 9～12 枚的;萼片花瓣状,3 枚;花丝紫色。聚合果圆柱状卵形,密被锈色毛,长 7～10cm;种子红色。花期 5～8 月;果 10 月成熟。

变种披针叶广玉兰 var. *lanceolata* Ajt:叶长椭圆状披针形,叶缘约全缘,叶背锈色浅淡,毛较少。耐寒性略强。

分布:原产北美东部,中国长江流域至珠江流域的园林中常见栽培。

习性:喜阳光,亦颇耐荫,可谓弱阴性树种。喜温暖湿润气候,亦有一定的耐寒力,能经受短期的－19℃低温而叶部无显著损害,但在长期的－12℃低温下,则叶会受冻害。喜肥沃湿润而排水良好的土壤,不耐干燥及石灰质土,在土壤干燥处则生长变慢且叶易变黄,在排水不良的黏性土和碱性土上也生长不良,总之以肥沃湿润,富含腐殖质的沙壤土生长最佳。本树对各种自然灾害均有较强的抵抗力,亦能抗烟尘,适用于城市园林。根系深大,故颇抗风,但花朵巨大且富肉质,故花朵最不耐风害。广玉兰生长速度中等,但幼年生长缓慢,达 10 年生后可逐渐加速,每年可加高 0.5m 以上。

图 3-25 广玉兰

繁殖栽培:可用播种繁殖,亦可用扦插、压条、嫁接等法繁殖。广玉兰移植较难,通常在 4 月下旬至 5 月进行,或于 9 月进行,移时应适当摘叶并行卷干措施。作切花栽培者,可用多主枝的整形方式。一般言之,它几乎很少受病虫害侵袭。

观赏特性及园林用途:本种叶厚而有光泽,花大而香,树姿雄伟壮丽,为珍贵的树种之一;其聚合果成熟后,开裂露出鲜红色的种子也颇美观。最宜单植在宽广开旷的草坪上或配植成观花的树丛。由于其树冠庞大,花开于枝顶,故在配植上不宜植于狭小的庭院内,否则不能充分发挥其观赏效果。

经济用途:其材质致密坚实,可作装饰物运动器具及箱柜等;其叶可入药,主治高血压;自花、叶、嫩梢又可提取挥发油。本种亦为室内装饰插瓶和提炼香精的良好材料。

2. 白兰花(缅桂,白兰,白玉兰,簸迦)(图 3-26)

Michelia alba DC.

木兰科、含笑属。

形态:常绿乔木,高 17m,胸径 40cm;干皮灰色。新枝及芽有浅白色绢毛,一年生枝无毛。叶薄革质,长圆状椭圆形或椭圆状披针形,长 10～25cm,宽 4～10cm,两端均渐狭;叶表背均无毛或背面脉上有疏毛;叶柄长 1.5～3cm,托叶痕达叶柄中部以下。花白色,极芳香,长 3～4cm,花瓣披针形,约为 10 枚以上，通常多不结实，在热带地方果成熟时随着花托的延伸而形成疏生的穗状聚合果。花期 4 月下旬至 9 月下旬开放不绝。

分布：原产于印度尼西亚、爪哇。中国华南各省多有栽培，在长江流域及华北有盆栽。

习性：喜阳光充分、暖热多湿气候及肥沃富含腐殖质而排水良好的微酸性沙质壤土。不耐寒、根肉质、怕积水。

繁殖栽培：可用扦插、压条或以木兰为砧木用靠接法繁殖。盆栽白兰冬季需放在阳光充足的室内过冬。一般认为它原产热带、亚热带地方，故宜匀放在高温温室过冬，但根据经验，其效果

图 3-26　白兰花

并不很好，不如放在 10℃ 左右之低温温度，只要不使落叶、则来年生长开花均更为旺盛，而且可以节约冬季的能源。这在大规模的生产栽培时值得特别注意。

观赏特性及园林用途：本种为著名香花树种，在华南多作庭荫树及行道树用，是芳香类花园的良好树种。花朵常作襟花佩戴，极受欢迎。

经济用途：材质优良，供制家具用；花又可供熏制茶叶和提取香精用。

3. 含笑（含笑梅，山节子）（图 3-27）

Michelia figo（Lour.）Spreng.

木兰科、含笑属。

形态：常绿灌木或小乔木，高 2～5m。分枝紧密，小枝有锈褐色茸毛。叶革质，倒卵状椭圆形，长 4～10cm，宽 2～4cm；叶柄极短，长仅 4mm，密被粗毛。花直立，淡黄色而瓣缘常晕紫，香味似香蕉味，花径 2～3cm。果卵圆形，先端呈鸟嘴状，外有疣点。花期 3～4 月。

分布：原产华南山坡杂木林中。现在从华南至长江流域各省均有栽培。

习性：喜弱荫，不耐曝晒和干燥，否则叶易变黄，喜暖热多湿气候及酸性土壤，不耐石灰质土壤。有一定耐寒力，在 −13℃ 左右之低温下虽然会掉落叶子，但却不会冻死。

繁殖栽培：可用播种、分株、压条和扦插法繁殖。

观赏特性及园林用途：本种亦为著名芳香花木，适于在小游园、花园、公园或街道上成丛种植，可配植于草坪边缘或稀疏林丛之下。使游人在休息之中常得芳香气味的享

图 3-27　含笑

受。古人曾有诗谈到它的芳香："秋来二笑再芬芳，紫笑何如白笑强，只有此花偷不得，无人知处忽然香"。除供观赏外，花亦可熏茶用。

101

图 3-28　深山含笑

4. 深山含笑（图 3-28）

Michelia maudiae Dunn

木兰科、含笑属。

常绿乔木，高 20m，全株无毛。叶宽椭圆形，长 7～18cm，宽 4～8cm；叶表深绿色，叶背有白粉，中脉隆起，网脉明显。花大，直径 10～12cm，白色、芳香，花被 9 片。聚合果，长 7～15cm。

分布于浙江、福建、湖南、广东、广西、贵州，是常绿阔叶林中习见树种。上海有引种栽培。花可供观赏及药用，亦可提取芳香油。

5. 樟树（香樟）（图 3-29）

Cinnamomum camphora（L.）Presl

樟科、樟属。

形态：常绿乔木，一般高 20～30m，最高可达 50m，胸径 4～5m；树冠广卵形。树皮灰褐色，纵裂。叶互生，卵状椭圆形，长 5～8cm，薄革质，离基三出脉，脉腋有腺体，全缘，两面无毛，背面灰绿色。圆锥花序腋生于新枝；花被淡黄绿色，6 裂。核果球形，径约 6mm，熟时紫黑色，果托盘状。花期 5 月；果 9～11 月成熟。

分布：樟树分布大体以长江为北界，南至两广及西南，尤以江西、浙江、福建、台湾等东南沿海省分为最多。垂直分布可达海拔 1000m。在自然界多见于低山、丘陵及村庄附近。朝鲜、日本亦产之。其他各国常有引种栽培。

习性：喜光，稍耐荫；喜温暖湿润气候，耐寒性不强，在 −18℃ 低温下幼枝受冻害。对土壤要求不严，而以深厚、肥

图 3-29　樟树

沃、湿润的微酸性黏质土最好，较耐水湿，但不耐干旱、瘠薄和盐碱土。主根发达，深根性，能抗风。但在地下水位高的平原生长扎根浅，易遭风害，且多早衰。萌芽力强，耐修剪。生长速度中等偏慢，幼年较快，中年后转慢。10 年生树高约 6m，50 年生树高约 15m。寿命长可达千年以上。有一定抗海潮风、耐烟尘和有毒气体能力，并能吸收多种有毒气体，较能适应城市环境。

繁殖栽培：主要用播种繁殖，也可用软材扦插及分栽根蘖等法繁殖。因樟树主根深而侧根少，故育苗时要注意培育侧根。在苗圃中一般要经过两次移植。大

树移栽时更应重剪树冠（疏剪枝叶 1/2 左右），带大土球，且用草绳卷干保温，充分灌水和喷洒枝叶，方可保证成活。移植时间以芽刚开始萌发时为佳。栽植时注意不要过深，以平地际位置为准。

观赏特性及园林用途：本种枝叶茂密，冠大荫浓，树姿雄伟，是城市绿化的优良树种，广泛用作庭荫树、行道树、防护林及风景林。配植于池畔、水边、山坡、平地无不相宜。若孤植于空旷地，让树冠充分发展，浓荫覆地，效果更佳。在草地中丛植、群植或作背景树都很合适。樟树的吸毒、抗毒性能较强，故也可选作厂矿区绿化树种。

经济价值：樟树是一种极有经济价值的树种。木材致密优美，易加工，耐水湿，有香气，抗虫蛀，供建筑、造船、家具、箱柜、雕刻、乐器等用。全树各部位均可提制樟脑及樟油，广泛用于化工、医药、香料等方面，是我国重要出口物资。

6. 浙江樟（浙江天竺桂）

Cinnamomum chekiangense Nakai

樟科、樟属。

形态：常绿乔木，高 10～16m；树冠卵状圆锥形。树皮淡灰褐色，光滑不裂，有芳香及辛辣味。小枝无毛，或幼时稍有细疏毛。叶互生或近对生，长椭圆状广披针形，长 5～12cm，离基三出脉近于平行并在表面隆起，脉腋无腺体，背面有白粉及细毛。5 月开黄绿色小花；果 10～11 月成熟，蓝黑色。

分布：产浙江、安徽南部、湖南、江西等地，多生于海拔 600m 以下较荫湿的山谷杂木林中。

中性树种，幼年期耐荫；喜温暖湿润气候及排水良好之微酸性土壤；中性土壤及平原地区也能适应，但不能积水。繁殖用播种法。秋季采种，堆放后熟，泡水搓去果肉，洗净晾干，沙藏至翌年春播。移栽在 3 月中下旬进行，带土球，适当疏剪枝叶。

本种树干端直，树冠整齐，叶茂荫浓，气势雄伟，在园林绿地中孤植、丛植、列植均相宜。且对二氧化硫抗性强，隔声、防尘效果好，可选作厂矿区绿化及防护林带树种。木材坚实，耐水湿，可供建筑、桥梁、车辆、家具等用材；树皮供药用及食品香料用；枝、叶、果可蒸制芳香油。

7. 肉桂（图 3-30）

Cinnamomum cassia Presl

樟科、樟属。

形态：常绿乔木；小枝四棱形，密被灰色绒毛，后渐脱落。叶互生或近对生，厚革质，长椭圆形，长 8～20cm，三出主脉近于平行，在表面凹下，脉腋无腺体。圆锥花序腋生或近枝端着生，花白色。果椭球形，长约 1cm，熟时黑紫色；果托浅碗状，边缘浅齿状。花期 5 月；果 11～12 月成熟。

分布：产于福建、广东、广西及云南等省区；广西东南桂平附近为主要产区，多为人工林；野生树分布在海拔 500m 以下的常绿林中。越南、老挝、印度及印度尼西亚等国亦有分布。

图 3-30　肉桂

成年树喜光，稍耐荫，幼树忌强光；喜暖热多雨气候，怕霜冻；喜湿润，肥沃的酸性（pH4.5～5.5）土壤。生长较缓慢，深根性，抗风力强。萌芽性强，病虫害少。用播种法繁殖。种子发芽率在 90% 以上，但保存期较短，应采后即播。幼苗需要遮荫。移植时期以发芽前为宜。

本种树形整齐、美观，在华南地区可栽作庭园绿化树种。但主要是作为特种经济树种栽培。6～7 年生树可开始剥取树皮，即"桂皮"，是食用香料和药材，有祛风健胃、活血祛瘀、散寒止痛等功效。嫩枝即"桂枝"，能发汗祛风，通经脉。叶、枝、碎皮及果均可提取"桂油"，既是香料又可药用。

8. 月桂（图 3-31）

Laurus nobilis L.

樟科、月桂属。

形态：常绿小乔木或灌木，高可达 12m；树冠卵形。小枝绿色。叶长椭圆形至广披针形，长 4～10cm，先端渐尖，基部楔形，全缘，表面暗绿色，有光泽，背面淡绿色，革质，揉碎有醇香；叶柄带紫色。花小，黄色，成聚伞状花序簇生于叶腋，4 月开放。核果椭圆形，9～10 月成熟，黑色或暗紫色。

产地及分布：原产地中海一带；我国浙江、江苏、福建、台湾、四川、云南等省有引种栽培。上海、南京一带常见栽作庭园绿化树种。

习性：喜光，稍耐荫；喜温暖湿

图 3-31　月桂

润气候及疏松肥沃的土壤，对土壤酸碱度要求不严，在酸性、中性及微碱性土上均能适应；耐干旱，并有一定耐寒能力，短期 −8℃ 低温不受冻害。萌芽力强，繁殖可用扦插、播种等法。

本种树形圆整，枝叶茂密，四季常青，春天又有黄花缀满枝间，颇为美丽，是良好的庭园绿化树种。孤植。丛植于草坪，列植于路旁、墙边，或对植于门旁都很合适。叶有芳香，用作罐头矫味剂。种子可榨油；树皮、叶、果实均可入药。

9. 蚊母树（图3-32）

Distylium racemosum Sieb. et Zucc.

金缕梅科、蚊母树属。

形态：常绿小乔木或灌木，高可达25m，栽培时常呈灌木状；树冠开展，呈球形。小枝略呈"之"字形曲折，嫩枝端具星状鳞毛；顶芽歪桃形，暗褐色。叶倒卵状长椭圆形，长3～7cm，先端钝或稍圆，全缘，厚革质，光滑无毛，侧脉5～6对，在表面不显著，在背面略隆起。总状花序长约2cm，花药红色。蒴果卵形，长约1cm。密生星状毛，顶端有2宿存花柱。花期4月；果9月成熟。

图3-32 蚊母树

分布：产中国广东、福建、台湾、浙江等省，多生于海拔100～300m之丘陵地带；日本亦有分布。长江流域城市园林中常有栽培。

习性：喜光，稍耐荫，喜温暖湿润气候，耐寒性不强，对土壤要求不严，酸性、中性土壤均能适应，而以排水良好的肥沃、湿润土壤为最好。萌芽、发枝力强，耐修剪。对烟尘及多种有毒气体抗性很强，能适应城市环境。

繁殖栽培：可用播种和扦插法繁殖。

观赏特性及园林用途：蚊母树枝叶密集，树形整齐，叶色浓绿，经冬不凋，春日开细小红花也颇美丽，加之抗性强、防尘及隔声效果好，是理想的城市及工矿区绿化及观赏树种。植于路旁、庭前草坪上及大树下都很合适；成丛、成片栽植作为分隔空间或作为其他花木之背景效果亦佳。若修剪成球形，宜于门旁对植或作基础种植材料。亦可栽作绿篱和防护林带。

经济用途：木材坚硬致密，可供建筑、家具及雕刻等用；树皮含单宁，可提制栲胶。

10. 米仔兰（树兰，米兰）（图3-33）

Aglaia odorata Lour.

楝科、米仔兰属。

形态：常绿灌木或小乔木，多分枝，高4～7m；树冠圆球形。顶芽、小枝先端常被褐色星形盾状鳞。羽状复叶，叶轴有窄翅，小叶3～5，倒卵形至长椭圆形，长2～7cm，先端钝，基部楔形，全缘。花黄色，径约2～3mm，极芳香，成腋生圆锥花序，长5～10cm。浆果卵形或近球形，长约1.2cm。夏秋

图3-33 米仔兰

开花。

产地及分布：原产东南亚，现广植于世界热带及亚热南带地区。华南庭园习见栽培观赏，也有野生；长江流域及其以北各大城市常盆栽观赏，温室越冬。

习性：喜光，略耐荫，喜暖怕冷，喜深厚肥沃土壤，不耐旱。可用嫩枝扦插、高压等法繁殖。米仔兰是深受群众喜爱的花木，枝叶繁密常青，花香馥郁，花期特长。除布置庭园及室内观赏外，花可用以熏茶和提炼香精。木材黄色，致密，可供雕刻、家具等用。

11. 胡颓子

Elaeagnus pungens Thunb.

胡颓子科、胡颓子属。

常绿灌木，高 4m；树冠开展，具棘刺。小枝锈褐色，被鳞片。叶革质，椭圆形或长圆形，长 5～7cm。叶端钝或尖，叶基圆形。叶缘微波状，叶表初时有鳞片后变绿色而有光泽，叶背银白色，被褐色鳞片；叶柄长 5～8mm。花银白色，下垂，芳香，萼筒较裂片长，1～3 朵簇生叶腋。果椭圆形，长 1.2～1.5cm，被锈色鳞片，熟时红色。花期 10～11 月；果次年 5 月成熟。

分布于长江以南各省。日本也有。

性喜光，耐半荫；喜温暖气候，不耐寒。对土壤适应性强，耐干旱又耐水湿。可播种或扦插繁殖。不需特殊管理。对有害气体的抗性强。可植于庭园观赏，并有金边、银边、金心等观叶变种。果可食及酿酒用；果、根及叶均可入药，有收敛、止泻、镇咳、解毒等效用。

12. 海桐（海桐花）（图 3-34）

Pittosporum tobira (Thunb.) Ait.

海桐科、海桐属。

形态：常绿灌木或小乔木，高 2～6m；树冠圆球形。叶革质，倒卵状椭圆形，长 5～12cm，先端圆钝或微凹，基部楔形，边缘反卷，全缘，无毛，表面深绿而有光泽。顶生伞房花序，花白色或淡黄绿色，径约 1cm，芳香。蒴果卵球形，长 1～1.5cm，有棱角，熟时 3 瓣裂，种子鲜红色。花期 5 月；果 10 月成熟。

分布：产我国江苏南部、浙江、福建、台湾、广东等地；朝鲜、日本亦有分布。长江流域及其以南各地庭园见栽培观赏。

变种：银边海桐（cv. Variegatum）；叶之边缘有白斑。

习性：喜光，略耐荫；喜温暖湿润气候及肥沃湿润土壤，耐寒性不强，华北地区不能露地越冬。对土壤要求不严。黏土、沙土及轻盐碱土均能适应。萌芽力强，耐修剪。抗海潮风及二氧化硫等有毒气体能力较强。

图 3-34　海桐

繁殖栽培：可用播种法繁殖，扦插也易成活。若要培养成海桐球，应自小去

其顶，并注意整形。移植一般在春季 3 月间进行，也可在秋季 10 月前后进行，均需带土球。海桐栽培容易，不需要特别管理。惟易遭介壳虫危害，要注意及早防治。

观赏特性及园林用途：海桐枝叶茂密，树冠球形；下枝覆地；叶色浓绿而有光泽，经冬不凋；初夏花朵清丽芳香，入秋果熟开裂时露出红色种子，也颇美观，是南方城市及庭园习见之绿化观赏树种。通常用作房屋基础种植及绿篱材料，孤植、丛植于草坪边缘、林缘或对植于门旁、列植路边也很合适。因有抗海潮风及有毒气体能力，故又为海岸防潮林、防风林及厂矿区绿化树种，并宜作城市隔噪声和防火林带之下木。华北多行盆栽观赏，低温温室越冬。

经济用途：木材可作器具；其叶可代矾染色，故有"山矾"之别名。

13. 榕树（细叶榕，小叶榕）（图 3-35）

Ficus microcarpa L.

桑科、榕属。

形态：常绿乔木，枝具下垂须状气生根。叶椭圆形至倒卵形，长 4～10cm，先端钝尖，基部楔形，全缘或浅波状，羽状脉，侧脉5～6 对，革质，无毛。隐头花序腋生，近扁球形，径约 8mm。广州花期 5 月；果 7～9 月成熟。

图 3-35　榕树

产华南、印度、越南、缅甸、马来西亚、菲律宾等国亦有分布。

习性：喜暖热多雨气候及酸性土壤。生长快，寿命长。用播种或扦插法繁殖均容易，大枝扦插亦易成活。

本种树冠庞大，枝叶茂密，是华南地区常见的行道树及遮荫树。木材轻软，纹理不匀，易腐朽，供薪炭等用；叶和气根可入药。

14. 印度胶榕（印度橡皮树）（图 3-36）

Ficus elastica Roxb

桑科、榕属。

形态：常绿乔木，高达 45m，含乳汁，全株无毛。叶厚革质，有光泽，长椭圆形，长 10～30cm，全缘，中脉显著，羽状侧脉多而细，且平行直伸；托叶大，淡红色，包被幼芽。

原产印度、缅甸。

习性：喜暖湿气候，不耐寒。扦

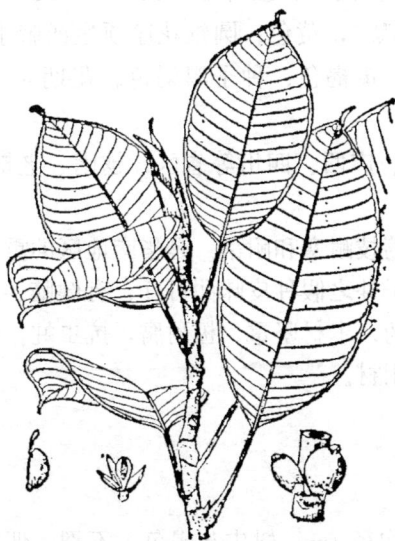

图 3-36　印度胶榕

插、压条均易成活。我国长江流域及北方各大城市多作盆栽观赏，温室越冬。华南暖地可露地栽培，作庭荫树及观赏树。有各种斑叶的观赏品种，颇为美观，更受人们喜爱。乳汁可制硬性橡胶。

图 3-37 黄葛树

15. 黄葛树（黄桷树）（图 3-37）

Ficus lacor Buch. -Ham.

桑科、榕属。

常绿乔木，高 15～26m，胸径 3～5m。叶薄革质或坚纸质，长椭圆形或卵状椭圆形，长 8～16cm，先端短渐尖，基部圆形或近心形，全缘，侧脉 7～10 对，无毛。隐头花序近球形，径 5～8mm，熟时黄色或红色。

产华南及西南，多生于溪边及疏林中。

树大荫浓，宜栽作庭荫树及行道树。木材轻软，纹理粗，可供器具、家具等用，树皮纤维可制棉絮和纺织。

16. 龙眼（桂圆）（图 3-38）

Dimocarpus longan Lour.

无患子科、龙眼属。

形态：常绿乔木，高达 10m 以上。树皮粗糙，薄片状剥落；幼枝及花序被星状毛。偶数羽状复叶互生，小叶 3～6 对，长椭圆状披针形，长 6～17cm，全缘，基部稍歪斜，表面侧脉明显。花小，花瓣 5，黄色；圆锥花序顶生或腋生。果球形，径 1.2～2.5cm，熟时果皮较平滑，黄褐色；种子黑褐色。花期 4～5 月；果 7～8 月成熟。

产地及分布：产中国台湾、福建、广东、广西、四川等省区；越南、老挝、柬埔寨也有。

习性：稍耐荫；喜暖热湿润气候，稍比荔枝耐寒和耐旱。是华南地区的重要果树，栽培品种甚多，也常于庭园种植。种子外之假种皮味甜可食，有健脑、强身、安神等功效。果核、根、叶及花均可入药。木材坚重，极耐腐，抗虫蛀，但干燥后易开裂和变形，宜作舟、车、器具等用材。

17. 荔枝（图 3-39）

Litchi chinensis Sonu.

无患子科、荔枝属。

形态：常绿乔木，野生树高可达 30m，胸径 1m。树皮灰褐色；不裂。偶数羽状复叶互生，小叶 2～4 对，长椭圆状披针形，长 6～12cm，全缘，表面侧脉

图 3-38 龙眼

图 3-39 荔枝

不甚明显，中脉在叶面凹下，背面粉绿色。花小，无花瓣，成顶生圆锥花序。果球形或卵形，熟时红色，果皮有显著突起小瘤体；种子棕褐色。花期 3～4 月；果 5～8 月成熟。

产华南，福建、广东、广西及云南东南部均有分布，四川、台湾有栽培。

喜光，喜暖热湿润气候及富含腐殖质之深厚、酸性土壤，怕霜冻。是华南重要果树，品种很多，果除鲜食外可制成果干或罐头，每年有大量出口。因树冠广阔，枝叶茂密，也常于庭园种植。木材坚重，经久耐用，是名贵用材，供造舟、车、家具等。根及果核可供药用，治疝气、胃痛等症。

18. 厚皮香（图 3-40）

Ternstroemia gymnanthera（Wight et Arn.）Sprague

山茶科、厚皮香属。

形态：常绿小乔木或灌木，高 3～8m。叶革质，倒卵状椭圆形，长 5～10cm，叶端钝尖，叶基渐窄而下延，叶表中脉显著下凹，侧脉不明显。花淡黄色，径约 2cm。果球形，径约 1.5cm，花柱及萼片均宿存。花期 7～8 月。

分布于湖北、湖南、贵州、云南、广西、福建、广东、台湾等省。日本、柬埔寨、印度也有分布。

性喜温热湿润气候，不耐寒；喜光也较耐荫；在自然界多生于海拔 700～3500m 的酸性土山坡及林地。由于植株树冠整齐，叶青绿可爱，故可丛植庭园观赏用。种子可榨油供工业上制润滑油及肥皂用；树皮可提栲胶。

图 3-40 厚皮香

19. 木荷（荷树）（图 3-41）

Schima superba Gardn. et Champ.

山茶科、木荷属。

形态：常绿乔木，高 20～30m；树冠广卵形；树皮褐色，纵裂，嫩枝带紫色，略有毛。叶革质，卵状长椭圆形至矩圆形，长 6～15cm，叶端渐尖或短尖，叶基楔形，锯齿钝，叶背绿色无毛。花白色，芳香，径约 3cm，单生于枝顶叶腋或成短总状。蒴果球形，径 1.5～2cm。花期 5 月；果 9～11 月成熟。

分布：安徽、浙江、福建、江西、湖南、四川、广东、贵州、台湾等省均有分布。

习性：喜暖热湿润气候，生长地区大抵年均温为 16～22℃，1 月份平均温度高于 4℃。但能耐短期的－10℃低温；适宜年雨量约为 1200～2000mm。性喜光但幼树能耐荫；对土壤的适应性强，能耐干旱瘠薄土地，但在深厚、肥沃的酸性沙质土壤上生长最快，30 年可达 20m 高，胸径 25cm。深根性，生长速度中等；寿命长可达 200 年以上。

图 3-41　木荷

多生于海拔 150～1500m 的山谷、林地，常与马尾松、青冈栎、麻栎、苦槠、樟、油茶等混生。在与马尾松混生时，群落的发展结果是马尾松的优势将为木荷所代替；在与其他常绿耐荫性树种混生时，木荷将成为上层树。这些结果的产生是与木荷的生长发育习性有关的。因为木荷结实多，种子轻而具翅，易于散播各处，幼苗耐荫，对土壤适应性强，能在荒山及林中天然飞种成林，成年树又较高大，喜光，故常成为群落的上层树种。

繁殖栽培：用播种法繁殖。对大树养护时应注意剪除根际萌蘖。

观赏特性和园林用途：树冠浓荫，花有芳香，可作庭荫树及风景林。由于叶片为厚革质，耐火烧，萌芽力又强，故可植作防火带树种。若与松树混植，尚有防止松毛虫蔓延之效。

经济用途：是珍贵的木材之一，材质稍重，结构均匀细致，加工容易，较耐腐，充分干燥后不易变形，最适于制造纱锭、纱管；又为细工之上等用材。也可供建筑、家具、车船及制胶合板用。枝、皮及树叶可提取单宁供制革等工业用。

20. 女贞（冬青，蜡树）（图 3-42）

Ligustrum lucidum Ait.

木犀科、女贞属。

形态：常绿乔木，高达 10m，树皮灰色，平滑。枝开展，无毛，具皮孔。叶革质，宽卵形至卵状披针形，长 6～12cm，顶端尖，基部圆形或阔楔形，全缘，无毛。圆锥花序顶生，长 10～20cm；花白色，几无柄，花冠裂片与花冠筒近等长。核果长圆形，蓝黑色。花期 7～9 月。

分布：产长江流域及以南各省区。甘肃南部及华北南部多有栽培。

习性：喜光，稍耐荫；喜温暖，不耐寒；喜湿润，不耐干旱；适生于微酸性至微碱性的湿润土壤，不耐瘠薄；对二氧化硫、氯气、氟化氢等有毒气体有较强的抗性。

繁殖栽培：播种、扦插繁殖。生长快，萌芽力强，耐修剪。

观赏特性及园林用途：女贞枝叶清秀，终年常绿，夏日满树白花，又适应城市气候环境，是长江流域常见的绿化树种；常栽于庭园观赏，广泛栽植于街坊、宅院，或作园路树，或修剪作绿篱用；对多种有毒气体抗性较强，可作为工矿区的抗污染树种。

经济用途：果、树皮、根、叶入药；木材可为细木工用材。

21. 小蜡 （图 3-43）

Ligustrum sinense Lour.

木犀科、女贞属。

图 3-42 女贞

形态：半常绿灌木或小乔木，高 2～7m，小枝密生短柔毛。叶薄革质，椭圆形，长 3～5cm，端锐尖或钝，基阔楔形或圆形，背面沿中脉有短柔毛。圆锥花序长 4～10cm，花轴有短柔毛；花白色，芳香，花梗细而明显，花冠裂片长于筒部；雄蕊超出花冠裂片。核果近圆形。花期 4～5 月。

产地及分布：分布于长江以南各省区。

习性：喜光，稍耐荫；较耐寒，华北小气候良好地区能露地栽植；抗二氧化硫等多种有毒气体。耐修剪。播种、扦插繁殖。

本种有多个变种，常植于庭园观赏，丛植林缘、池边、石旁都可；规则式园林中常可修剪成长、方、圆等几何形体，也常栽植于工矿区；其干老根古，虬曲多姿，宜作树桩盆景；江南常作绿篱应用。

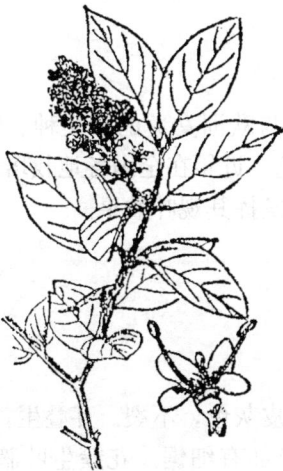

图 3-43 小蜡

图 3-44 小叶女贞

22. 小叶女贞（图 3-44）

Ligustrum quihoui Carr.

木犀科、女贞属。

形态：落叶或半常绿灌木，高 2～3m。枝条铺散，小枝具短柔毛、叶薄革质，椭圆形至倒卵状长圆形，长 1.5～5cm；无毛，顶端钝，基部楔形，全缘，边缘略向外反卷；叶柄有短柔毛。圆锥花序长 7～21cm；花白色，芳香，无梗，花冠裂片与筒部等长；花药超出花冠裂片。核果宽椭圆形，紫黑色。花期 7～8 月。

产地及分布：产中国中部、东部和西南部。

习性：喜光，稍耐荫；较耐寒，对二氧化硫、氯气、氟化氢、氯化氢、二氧化碳等有毒气体抗性均强。性强健，萌枝力强，叶再生能力强，耐修剪。

繁殖栽培：播种、扦插繁殖。

园林中主要作绿篱栽植，其枝叶紧密、圆整，庭园中常栽植观赏；抗多种毒气体，是优良的抗污染树种。园艺品种金叶女贞应用广泛。

同属植物：

（1）金森女贞

形态：常绿灌木，日本女贞系列彩叶新品，叶革质厚实，高 80～100cm，有肉质感；春季新叶鲜黄色，至冬季转为金黄色，部分新叶沿中脉两侧或一侧局部有云状绿色斑块，叶色明快悦目，节间短，枝叶稠密，枝端新叶黄色。

习性：耐热、耐寒，金叶期长，只有夏季高温时部分叶片转绿色，冬季植株下部老叶部分转绿，温度越低，叶片金黄色越明艳。萌枝力强，长势强健，对病虫害、火灾、煤烟、风雪等具有较强的抗性。

观赏功能及园林用途：叶片宽大，质感良好，宜作自然式绿篱，在欧美和日本尤其受欢迎。由于金森女贞喜光也耐半荫，可作界定空间、遮挡视线的外围绿篱，或墙边、林缘半荫处。春季金森女贞开出一串串银铃般小白花，散发出阵阵清香。由于金森女贞叶色属于明度较高的金黄色，可与红叶石楠搭配，被誉为红叶石楠的黄金搭档。

（2）金叶女贞

L. ×vicaryi Hort.

形态：半常绿或落叶灌木，是金边卵叶女贞与欧洲女贞的杂交种。叶卵状，椭圆形，长 3～7cm，嫩叶黄色，后渐变为黄绿色。近年在全国各地栽培较普遍，赏其黄色之嫩叶。但必须栽植于阳光充足处才能发挥其观叶效果。

习性与用途：近似金森女贞。

23. 桂花（木犀，岩桂）（图 3-45）

Osmanthus fragrans (Thunb.) Lour.

木犀科、木犀属。

形态：常绿灌木至小乔木，高可达 12m；树皮灰色，不裂。芽叠生，叶长椭圆形，长 5～12cm，端尖，基楔形，全缘或上半部有细锯。花簇生叶腋或聚状伞；花小，黄白色，浓香。核果椭圆形，紫黑色。花期 9～10 月。

变种：

（1）丹桂 var. *aurantiacus* Makino：花橘红色或橙黄色。

（2）金桂 var. *thunbergii* Makino：花黄色至深黄色。

（3）银桂 var. *latifolius* Makino：花近白色。

（4）四季桂 var. *semperflorens* Hort.：花白色或黄色，花期 5～9 月，可连续开花数次。

分布：原产我国西南部，现广泛栽培于长江流域各省区，华北多行盆栽。

习性：喜光，稍耐荫；喜温暖和通

图 3-45 桂花

风良好的环境，不耐寒；喜湿润排水良好的沙土壤土，忌涝地、碱地和黏重土壤；对二氧化碳、氯气等有中等抵抗力。

每年春、秋两季各发芽一次。春季萌发的芽，生长势旺，容易分枝；秋季萌发的芽，只在当年生长旺盛的新枝顶端上，萌发后一般不分杈，只能向上延长，即所谓副梢。花芽多于当年 6～8 月间形成，有两次开花习性。

繁殖栽培：多用嫁接繁殖，压条、扦插也可。桂花有两次萌芽，两次开花的习性，耗肥量大，宜于 11～12 月份冬季施以基肥，使翌春枝叶繁茂，有利花芽分化；7 月夏季，二次枝未发前，进行追肥，则有利于二次枝萌发，使秋季花大茂密。

观赏特性及园林用途：桂花树干端直，树冠圆整，四季常青，花期正值仲秋，香飘数里，是我国人民喜爱的传统园林花木。于庭前对植两株，即"两桂当庭"，是传统的配植手法；园林中常将桂花植于道路两侧，假山、草坪、院落等地多有栽植；如大面积栽植，形成"桂花山"、"桂花岭"，秋末浓香四溢，香飘十里，也是极好的景观；与秋色叶树种同植，有色有香，是点缀秋景的极好树种；淮河以北地区桶栽、盆栽，布置会场、大门。

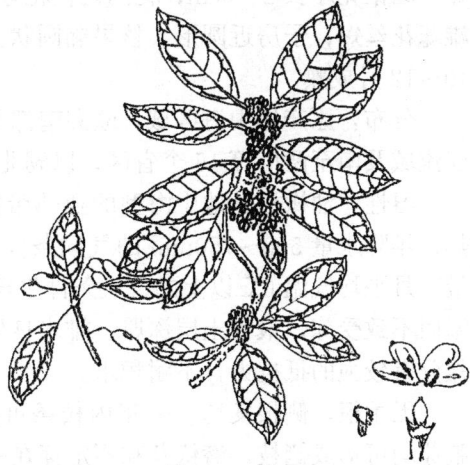

经济用途：花可作香料，又是食品加工业的重要原料，亦可入药。

24. 油橄榄（齐墩果）（图 3-46）

Olea europaea L.

木犀科、油橄榄属。

形态：小乔木，高达 10m。树皮粗糙，老时深纵裂，常生有树瘤。小枝四棱形。叶近革质，披针形或长椭圆形，长 2～5cm，顶端稍钝而有小凸尖，全缘，边略反卷，表面深绿，背面密被银白色皮屑状鳞片，中脉在两面隆起，侧脉不甚明

图 3-46 油橄榄

显。圆锥花序长 2～6cm；花两性；花萼钟状；花冠白色，芳香，裂片长于筒部；雄蕊花丝短；子房近圆形。核果椭圆状至近球形，黑色光亮。花期 4～5 月；果 10～12 月成熟。

分布：原产地中海区域，欧洲南部及美国南部广为栽培。我国引种栽植在长江流域及南至两广等 15 个省区，以湖北、四川、云南、贵州及陕西等省为最多。

习性：油橄榄是地中海型的亚热带树种，生于冬季温暖湿润、夏季干燥炎热，年降水量 500～750mm 的气候条件。喜光；在年平均气温 14～20℃，冬季最冷月平均气温 0℃以上的气候条件生长良好，有的品种能耐短时间 —16℃ 的低温而不致受冻，最宜土层深厚、排水良好、pH6～7.5 的沙壤土，稍耐干旱，对盐分有较强的抵抗力，不耐积水。

无主根，侧根发达。一年内枝条可抽梢 2～3 次。发枝力强，一般情况下，腋芽均可形成侧枝，潜伏芽和不定芽在一定条件下可抽生枝条。寿命长，结实年龄可达 400 年之久。

繁殖栽培：在生产上多用嫁接、扦插、压条等方法。

观赏特性和园林用途：油橄榄常绿，枝繁茂，叶双色，花芳香，可丛植于草坪、墙隅，在小庭院中栽植也很适宜，成片栽植结合生产。

经济用途：油橄榄是一种高产、适应性强的木本油料树种，橄榄油是一种优质食用油，在医药、工业上也有广泛的用途，果实还可盐渍、糖渍或制成蜜饯。

25. 栌木石楠（栌木）（图 3-47）

Photinia davidsoniae Rehd. et Wils.

蔷薇科、石楠属。

常绿小乔木或灌木，高 6～15m，幼枝棕色，贴生短毛，后呈紫褐色，最后呈灰色无毛。树干及枝条上有刺。叶革质，长圆形至倒卵状披针形，长 5～15cm，宽 2～5cm，叶端渐尖而有短尖头，叶基楔形，叶缘有带腺的细锯齿；叶柄长 0.8～

图 3-47　栌木石楠

1.5cm。花多而密，呈顶生复伞房花序；花序梗、花柄均贴生短柔毛；花白色，径 1～1.2cm。梨果，黄红色，径 7～10mm。花期 5 月；果 9～10 月成熟。

分布于华中、华南、西南各省。花，叶均美，可作刺篱用。

26. 石楠（图 3-48）

Photinia serrulata Lindl.

蔷薇科、石楠属。

形态：常绿小乔木或灌木，高达 12m。全株几无毛。叶长椭圆形至倒卵状长椭圆形，长 8～20cm，先端尖。基部圆形或广楔形，缘有细尖锯齿，革质有光泽，幼叶带红色。花白色，径 6～8mm，成顶生复伞房花序。果球形，径 5～6mm，红色。花期 5～7 月；果熟期 10 月。

产地及分布：产中国中部及南部；印尼也有。生于1000～2500m的杂木林中。

习性：喜光，稍耐荫；喜温暖，尚耐寒，能耐短期的－15℃低温，在西安可露地越冬；喜排水良好的肥沃壤土，也耐干旱瘠薄，能生长在石缝中，不耐水湿。生长较慢。

繁殖以插种为主，也可在7～9月进行踵状扦插或于秋季进行压条繁殖。一般无需修剪，也不必特殊管理。

本种树冠圆形，枝叶浓密，早春嫩叶鲜红，秋冬又有红果，是美丽的观赏树种。园林中孤植、丛植及基础栽植都甚为合适，尤宜配植于整形式园林中。

图 3-48 石楠

木材坚硬致密，可作器具柄、车轮等；种子可榨油，供制肥皂等，叶和根供药用，有强壮、利尿、解热、镇痛之效。此外，石楠可作枇杷的砧木，用石楠嫁接的枇杷寿命长，耐瘠薄土壤，生长强壮。

27. 十大功劳（狭叶十大功劳）（图3-49）

Mahonia fortunei（Lindl.）Fedde

小檗科、十大功劳属。

形态：常绿灌木，高达2m，全株无毛。小叶5～9枚，狭披针形，长8～12cm，革质而有光泽，缘有刺齿6～13对，小叶均无叶柄，花黄色，总状花序4～8条簇生。浆果近球形，蓝黑色，被白粉。

分布：四川、湖北、浙江等省。

习性：耐荫，喜温暖气候及肥沃、湿润、排水良好之土壤，耐寒性不强。

图 3-49 十大功劳

繁殖栽培：可用播种、枝插、根插及分株等法繁殖。移栽最好在4～5月或10月进行。

观赏特性及园林用途：常植于庭院、林缘及草地边缘，或作绿篱及基础种植。华北常盆栽观赏，温室越冬。

经济用途：全株供药用。有清凉、解毒、强壮之效。

28. 阔叶十大功劳（图3-50）

Mahonia bealei（Fort.）Carr

小檗科、十大功劳属。

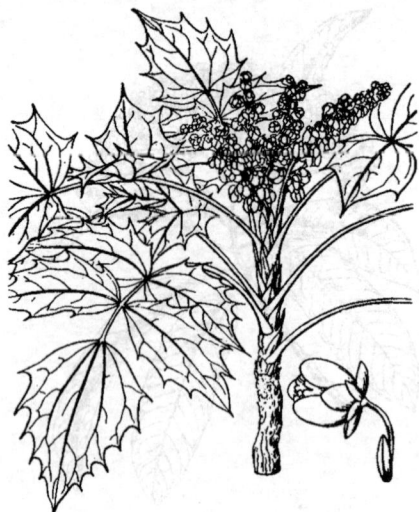

图 3-50 阔叶十大功劳

形态：常绿灌木，高达 4m。小叶 9～15 枚，卵形至卵状椭圆形，长 5～12cm，叶缘反卷，每边有大刺齿 2～5 个，侧生小叶基部歪斜，表面绿色有光泽，背面有白粉，坚硬革质。花黄色。有香气，总状花序直立，6～9 条簇生。浆果卵形，蓝黑色；花期 4～5 月；果 9～10 月成熟。

产于陕西、河南、安徽、浙江、江西、福建、湖北、四川、贵州、广东等省；多生于山坡及灌丛中。性强健、耐荫，喜温暖气候。华东、中南各地园林中常见栽培观赏；华北盆栽较多。全株入药。能清热解毒、消肿、止泻、治肺结核等。

29. 黄杨 （图 3-51）

Buxus sinica （Rehd. et Wils) Cheng

黄杨科、黄杨属。

形态：常绿灌木或小乔木，高达 7m。枝叶较疏散，小枝及冬芽外鳞均有短柔毛。叶倒卵形、倒卵状椭圆形至广卵形，长 2～3.5cm，先端圆或微凹，基部楔形，叶柄及叶背中脉基部有毛。花簇生叶腋或枝端，黄绿色。花期 4 月；果 7 月成熟。

产地及分布：产中国中部，久经栽培。

习性：喜半荫，在无庇荫处生长叶常发黄；喜温暖湿润气候及肥沃的中性及微酸性土，耐寒性不如锦熟黄

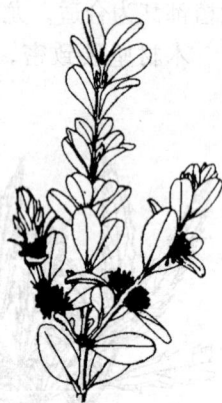

图 3-51 黄杨

杨。生长缓慢，耐修剪。对多种有毒气体抗性强。繁殖用播种或扦插法。黄杨枝叶虽较疏散，但青翠可爱，在华北南部、长江流域及其以南地区广泛植于庭园观赏。在草坪、庭前孤植、丛植，或于路旁列植、点缀山石都很合适，也可用作绿篱及基础种植材料。木材坚实致密，黄色，供雕刻及梳、篦等细木工用料。根、枝、叶供药用。

30. 雀舌黄杨（细叶黄杨）（图 3-52）

Buxus bodinieri Levl.

黄杨科、黄杨属。

形态：常绿小灌木，高通常不及 1m。分枝多而密集。叶较狭长，倒披针形或倒卵状长椭圆

图 3-52 雀舌黄杨

形，长 2~4cm，先端钝圆或微凹，革质，有光泽，两面中肋及侧脉均明显隆起；叶柄极短。花小，黄绿色，呈密集短穗状花序，其顶部生一雌花，其余为雄花。蒴果卵圆形，顶端具 3 宿存之角状花柱，熟时紫黄色。花期 4 月；果 7 月成熟。

产地：产于华南。

习性：喜光，亦耐荫，喜温暖湿润气候，常生于湿润而腐殖质丰富的溪谷岩间；耐寒性不强。浅根性，萌蘖力强；生长极慢。繁殖以扦插为主，也可压条和播种。硬枝扦插在 3 月芽萌动以前进行，以基部带踵效果较好。软枝扦插 6 月中下旬至 9 月上旬均可进行，而以梅雨季扦插成活率最高。

本种植株低矮，枝叶茂密，耐修剪，是优良的矮绿篱材料，最适宜布置模纹图案及花坛边缘。若任其自然生长，则适宜点缀草地，山石或与落叶花木配植。

31. 大叶黄杨（正木）（图 3-53）

Euonymus japonicus Thunb.

卫矛科、卫矛属。

形态：常绿灌木或小乔木，高可达 8m。小枝绿色，稍四棱形。叶革质而有光泽，椭圆形至倒卵形，长 3~6cm，先端尖或钝，基部广楔形，缘有细钝齿，两面无毛，叶柄长 6~12mm。花绿白色，4 数，5~12 朵成密集聚伞花序，腋生枝条端部。

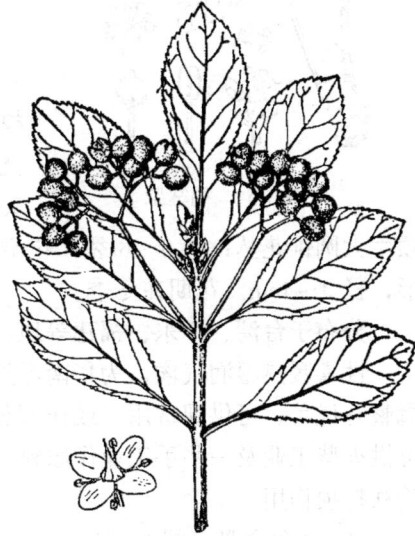

图 3-53 大叶黄杨

蒴果近球形，径 8~10mm，淡粉红色，熟时 4 瓣裂；假种皮橘红色。花期 5~6 月；果 9~10 月成熟。

分布：原产日本南部；中国南北各省均有栽培，长江流域各城市尤多。

变种：栽培变种很多，常见有以下几种：

（1）金边大叶黄杨 cv. Ovatus Aureus：叶缘金黄色。

（2）金心大叶黄杨 cv. Aureus：叶中脉附近金黄色，有时叶柄及枝端也变为黄色。

（3）银边大叶黄杨 cv. Albo-marginatus：叶缘有窄白条边。

（4）银斑大叶黄杨 cv. Latifolius Albo-marginatus：叶阔椭圆形，银边甚宽。

（5）斑叶大叶黄杨 cv. Duc d′Anjon：叶较大，深绿色，有灰色和黄色斑。

习性：喜光，但也能耐荫；喜温暖湿润的海洋性气候及肥沃湿润土壤，也能耐干旱瘠薄，耐寒性不强，温度低达 −17℃ 左右即受冻害，黄河以南地区可露地种植。极耐修剪整形；生长较慢，寿命长。对各种有毒气体及烟尘有很强的抗性。

观赏特性及园林用途：本种枝叶茂密，四季常青，叶色亮绿，且有许多花叶、斑叶变种，是美丽的观叶树种。园林中常用作绿篱及背景种植材料，亦可丛植草地边缘或列植于园路两旁；若加以修剪成型，更适合用于规则式对称配植。在上海、杭州一带常将其修剪成圆球形或半球形，用于花坛中心或对植于门旁。同时，亦是基础种植、街道绿化和工厂绿化的好材料。其花叶、斑叶变种更宜盆栽，用于室内绿化及会场装饰等。

32. 鹅掌柴（鸭脚木）（图 3-54）

Schefflera octophylla （Lour.）Harms.

五加科、鹅掌柴属。

常绿乔木或灌木；掌状复叶，小叶 6～9 枚，革质，长卵圆形或椭圆形，长 7～17cm，宽 3～6cm；叶柄长 8～25cm；小叶柄长 1.5～5cm。花白色，有芳香，排成伞形花序又结成顶生大圆锥花丛；萼 5～6 裂；花瓣 5 枚，肉质，长 2～3mm；花柱极短。果球形，径 3～4cm。花期在冬季。

图 3-54 鹅掌柴

分布于台湾、广东、福建等地，在中国东南部地区常见生长。

性喜暖热湿润气候，为华南习见植物。生长快，用种子繁殖。植株紧密，树冠整齐优美，可供观赏用，或作园林中的掩蔽树种用。材质轻软致密，纹理直，可供火柴工业及一些手工业作原料。根皮可泡酒，性温，有祛风之效，又可外敷治跌打损伤用。

33. 八角金盘（图 3-55）

Fatsia japonica Dcne. et Planch.

五加科、八角金盘属。

形态：常绿灌木，茎高 4～5m，常数干丛生。叶掌状 7～9 裂，径 20～40cm，基部心形或截形，裂片卵状长椭圆形，缘有齿；表面有光泽；叶柄长 10～30cm。花小，白色。果实径约 8mm。夏秋间开花，翌年 5 月果熟。

产地及分布：原产日本；中国南方庭园中有栽培。

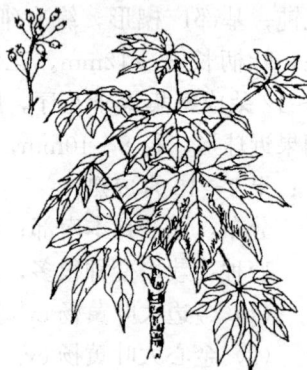

图 3-55 八角金盘

习性：性喜荫，喜温暖湿润气候，不耐干旱，耐寒性不强，在上海须选小气候良好地方能露地越冬。

常用扦插法繁殖，移栽须带土球，时间以春季为宜。

观赏特性及园林用途：本种叶大光亮而常绿，是良好的观叶树种，对有害气体具有较强抗性。是江南暖地公园、庭院、街道及工厂绿地的合适种植材料。北方常盆栽，供室内绿化观赏。

34. 桃叶珊瑚（图 3-56）

Aucuba chinensis Benth.

山茱萸科、桃叶珊瑚属。

形态：常绿灌木，小枝被柔毛，老枝具白色皮孔。叶薄革质，长椭圆形至倒卵状披针形，长 10～20cm，叶端具尾尖，叶基楔形，全缘或中上部有疏齿，叶被有硬毛；叶柄长约 3cm。花紫色，排成总状圆锥花序，长 13～15cm。果为浆果状核果，熟时深红色。

分布于湖北、四川、云南、广西、广东、台湾等省区，常生于海拔 1000m 左右山地，在四川、云南可高达 2000m。性耐荫喜温暖湿润气候及肥沃湿润而排水良好土壤，不耐寒。用扦插法繁殖，通常在梅雨季选两年生枝插于有遮荫的插床，约经一个月左右可生根。移栽

图 3-56　桃叶珊瑚

宜在春季，并需带土团。栽培管理无特殊要求。本种为良好的耐荫观叶、观果树种，宜于配植在林下及荫处。又可盆栽供室内观赏。

35. 东瀛珊瑚（青本，花叶青木）

Aucuba japonica Thunb.

山茱萸科、桃叶珊瑚属。

形态：常绿灌木，高达 5m。小枝绿色，粗壮，无毛。叶革质，椭圆状卵形至椭圆状披针形，长 8～20cm，叶端尖而钝头，叶基阔楔形，叶缘疏生粗齿，叶两面有光泽；叶柄长 1～5cm。花小，紫色，圆锥花序密生刚毛。果鲜红色。花期 4 月；果 12 月成熟。

产地：产于台湾；日本也有分布。现各地均有盆栽或地栽。园艺品种很多，有金斑种、银斑种、柳叶种及黄色果实而带红彩种等等。通常最常见的为洒金东瀛珊瑚 f. *variegata*（D'Omb.）Rehd.，其叶面有许多黄色斑点（图 3-57）。

本种也性喜温暖气候，能耐半荫，喜湿润空气。耐修剪，生长势强，病虫害极少，对烟害的抗性很强，所以是良

图 3-57　洒金东瀛珊瑚

好的城市绿化树种，最宜作林下配植用。可用播种繁殖。于 3 月下旬采后即播很易发芽。四年生苗可出圃定植于园林。亦可行扦插法繁殖。在华北多见盆栽供室内布置厅堂、会场用。

36. 夹竹桃（柳叶桃，红花夹竹桃）（图 3-58）

Nerium indicum Mill.

夹竹桃科、夹竹桃属。

形态：常绿直立大灌木，高达 5m，含水液。嫩枝具棱，被微毛，老时脱落。

图 3-58 夹竹桃

叶 3～4 枚轮生，枝条下部为对生，窄披针形，长 11～15cm，顶端急尖，基部楔形，叶缘反卷，叶面深绿色，无毛，叶背浅绿色。花序顶生；花冠深红色或粉红色，单瓣 5 枚，喉部具 5 片撕裂状副花冠，有时重瓣 15～18 枚，组成 3 轮，每裂片基部具长圆形而顶端撕裂的鳞片。果细长。花期 6～10 月。

分布：原产于伊朗、印度、尼泊尔，现广植于世界热带地区。我国长江以南各省区广为栽植，北方各省栽培需在温室越冬。

品种：白花夹竹桃 cv. Paihua：花白色。

习性：喜光；喜温暖湿润气候，不耐寒；耐旱力强；抗烟尘及有毒气体能力强；对土壤适应性强，碱性土上也能正常生长。

性强健，管理粗放，萌蘖性强，病虫害少，生命力强。

观赏特性及园林用途：夹竹桃植株姿态潇洒，花色艳丽，兼有桃竹之胜，自初夏开花，经秋乃止，有特殊香气。其又适应城市自然条件，是城市绿化的极好树种，常植于公园、庭院、街头、绿地等处。枝叶繁茂、四季常青，也是极好的背景树种。性强健、耐烟尘、抗污染，是工矿区等生长条件较差地区绿化的好树种。

37. 黄花夹竹桃（酒杯花）

Thevetia peruviana (Pers). K. Schum

夹竹桃科、黄花夹竹桃属。

形态：常绿灌木或小乔木，高 5m，全株无毛；树皮棕褐色，皮孔明显。枝柔软，小枝下垂。叶互生，线形或线状披针形，长 10～15cm，两端长尖，全缘，光亮，革质，中脉下陷，侧脉不明显。聚伞花序顶生；花大，黄色，具香味。核果扁三角状球形。花期 5～12 月。

产地：原产美洲热带地区。我国华南各省区均有栽培，长江流域及以北地区常温室盆栽。不耐寒，喜干热气候；耐旱力强。

黄花夹竹桃枝软下垂，叶绿光亮，花大鲜黄，而且花期长，几乎全年有花，是一种美丽的观赏花木，常植于庭园观赏。全株有毒，可提制药物。种子坚硬，长圆形，可作镶嵌物。

38. 六月雪（白马骨，满天星）（图 3-59）

Serissa foetida Comm.

茜草科、六月雪属。

形态：常绿或半常绿矮小灌木，高不及 1m，丛生，分枝繁多，嫩枝有微毛，单叶对生或簇生于短枝，长椭圆形，长 7～15mm，端有小突尖，基部渐狭，全缘，

图 3-59 六月雪

两面叶脉、叶缘及叶柄上均有白色毛。花单生或数朵簇生；花冠白色或淡粉紫色。核果小，球形。花期5～6月。

产地：产我国东南部和中部各省区。

习性：性喜荫湿，喜温暖气候，在向阳而干燥处栽培，生长不良，对土壤要求不严，中性、微酸性土均能适应，喜肥。萌芽力、萌蘖力均强，耐修剪。扦插、分株繁殖均可。

六月雪树形纤巧，枝叶扶疏，夏日盛花，宛如白雪满树，玲珑清雅，适宜作花坛边界、花篱和下木；庭园路边及步道两侧作花径配植，极为别致；交错栽植在山石、岩际，也极适宜；也是制作盆景的上好材料。全株入药。

39. 珊瑚树（法国冬青）

Viburnum awabuki K.

忍冬科、荚蒾属。

形态：常绿灌木或小乔木，高2～10m。全株无毛；树皮灰色；枝有小瘤状凸起的皮孔。叶长椭圆形，长7～15cm，端急尖或钝，基部阔楔形，全缘或近顶部有不规则的浅波状钝齿，革质，表面深绿而有光泽，背面浅绿色。圆锥状聚伞花序顶生，长5～10cm；萼筒钟状，5小裂；花冠辐状，白色，芳香，5裂。核果倒卵形，先红后黑。花期5～6月；果9～10月成熟。

产地：产华南、华东、西南等省区。日本、印度也产。长江流域城市都有栽培。

习性：喜光，稍能耐荫；喜温暖，不耐寒；喜湿润肥沃土壤，喜中性土，在酸性和微碱性土中也能适应；对有毒气体氯气、二氧化硫的抗性较强，对汞和氟有一定的吸收能力，耐烟尘，抗火力强。根系发达，萌蘖力强，易整形，耐修剪，耐移植，生长较快，病虫害少。

一般扦插繁殖，也可播种繁殖。梅雨季扦插，3周后即能生根，成活率达98%。

珊瑚树枝茂叶繁，终年碧绿光亮，春日开以白花，深秋果实鲜红，累累垂于枝头，状如珊瑚，甚为美观。江南城市及园林中普遍栽作绿篱或绿墙，也作基础栽植或丛植装饰墙角；枝叶繁密，富含水分，耐火力强，可作防火隔离树带；隔声及抗污染能力强，也是工厂绿化的好树种。

40. 毛竹（楠竹，孟宗竹）（图3-60）

Phyllostachys pubescens Mazel ex H. de Lehaie

禾本科、刚竹属。

形态：高大乔木状竹类，秆散生，高10～25m，径12～20cm，中部节间可长达40cm；新秆密被细柔毛，有白粉，老秆无毛，白粉脱

图3-60 毛竹

落而在节下逐渐变黑色，顶梢下垂；分枝以下秆上秆环不明显，环箨隆起。箨鞘厚革质，棕色底上有褐色斑纹，背面密生棕紫色小刺毛；箨耳小，边缘有长缘毛；箨舌宽短，弓形，两侧下延，边缘有长缘毛；箨叶狭长三角形，向外反曲。枝叶2列状排列，每小枝保留2～3叶，叶较小，披针形，长4～11cm；叶舌隆起；叶耳不明显，有肩毛，后渐脱落。花枝单生，不具叶，小穗丛形如穗状花序，外被有覆瓦状的佛焰苞；小穗含2小花，一成熟一退化。颖果针状。笋期3月底至5月初。

分布：原产中国秦岭、汉水流域至长江流域以南海拔1000m以下广大酸性土山地，分布很广，东起台湾，西至云南东北部，南自广东和广西中部，北至安徽北部、河南南部；其中浙江、江西、湖南为分布中心。

变种：龟甲竹 var. *heterocycla*（Carr.）H. de Lehaie：秆较原种稍矮小，下部诸节间极度缩短、肿胀、交错成斜面。宜栽于庭院观赏。

习性：喜温暖湿润的气候，要求年平均温度15～20℃，耐极端最低温－16.7℃，年降水量800～1000mm；喜空气相对湿度大；喜肥沃、深度、排水良好的酸性沙壤土，干燥的沙荒石砾地、盐地、碱地、排水不良的低洼地均不利生长。毛竹分布的北缘地区，年平均温度15℃左右，极端最低温为－14℃左右，年降水量为800～1000mm，年蒸发量为1200～1400mm，显然，对毛竹分布和生长起限制作用的主用是水分条件，其次才是温度条件。

毛竹竹鞭的生长靠鞭梢，在疏松、肥沃土壤中，一年间鞭梢的钻行生长可达4～5m；竹鞭寿命约14年左右。

毛竹笋开始出土，要求10℃左右的旬平均温度；从出土到新竹长成约2个月时间，新竹长成后，竹株的干形生长结束，高度、粗度和体积不再有显明的变化，新竹第2年春季换叶，以后每2年换叶1次。

毛竹开花前出现反常预兆，如出笋少甚至不出笋，叶绿素显著减退，竹叶全部脱落或换生变形的新叶。毛竹的花期长，从4～5月至9～10月都有发生，而以5～6月为盛花期；因花的花丝长而花柱短，授粉率低，十花九不孕。毛竹开花初期总是零星发生在少数竹株上，有的全株开花，竹叶脱落，花后死亡；有的部分开花，部分生叶，持续2～3年，直至全株枝条开完后竹秆死亡；一片毛竹林全部开花结实，一般要经历5～6年以上。

毛竹的生长发育周期很长，一般50～60年，从实生苗起，经过长期的无性繁殖，逐渐发展生殖生长。进入性成熟；处于同一生理成熟阶段的毛竹，不论老竹、新竹，或分栽于各地的竹株，都可能先后开花结实，然而外界的环境包括人为影响，对毛竹开花有一定的抑制或促进作用。

繁殖栽培：可播种、分株、埋鞭等法繁殖。

园林绿化栽植毛竹时常直接移竹栽植或截秆移蔸栽植，以便迅速达到绿化效果。

观赏特性及园林用途：毛竹秆高，叶翠，四季常青，秀丽挺拔，经霜雪而不凋，历四时而常茂，颇无妖艳，雅俗共赏。自古以来常植于庭园曲径、池畔、溪涧、山坡、石际、天井、景门，以至室内盆栽观赏。常与松、梅共植，被誉为"岁寒三友"，点缀园林。在风景区大面积种植，谷深林茂，云雾缭绕，竹林中有小径穿越，曲折、幽静、深邃，形成"一径万竿绿参天"的景感；湖边植竹，夹以远山、近水、湖面游船，实是一幅幅活动的画面；高大的毛竹也是建筑、水池、花木等的绿色背景；合理栽植，又可分隔园林空间，使境界更觉自然、调和。毛竹根浅质轻，是植于屋顶花园的极好材料。植株无毛无花粉，在精密仪器厂、钟表厂等地栽植也极适宜。

经济用途：毛竹材质坚韧富弹性，抗压和抗拉性均强，为良好的建筑材料。竹材篾性好，可加工制作各种工具、农具、文具、家具、乐器以及工艺美术品和日用生活用品，有的是我国传统出口商品。竹材纤维含量高，纤维长度长，是造纸工业的好原料。竹材之外，毛竹的鞭、根、蔸、枝、箨等都可以加工利用。笋味鲜美可食。毛竹全身都能利用，实为理想的结合生产的绿化树种。

41. 桂竹（刚竹、五月季竹）（图 3-61）

Phyllostachys bambusoides Sieb. et Zucc.

禾本科、刚竹属。

形态：秆散生，高 11～20m，径3～10cm；秆环、箨环均隆起，新秆绿色，无白粉。箨鞘黄褐色底密被黑紫色斑点或斑块，常疏生直立短硬毛；箨耳小，1枚或2枚，镰形或长倒卵形，有长而弯曲的肩毛；箨舌微隆起；箨叶三角形至带形，橘红色，有绿边，皱折下垂。小枝初生4～6叶，后常为2～3叶；叶带状披针形，长7～15cm，有叶耳和长肩毛。笋期4～6月。

原产中国，分布甚广，东自江苏、浙江，西至四川，南自两广北部，北至河南、湖北都有栽植。

园林中常见变型有斑竹 f. tanakae Makino ex Tsuboi：竹秆和分枝上有紫褐色斑块或斑点，通常栽植于庭园观赏，秆加工成工艺品。

桂竹抗性较强，适生范围大，能耐－18℃的低温，多生长在山坡下部和平地土层深厚肥沃的地方，在黏重土壤上生长较差。

图 3-61　桂竹

园林用途同毛竹。经济用途仅次于毛竹；竹笋味美可食。是"南竹北移"的优良竹种。

42. 刚竹

Phyllostachs viridis（Young）Mc Clure

禾本科、刚竹属。

形态：秆散生，高 10～15m，径 4～9cm，挺直，淡绿色，分枝以下的秆环不明显；新秆无毛，微被白粉，老秆仅节下有白粉环，秆表面在扩大镜下可见白色晶状小点。箨鞘无毛，乳黄色或淡绿色底上有深绿色纵脉及棕褐色斑纹；无箨耳；箨舌近截平或微弧形，有细纤毛；箨叶狭长三角形至带状，下垂，多少波折。每小枝有 2～6 叶，有发达的叶耳与硬毛，老时可脱落；叶片披针形，长 6～16cm。笋期 5～7 月。

分布：原产中国，分布于黄河流域至长江流域以南广大地区。

习性：刚竹抗性强，能耐－18℃低温，微耐盐碱，在 pH8.5 左右的碱土和含盐 0.1% 的盐土上也能生长。

园林用途同毛竹。刚竹的材质坚硬，韧性较差，不宜劈篾编织，可供小型建筑及家具柄材使用；笋味略苦，浸水后可食用。

43. 早园竹

Phyllostachys propinqua Mc Clure

禾本科、刚竹属。

形态：秆散生，高 8～10m，胸径 5cm 以下。新秆绿色具白粉，老秆淡绿色，节下有白粉圈，箨环与秆环均略隆起。箨鞘淡紫褐色或深黄褐色，被白粉，有紫褐色斑点及不明显条纹，上部边缘枯焦状；无箨耳；箨舌淡褐色，弧形；箨叶带状披针形，紫褐色，平直反曲。小枝具叶 2～3 片，带状披针形，长 7～16cm，宽 1～2cm，背面基部有毛；叶舌弧形隆起。笋期 4～6 月。

分布：主产华东。北京、河南、山西有栽培。

习性：抗寒性强，能耐短期的－20℃低温；适应性强，轻碱地，沙土及低洼地均能生长。

早园竹秆高叶茂，生长强壮，是华北园林中栽培观赏的主要竹种。秆质坚韧，篾性好，为柄材、棚架、编织竹器等优良材料。笋味鲜美，可食用。

44. 罗汉竹（人面竹）

Phyllostachys aurea Carr. ex A. et C. Riviere

禾本科、刚竹属。

形态：秆散生，高 5～12m，径 2～5cm，中部或以下数节节间作不规则的缩短或畸形肿胀，或其节环交互歪斜，或节间近于正常而于节下有长约 1cm 的一段明显臌大；老秆黄绿色或灰绿色，节下有白粉环。箨鞘无毛，紫色或淡玫瑰的底色上有黑褐色斑点，上部两侧边缘常有枯焦现象，基部有一圈细毛环；无箨耳；箨舌极短，截平或微凸，边缘具长纤毛；箨叶狭长三角形，皱曲。叶狭长披针形，长 6.5～13cm。笋期 4～5 月。

分布：原产中国，长江流域各地都有栽培。耐寒性较强，能耐－20℃低温。

常植于庭园观赏，与佛肚竹、方竹等秆形奇特的竹种配植一起，增添景趣。秆可作钓鱼秆、手杖及小型工艺品。笋味甘而鲜美，供食用。

45. 紫竹（黑竹，乌竹）

Phyllosiachys nigra (Lodd.) Munro.

禾本科、刚竹属。

秆散生，高 3～10m，径 2～4cm，新秆有细毛茸，绿色，老秆则变为棕紫色以至紫黑色。箨鞘玫瑰紫色，背部密生毛，无斑点；箨耳镰形、紫色；箨舌长而隆起；箨叶三角状披针形，绿色至淡紫色。叶片 2～3 枚生于小枝顶端，叶鞘初被粗毛，叶片披针形，长 4～10cm，质地较薄。笋期 4～5 月。

原产中国，广布于华北经长江流域以至西南等省区。

变种：淡竹（毛金竹）var. *henonis* Stapf ex Rendle，秆高大，可达 7～18m，秆壁较厚，秆绿色至灰绿色。竹秆可作家具柄等用，粗大者可代毛竹供建筑用，箨性好，可供编织，中药竹沥、竹茹制取于本竹，笋供食用。

紫竹耐寒性较强，耐—18℃低温，北京紫竹院公园小气候条件下能露地栽植。

紫竹秆紫黑，叶翠绿，颇具特色，常植于庭园观赏，与黄槽竹、金镶玉竹、斑竹等秆具色彩的竹种同栽于园中，增添色彩变化。秆可制小型家具，细秆可作手杖、笛、箫、烟秆、伞柄及工艺品等。

46. 方竹（图 3-62）

Chimonobambusa quadrangularis (Fenzi) Makino

禾本科、方竹属。

秆微呈四方形。秆散生，高 3～8m，径 1～4cm，幼时密被黄褐色倒向小刺毛，以后脱落，下毛基部留有小疣状突起，使秆表面较粗糙，下部节间四方形；

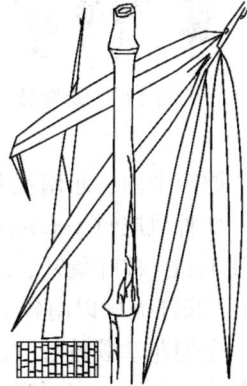

图 3-62 方竹

秆环甚隆起，箨环幼时有小刺毛，基部数节常有刺状气根一圈；上部各节初有 3 分枝，以后增多。箨鞘无毛，背面具多数紫色小斑点；箨耳及箨舌均极不发达；箨叶极小或退化。叶 2～5 枚着生小枝上；叶鞘无毛；叶舌截平、极短；叶片薄纸质，窄披针形，长 8～29cm。肥沃之地，四季可出笋，但通常笋期在 8 月至次年 1 月。

中国特产，分布于华东、华南以及秦岭南坡。生于低山坡。栽培供庭园观赏。秆可作手杖。笋味美可食。

47. 佛肚竹（佛竹，佛节竹）（图 3-63）

Bambusa ventricosa McClure

禾本科、簕竹属。

乔木型或灌木型，高与粗因栽培条件而有变化。秆无毛，幼秆深绿色，稍被白粉，老时变榄黄色。秆有两种：正常秆高，节间长，圆筒形；畸形秆矮而粗，节间短，下部节间膨大呈瓶状。箨鞘无毛，初时深绿色，老后变成橘红色；箨耳发达，圆形或倒卵形至镰刀形；箨舌极短；箨叶卵状披针形，于

图 3-63 佛肚竹

图 3-64 孝顺竹

秆基部的直立，上部的稍外翻，脱落性。每小枝具叶 7～13 枚，叶片卵状披针形至长圆状披针形，长 12～21cm，背面被柔毛。中国广东特产，南方公园中有栽植或盆栽观赏。

48. 孝顺竹（凤凰竹）（图 3-64）

Bambusa multiplex（Lour.）Raeuschel

禾本科、簕竹属。

秆丛生，高 2～7m，径 1～3cm，绿色，老时变黄色。箨鞘硬脆，厚纸质，无毛；箨耳缺或不明显；箨舌甚不显著；箨叶直立，三角形或长三角形。每小枝有叶 5～9 枚，排成 2 列状；叶鞘无毛；叶耳不显；叶舌截平；叶片线状披针形或披针形，长 4～14cm，质薄，表面深绿色，背面粉白色。笋期 6～9 月。

原产中国、东南亚及日本；我国华南、西南直至长江流域各地都有分布。

变种凤尾竹 var. *nana*（*Roxb.*）Keng f.：比原种矮小，高约 1～2m，径不超过 1cm。枝叶稠密、纤细而不弯，每小枝有叶 10 余枚，羽状排列，叶片长 2～5cm。长江流域以南各地常植于庭园观赏或盆栽（图 3-65）。

变型花孝顺竹 f. *alphonsekarri* Sasaki：秆金黄色，夹有显著绿色之纵条纹。常盆栽或栽植于庭园观赏。

孝顺竹性喜温暖湿润气候及排水良好、湿润的土壤，是丛生竹类中分布最广、适应性最强的竹种之一，可以引种北移。

本种植丛秀美，多栽培于庭园供观赏，或种植宅旁作绿篱用，也常在湖边、河岸栽植。竹细长强韧，可作编织、篱笆、造纸等用。

49. 黄金间碧玉竹（青丝金竹）

Bambosa vulgaris Schrad. var. *striata* Gamble

禾本科、竹属。

秆高 6～15m，径 4～6cm，鲜黄色，间以绿色纵条纹。箨鞘草黄色，具细条纹，背部密被暗棕色短硬毛，毛易脱落；箨耳近等大；箨舌较短，边缘具细齿或条裂；箨叶直立，卵状三角形或三角形，腹面脉上密被短硬毛。叶披针形或线状披针形，长 9～

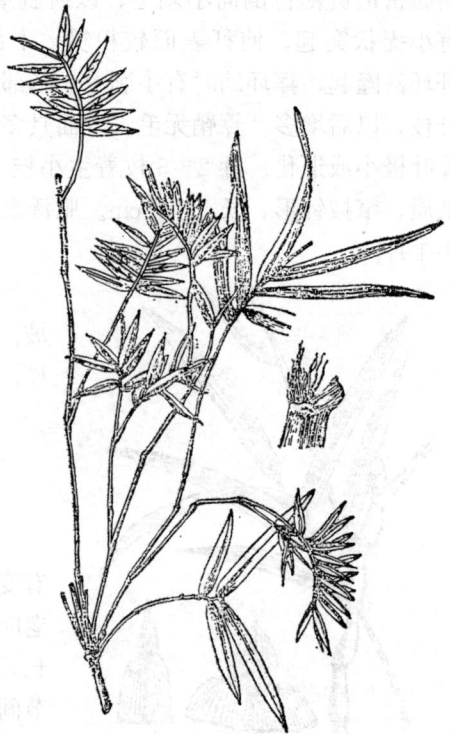

图 3-65 凤尾竹

22cm，两面无毛。

原产于中国、印度、马来半岛。盆栽或植于庭园观赏。

50. 慈竹（钓鱼竹）

Sinocalamus affinis（Rendle）McClure

禾本科、慈竹属。

乔木型竹类，秆丛生，高5~10m，径4~8cm，顶梢细长作弧形下垂。箨鞘革质，背部密被棕黑色刺毛；箨耳缺如；箨舌流苏状；箨叶先端尖，向外反倒，基部收缩略呈圆形，正面多脉，密生白色刺毛，边缘粗糙内卷。叶数枚至十余枚着生于小枝先端，叶片质薄，长卵状披针形，长10~30cm，表面暗绿色，背面灰绿色，侧脉5~10对，无小黄脉。笋期6月，持续至9~10月。

原产中国，分布在云南、贵州、广西、湖南、湖北、四川及陕西南部各地。喜温暖湿润气候及肥沃疏松土壤，干旱瘠薄处生长不良。

慈竹秆丛生，枝叶茂盛秀丽，于庭园内池旁、石际、窗前、宅后栽植，都极适宜。材质柔韧，劈篾性能良好，是编织竹器、扭制竹索以及造纸的好材料。笋味苦，煮后去水，仍可食用。

51. 苦竹（伞柄竹）

Pleioblastus amarus（Keng）Keng f.

禾本科、苦竹属。

复轴型，秆高3~7m，径2~5cm，节间圆筒形，每节3~6分枝，在分枝一侧稍扁平；箨环隆起呈木栓质。箨鞘厚纸质或革质，绿色，有棕色或白色刺毛，边缘密生金黄色纤毛；箨耳细小，深褐色，有直立棕色缘毛；箨舌截平；箨叶细长披针形。叶鞘无毛，有横脉；叶片披针形，长8~20cm，质坚韧，表面深绿色，背面淡绿色，有微毛。笋期5~6月。

原产中国，分布于长江流域及西南部，适应性强，较耐寒，北京在小气候条件下能露地栽植，在低山、丘陵、山麓、平地的一般土壤上，均能生长良好。

苦竹常于庭园栽植观赏。秆直而节间长，大者可作伞柄、帐竿、支架等用，小者可作笔管、筷子等。笋味苦，不能食用。

52. 棕竹（矮棕竹）

Rhapis humilis Bl.

棕榈科、棕竹属。

丛生灌木，比筋头竹要高大，叶掌状深裂，裂片10~24，条形，宽1~2cm，端尖，并有不规则齿缺，缘有细锯齿。横脉疏而不明显。雌雄异株，肉穗花序较长且分枝多。果球形，径约7mm，单生或成对生宿存的花冠管上，花冠管变成一实心的柱状体。种子一颗，球形，径约4.5mm。

产中国南部及西南部，生山地林下。

53. 蒲葵（葵树）（图3-66）

Livistona chinensis（qaxq）R. Br.

棕榈科、蒲葵属。

形态：乔木，茎直立，高达10~20m。胸径15~30cm。树冠密实，近圆球形，冠幅可达 8m，叶阔肾状扇形，宽约 1.5～1.8m，长 1.2～1.5m，掌状浅裂，或深裂，通常部分深裂至全叶 1/4～2/3，下垂；裂片条状披针形，顶端再深裂为 2；叶柄两侧具骨质的钩刺；叶鞘褐色，纤维甚多。肉穗花序腋生，排成圆锥花序式，长 1m 余，分枝多而疏散；总苞 1，革质，圆筒形，苞片多数，管状；花小，两性，通常 4 朵集生；花冠 3 裂，几达基部，花瓣近心脏形，直立。核果椭圆形至阔圆形，状如橄榄，两端钝圆，熟时亮紫黑色，外略被白粉。

分布：原产华南，在广东、广西、福建、台湾栽培普遍，湖南、江西、四川、云南亦多有引种。内陆地区以湖南南部、广西北部、云南中部（昆明）为其分布北界，滨海地区向北延伸至上海，偶见在小气候良好处露地栽培，但需保护越冬。

习性：喜高温多湿气候，适应性强，耐 0℃ 左右的低温和一定程度的干旱。喜光略耐荫，苗期尤耐荫，光照充足则生长强健，葵叶产量高。抗风力强，须根盘结丛生，耐移植，能在海滨、河滨生长而少遭风害。喜湿润、肥沃、富含有机质的黏壤土，能耐一定程度的水涝及短期浸泡。

抗有毒气体，对氯气和二氧化硫抗性强。

蒲葵生长速度中等，20 年生树高 8.1m，冠幅 6.7m，胸径 28cm（广东植物园）。寿命甚长，可达 200 年以上。

繁殖栽培：播种繁殖。

蒲葵对病虫害抵抗力强，主要害虫有绿刺蛾和灯蛾，可用乐果等防治。

观赏特性及园林用途：树形美观，可丛植、列植、孤植。

经济用途：蒲葵全身都是宝，嫩叶制葵扇，老叶制蓑衣席子。叶脉可制牙签，树干可作梁柱。果实及根、叶均可入药。

54. 棕榈（棕树，山棕）（图 3-67）

Trachycar pusfortunei（Hook. f.）H. Wendl.

棕榈科、棕榈属。

形态：常绿乔木。树干圆柱形，高达 10m，干径达 24cm。叶集生杆顶，近圆形，径 50～70cm，掌状深裂达中下部，叶柄长 40～100cm，两侧细齿明显。雌雄异株，圆锥状肉穗花序腋生，花小而黄色。核果肾状球形，径约 1cm，蓝褐色，被白粉。花期 4～5

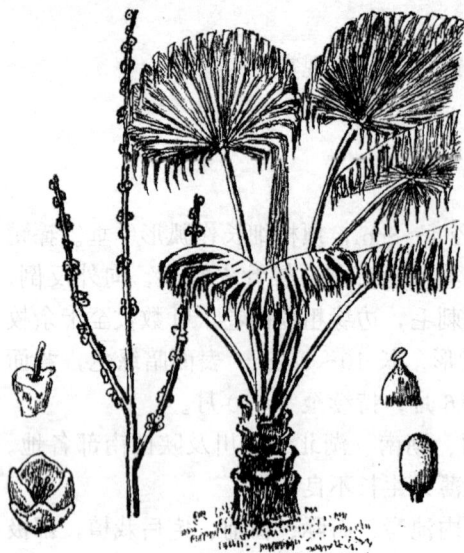
图 3-66 蒲葵

图 3-67 棕榈

月，10～11月果熟。

分布：原产中国。日本、印度、缅甸也有。棕榈在我国分布很广：北起陕西南部，南到广东、广西和云南，西达西藏边界，东至上海和浙江。从长江出海口，沿着长江两岸500公里广阔地带分布最广。

习性：棕榈是棕榈科中最耐寒的植物，在上海可耐−8℃低温，但喜温暖湿润气候。野生棕榈往往生长在林下和林缘，有较强的耐荫能力，幼苗则更为耐荫，苗圃中常用其幼苗间种在大苗下层。但在阳光充足处棕榈生长更好。喜排水良好、湿润肥沃之中性、石灰性或微酸性的黏质壤土，耐轻盐碱土，也能耐一定的干旱与水湿。喜肥。耐烟尘，对有毒气体抗性强。抗二氧化硫及氟化氢，有很强吸毒能力。经二氧化硫污染后，1kg干叶的含硫量为5g以上。经氯气污染后，叶片的含氯量为未染的2.33倍。在严重氟污染区1kg干叶可吸氟1000mg以上。在汞蒸气散放的工厂附近，1kg干叶的含汞量为84mg。

棕榈根系浅，须根发达。生长缓慢，1～2年生苗仅生披针叶2～3片，多至4～5片；8～10年生幼树干径基本稳定，生长开始加快，高约1.2～1.5m，或更高，始有花果，也可剥取棕皮；8～20年生高生长迅速，节间长，棕皮产量高，以后逐渐生长缓慢、衰退、节密而棕皮产量低。棕榈寿命长，四川灌县青城山天师洞一株"古山棕"据说已有数百年高龄。自播繁衍能力强。

繁殖栽培：播种繁殖。

观赏特性及园林用途：棕榈挺拔秀丽，一派南国风光，适应性强，能抗多种有毒气体。棕皮用途广泛，供不应求，故系园林结合生产的理想树种，又是工厂绿化优良树种。可列植、丛植或成片栽植，也常用盆栽或桶栽作室内或建筑装饰及布置会场之用。

经济用途：棕皮的叶鞘纤维耐拉力强，耐磨又耐腐，可编织蓑衣、渔网、搓绳索、制刷具、地毯及床垫等。老叶可加工制成绳索。树干可用亭柱、水槽、又可制扇骨、木梳等。嫩花葶可食。花、果、种子可入药。种子富含淀粉、蛋白质，加工后是很好的饮料。

55. 鱼尾葵（假桃榔）（图3-68）

Caryota ochlandra Hance

棕榈科、鱼尾葵属。

乔木，高达20m。叶二回羽状全裂，长2～3m，宽1.15～1.65m，每侧羽片14～20片，中部较长，下垂；裂片厚革质，有不规则啮齿状齿缺，酷似鱼鳍，端延长成长尾尖，近对生；叶轴及羽片轴上均被棕褐色毛及鳞秕；叶柄长仅1.5～3cm；叶鞘巨大，长圆筒形，抱茎，长约1m余。圆锥状肉穗花序长约1.5～3m，下垂。雄花花蕾卵状长圆形。雌花花蕾三角状卵形。果球形，径约1.8～2cm，熟时淡红色，有种子1～2颗。花期7月。

产广东、广西、云南、福建等地。生石灰岩山地及低海拔林中。耐荫，喜湿润酸性。果实落地后，种子自播繁

图3-68 鱼尾葵

衍能力很强，在沟谷雨林中常成为稳定的下层乔木。

树姿优美，叶形奇特，供观赏。自广西桂林以南广泛作为庭园绿化树种，可作行道树，庭荫树。云南仅见于南部及西南部栽植。茎含大量淀粉，可作桄榔粉的代用品，边材坚硬，可作家具贴面，手杖或筷子等工艺品。

56. 椰子（椰树）（图 3-69）

Cocos nucifera L.

棕榈科、椰子属。

形态：大乔木，高 15～35m，单干，茎干粗壮，叶长 3～7m，羽状全裂；裂片外向摺叠；叶柄粗壮，长 1m 余，基部有网状褐色棕皮。肉穗花序腋生，长 1.5～2m；总苞舟形，最下一枚长 60～100cm 余，肉穗花序雄花呈扁三角状卵形，长 1～1.5cm。雌花呈扁圆球形，横径 2.4～2.6cm。坚果每 10～20 聚为一束，极大，长径在 15～20cm 以上，几乎全年开花，7～9 月果熟，4～6 月和 10 月有少量收获。

图 3-69　椰子

分布：原产地至今不清，据说为中太平洋群岛的波利尼西亚（Polynesia），现主产区为东南亚及太平洋诸岛。中国海南岛、台湾和云南南部栽培椰子已有两千年以上的历史。

习性：在高温、湿润、阳光充足的海边生长发育良好。要求年平均温度24～25℃以上，温差小，最低温度不低于 10℃，才能正常开花结实。最适年平均温度是 26～27℃，如有一个月的年平均温度在 15℃以下，就会引起落花落果和叶片变黄。要求年雨量 1500～2000mm，且分布均匀，不耐干旱，一次干旱可影响2～3 年的产量，长期水涝也会影响生长势和产量。喜海滨和河岸的深厚冲积土，次为沙壤土，要求排水良好，地下水位在 1～2.5m 之间。抗风力强，6～7 级强风对椰子生长和产量影响轻微；8～9 级台风可吹断叶片，吹落果实；10～12 级台风可造成风折、风倒。7 年始果，15～80 年生为盛果期，每年株产 40～80 个。

观赏特性及园林用途：椰子苍翠挺拔，在热带和南亚热带地区的风景区，尤其是海滨区为主要的园林绿化树种。可作行道树或丛植、片植。椰子全身是宝，有"宝树"之称。

经济用途：椰子是清凉饮料；椰肉烘干成椰干是重要的油源，可食用，制成椰茗、椰奶，配成椰子糖、椰子酱等。树干坚硬，可作家具、桥桩等建筑材料。椰壳作工艺品及乐器。椰衣可制绳索、扫帚、地毯、船缆等，其细纤维又是沙发椅、床垫、隔声板的优良垫料。叶可编席。根可提染料。花序可割取糖液，供饮料。

57. 散尾葵（黄椰子）（图 3-70）

Chrysalidocarpus lutescens H. Wendl.

棕榈科、散尾葵属。

丛生常绿灌木，高 7～8m。干光滑黄绿色，嫩时被蜡粉，环状鞘痕明显。叶长 1m 左右，稍曲拱，羽状全裂，裂片条状披针形，中部裂片长约 50cm，顶部裂片仅 10cm，端长渐尖，常为 2 短裂，背面主脉隆起；叶柄、叶轴、叶鞘均淡黄绿色；肉穗状花序圆锥状，生于叶鞘下，多分枝，长约 40cm，宽 50cm。雄花蕾卵形，黄绿色，端钝；花萼覆瓦状排列；雌花蕾卵形或三角状卵形，花萼、花瓣均覆瓦状排列，果近圆形，长 1.2cm，宽 1.1cm，橙黄色。

图 3-70　散尾葵

产马达加斯加。中国广州、深圳、台湾等地多用于庭园栽植。极耐荫，可栽于建筑阴面。性喜高温，在广州有时受冻。北方各地温室作盆栽观赏，宜布置厅、堂、会场。

58. 假槟榔（亚历山大椰子）（图 3-71）

Archonthophoenix alexandrae H. Wendl et Drude

棕榈科、假槟榔属。

乔木，高达 20～30m。茎干具阶梯状环纹，干之基部膨大。叶长约 2.4m，羽状全裂；裂片 137～141 枚，长约 60cm，端渐尖而略 2 浅裂，边全缘，表面绿色，背面灰绿，有白粉，具明显隆起之中脉及纵侧脉，叶背略被灰褐色鳞粃，叶轴背面密被褐色鳞粃状绒毛；叶柄短；叶鞘长 1m，膨大抱茎，革质。肉穗花序悬垂叶鞘束下，雌雄异序，雄花序长约 75cm，宽约 55cm，

图 3-71　假槟榔

2 总苞鞘状扁舟形，软革质，长约 54cm，各级分枝"之"字折屈。雄花为三角状长圆形，淡米黄色；萼片及花瓣均 3 枚；雌花序长 80cm，卵形，米黄色，果球形，红色。

59. 凤尾兰（菠萝花）（图 3-72）

Yucca gloriosa L.

百合科、丝兰属。

灌木或小乔木。干短，有时分枝，高可达 5m。叶密集，螺旋排列茎端，质坚硬，有白粉，剑形，长 40～70cm，顶端硬尖，边缘光滑，老叶有时具疏丝。圆锥花序高 1m 多，花大而下垂，乳白色，常带红晕。蒴果干质，下垂，椭圆状卵形，不开裂。花期 6～10 月。

原产北美东部及东南部，现长江流域各地普遍栽植。

适应性强，耐水湿。扦插或分株繁殖，地上茎切成片状水养于浅盆中，可发育出芽来作

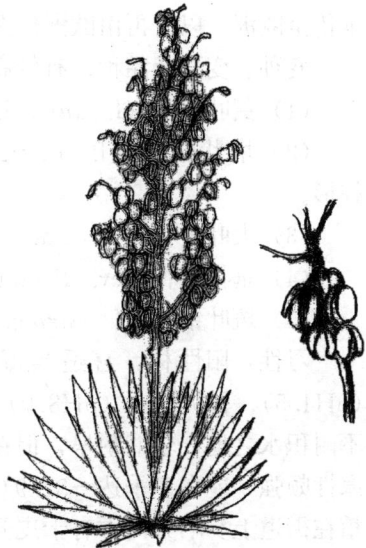

图 3-72　凤尾兰

131

桩景。

凤尾兰花大树美叶绿，是良好的庭园观赏树木，常植于花坛中央、建筑旁、草坪中、路旁及绿篱等处。叶纤维韧性强，可供制缆绳用。

60. 丝兰

Yucca smalliana Fern.

百合科、丝兰属。

植株低矮，近无茎。叶丛生，较硬直，线状披针形，长 30～75cm，先端尖成针刺状，基部渐狭，边缘有卷曲白丝。圆锥花序宽大直立，花白色、下垂。

原产北美，我国长江流域栽培观赏。

三、落叶阔叶类

1. 银杏（白果树，公孙树）（图 3-73）

Ginkgo biloba L.

银杏科、银杏属。

形态：落叶大乔木，高达 40m，干部直径达 3m 以上；树冠广卵形，青壮年期树冠圆锥形，树皮灰褐色，深纵裂。主枝斜出，近轮生，枝有长枝、短枝之分。一年生的长枝呈浅棕黄色，后则变为灰白色，并有细纵裂纹，短枝密被叶痕。叶扇形，有二叉状叶脉，顶端常 2 裂，基部楔形，有长柄，互生于长枝而簇生于短枝上。雌雄异株，球花生于短枝顶端的叶腋或苞腋；雄球花 4～6 朵，无花被，长圆形，下垂，呈柔荑花序状，雄蕊多数，螺旋状排列。各有花药 2；雌球花亦无花被，有长柄，顶端有 1～2 盘状珠座，每座上有 1 直生胚珠；花期4～5 月，风媒花。种子核果状，椭圆形，径 2cm，熟时呈淡黄或橙黄色，外种皮肉质，被白粉，有臭味；中种皮白色，骨质；内种皮膜质；胚乳肉质味甘微苦；子叶 2；种子 9～10 月成熟。

分布：浙江天目山和云南东北部局部地段有野生银杏植株，沈阳以南、广州以北各地均有栽培，而以江南一带较多。在宋时传入日本，18 世纪中叶又由日本传至欧洲，以后再由欧洲传至美洲。

变种、变型及品种，有较高观赏价值的有下列种类：

（1）黄叶银杏（f. *aurea* Beiss.）叶黄色。

（2）塔状银杏（f. *fastigiata* Rehd.）大枝的开展度较小，树冠呈尖塔柱形。

（3）大叶银杏（cv. LacinataLacinata）叶形大而缺刻深。

（4）垂枝银杏（cv. Pendula）枝下垂。

（5）斑叶银杏（f. *variegata* Carr.）叶有黄斑。

习性：阳性树，喜适当湿润而又排水良好的深厚砂质壤土，在酸性土（pH4.5）、石灰性土（pH8.0）中均可生长良好，而以中性或微酸性土最适宜；不耐积水之地，较能耐旱，但在过于干燥处及多石山坡或低湿之地生长不良。耐寒性颇强，能在冬季达－32.9℃低温地区种植成活，但生长不良。在沈阳，如种植在街道上夕晒方向常有干皮开裂现象。能适应高温多雨气候，如在厦门、广州等地尚可正常生长。总之，对风土之适应性很强，在华北、华中、华东及西南海拔 1000m 以下（云南地区约 1500～2000m）地区均生长良好。

　　银杏为深根性树种，寿命极长，可达千年以上。例如，江苏如皋九华乡有 1000 年以上的雄株，高 30m，胸围 6.96m，冠幅 30～40m。又如，北京西郊大觉寺的银杏已有 900 余年的历史，树高及冠幅达 18m 多、胸围达 7.55m，仍生长健壮。在北京最高的银杏为潭柘寺结卢阁前的"帝王树"（雄株）高 26.5m。银杏生长速度较慢，但受环境因子影响较大。一般言之，在北京地区 7～8 年生的高 2m 余，20 年生的约高 6～7m；江苏灌云县南云台山人工栽培的，40 年生高 12m，胸径 28.6cm；江苏宝应县水肥管理条件好的，7 年生可高达 7m，胸径 6cm；浙江天目山海拔 500m 处的林木，30 年生的高 10.6m，胸径 15.3cm，50 年生高 16.8m，胸径 21.3cm，90 年生高 20.8m，胸径 32cm。

　　银杏发育较慢。由种子繁殖的约需 20 年始能开花结果，40 年生始入结实盛期，但结实期极长，近百年的大树大年产量可达 1000kg 左右。嫁接树约用 7 年生实生苗为砧木，10 年结果，60 年生大树株产近 100kg 左右。

　　银杏在大树的干基周围易发生成排、成丛的萌蘖，可用以繁殖。

　　银杏的雌雄株有以下特征，见表 3-1。

银杏雌雄株特性表　　　　　　　　　　　　　　　表 3-1

	雄　株	雌　株
性状	(1)主枝与主干间的夹角小;树冠稍瘦,且形成较迟 (2)叶裂刻较深,常超过叶的中部 (3)秋叶变色期较晚,落叶较迟 (4)着生雄花的短枝较长(约1～4cm)	(1)主枝与主干间的夹角较大;树冠宽大,顶端较平,形成较早 (2)叶裂刻较浅,未达叶的中部 (3)秋叶变色期及脱落期均较早 (4)着生雌花的短枝较短(约1～2cm)

　　繁殖栽培：可用播种、扦插、分蘖和嫁接等法繁殖，但以用播种及嫁接法最多。

图 3-73　银杏

　　银杏甚易移栽成活，在移植或定植时，植株掘起后应将主根略加修剪。此外，不需特殊管理，通常无需修剪，只将枝条过密处或生长衰弱枯死处的病老枯枝适当剪除即可。

　　银杏的病虫害很少，但在南方夏季高温干旱的年份，当年生苗的茎基部易受灼伤从而病菌侵入，在雨后易发生腐烂病。防治的方法是在夏季设荫棚。

　　观赏特性和园林用途：银杏树姿雄伟壮丽，叶形秀美，寿命既长，又少病虫害，最适宜作庭荫树、行道树或独赏树。

　　银杏是中生代孑遗稀有用材树种，也是为我国自古以来习用的绿化树种，最常见的配植方式是寺庙殿前左右对植，故至今在各地寺庙中常见参天的古银杏。近千年的古木是中国的国宝，应特别注意保护。目前，为大家所熟知的著名古树有：山东莒县春秋时代的银杏，四川灌县青城山中的汉代银杏，江西庐山黄龙寺中传说的晋代银杏，湖南衡山福严寺中传说的唐代银杏。又在四川峨嵋山，云南昆明西山及腾冲，浙江的西大目山及温州，安徽萧县的天门寺，陕西省周至县楼观台大庙，泰安灵岩寺及青岛的崂山，北京的西山碧云寺以及前述的大觉寺、潭柘寺等处均有古银杏树。而其中最高的当推四川青城山天师洞的古树——古银杏，1979年时树高29.5m，胸径2.5m，冠幅36m，干基生出多数乳根，系雄株。此外，在日本传说有高达60m的古银杏。

银杏用于街道绿化时，应选择雄株，以免种子污染行人衣物。中国各城市中最早用银杏作行道树的当推丹东市，确实形成壮丽的街景。尤其在秋季树叶变成一片金黄时极为美观，行人赞不绝口。

在大面积用银杏绿化时，可多种雌株，并将雄株植于上风带，以利于子实的丰收。

经济用途：银杏材质坚密实细致、富弹性，易加工，边材心材的区分不明显，不易反翘或开裂，纹理直，有光泽，是供作家具、雕刻、绘图板、建筑、室内装修用的优良木材。种子可供食用，含有丰富营养，但亦因含有氢氰酸不可多食，以免中毒。种仁又可入药，有止咳化痰、补肺、通经、利尿之效；捣烂涂于手脚上有治皮肤皲裂之效。外种皮及叶有毒，有杀虫之效；花是良好的蜜源植物。

2. 毛白杨（图3-74）

Populus tomentosa Carr.

杨柳科、杨属。

形态：落叶乔木，高达30～40m，胸径1.5～2m；树冠卵圆形或长卵形。树皮幼时青白色，皮孔菱形；老时树皮纵裂，呈暗灰色。嫩枝灰绿色，密被灰白色绒毛。长枝之叶三角状卵形，先端渐尖，基部心形或截形，缘具缺刻或锯齿，表面光滑或稍有毛，背面密被白绒毛，后渐脱落；叶柄扁平，先端常具腺体。短枝之叶三角状卵圆形，缘具波状缺刻，幼时有毛，后全脱落；叶柄常无腺体。雌株大枝较为平展，花芽小而稀疏；雄株大枝则多斜生，花芽大而密集。花期3～4月，叶前开放。蒴果小，三角形，4月下旬成熟。

分布：中国特产，主要分布于黄河流域，北至辽宁南部，南达江苏、浙江，西至甘肃东部，西南至云南均

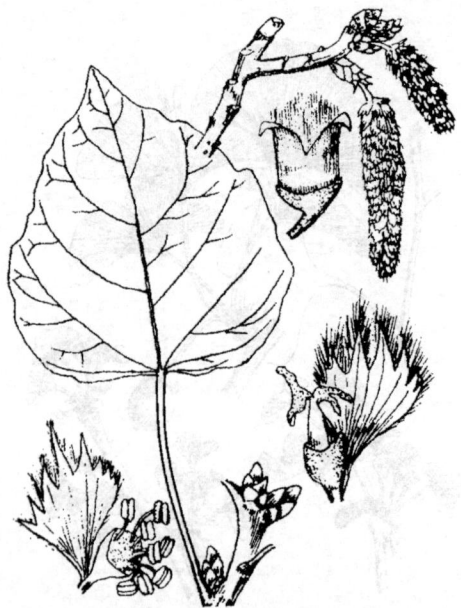
图3-74 毛白杨

134

有之。垂直分布一般在海拔 200～1200m 之间，最高可达 1800m。

习性：喜光，要求凉爽和较湿润气候，年平均气温 11～15.5℃，年降雨量 500～800mm，对土壤要求不严，在酸性至碱性土上均能生长，在深厚肥沃、湿润的土壤上生长最好，但在特别干瘠或低洼积水处生长不良。一般在 20 年生之前高生长旺盛，此后则减弱，而加粗生长变快。15 年生树高达 18m，胸径约 22cm。萌芽性强，易抽生夏梢和秋梢。寿命为杨属中最长者，可达 200 年以上，但用营养繁殖者常至 40 年生左右即开始衰老。抗烟尘和抗污染能力强。

繁殖栽培：主要采用埋条、扦插、嫁接、留根、分蘖等法繁殖。

观赏特性及园林用途：毛白杨树干灰白、端直，树形高大广阔，颇具雄伟气概，大形深绿色的叶片在微风吹拂时能发出欢快的响声，给人以豪爽之感。在园林绿地中很适宜作行道树及庭荫树。若孤植或丛植于旷地及草坪上，更能显出其特有的风姿。在广场、干道两侧规则列植，则气势严整壮观。毛白杨也是工厂绿化、"四旁"绿化及防护林、用材林的重要树种。

经济用途：木材轻而细密，淡黄褐色，纹理直，易加工，可供建筑、家具、胶合板、造纸及人造纤维等用。雄花序凋落后收集可供药用。

3. 银白杨（图 3-75）

Populus alba L.

杨柳科、杨属。

形态：落叶乔木，高可达 35m，胸径 2m，树冠广卵形或圆球形。树皮灰白色，光滑，老时纵深裂。幼枝叶及芽密被白色绒毛，长枝之叶广卵形或三角状卵形，掌状 3～5 浅裂，裂片先端钝尖，缘有粗齿或缺刻，叶基截形或近心形；短枝之叶较小，卵形或椭圆状卵形，缘有不规则波状钝齿；叶柄微扁，无腺体，老叶背面及叶柄密被白色绒毛。蒴果长圆锥形，2 裂。花期 3～4 月；果熟期 4 月（华北）～5 月（新疆）。

分布：新疆（额尔齐斯河）有野生天然林分布，西北、华北、辽宁南部及西藏等地有栽培。欧洲、北非及亚洲西部、北部也普遍分布。

习性：喜光，不耐庇荫；抗寒性强，在新疆-40℃条件下无冻害；耐干旱，但不耐湿热。适于大陆性气候。能在较贫瘠的沙荒及轻碱地上生长，若在湿润肥沃的土壤或地下水较浅之沙地生长尤佳，但在黏重和过于瘠薄的土壤上生长不良。在新疆南部阿克苏地区，20 年生树高 19.2m，胸径 30.5cm，40 年生树高 24.7m，胸径 41cm。在湿热的长江流域及其以南地区生长不良，主干弯曲并常呈灌木状，且易遭病虫危害。深根性，根系发达，根萌蘖力强。正常寿命可达 90 年以上。

繁殖栽培：银白杨可用播种、分蘖、扦插等法繁殖。银白杨苗木侧枝多，生长期间应注意及时修枝、摘芽，以提高苗木质量。此外，

图 3-75 银白杨

银白杨可采用插干造林。

观赏特性及园林用途：银白色的叶片和灰白色的树干与众不同，叶子在微风中飘动有特殊的闪烁效果，高大的树形及卵圆形的树冠亦颇美观。在园林中用作庭荫树、行道树，或于草坪孤植、丛植均甚适宜。同时，由于根系发达，根荫蘖力强，还可用作固沙、保土、护岸固堤及荒沙造林树种。

经济用途：银白杨材质松软，结构细，纹理直，但耐腐性较差，可供建筑、家具、造纸等用。树皮含单宁，可提栲胶。

4. 新疆杨

Populus alba cv. Pyramidalis

杨柳科、杨属。

形态：落叶乔木，高达30m；枝直立向上，形成圆柱形树冠。干皮灰绿色，老时灰白色，光滑，很少开裂。短枝之叶近圆形，有缺刻状粗齿，背面幼时密生白色绒毛，后渐脱落近无毛；长枝之叶边缘缺刻较深呈掌状深裂，背面被白色绒毛。

新疆杨主要分布在新疆，尤以南疆地区较多，近年中国北方诸省多有引种，生长良好。此外，中亚、南高加索、小亚细亚及欧洲等地也有栽培。喜光，耐干旱，耐盐渍；适应大陆性气候，在高温多雨地区生长不良；耐寒性不如银白杨。生长快，根系较深，萌芽性强，对烟尘有一定的抗性。通常用扦插或埋条法繁殖，扦插比银白杨成活率高。若嫁接在胡杨（*P. euphratica* Oliv.）上，不仅生长良好，还可以扩大栽培范围。新疆杨是优美的风景树、行道树及"四旁"绿化树种，深受新疆人民的喜爱。材质较好，纹理直，结构较细，可供建筑、家具等用。

5. 加杨（加拿大杨，欧美杨）（图3-76）

Populus × *canadensis* Moench

杨柳科、杨属。

形态：落叶乔木，高达30m，胸径1m；树冠开展呈卵圆形。树皮灰褐色，粗糙，纵裂。小枝在叶柄下具3条棱脊，冬芽先端不贴紧枝条。叶近正三角形，长7～10cm，先端渐尖，基部截形，边缘半透明，具钝齿，两面无毛；叶柄扁平而长，有时顶端具1～2腺体。花期4月，果熟期5月。

分布：本种系美洲黑杨（*P. deltoides* Marsh.）与欧洲黑杨（*P. nigra* L.）之杂交种，现广植于欧、亚、美各洲。19世纪中叶引入我国，各地普遍栽培，而以华北、东北及长江流域最多。

习性：杂种优势明显，生长势和适应性均较强。性喜光，颇耐寒，喜湿润而排水良好之冲积土，对水涝、盐碱和瘠薄土地均有一定耐性，能适应暖热气候。对二氧化硫抗

图3-76 加杨

性强，并有吸收能力。生长快，在水肥条件好的地方 12 年生树高可达 20m 以上，胸径 34.2cm。萌芽力、萌蘖力均较强。寿命较短。

繁殖栽培：本种雄株多，雌株少见。一般都采用扦插繁殖，极易成活。加拿大杨易受光肩天牛及白杨透翅蛾幼虫危害枝干，刺蛾和潜叶蛾幼虫危害树叶，应注意及时防治。

观赏特性及园林用途：加拿大杨树体高大，树冠宽阔，叶片大而具光泽，夏季绿荫浓密，很适合作行道树、庭荫树及防护林树种。同时，也是工矿区绿化及"四旁"绿化的好树种。由于它具有适应性强，生长快等优点，已成为我国华北及江淮平原最常见的绿化树种之一。

经济用途：木材轻快，纹理较细，易加工，可供建筑、造纸、火柴杆、包装箱等用材。

[附] 沙兰杨 *Populus×euramericana* cv. Sacrau 79

乔木；树冠卵圆形或圆锥形，枝层明显。树皮灰白或灰褐色，基部浅纵裂，裂纹浅而宽；皮孔菱形，大而显。叶卵状三角形，先端长渐尖，基部宽楔形至近截形，两面绿色；长枝之叶较大，基部具 1～4 个棒形腺体。3 月底或 4 月初开花；4 月下旬或 5 月初果熟。

本种是无性系，因生长快、适应性强而栽培遍及世界各国。中国于 1954 年从民主德国引入，现在东北、华北、华东、华中及西北各地均有引种。其中以河南、江苏、山东、陕西等省生长最好。繁殖用扦插法。绿化用途同加拿大杨，但栽培主要是作速生用材树。木材纤维品质较好，是造纸工业优良用材之一，也可用作家具、包装箱及民用建筑材料。

与沙兰杨相近的种有意大利 214 杨，简称 214 杨（P.×euramericana cv. I-214）：大乔木，树冠长卵形。树干略弯曲，树皮灰褐色，浅裂。叶三角形，长略大于宽，基部心形，有 2～4 个腺点，叶质较厚，深绿色；叶柄扁。原产意大利，是天然杂交种。生长极快，原分布 9 年生植株胸径 1.07m。中国有引种，耐寒性较差，宜在黄河下游至长江中、下游推广。

6. 小叶杨（南京白杨）

Populus simonii Carr.

杨柳科、杨属。

形态：落叶乔木，高达 15m，胸径 50cm 以上；树冠广卵形。树干往往不直，树皮灰褐色，老时变粗糙，纵裂。小枝光滑，长枝有显著角棱；冬芽瘦而尖，有黏胶。叶菱状倒卵形、菱状卵圆形，或菱状椭圆形，长 5～10cm，基部楔形，先端短尖，缘具细钝齿，两面无毛；叶柄短而不扁，常带红色，无腺体。花期 3～4 月；果熟期 4～5 月。

分布：产于中国及朝鲜。在中国分布很广，北至哈尔滨，南至长江流域，西至青海、四川等地。垂直分布华北在海拔 1000m 以下，四川在 2300m 以下。多生于山谷、河旁土壤肥沃湿润处。

习性：喜光，耐寒，亦能耐热；喜肥沃湿润土壤，亦能耐干旱，瘠薄和盐碱土壤。生长较快，寿命较短；根系发达，但主根不明显；萌芽力强。

繁殖栽培：播种、扦插、埋条等法。栽培无特殊要求。常有叶锈病、褐斑病及大透翅蛾、黄斑星天牛等病虫危害，应注意及早防治。

观赏特性及园林用途：小叶杨是良好的防风固沙、保持水土、固堤护岸及绿化观赏树种；城郊可选作行道树和防护林。

经济用途：木材轻软，纹理直，结构细，易加工，可供建筑、家具、造纸、火柴杆等用。

7. 旱柳（柳树，立柳）（图 3-77）

Salix matsudana Koidz.

杨柳科、柳属。

形态：落叶乔木，高达 18m，胸径 80cm。树冠卵圆形至倒卵形。树皮灰黑色，纵裂。枝条直伸或斜展。叶披针形至狭披针形，长 5～10cm，先端长渐尖，基部楔形，缘有细锯齿，背面微被白粉；叶柄短，2～4mm，托叶披针形，早落。花单性，异株，无花被，雄花序轴有毛，苞片宽卵形；雄蕊 2，花丝分离，基部有毛；雌花子房背腹面各具 1 腺体。花期 3～4 月；果熟期 4～5 月。

图 3-77 旱柳

分布：中国分布甚广，东北、华北、西北及长江流域各省区均有，而黄河流域为其分布中心，是我国北方平原地区最常见的乡土树种之一。垂直分布在海拔 1500m 以下。

变种与品种：旱柳常见有下列栽培变种：

（1）馒头柳 cv. Umbraculifera：分枝密，端稍齐整，形成半圆形树冠，状如馒头。北京园林中常见栽培，其观赏效果较原种好。

（2）绦柳 cv. Pendula：枝条细长下垂，华北园林中习见栽培，常被误认为是垂柳。小枝黄色，叶无毛，叶柄长 5～8mm，雌花有 2 腺体。

（3）龙须柳 cv. Tortuosa：枝条扭曲向上，各地时见栽培观赏。生长势较弱，树体小，易衰老，寿命短。

习性：喜光，不耐庇荫；耐寒性强；喜水湿，亦耐干旱。对土壤要求不严，在干瘠沙地、低湿河滩和弱盐碱地均能生长，而以肥沃、疏松、潮湿土上最为适宜，在固结、黏重土壤及重盐碱地上生长不良。生长快，8 年生树高达 13m，胸径 25cm。寿命 50～70 年。萌芽力强；根系发达，主根深，侧根和须根广布于各土层中。固土、抗风力强，不怕沙压。旱柳树皮在受到水浸时，能很快长出新根悬浮于水中，这是它不怕水淹和扦插易活的重要原因。

繁殖栽培：以扦插为主，播种亦可，柳树扦插极易成活。用作城乡绿化的柳树，最好选用高 2.5～3m，粗 3.5cm 以上的大苗。因此在苗圃育苗期间要注意培养主干，对插条苗要及时进行除蘖，并适当修剪侧枝，以达到一定的干高。栽植柳树宜在冬季落叶后至翌年早春芽未萌动时进行，栽后要充分浇水并立支柱。当树龄较大，出现衰老现象时，可进行平头状重剪更新。柳树主要病虫害有柳锈病、烟煤病、腐心病及天牛、柳木蠹蛾、柳天蛾、柳毒蛾、柳金花虫等，应注意及早防治。

观赏特性及园林用途：柳树历来为我国人民所喜爱，其柔软嫩绿的枝叶，丰满的树冠，还有许多多姿的栽培变种，都给人以亲切优美之感。加之最易成活、生长迅速、发叶早、落叶迟、适应性强等优点，自古以来就成为卓越的园林及城乡绿化树种。最宜沿河湖边及低湿处、草地上栽植；亦可作行道树、防护林及沙荒造林等用。但由于柳絮繁多、飘飞时间又长，故在精密仪器厂、幼儿园及城市街道等地均以种植雄株为宜。

经济用途：木材白色，轻软，纹理直，但不耐腐，可供建筑、农具、造纸等用；枝条可编筐；花有蜜腺，是早春蜜源树种之一。

8. 垂柳（图 3-78）

Salix babylonica L.

杨柳科、柳属。

形态：乔木落叶，高达 18m；树冠倒广卵形。小枝细长下垂。叶狭披针形至线状披针形，长 8～16cm，先端渐长尖，缘有细锯齿，表面绿色，背面蓝灰绿色；叶柄长约为 1cm；托叶阔镰形，早落。花单性，异株，无花被。雄花具 2 雄蕊，2 腺体；雌花子房仅腹面具 1 腺体。花期 3～4 月；果熟期 4～5 月。

分布：主要分布长江流域及其以南各省区平原地区，华北、东北亦有栽培。垂直分布在海拔 1300m 以下，是平原水边常见树种。亚洲、欧洲及美洲许多国家都有悠久的栽培历史。

习性：喜光，喜温暖湿润气候及潮湿深厚之酸性及中性土壤。较耐寒，特耐水湿，但亦能生于土层深厚之高燥地区。萌芽力强，根系发达。生长迅速，15 年生树高达 13m，胸径 24cm。寿命较短，30 年后渐趋衰老。

繁殖栽培：繁殖以扦插为主，亦可用种子繁殖。垂柳主要有光肩天牛危害树干，被害严重时易遭风折枯死。此外，还有星天牛、柳毒蛾、柳叶甲等害虫，应注意及时防治。

观赏特性及园林用途：垂柳枝条细长，柔软下垂，随风飘舞，姿态优美潇洒，植于河岸及湖池边最为理

图 3-78 垂柳

139

想，柔条依依拂水，别有风致，自古即为重要的庭园观赏树。亦可用作行道树、庭荫树、固岸护堤树及平原造林树种。此外，垂柳对有毒气体抗性较强，并能吸收二氧化硫，故也适用于工厂区绿化。

经济用途：木材白色，韧性大，可做小农具、小器具等；枝条可编织篮、筐、箱等器具。枝、叶、花、果及须根均可入药。

9. 银芽柳（棉花柳）（图 3-79）

Salix leucopithecia Kimura

杨柳科、柳属。

形态：落叶灌木，高约 2～3m，分枝稀疏。枝条绿褐色，具红晕，幼时具绢毛，老时脱落。冬芽红紫色，有光泽。叶长椭圆形，长 9～15cm，先端尖，基部近圆形，缘具细浅齿，表面微皱，深绿色，背面密被白毛，半革质。雄花序椭圆状圆柱形，长 3～6cm，早春叶前开放，初开时芽鳞疏展，包被于花序基部，红色而有光泽，盛开时花序密被银白色绢毛，颇为美观。

分布：原产于日本；中国上海、南京、杭州一带有栽培。

图 3-79　银芽柳

习性：喜光，喜湿润土地，颇耐寒，北京可露地越冬。用扦插法繁殖。栽培后每年需重剪，促使萌发多数长枝条。其花芽萌发成花序时十分美观，供春节前后瓶插观赏。

10. 枫杨（图 3-80）

Pterocarya stenoptera C. DC.

胡桃科、枫杨属。

形态：落叶乔木，高达 30m，胸径 1m 以上。枝具片状髓；裸芽密被褐色毛，下有叠生无柄潜芽。羽状复叶之叶轴有翼，小叶 9～23，长椭圆形，长 5～10cm，缘有细锯齿，顶生小叶有时不发育。果序下垂，长 20～30cm；坚果近球形，具 2 长圆形或长圆状披针形之果翅，长 2～3cm，斜展。花期 4～5 月；果熟期 8～9 月。

分布：广布于华北、华中、华南和西南各省，在长江流域和淮河流域最为常见；朝鲜亦有分布。

习性：喜光，喜温暖湿润气候，也较耐寒（辽宁可栽培）；耐湿性强，但不宜长期积水。对土壤要求不严，在酸性至碱性土上均可生长，而以深厚、肥沃、湿润的土壤上生长最好。深根性，主根明显，侧根发达；萌芽力强。枫杨一般初期生长较慢，3～4 年后加快，15～25 年后生长转慢，40～50 年后逐渐停止生长，60 年后开始衰败。在立地条件较好，管理细致的情况下，8 年生树高可达 13m，胸径 16cm。

繁殖栽培：种子繁殖，枫杨发枝力很强，用作行道树及庭荫树者，应注意修去定干分枝点下部侧枝。枫杨有丛枝病、天牛、刺蛾、蚧壳虫等危害，要注意及早防治。

观赏特性及园林用途：枫杨树冠宽广，枝叶茂密，生长快，适应性强，在江淮流域多栽为遮荫树及行道树，惟生长季后期不断落叶，清扫麻烦。又因枫杨根系发达、较耐水湿，常作水边护岸固堤及防风林树种。此外，对烟尘和二氧化硫等有毒气体有一定抗性，也适合用作工厂绿化。

经济用途：木材轻软，不易翘裂，但不耐腐朽，可制作箱板、家具、农具、火柴杆等。树皮富含纤维，可制上等绳索。树皮煎水，可治疥癣和皮肤病。叶有毒，可作农药杀虫剂。枫杨苗木可作嫁接胡桃之砧木。

图 3-80 枫杨

11. 杜仲（图 3-81）

Eucommia ulmoides Oliv.

杜仲科、杜仲属。

图 3-81 杜仲

形态：落叶乔木，高达 20m，胸径 1m；树冠圆球形。小枝光滑，无顶芽，具片状髓。叶椭圆状卵形，长 7～14cm，先端渐尖，基部圆形或广楔形，缘有锯齿，老叶表面网脉下陷，皱纹状。翅果狭长椭圆形，扁平，长约 3.5cm，顶端 2 裂。本种枝、叶、果、树皮断裂后均有白色弹性丝相连，为其识别要点。花期 4 月，叶前开放或与叶同放；果 10～11 月成熟。

分布：原产中国中部及西部，四川、贵州、湖北为集中产区；垂直分布可达海拔 1300～1500m。我国栽培历史甚久，公元 396 年传入欧洲。

习性：喜光，不耐庇荫；喜温暖湿润气候及肥沃、湿润、深厚而排水良好之土壤。自然分布于年平均气温 13～17℃及年雨量 1000mm 左右的地区。但杜仲适应性较强，有相当强的耐寒力（能耐－20℃的低温），在酸性、中性及微碱性土上均能正常生长，并有一定的耐盐碱性。但在过湿、过干或过于贫瘠的土上生长不良。根系较浅而侧根发达，萌蘖性强。生长速度中等，幼时生长较快，1 年生苗高可达 1m。

141

繁殖栽培：主要用播种法繁殖，扦插、压条及分蘖或根插也可。移栽在落叶后至萌芽前进行，要施基肥。杜仲吸肥能力很强，如每年适当施肥 1～2 次，则可加速其生长。大苗移栽要带土球。因其萌蘖性强，应及时剪除萌蘖枝及树干基部的侧芽。

观赏特性及园林用途：杜仲树干端直，枝叶茂密，树形整齐优美，是良好的庭荫树及行道树。也可作一般的绿化造林树种。

经济用途：杜仲是重要的特用经济树种。树体各部分，包括枝、叶、果、树皮、根皮均可提炼优质硬橡胶（即杜仲胶），它具有良好绝缘、绝热及抗酸碱腐蚀性能，是电气绝缘及海底电缆的优质原料。树皮为重要中药材，能补肝肾、强筋骨，治腰膝痛、高血压等症。木材坚实细致，有光泽，不翘不裂，不遭虫蛀，可供建筑、家具、农具等用材。种子可榨油。

12. 榆树（白榆，家榆）（图 3-82）

Ulmus pumila L.

榆科、榆属。

形态：落叶乔木，高达 25m，胸径 1m；树冠圆球形。树皮暗灰色，纵裂，粗糙。小枝灰色，细长，排成二列状。叶卵状长椭圆形，长 2～6cm，先端尖，基部稍歪，缘有不规则之单锯齿。早春叶前开花，簇生于去年生枝上。翅果近圆形，种子位于翅果中部。花期 3～4 月；果 4～6 月成熟。

分布：产于东北、华北、西北及华东等地区，华北及淮北平原地区栽培尤为普遍；俄罗斯、蒙古及朝鲜亦有分布。

习性：喜光，耐寒，抗旱，能适应干凉气候；喜肥沃、湿润而排水良好的土壤，不耐水湿，但能耐干旱瘠薄和盐碱土。生长较快，30 年生树高 17m，胸径 42cm。寿命可长达百年以上。萌芽力强，耐修剪。主根深，侧根发达，抗风、保土力强。对烟尘及氟化氢等有毒气体的抗性较强。

繁殖栽培：种子繁殖，分蘖亦可。

观赏特性及园林用途：榆树树干通直，树形高大，绿荫面积大，适应性强，耐城市环境，生长快，是城乡绿化的重要树种，栽作行道树、庭荫树、工矿区防护林及"四旁"绿化用无不合适。在干瘠、严寒之地常呈灌木状，用作绿篱。又因其老茎残根萌芽力强，可自野外掘取制作盆景。在林业上也是营造防风林、水土保持林和盐碱地造林的主要树种之一。

图 3-82　榆树

经济用途：木材纹理直，结构较粗，但很坚韧，可供家具、农具、车辆、建筑等用。幼叶、嫩果可食；树皮磨粉可救荒。果、树皮、叶均可入药。此外，榆树又是重要蜜源树种之一。

垂枝榆：*U. pumila* cv. Pendula 是榆树的芽变栽培种，枝条下垂，有如龙

爪槐之枝。用榆作砧木嫁接繁殖。

13. 榔榆（图 3-83）

Ulmus parvifolia Jacq.

榆科、榆属。

形态：落叶或半常绿乔木，高达 25m，胸径 1m；树冠扁球形至卵圆形。树皮灰褐色，不规则薄鳞片状剥离。叶较小而质厚，长椭圆形至卵状椭圆形，长 2～5cm，先端尖，基部歪斜，缘具单锯齿（萌芽枝之叶常有重锯齿）。花簇生叶腋。翅果长椭圆形至卵形，长 0.8～1cm，种子位于翅果中央，无毛。花期 8～9 月；果 10～11 月成熟。

分布：主产长江流域及其以南地区，北至山东、河南、山西、陕西等省。垂直分布一般在海拔 500m 以下地区。日本、朝鲜亦产。

习性：喜光，稍耐荫，喜温暖气候，亦能耐－20℃的短期低温；喜肥沃、湿润土壤，亦有一定的耐干旱瘠薄能力，在酸性、中性和石灰性土壤的山坡、平原及溪边均能生长。生长速度中等，寿命较长。深根性，萌芽力强。对二氧化硫等有毒气体、烟尘的抗性较强。

观赏特性及园林用途：本种树形优美，姿态潇洒，树皮斑驳，枝叶细密，具有较高的观赏价值。在庭园中孤植、丛植，或与亭榭、山石配植都很合适。栽作庭荫树、行道树或制作成盆景均有良好的观赏效果。因抗性较强，还可选作厂矿区绿化树种。

图 3-83　榔榆

经济用途：木材坚韧，经久耐用，可作车、船、农具等用材。树皮、根皮、叶均供药用。

14. 榉树（大叶榉）（图 3-84）

Zelkova schneideriana Hand.-Mazz.

榆科、榉属。

形态：落叶乔木，高达 25m；树冠倒卵状伞形。树皮深灰色，不裂，老时薄鳞片状剥落后仍光滑。小枝细，有毛。叶卵状长椭圆形，长 2～8cm，先端尖，基部广楔形，锯齿整齐，近桃形，侧脉 10～14 对，表面粗糙，背面密生淡灰色柔毛。坚果小，径 2.5～4mm，歪斜且有皱纹。花期 3～4 月；果 10～11 月成熟。

分布：产黄河流域以南，长江中下游至华南、西南各省区。江南庭园中常见，垂直分布多在海拔 500m 以下之山地及平原，在云南可达海拔 1000m。现北京有栽培，生长尚可。

习性：喜光，喜温暖气候及肥沃湿润土壤，在酸性、中性及石灰性土壤上均可生长。忌积水地，也不耐干瘠。耐烟尘，抗有毒气体；抗病虫害能力较强。深

143

根性，侧根广展，抗风力强。生长速度中等偏慢，尤其是幼年期生长慢，10年后渐加快。寿命较长。

繁殖栽培：播种繁殖。

观赏特性及园林用途：榉树枝细叶美，绿荫浓密，树形雄伟，观赏价值远较一般榆树为高。在园林绿地中孤植、丛植、列植皆宜。在江南园林中尤为习见，三五株点缀于亭台池边饶有风趣。同时也是行道树、宅旁绿化、厂矿区绿化和营造防风林的理想树种，南京明孝陵作行道树。又是制作盆景的好材料。

经济用途：木材坚实，耐水湿，纹理美，赤褐色，有光泽，是贵重用材，可供优良家具及造船、建筑、桥梁等用。茎皮纤维强韧，可作人造棉及制绳索。

图 3-84 榉树

15. 朴树（沙朴）（图 3-85）

Celtis tetrandra Roxb. ssp. *sinensis* Y. C. Tang

榆科、朴属。

形态：落叶乔木，高达20m，胸径1m；树冠扁球形。小枝幼时有毛，后渐脱落。叶卵状椭圆形，长4~8cm，先端短尖，基部不对称，锯齿钝，表面有光泽，背脉隆起并疏生毛。果熟时橙红色，径4~5mm，果柄与叶柄近等长，果核表面有凹点及棱脊。花期4月；果9~10月成熟。

分布：产淮河流域、秦岭以南至华南各省区，散生于平原及低山区，村落附近习见。

习性：喜光，稍耐荫，喜温暖气候及肥沃、湿润、深厚之中性黏质壤土，能耐轻盐碱土。常生于向阳山坡，深根性，抗风力强。寿命较长，在中心分布区常见200~300年老树。抗烟尘及有毒气体。

繁殖栽培：播种繁殖。大苗移栽带土球。

观赏特性及园林用途：本种树形美观，冠大浓荫，干皮光洁，秋季叶色变黄，是城乡绿化的重要树种。最宜用作庭荫树，也可作行道树、厂矿区绿化及防风护堤树种。又是制作盆景的常用树种。

图 3-85 朴树

经济用途：木材坚硬，纹理直，但较粗糙，供家具、建筑、枕木、砧板、鞋楦等用。茎皮纤维可供造纸及人造棉原料；果核可榨油；树皮及叶入药。

16. 小叶朴（黑弹树）（图 3-86）

Celtis bungeana Bl.

榆科、朴属。

形态：落叶乔木，高达 20m；树冠倒广卵形至扁球形。树皮灰褐色，平滑。小叶通常无毛。叶长卵形，长 4～8cm，先端渐长尖，锯齿浅钝，两面无毛，或仅幼树及萌芽之叶背面沿脉有毛；叶柄长 0.3～1cm。核果近球形，径 4～7mm，熟时紫黑色，果核常平滑，果柄长为叶柄长之 2 倍或 2 倍以上。花期 5～6 月；果 9～10 月成熟。

分布：产东北南部和华北，经长江流域至西南（四川、云南）、西北（陕西、甘肃）各地。华北一般分布在海拔 1000m 以下的山地沟坡。

习性：喜光，稍耐荫，耐寒；喜深厚、湿润之中性黏质土壤。深根性，萌蘖力强，生长较慢。

图 3-86　小叶朴

繁殖栽培：繁殖用播种法。

可作庭荫树及城乡绿化树种。

经济用途：木材白色，纹理直，结构中等，供家具、农具及薪柴等用。根皮入药，可治老年慢性气管炎等症。

17. 糙叶树（图 3-87）

Aphananthe aspera（Thunb.）Planch.

榆科、糙叶树属。

形态：落叶乔木，高达 22m，胸径 1m 余；树冠圆球形。树皮灰棕色，老时浅纵裂（似构树皮而较细）。单叶互生，卵形至椭圆状卵形，长 5～12cm，基部 3 主脉（两侧主脉外又有平行支脉），侧脉直达齿端，两面有平伏硬毛，粗糙。核果

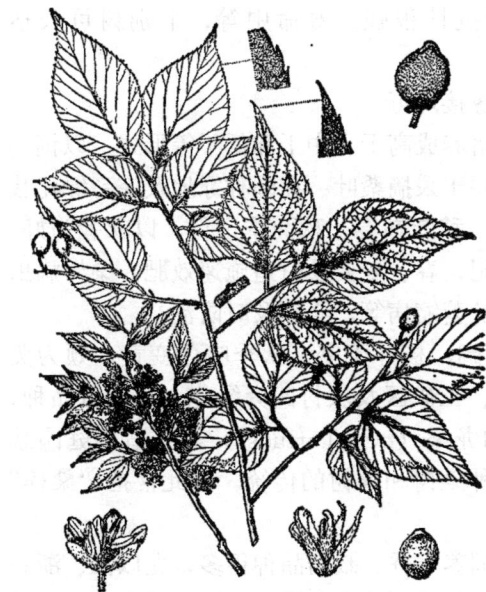

图 3-87　糙叶树

近球形，径约 8mm，熟时黑色。花期 4～5 月；果 9～10 月成熟。

分布：主产长江流域及其以南地区。

习性：喜光，略耐荫，喜温暖湿润气候及潮湿、肥沃而深厚的酸性土壤。在山区沟谷、溪边及平原地区均能适应。寿命长，山东青岛崂山上清宫有千年老

树，名曰"龙头榆"，高约15m，胸径1.2m，传为唐代遗物。本种树干挺拔，树冠广展，枝叶茂密，是良好的庭荫树及谷地、溪边绿化树种。木材坚硬，纹理直，结构略细，可作车辆、家具、器具等用。叶面粗糙，干后如同细砂纸，可擦亮金属器皿。树皮坚韧，其纤维供人造棉及造纸原料。

18. 桑树（家桑）

Morus alba L.

桑科、桑属。

形态： 落叶乔木，高达16m，胸径可达1m以上；树冠倒广卵形。树皮灰褐色；根鲜黄色。叶卵形或卵圆形，长6～15cm，先端尖，基部圆形或心形，锯齿粗钝，幼树之叶有时分裂，表面光滑，有光泽，背面脉腋有簇毛。花雌雄异株，花柱极短或无，柱头2，宿存。聚花果（桑椹）长卵形至圆柱形，熟时紫黑色、红色或近白色，汁多味甜。花期4月；果5～6月成熟。

分布： 原产中国中部，现南北各地广泛栽培，尤以长江中下游各地为多。垂直分布一般在海拔1200m以下，西部可达1500m。朝鲜、蒙古、日本、俄罗斯、欧洲及北美亦有栽培。

习性： 喜光，喜温暖，适应性强，耐寒、耐干旱瘠薄和水湿，在微酸性、中性、石灰质和轻盐碱（含盐0.2%以下）土壤上均能生长，在平原、山坡、沙土、黏土上皆可栽培，但以土层深厚、肥沃、湿润处生长最好。深根性，根系发达；萌芽性强，耐修剪，易更新。生长尚快，12年生树高9m，胸径19cm。抗风力强，对硫化氢、二氧化氮等有毒气体抗性很强。寿命中等，个别树可长达300年。

繁殖： 播种、扦插、压条、分根、嫁接均可。

桑树树形可根据功能要求和品种等培养成高干、中干和低干等形式。以饲蚕为目的的栽培，多采用低干杯状整枝，以便于采摘桑叶。在园林绿地及宅旁绿化栽植则采用高干及自然之广卵形树冠为好。移栽在春、秋两季进行，以秋栽为好。为了获得高产优质桑叶，冬季应施足基肥，春、夏要及时追施速效肥。桑树病虫害较多，常见有桑尺蠖、桑天牛、野蚕及萎缩病等，必须及时防治。

观赏特性及园林用途： 本种树冠宽阔，枝叶茂密，秋季叶色变黄，颇为美观，且能抗烟尘及有毒气体，适于城市、工矿区及农村四旁绿化。其观赏品种，如垂枝桑（cv. Pendula）和枝条扭曲的龙桑（cv. Tortuosa）等更适于庭园栽培观赏。我国古代人民有在房前屋后栽种桑树和梓树的传统，因此常把"桑梓"代表故土、家乡。

经济用途： 主要是营造桑园供采叶饲养家蚕。栽培品种很多，尤以江、浙一带的"湖桑"和山东等地的"鲁桑"为最著名，叶大而嫩厚，产叶量高。我国的蚕桑事业历史，已有4000年的历史，生产的丝绸驰名中外。桑树木材黄色，坚硬，有弹性，耐腐，可供家具、雕刻、乐器等用。树皮纤维细柔，可供纺织和造纸原料。桑椹果可生食或酿酒，有滋补肝肾、养血、明目、安神等功效；根皮为利尿、镇咳药；叶有祛风、清热、补中功用；桑枝可治高血压、手足麻木等症。在有些地区主要为生产桑杈而栽培桑树。

146

19. 构树（楮）（图 3-88）

Broussonetia papyrifera（L.）L'Her. ex Vent.

桑科、构属。

形态：落叶乔木，高达 16m，胸径 60cm。树皮浅灰色，不易裂。小枝密被丝状刚毛。叶互生，有时近对生，卵形，长 7～20cm，先端渐尖，基部圆形或近心形，缘有锯齿，不裂或不规则 2～5 裂，两面密生柔毛。雌雄异株，雄花菜黄花序，雌花球形头状花序。聚花果球形，径 2～2.5cm，熟时橙红色。花期 4～5 月；果 8～9 月成熟。

分布：分布很广，北自华北、西北，南到华南、西南各省均有，为各地低山、平原习见树种；日本、越南、印度等国亦有分布。

习性：喜光，适应性强，能耐北方的干冷和南方的湿热气候；耐干旱瘠薄，也能生长在水边；喜钙质土，也可在酸性、中性土上生长。生长较快，萌芽力强；根系较浅，但侧根分布很广。对烟尘及有毒气体抗性很强，少病虫害。

图 3-88　构树

繁殖栽培：埋根、扦插、分蘖、压条等法繁殖。构树幼苗生长快，移栽容易成活。

观赏特性及园林用途：构树外貌虽较粗野，但枝叶茂密且有抗性强、生长快、繁殖容易等许多优点，仍是城乡绿化的重要树种，尤其适合用作工矿区及荒山坡地绿化，亦可作庭荫树及防护林用。

经济用途：树皮是优质造纸及纺织原料。木材结构中等，纹理斜，质松软，可供器具、家具和薪柴用。树皮浆汁可治癣和神经性皮炎；果可制强壮剂；根皮可制利尿剂；叶可作猪饲料，亦可入药。

20. 楝（苦楝，楝树）（图 3-89）

Melia azedarach L.

楝科、楝属。

形态：落叶乔木，高 15～20m；枝条广展，树冠近于平顶。树皮暗褐色，浅纵裂。小枝粗壮，皮孔多而明显，幼枝有星状毛。2～3 回奇数羽状复叶，小叶卵形至卵状长椭圆形，长 3～8cm，先端渐尖，基部楔形或圆形，缘有锯齿或裂。花淡紫色，有香味，腋生；成圆锥状复聚伞花序，长 25～30cm。核果近球形，径 1～1.5cm，熟时黄色，宿存树枝，经冬不落。花期 4～5 月；果 10～11 月成熟。

分布：产于华北南部至华南，西至甘肃、四川、云南均有分布；印度、巴基斯坦及缅甸等国亦产。多生于低山及平原。

习性：喜光，不耐庇荫；喜温暖湿润气候，耐寒力不强，华北地区幼树易遭冻害。对土壤要求不严，在酸性、中性、钙质土及盐碱土中均可生长。稍耐干

旱、瘠薄，也能生于水边；但以在深厚、肥沃、湿润处生长最好。萌芽力强，抗风。生长快，在条件合适处，10年生树干径可达30cm以上。寿命短，30～40年衰老。对二氧化硫抗性较强，但对氯气抗性较弱。

观赏特性及园林用途：楝树是华北南部至华南、西南低山、平原地区，特别是江南地区的重要四旁绿化及速生用材树种。树形优美，叶形秀丽，春夏之交开淡紫色花朵，颇为美丽，且有淡香，加之耐烟尘、抗二氧化硫，因此也是良好的城市及工矿区绿化树种，宜作庭荫树及行道树。在草坪孤植、丛植，或配植于池边、路旁、坡地都很合适。

经济用途：木材轻软，纹理直，易加工，可供家具、建筑、乐器等

图 3-89 楝

用。树皮、叶和果实均可入药，有驱虫、止痛等功效；种子可榨油，供制油漆，润滑油等。

21. 香椿（图 3-90）

Toona sinensis (A. Juss.) Roem.

楝科、香椿属。

形态：落叶乔木，高达25m。树皮暗褐色，条片状剥落。小枝粗壮；叶痕大，扁圆形，内有5维管束痕。偶数（稀奇数）羽状复叶，有香气，小叶10～20，长椭圆形至广披针形，长8～15cm，先端渐长尖，基部不对称，全缘或具不明显钝锯齿。花白色，有香气，子房、花盘均无毛。蒴果长椭球形，长1.5～2.5cm，5瓣裂；种子一端有膜质长翅。花期5～6月；果9～10月成熟。

分布：原产中国中部，现辽宁南部、华北至东南和西南各地均有栽培。

习性：喜光，不耐庇荫；适生于深厚、肥沃、湿润之沙质壤土，在中性、酸性及钙质土上均生长良好，也能耐轻盐渍，较耐水湿，有一定的耐寒力。深根性，萌芽、萌蘖力均强；生长速度中等偏快。对有毒气体抗性较强。

繁殖栽培：繁殖主要用播种法，分蘖、扦插、埋根也可。香椿移栽在春季萌芽前进行，栽后要注意及时摘除萌条。其他栽培管理都较粗放，若能勤施肥、灌水，则对其生长有明显的促进作用。

观赏特性及园林用途：香椿为我国人民熟知和喜爱的特产树种，栽培历史悠久。是华北、华中与西南的低山、丘陵及平原地区的重要用材及四旁绿化树种。枝叶茂密，树干耸直，树冠庞大，嫩叶红艳，是良好的庭荫树及行道树。在庭前、院落、草坪、斜坡、水畔均可配植。

经济用途：木材红褐色，坚重而富弹性，有光泽，纹理直，结构细，不翘不裂而耐水湿，是家具、建筑、造船等优质用材，有"中国桃花心木"之美称。其嫩芽、嫩叶可作蔬菜食用，别具风味；种子榨油，可供食用或制肥皂、油漆；根皮及果均有药效，能收敛止血、祛湿止痛。

图 3-90　香椿

22. 臭椿（樗）（图 3-91）

Ailanthus altissima Swingle

苦木科、臭椿属。

形态：落叶乔木，高达 30m；树皮较光滑。小枝粗壮，缺顶芽；叶痕大而倒卵形，内具 9 维管束痕。奇数羽状复叶，小叶 13～15cm，先端渐长尖，基部具 1～2 对腺齿，中上部全缘；背面稍有白粉，无毛或沿中脉有毛。花杂性异株，成顶生圆锥花序，翅果长 3～5cm，熟时淡红褐色。花期 4～5 月；果 9～10 月成熟。

分布：东北南部、华北、西北至长江流域各地均有分布。朝鲜、日本也有。

习性：喜光，适应性强，分布广，大体为北纬 22°～43°之间，垂直分布在华北可到海拔 1500m，在西北可到海拔 1800m。很耐干旱、瘠薄，但不耐水湿，长期积水会烂根致死。能耐中度盐碱土，在土壤含盐量达 0.3％情况下，幼树可生长良好，在含盐量达 0.6% 处亦可成活生长。对微酸性、中性和石灰质土壤都能适应，喜排水良好的沙壤土。有一定的耐寒能力，在西北能耐 —35℃ 的绝对最低温度。对烟尘和二氧化硫抗性较强。根系发达，为深根性树种，萌蘖性强，生长较快，前 10 年每年可增高约 0.7m，20 年后则渐慢，在河北一带 10 年生者高近 10m，胸径 15cm，20 年生者高约 13m，胸径 24cm。

一般用播种繁殖。

观赏特性和园林用途：臭椿的树干通直而高大，树冠圆整如半球状，颇为壮观。叶大荫浓，秋季红果满树，虽叶及开花时有微臭但并不严重，故仍是一种很好

图 3-91 臭椿

的观赏树和庭荫树。在印度、英国、法国、德国、意大利、美国等常作行道树用，颇受赞赏而称为天堂树。

23. 梧桐（青桐）（图 3-92）

Firmiana simplex (L.) W. F. Wight

梧桐科、梧桐属。

形态：落叶乔木，高 15～20m；树冠卵圆形。树干端直，树皮灰绿色，通常不裂；侧枝每年阶状轮生；小枝粗壮，翠绿色。叶 3～5 掌裂，叶长 15～20cm，基部心形，裂片全缘，先端渐尖，表面光滑，背面有星状毛；叶柄约与叶片等长。花单性同株，花萼裂片条形，长约 1cm，淡黄绿色，开展或反卷，外面密被淡黄色短柔毛。花后心皮分离成 5 蓇葖果，

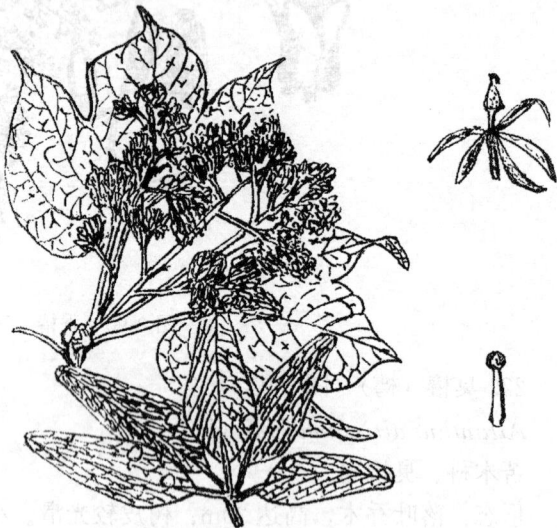

图 3-92 梧桐

远在成熟前即开裂呈舟形；种子棕黄色，大如豌豆，表面皱缩，着生于果皮边缘。花期 6～7 月；果 9～10 月成熟。

分布：原产中国及日本；华北至华南、西南各省区广泛栽培。

习性：喜光，喜温暖湿润气候，耐寒性不强，在北京栽培幼枝常因干冻而枯死；喜肥沃、湿润、深厚而排水良好的土壤，在酸性、中性及钙质土上均能生

长，但不宜在积水洼地或盐碱地栽种，又不耐草荒。积水易烂根，受涝5天即可致死。通常在平原、丘陵、山沟及山谷生长较好。深根性，直根粗壮；萌芽力弱，一般不宜修剪。生长尚快，寿命较长，能活百年以上。发叶较晚，而秋天叶落早。对多种有毒气体都有较强抗性。

繁殖栽培：通常用播种繁殖，扦插、分根也可。梧桐栽培容易，管理简单，一般不需特殊修剪。北方冬季对幼树要包草防寒，如条件许可，每年入冬前和早春各施肥灌水一次。

观赏特性及园林用途：梧桐树干端直，树皮光滑绿色，叶大而形美，绿荫浓密，洁净可爱。《群芳谱》云："梧桐皮青如翠，叶缺如花，妍雅华净，赏心悦目，人家斋阁多种之。"可见梧桐很早就被植为庭园观赏树。我国长江流域各省栽培尤多，取其枝叶繁茂，夏日可得浓荫。入秋则叶凋落最早，故有"梧桐一叶落，天下尽知秋"之说。适于草坪、庭院、宅前、坡地、湖畔孤植或丛植；在园林中与棕榈、修竹、芭蕉等配植尤感和谐，且颇具我国民族风味。梧桐也可栽作行道树及居民区、工厂区绿化树种。

经济用途：木材轻韧，纹理美观，可供乐器、箱盒、家具等用材。种子可炒食及榨油；叶、花、根及种子等均可入药，有清热解毒、祛湿、健脾等效。

24. 七叶树（梭椤树）（图3-93）

Aesculus chinensis Bunge

七叶树科、七叶树属。

形态：落叶乔木，高达25m。树皮灰褐色，片状剥落。小枝粗壮，栗褐色，光滑无毛；冬芽大，具树脂。小叶5～7，倒卵状长椭圆形至长椭圆状倒披针形，长8～16cm，先端渐尖，基部楔形，缘具细锯齿，侧脉13～17对，仅背面脉上疏生柔毛，小叶柄长5～17mm。花小，花瓣4，不等大，白色，上面2瓣常有橘红色或黄色斑纹，雄花序成直立密集圆锥花序，近圆柱形，长20～30cm。蒴果球形或倒卵形，黄褐色，粗糙无刺。花期5月，果9～10月成熟。

分布：中国黄河流域及东部各省均有栽培，仅秦岭有野生，自然分布在海拔700m以下之山地。

习性：喜光，稍耐荫，喜温暖气候，也能耐寒，喜深厚肥沃湿润且排水良好之土壤。深根性，萌芽力不强，生长速度中等偏慢，寿命长。

繁殖栽培：主要用播种繁殖，扦插、压条也可。七叶树生长较慢，主根深而侧根少，不耐移栽，为保证定植成活，需带土球，栽植坑要挖得深些，多施基肥。栽后还要用草绳卷干，以防树皮受日灼之害。在栽植过程中，注意切勿损伤主枝，以免破坏树形。移

图3-93 七叶树

151

栽时间应在深秋落叶后至翌春发芽前进行。因树皮薄，深秋及早春要在树干上刷白。常有天牛、吉丁虫等幼虫蛀食树干，应注意及时防治。

观赏特性及园林用途：本种树干耸直，树冠开阔，姿态雄伟，叶大而形美，遮荫效果好，初夏又有白花开放，蔚然可观，是世界著名的观赏树种之一，最宜栽作庭荫树及行道树。中国许多古刹名寺，如杭州灵隐寺、北京大觉寺、卧佛寺、潭柘寺等处都有大树。在建筑前对植、路边列植，或孤植、丛植于草坪、山坡都很合适。为防止树干遭受日灼之害，可与其他树种配植。

经济用途：七叶树种子可入药，有理气解郁之效，榨油可供制肥皂。木材细致、轻软，不耐腐朽，可供小工艺品及家具用材。

25. 法桐（三球悬铃木，法国梧桐，净土树，鸠摩罗什树，袪汗树）（图3-94）

Platanus orientalis L.

悬铃木科、悬铃木属。

形态：落叶大乔木，高20～30m，树冠阔钟形；干皮灰褐绿色至灰白色，呈薄片状剥落。幼枝、幼叶密生褐色星状毛。叶掌状5～7裂，深裂达中部，裂片长大于宽，叶基阔楔形或截形，叶缘有齿牙，掌状脉；托叶圆领状。花单性，雌雄同株，花序黄绿色。多数坚果聚合呈球形，3～6球成一串，宿存花柱长，呈刺毛状，果柄长而下垂。花期4～5月；果9～10月成熟。

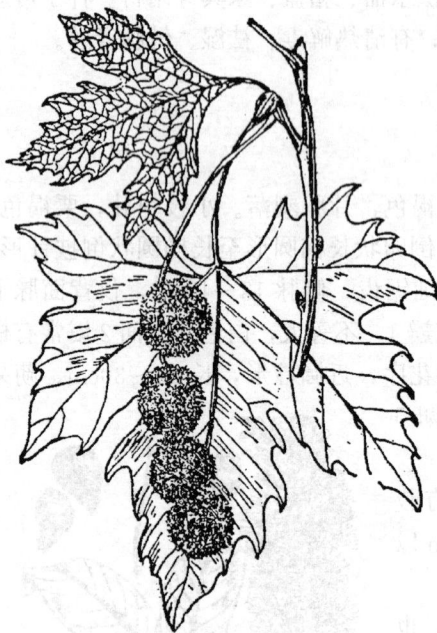

图3-94 法桐

分布：原产欧洲；印度、小亚细亚亦有分布；中国有栽培。

变种有楔叶法桐 var. *cuneata* Loud. 叶片2～5裂。品种有"掌叶法桐" cv. digitata，叶5深裂。

习性：喜阳光充足、喜温暖湿润气候，略耐寒，较能耐湿及耐干。生长迅速，寿命长。我国陕西鸠摩罗什庙昔有古树，传为晋代时由印度僧人鸠摩罗什带入中国，曾生长至干径3m余，但现已枯死无存。繁殖可用播种及扦插法；萌芽力强，耐修剪，对城市环境耐性强，是世界著名的优良庭荫树和行道树种。果煮水饮服后有发汗作用。

26. 美桐（一球悬铃木，美国梧桐）（图3-95）

Platanus occidentalis L.

悬铃木科、悬铃木属。

形态：落叶大乔木，高40～50m；树冠圆形或卵圆形。叶3～5浅裂，宽度大于长度，裂片呈广三角形。球果多数单生，但亦偶有2球一串的，宿存的花柱短，故球面较平滑；小坚果之间无突伸毛。

分布：原产北美东南部，中国有少量栽培。耐寒力比法桐稍差。

变种有光叶美桐（var. *glabrata* Sarg.）：叶背无毛，叶形较小，深裂，叶基截形。

27. 英桐（二球悬铃木，英国梧桐）（图3-96）

Platanus acerifolia Willd.

悬铃木科、悬铃木属。

形态：本种是前两种的杂交种（P. ori-enta-lis×P. occidentalis）。树高35m，胸径4m；枝条开展，幼枝密生褐色绒毛；干皮呈片状剥落。叶裂形状似美桐，叶片广卵形至三角状广卵形，宽12~25cm，3~5裂，裂片三角形、卵形或宽三角形，叶裂深度约达全叶的1/3，叶柄长3~10cm。球果通常为2球

图3-95 美桐

1串，亦偶有单球或3球的，果径约2.5cm，有由宿存花柱形成的刺毛。花期4~5月；果9~10月成熟。

分布：世界各国多有栽培；中国各地栽培的也以本种为多。

习性：阳性树，喜温暖气候，有一定抗寒力，但4年生以内的苗木应适当防寒，否则易枯梢。在东北大连市生长良好，在沈阳市只能植于建筑群中之避风向阳的小环境。对土壤的适应能力极强，能耐干旱、瘠薄，无论酸性或碱性土、垃圾地、工场内的沙质地或富含石灰地、潮湿的沼泽地等均能生长。

繁殖栽培：可用播种及扦插法繁殖。萌芽性强，很耐重剪；抗烟性强，对二氧化硫及氯气等有毒气体有较强的抗性。本种是三种悬铃木中对不良环境因子抗性最强的一种。生长迅速，是速生树种之一。

在栽植作行道树或庭荫树时，可用4年生苗，在北方于定植后的头一两年应行裹干、涂白或包枝等防寒措施。本树易移植成活。

在某些地区易生蚧壳虫，巴黎市园林专家谈及法桐的枯萎病相当严重，不少大树已死亡，现仍无有效的防治方法，目前此病正在蔓延中，但在英国却未见此病，可能是有海隔离的缘故。中国栽植英桐、法桐的面积很广，宜经常注意具有毁灭性的病害

图3-96 英桐

问题。

观赏特性和园林用途：树形雄伟端正，叶大荫浓，树冠广阔，干皮光洁，繁殖容易，生长迅速，具有极强的抗烟、抗尘能力，对城市环境的适应能力极强，故世界各国广为应用，有"行道树之王"的美称。但是在实际应用上应注意，由于其幼枝幼叶上具有大量星状毛，如吸入呼吸道会引起肺炎，故应勿用或少用于幼儿园为宜。在进行行道树的夏季修剪时，应戴风镜、口罩、耳塞以免进入口、眼、鼻、耳内。

在选择树种时应结合具体情况考虑到星状毛多少的问题。上述 3 种树中，以法桐毛最少，英桐的毛量中等，美桐毛量最多，但是美桐有无毛变种。目前已有无毛品种应用。

在街道绿化时，若以树干颜色而言，则法桐皮最白，老皮易落；英桐干皮虽亦易落，但皮色较暗；美桐的皮色介于二者之间，而皮不易剥落。根据经验，扦插苗的干皮颜色效果较实生苗的为优良。这些知识，在绿化实践选择苗木方面，尤其是街道绿化时很重要。

经济用途：本属三种悬铃木的木材在干后均易反翘，材质轻软易腐烂，燃烧时火力亦弱，不适于供薪炭用，故一般本树均仅供观赏绿化用。

28. 刺槐（洋槐）（图 3-97）

Robinia pseudoacacia L.

豆科、刺槐属。

形态：落叶乔木，高 10～25m；树冠椭圆状倒卵形。树皮灰褐色，纵裂；枝条具托叶刺；冬芽小，奇数羽状复叶，小叶 7～19，椭圆形至卵状长圆形，长 2～5cm，叶端钝或微凹，有小尖头，花蝶形，白色，芳香，成腋生总状花序。荚果扁平，长 4～10cm；种子肾形，黑色。花期 5 月；果 10～11 月成熟。

分布：原产北美，现欧、亚各国广泛栽培。19 世纪末先在中国青岛引种，后渐扩大栽培，目前已遍布全国各地，尤以黄、淮流域最常见，多植于平原及低山丘陵。

习性：为强阳性树种，不耐荫庇，幼苗也不耐荫。喜较干燥而凉爽气候，在年均温 8～14℃、年雨量 500～900mm 地带生长最好，可生长成高大通直的乔木而且生长速度很快，尤以空气湿度较大的沿海地区生长更佳；在年均温 14℃以上、年雨量在 900mm 以上地区，生长速度虽快但树干易弯曲，主干低矮；在年均温 5～7℃、年雨量 400～500mm 地区，也能长成乔木，但幼苗在 1～3 年生枝条常受冻害；而在年均温 5℃以下、年雨量 400mm 以下地区，其地上部分会年年受冻死亡，每年重新萌发

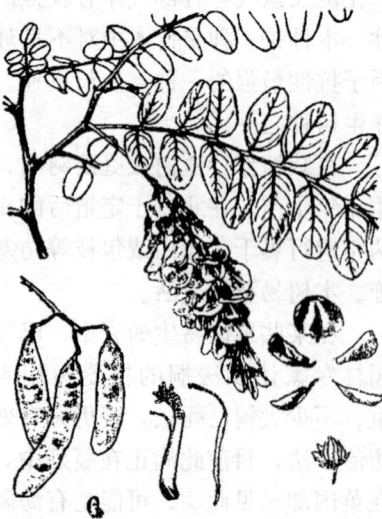

图 3-97　刺槐

新枝，故不能长成乔木只能呈灌木状，也不能正常开花结实，只在小气候好的地点而且在人工管理照料下才能长成乔木。刺槐较耐干旱瘠薄，但在浅土层的大旱之年也会旱死，而以在适湿地生长最快。能在石灰性土、酸性土、中性土以及轻度盐碱土上正常生长，但以肥沃、湿润、排水良好的冲积砂质壤土上生长最佳。在土壤水分过多处易烂根和发生紫纹羽病，常致全株死亡。地下水位过高易引起烂根和枯梢现象，地下水位浅于0.5m的地方不宜种植；畏积水之处。

刺槐为浅根树种，在种植时需选择适当地点，刺槐枝条的抗风能力亦较弱，据报道，7～8级的风力下即有风折现象。雨后遇大风易引起倾斜偏冠、风倒或折干现象，故以不植于风口处为佳。

刺槐侧根发达，10年生树之侧根系可扩展至20m，但多分布于20～30cm深的表土层中。萌蘖性强，寿命较短，自水平根系上可生出萌蘖，故在良好环境下可自可自然增加密度。截干的萌蘖条1年可高2～3m，8～10年即可成材，30～50年后逐渐衰老。

刺槐春季发芽极晚，杨柳已绿叶成荫后开它才开始发芽，大体上是在日均温达7～8℃左右时，树液才流动而芽萌动。秋季气温降到3～4℃左右开始落叶。它属于速生树种，生长最快的时期大体在3～9年之间。

繁殖栽培：可用播种、分蘖、根插等法而以播种为主。定苗后要及时进行除蘖及修剪，以促使树干和树冠的形成。大苗定植后，应设立支柱，以防雨季风倒或造成根部摇动。生长季节中，应注意防治虫害。

根据河北省秦皇岛市海滨林场的经验，混交种植比纯林的生长为佳，而且虫害少。又根据山东的经验，在土层深厚的低山丘陵和平原地区，刺槐可与杨、白榆、臭椿、苦楝、旱柳、紫穗槐等混植；在土石山地可与臭椿、麻栎、侧柏等混植。又据河南省洛阳地区林科所的调查，刺槐可与油松、华山松、毛白杨、小叶杨、箭杆杨、榆树等混交，在高生长上比纯刺槐林中的树要大110%。

在刺槐林中，当树冠郁闭后，会出现低矮细弱树迅速衰枯现象，在栽培管理上可予伐除。

病虫害：紫纹羽病，种子虫害。

观赏特性和园林用途：刺槐树冠高大，叶色鲜绿，每当开花季节绿白相映非常素雅而且芳香宜人，故可作庭荫树及行道树。因其抗性强、生长迅速，故又是工矿区绿化及荒山荒地绿化的先锋树种。又是良好的蜜源植物，养蜂者每年都集中采收几次槐花蜜。根部有根瘤，有提高地力之效。刺槐、楸树冬季落叶后，枝条疏朗向上，很像剪影，造型有国画韵味。

经济用途：木材坚实而有弹性，纹理直、耐湿、耐腐，但易挠曲开裂，顺纹抗压强度高达700kg/cm²，除麻栎外比习见的阔叶树均高（如榆、槐、椿、桦、苦楝），故很适于作坑木、支柱、桩木用。其抗冲击强度高于麻栎，故适用于桥梁、车辆、工具把柄等用。又因质硬耐磨而适用于作滑雪板、木橇、地板等用；因耐腐而适于水工、造船、海带养殖等用材。其枝丫及根易燃烧，火力强、发烟少、燃时长，故为头等薪炭材。花可浸膏用作调香原料。树皮富纤维及单宁，可作造纸、编织及提炼栲胶原料。种子含油量达12%～13.9%，可榨油供制皂业和油漆业原料。

29. 槐（国槐）（图 3-98）

Sophora japonica L.

豆科、槐属。

形态：落叶乔木，高达 25m，胸径 1.5m，树冠圆形；干皮暗灰色，小枝绿色，皮孔明显；芽被青紫色毛。小叶 7～17 枚，卵形至卵状披针形，长 2.5～5cm，叶端尖，叶基圆形至广楔形，叶背有白粉及柔毛。花浅黄绿色，排成圆锥花序顶生。荚果串珠状，肉质，长 2～8cm，熟后不开裂，也不脱落。花期 7～8月；果 10 月成熟。

分布：原产中国北部，北自辽宁，南至广东、台湾，东自山东，西至甘肃、四川、云南均有栽植。

变种：

（1）龙爪槐 var. *pendula* Loud.；小枝弯曲下垂，树冠呈伞状，园林中多有栽植。

（2）紫花槐 var. *pubescens* Bosse.：小叶 15～17 枚，叶被有蓝灰色丝状短柔毛；花的翼瓣和龙骨瓣常带紫色，花期最迟。

（3）五叶槐（蝴蝶槐）var. *oligophylla* Franch.：小叶 3～5 簇生，顶生小叶常 3 裂，侧生小叶下部常有大裂片，叶背有毛。

习性：喜光，略耐荫，喜干冷气候，但在高温多湿的华南也能生长；喜深厚、排水良好的沙质壤土，但在石灰性、酸性及轻盐碱土上均可正常生长；在干燥、贫瘠的山地及低洼积水处生长不良。耐烟尘，能适应城市街道环境，对二氧化硫、氯气、氯化氢气体均有较强的抗性。

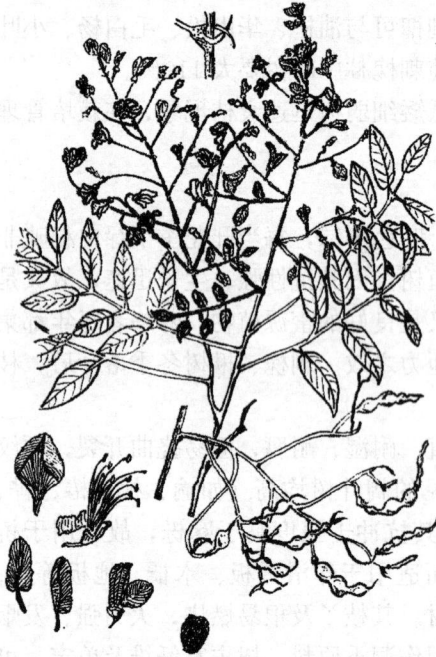

图 3-98 槐

生长速度中等，根系发达，为深根性树种，萌芽力强，寿命极长，在各地园林中 500 年以上的古槐数量相当多。

龙爪槐为中国庭园中常用的特色树种，传统上多用枝接法，后改为用方块芽接法。接穗以休眠芽为好，在 4 月下旬至 5 月中旬自龙爪槐的去年生枝上采取休眠芽作接穗，接于槐树的 1～2 年新枝上。此外，亦可在 7 月上、中旬用当年的新生芽行芽接。

五叶槐的种子具有一定的簇生叶遗传性，可自实生苗中选出培育。

槐树性强健，具有很强的萌芽力，即使很粗的主枝锯除后，仍能迅速从粗枝干上萌生不定芽而形成树冠。大树移植时只要进行重剪树冠，均易移栽成活。

病虫害：槐树的病虫害不多，均较易防治。主要有苗木腐烂病、槐尺蠖等。

观赏特性和园林用途：槐树树冠宽广枝叶繁茂，寿命长而又耐城市环境，因而是良好的行道树和庭荫树。由于耐烟毒能力强，又是厂矿区的良好绿化树种。花富蜜汁，是夏季的重要蜜源树种。龙爪槐是中国庭园绿化中的传统树种之一，富于民族特色的情调，常成对用于门前或庭院中，又宜植于建筑前或草坪边缘。五叶槐，叶形奇特，宛若千万支绿蝶栖止于树上，堪称奇观，但宜独植而不宜多植。

经济价值：木材坚韧，稍硬，耐水湿，富弹性，可供建筑、车辆、家具、造船、农具、雕刻等用。依材质及色泽的特点，有白槐、青槐、黑槐3种，以白槐的材质最好，特点为树皮平滑而颜色淡；青槐的材质中等，材色淡绿；黑槐的材质较差，其外部特征为干皮深裂而色发黑暗，材色亦暗。花蕾、果实、树皮、枝叶均可入药。树皮及根有清泻之效，花蕾可作黄色染料。

30. 红豆树（何氏红豆，鄂西红豆树）（图3-99）

Ormosia hosiei Hemsl. et Wils.

豆科、红豆树属。

形态：常绿乔木，高达20m，树皮光滑，灰色。叶奇数羽状复叶，长15~20cm，小叶7~9枚，长卵形至长椭圆状卵形，叶端尖，叶表无毛革质。圆锥花序顶生或腋生；萼钟状，密生黄棕毛；花白色或淡红色，芳香。荚果木质，扁平，圆形或椭圆形，长4~6.5cm，宽2.5~4cm，端尖，含种子1~2粒；种子扁圆形，鲜红色而有光泽。花期4月。

分布：陕西、江苏、湖北、广西、四川、浙江、福建等省。

习性：喜光，但幼树耐荫，喜肥沃适湿土壤，如植于肥沃而干旱的土壤也不能正常生长。本树的干性较弱，易分枝，且侧枝均较粗壮，枝下高约在2~5m左右，如在生长条件差的地点，常在1m左右，即行分枝。树冠多为伞形，生长速度中等。寿命长，萌芽力较强。根系发达，主要分布在0.15~1.2m深的土层中。

繁殖栽培：用播种繁殖，管理上应注意培育主干，不使过早分枝。

观赏特性和园林用途：本树为珍贵用材树种，其树冠呈伞状展开，故在园林中可植为片林或作园林中行道树用；种子可作装饰品用。

经济用途：木质坚硬，有光泽，花纹美丽，是高级的建筑室内装饰、工艺雕刻用材和家具用材，制出的成品胜于红木和紫檀。选材时将外部淡黄色的边材削去不用，只用暗褐色的心材。除种子作装饰外，种皮可作止血剂。

图3-99 红豆树

31. 软荚红豆（相思子，红豆）

Ormosia semicastrata Hance.

豆科、红豆树属。

形态：常绿乔木，高达12m；小枝疏生黄色柔毛。羽状复叶之小叶3～9枚，革质，长椭圆形，长4～14cm，宽2～6cm。圆锥花序腋生，总花梗、小花梗、序轴均密生黄柔毛；花萼钟状，密生棕色毛；花瓣白色。荚果革质，小而呈圆形，长1.5～2cm；种子1粒，鲜红色、扁圆形。花期5月。

分布：江西、福建、广西、广东等省。

习性：性喜暖热气候。种子红色可供装饰用，或制纪念品用。唐代著名诗人王维有《红豆诗》，即"红豆生南国，春来发几枝；愿君多采撷，此物最相思。"用本树布置园林一隅，游人拾几粒红豆，亦别具情趣。事实上还有不少具美丽种子的树木，例如海红豆（孔雀豆）（*Adenanthera pavonina*）的种子亦极美，常用作制佛教徒的念珠用。

32. 毛泡桐（紫花泡桐，绒毛泡桐，桐）（图3-100）

Paulownia tomentosa（Thunb.）Steud.

玄参科、泡桐属。

形态：落叶乔木，高15m，树冠宽大圆形，树干耸直，树皮褐灰色；小枝有明显皮孔，幼时常具黏质短腺毛。叶阔卵形或卵形，长20～29cm，宽15～28cm，先端渐尖或锐尖，基部心形，全缘或3～5裂，表面被长柔毛、腺毛及分枝毛，背面密被具长柄的白色树枝状毛。聚伞花序，花蕾近圆形，密被黄色毛；花萼浅钟形，裂至中部或过中部，外面绒毛不脱落；花冠漏斗状钟形，鲜紫色或蓝紫色，长5～7cm。蒴果卵圆形，长3～4cm，宿萼不反卷。花期4～5月；果8～9月成熟。

分布：辽宁南部、河北、河南、山东、江苏、安徽、湖北、江西等地通常栽培；西部地区有野生，海拔可达1800m。日本、朝鲜、欧洲和北美洲也有引种栽培。

习性：强阳性树种，不耐庇荫。对温度的适应范围较宽，但气温在38℃以上生长受阻，极端最低温度-20～-25℃时易受冻害，日平均温度24～29℃时为生长的最适宜温度。根系近肉质，怕积水而较耐干旱。在土壤深厚、肥沃、湿润、疏松的条件下，才能充分发挥其速生的特性；土壤pH值以6～7.5为好，不耐盐碱，喜肥。对二氧化硫、氯气、氟化氢、硝酸雾的抗性均强。

繁殖栽培：通常用埋根、播种、埋干、留根等方法。

观赏特性及园林用途：毛泡桐树干端直，树冠宽大，叶大荫浓，花大而美，宜作行道树、

图3-100　毛泡桐

庭荫树；也是重要的速生用材树种，四旁绿化，结合生产的优良树种。

33. 泡桐（白花泡桐）

Paulownia fortunei (Seem.) Hemsl.

玄参科、泡桐属。

形态：落叶乔木，高达 27m，树冠宽卵形或圆形，树皮灰褐色。小枝粗壮，初有毛，后渐脱毛。叶卵形，长 10～25cm，宽 6～15cm，先端渐尖，全缘，稀浅裂，基部心形，表面无毛，背面被白色星状绒毛。聚伞花序，花蕾倒卵状椭圆形；花萼倒圆锥状钟形，浅裂约为萼的 1/4～1/3，毛脱落；花冠漏斗状，乳白色至微带紫色，内具紫色斑点及黄色条纹。蒴果椭圆形，长 6～11cm。花期 3～4月；果 9～10 月成熟。

分布：主产长江流域以南各省，东起江苏、浙江、台湾，西南至四川、云南，南至广东、广西；东部在海拔 120～240m，西南至 2000m。山东、河南及陕西均有引种栽培。越南、老挝也有。

习性：喜温暖气候，耐寒性稍差，尤其幼苗期很易受冻害；喜光稍耐荫；对黏重瘠薄的土壤适应性较其他种强。顶芽死后常自然分枝成合轴分枝状，甚至少数植株顶芽不死成总状分枝状，故主干通直，干形好，生长快，是本属中对丛枝病抗性最强的种。

繁殖、用途均与毛泡桐相似。

34. 梓树（图 3-101）

Catalpa ovata G. Don

紫葳科、梓树属。

形态：落叶乔木，高 10～20m；树冠开展，树皮灰褐色、纵裂。叶广卵形或近圆形，长 10～30cm，通常 3～5 浅裂，有毛，背面基部脉腋有紫斑。圆锥花序顶生，长 10～20cm，花萼绿色或紫色；花冠淡黄色，长约 2cm，内面有黄色条纹及紫色斑纹。蒴果细长如筷，长 20～30cm；种子具毛。花期 5 月。

分布：分布很广，东北、华北，南至华南北部，以黄河中下游为分布中心。

习性：喜光，稍耐荫；适生于温

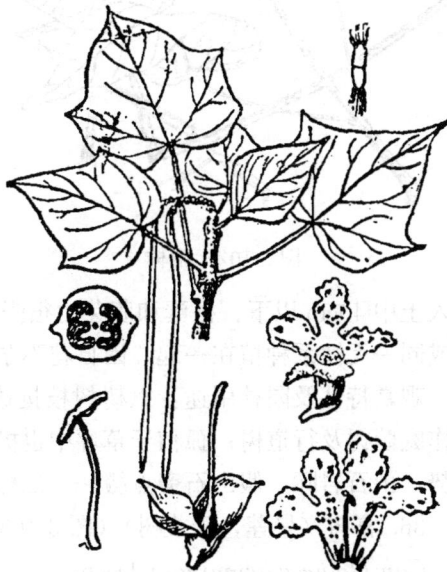

图 3-101 梓树

带地区，颇耐寒，在暖热气候下生长不良；喜深厚、肥沃、湿润土壤，不耐干旱瘠薄，能耐轻盐碱土；对氯气、二氧化硫和烟尘的抗性均强。

播种繁殖于 11 月采种干藏，翌春 4 月条播，发芽率约 40%。也可用扦插和分蘖繁殖。

梓树树冠宽大，可作行道树，庭荫树及村旁、宅旁绿化材料。古人在房前屋后种植桑树、梓树，"桑梓"即意故乡。材质轻软，可供家具、乐器、棺木等用。

35. 楸树（金丝楸）（图3-102）

Catalpa bungei C. A. Mey.

紫葳科、梓树属。

形态：落叶乔木，高可达30m；树干耸直，主枝开阔伸展，多弯曲，呈倒卵形树冠；树皮灰褐色，浅细纵裂，老年树干上具瘤状突起；小枝灰绿色。叶三角状卵形，长6～16cm，顶端尾尖，全缘，有时近基部有3～5对尖齿，两面无毛，背面脉腋有紫色腺斑。总状花序伞房状排列，顶生；萼片顶端2尖裂；花冠浅粉紫色，长2～3.5cm，内面有紫红色斑点。蒴果长25～50cm；种子扁平，具长毛。花期4～5月。

分布：主产黄河流域和长江流域，北京、河北、内蒙古、安徽、浙江等地也有分布。

习性：喜光，幼苗耐庇荫，以后需较多的光照；喜温暖湿润气候，不耐严寒，适生于年平均气温10～15℃，年降水量700～1200mm的环境条件，不耐干旱和水湿；喜深厚、湿润、肥沃、疏松的中性土、微酸性土及钙质土，在含盐量0.1%轻度盐碱土上能正常生长；对二氧化硫及氯气有抗性，吸滞灰尘、粉尘能力较强。主根明显，粗壮，侧根

图3-102　楸树

深入土中40cm以下；根蘖和萌芽力很强。本种为异花（或异株）授粉植物，单株或同一无性系种植在一起，因自花不孕，往往开花而不结实。

观赏特性及园林用途：楸树树枝挺拔，干直浓荫，花紫白相间，艳丽悦目，宜作庭荫树及行道树；孤植于草坪中也极适宜；与建筑配植更能显示古朴苍劲之树势；山石岩际，假山石旁点缀一、二株，更与山石协调，亦甚可观。

36. 喜树（旱莲，千丈树）（图3-103）

Camptotheca acuminata Decne.

珙桐科、喜树属。

形态：落叶乔木，高达25～30m。单叶互生，椭圆形至长卵形，长8～20cm，先端突渐尖，基部广楔形，全缘（萌蘖枝及幼树枝之叶常疏生锯齿）或微呈波状，羽状脉弧形而在表面下凹，表面亮绿色，背面淡绿色，疏生短柔毛，脉上尤密。叶柄长1.5～3cm，常带红色。花单性同株，头状花序具长柄，雌花序顶生，雄花序腋生；花萼5裂，花瓣5，淡绿色；雄蕊10，子房1室。坚果香蕉

形，有窄翅，长 2～2.5cm，集生成球形。花期7月；果 10～11 月成熟。

分布：四川、安徽、江苏、河南、江西、福建、湖北、湖南、云南、贵州、广西、广东等长江以南各省及部分长江以北地区均有分布和栽培；垂直分布在 1000m 以下。

习性：性喜光，稍耐荫；喜温暖湿润气候，不耐寒，大抵在年均温为 13～17℃、年雨量在1000mm 以上的地区。喜深厚肥沃湿润土壤，较耐水湿，不耐干旱瘠薄土地，在酸性、中性及弱碱性土上均能生长。一般以地下水位较高的河滩、湖池堤岸或渠道旁生长最佳。

萌芽力强，在前 10 年生长迅速，以后则变缓慢。在良好条件时，7 年生可高 11m，14 年可高 23m。抗病虫能力强，但耐烟性弱。

图 3-103　喜树

繁殖栽培：用种子繁殖。定植后的管理主要是培养通直的主干，于春季注意抹除蘖芽。在风景区中可与栾树、榆树、臭椿、水杉等行混植，因幼树较耐荫，故可天然更新。

观赏特性和园林用途：主干通直，树冠宽展，叶荫浓郁，是良好的四旁绿化树种。

图 3-104　柽柳

经济用途：材质轻软，易挠裂，可供造纸、板料、火柴杆、家具及包装用材。果实、根、叶、皮含喜树碱，可供药用，有清热、杀虫、治各种癌症和白血病之效。

37. 柽柳（三春柳，西湖柳，观音柳）（图 3-104）

Tamarix chinensis Lour.

柽柳科、柽柳属。

形态：落叶灌木或小乔木，高5～7m。树皮红褐色；枝细长而常下垂，带紫色。叶卵状披针形，长 1～3mm，叶端尖，叶背有隆起的脊。总状花序侧生于去年生枝上者春季开花，总状花序集成顶生大圆锥花序者夏秋开花；花粉红色，苞片条状钻形，萼片、花瓣及雄蕊各为 5；花盘 10 裂（5 深 5 浅），罕为 5 裂；柱头 3，棍棒状。蒴果 3 裂，长 3.5mm。主要在夏秋开花；果 10 月成熟。

分布：原产中国，分布极广，自华北至长江中下游各省，南达华南及西南地区。

习性：性喜光，耐寒、耐热、耐烈日曝晒，耐干又耐水湿，抗风又耐盐碱土，能在含盐量达1%的重盐地上生长。深根性，根系发达，萌芽力强，耐修剪和刈割；生长较速。

繁殖栽培：可用播种、扦插、分株、压条等法繁殖，通常多用于扦插法。柽柳在定植后不需特殊管理，在园林中栽植者可适当整形修剪以培育和保持优美的树形。在大面积栽植为采条或防风固沙用者，应注意保护芽条健壮生长，适当疏剪细弱冗枝，冬季适当根际培土。

观赏特性和园林用途：姿态婆娑、枝叶纤秀，花期很长，可作篱垣用。又是优秀的防风固沙植物；也是良好的改良盐碱土树种，在盐碱地土种柽柳后可有效地降低土壤的含盐量。亦可植于水边供观赏。

经济用途：萌条有弹性和韧性，不易折断，可供纺织副业用；嫩枝及叶可入药，有解表、利尿、祛风湿之效；树皮含鞣质，可制栲胶用。

38. 小檗（日本小檗）（图3-105）

Berberis thumbergii DC.

小檗科、小檗属。

形态：落叶灌木，高2～3m。小枝常通红褐色，有沟槽；刺通常不分叉。叶倒卵形或匙形，长0.5～2cm，先端钝，基部急狭，全缘，表面暗绿色，背面灰绿色。花浅黄色，1～5朵成簇生状生伞形花序。浆果椭圆形，长约1cm，熟时亮红色。花期5月；果9月成熟。

分布：原产日本及中国，各大城市有栽培。

习性：喜光，稍耐荫，耐寒，对土壤要求不严，而以在肥沃而排水良好之沙质壤土上生长最好。萌芽力强，耐修剪。

繁殖栽培：主要用播种繁殖，春播或秋播均可，亦可用压条法繁殖。定植时应进行强度修剪，以促使其多发枝丛，生长旺盛。

观赏特性及园林用途：本种枝细密而有刺，春季开小黄花，入秋则叶色变红，果熟后亦红艳美丽，是良好的观果、观叶和刺篱材料。常见变型紫叶小檗（f. *atropurpurea* Rehd.）平时叶深紫色，观赏价值更高。1942年在荷兰育成矮紫小檗（cv. Atropurpurea Nana），株高仅60cm。此外，亦可盆栽观赏或剪取果枝瓶插供室内装饰用。惟其植株为小麦锈病之中间寄主，栽培时要注意。

经济用途：根、茎、叶均可入药。

图3-105　小檗

根、茎的木质部中含有多种生物碱，其小檗碱可制黄连素，有杀菌消炎之效；茎皮可作黄色染料。

第二节　叶　木　类

叶木主要指一些观叶类树木，它们的观赏价值在于叶形、叶色。这类树木有的叶形奇特，有的以色著称，鲜艳夺目。春初、夏末、秋日，若黄若红，格外动人。

一、乔木类

1. 五角枫（色木）（图 3-106）

Acer mono Maxim.

槭树科、槭树属。

形态：落叶乔木，高可达 20m。叶常掌状 5 裂，长 4～9cm，基部常为心形，裂片卵状三角形，全缘，两面无毛或仅背面脉腋有簇毛，网状脉两面明显隆起。花杂性，黄绿色，多朵成顶生伞房花序。果核扁平或微隆起，果翅展开成钝角，长约为果核之 2 倍。花期 4 月；果 9～10 月成熟。

分布：广布于东北、华北及长江流域各省；俄罗斯西伯利亚东部、蒙古、朝鲜和日本也有分布。是我国槭树科中分布最广的一种，多生于海拔 800～1500m 的山坡或山谷疏林中，在西部可达海拔 2600～3000m 之高地。

习性：弱阳性，稍耐荫；喜温凉湿润气候，过于干冷及高温处均不见分布。对土壤要求不严，在中性、酸性及石灰性土上均能生长，但以土层深厚、肥沃及湿润之地生长最好。自然界多生长于阴坡山谷及溪沟两边。生长速度中等，深根性；很少病虫害。

繁殖栽培：主要用种子繁殖。

观赏特性及园林用途：本种树形优美，

图 3-106　五角枫

叶、果秀丽，入秋叶色变为红色或黄色，宜作山地及庭园绿化树种，与其他秋色叶树种或常绿树配植，彼此衬托掩映，可增加秋景色彩之美。也可用作庭荫树、行道树或防护林。

经济用途：木材坚韧细致，可供家具及细木工用；种子可榨油。

2. 三角枫（图 3-107）

Acer buergerianum Miq.

槭树科、槭树属。

形态：落叶乔木，一般高 5～10m，稀可达 20m。树皮暗褐色，薄条片状剥落，小枝细，幼时有短柔毛，后变无毛，稍有白粉。叶常 3 浅裂，有时不裂，长 4～10cm，基部圆形或广楔形，3 主脉，裂片全缘，或上部疏生浅齿，背面有白粉，幼时有毛。花杂性，黄绿色，子房密生长柔毛；顶生伞房花序，有短柔毛。果核部分两面凸起，两果翅张开成锐角或近于平行。花期 4 月；果 9 月成熟。

分布：主产长江中下游各省，北到山东，南至广东、台湾均有分布；日本也产。垂直分布一般在海拔 1000m 以下之山地及平原，多生于山谷及溪沟两旁。

图 3-107　三角枫

习性：弱阳性，稍耐荫；喜温暖湿润气候及酸性、中性土壤，较耐水湿；有一定耐寒能力，在适生地区生长尚快，寿命约 100 年左右。萌芽力强，耐修剪；根系发达，萌性强。

繁殖栽培：播种繁殖，三角枫根系发达，裸根移栽容易成活，但大树移栽要带土球。

观赏特性及园林用途：本种枝叶茂密，夏季浓荫覆地，入秋叶色变为暗红，颇为美观，宜作庭荫树、行道树及护岸树栽植。在湖岸、溪边、谷地、草坪配植，或点缀于亭廊、山石间都很合适。其老桩常制成盆景，主干扭曲隆起，颇为奇特。此外，江南一带有栽作绿篱者，年久后枝条彼此连接密合，也别具一格。

经济用途：木材坚实，在干燥处保存期长久，可供器具、家具及细木工用。

3. 鸡爪槭（图 3-108）

Acer palmatum Thunb.

槭树科、槭树属。

形态：落叶小乔木，高可达 8～13m。树冠伞形；树皮平滑，灰褐色。枝开张，小枝细长，光滑。叶掌状 5～9 深裂，径 5～10cm，基部心形，裂片卵状长椭圆形至披针形，先端锐尖，缘有重锯齿，背面脉腋有白簇毛。花杂性，紫色，径 6～8mm，萼背有白色长柔毛；伞房花序顶生，无毛。翅果无毛，两翅展开成钝角。花期 5 月；果 10 月成熟。

分布：产中国、日本和朝鲜；中国分布于长江流域各省，山东、河南、浙江也有。多生于海拔 1200m 以下山地、丘陵之林缘或疏林中。

变种：本种世界各国园林中早已引种栽培，变种和品种甚多，常见有以下几种：

(1) 小叶鸡爪槭 var. *thunbergii* Pax：叶较小，径约 4cm，掌状 7 深裂，裂片狭窄，缘有尖锐重锯齿，先端长尖，翅果短小。产日本及中国山东、江苏、浙江、福建、江西、湖南等省。

(2) 细叶鸡爪槭 cv. Dissectum：俗称"羽毛枫"，叶掌状深裂几达基部，裂片狭长又羽状细裂；树冠开展而枝略下垂，通常树体较矮小。我国华东各城市庭园中广泛栽培观赏。

(3) 红细叶鸡爪槭 cv. Dissectum Ornatum：株态、叶形同细叶鸡爪槭，惟叶色常年红色或紫红色。俗称"红羽毛枫"，常植于庭园或盆栽观赏。

164

(4) 紫红鸡爪槭 cv. Atropurpureum：俗称"红枫"，叶常年红色或紫红色，株态、叶形同鸡爪槭。

（5）线裂鸡爪槭 cv. Linearilobum：叶掌状深裂几达基部，裂片线形，缘有疏齿或近全缘。有叶色终年绿色者，也有终年紫红色者。

此外，还有金叶、花叶、白斑叶等园艺变种。

习性：弱阳性，耐半荫，在阳光直射处孤植夏季易遭日灼之害；喜温暖湿润气候及肥沃、湿润而排水良好之土壤，耐寒性不强，酸性、中性及石灰质土均能适应。生长速度中等偏慢。

观赏特性及园林用途：鸡爪槭树姿婆娑，叶形秀丽，且有多种园艺品种，有些常年红色，有些平时为绿色，但入秋叶色变红，色艳如花，均为珍贵的观叶树种。植于草坪、土丘、溪边、池畔，或于墙隅、亭廊、山石间点缀，均十分得体，若以常绿树或白粉墙作背景衬托，尤感美丽多姿。制成盆景或盆栽用于室内美化也极雅致。

经济用途：枝、叶可药用，能清热解毒、行气止痛，治关节酸痛、腹痛等症。木材可供车轮及细木工用材。

图 3-108 鸡爪槭

4. 日本槭（舞扇槭）（图 3-109）

Acer japonicum Thunb.

槭树科、槭树属。

落叶小乔木；幼枝、叶柄、花梗及幼果均被灰白色柔毛。叶较大，长 8～14cm，掌状 7～11 裂，基部心形，裂片长卵形，边缘有重锯齿，幼时有丝状毛，不久即脱落，仅背面脉上有残留。花较大，紫红色，径约 1～1.5cm，萼片大而花瓣状，子房密生柔毛；雄花与两性花同株，成顶生下垂伞房花序。果核扁平或略突起，两果翅长而展开成钝角或几成水平。花期 4～5 月，与叶同放；果 9～10 月成熟。

原产日本；中国华东一些城市有栽培。

弱阳性，耐半荫，耐寒性不强。生长较慢。通常用播种或扦插法繁殖。

本种春天开花，花朵大而紫红色，花梗细长，累累下垂，颇为美观；树态也优美，入秋叶色又变为深红，是极优美的庭园观赏树种。除用于庭园布置外，

图 3-109 日本槭

特别适合作盆栽、盆景及与假山石配植。其栽培变种乌头叶日本槭（cv. Aconitifolium），又名"羽扇槭"，在我国各地较为常见，其叶深裂达基部，裂片基部狭楔形，上部缺刻状羽裂。

5. 茶条槭（图 3-110）

Acer ginnaia Maxim.

槭树科、槭树属。

形态：落叶小乔木，高 6～10m。树皮灰色，粗糙。叶卵状椭圆形，长 6～10cm，通常 3 裂，中裂特大，有时不裂或具不明显之羽状 5 浅裂，基部圆形或近心形，缘有不整齐重锯齿，表面通常无毛，背面脉上及脉腋有长柔毛。花杂性，子房密生长柔毛；伞房花序圆锥状，顶生。果核两面突起，果翅张开成锐角或近于平行，紫红色。花期 5～6 月；果 9 月成熟。

图 3-110　茶条槭

分布：产东北、内蒙古、华北及长江中下游各省；日本也产。多生于海拔 500m 以下之山地。

习性：弱阳性，耐半荫，在烈日下树皮易受灼害；耐寒，也喜温暖；喜深厚而排水良好之沙质壤土。萌蘖性强，深根性，抗风雪；耐烟尘，较能适应城市环境。

观赏特性及园林用途：本种树干直而洁净，花有清香，夏季果翅红色美丽，秋叶又很容易变成鲜红色，故宜植于庭园观赏，尤其适合作为秋色叶树种点缀园林及山景，也可栽作行道树及庭荫树。

6. 元宝枫（平基槭）（图 3-111）

Acer truncatum Bunge

槭树科、槭树属。

形态：落叶小乔木，高达 10～13m；树冠伞形或倒广卵形。干皮灰黄色，浅纵裂；小枝浅土黄色，光滑无毛。叶掌状 5 裂，长 5～10cm，有时中裂片又 3 裂，裂片先端渐尖，叶基通常截形，两面无毛；叶柄细长，长 3～5cm。花黄绿色，径约 1cm，成顶生伞房花序。翅果扁平，两翅展开约成直角，翅较宽，其长度等于或略长于果核。花期 4 月，叶前或稍前于叶开放；果 10 月成熟。

分布：主产黄河中、下游各省，东北南部及江苏北部、安徽南部也有分布。多生于海拔 800m 以下的低山丘陵和平地，在山西

图 3-111　元宝枫

南部可高达1500m。

习性：弱阳性，耐半荫，喜生于阴坡及山谷；喜温凉气候及肥沃、湿润而排水良好之土壤，在酸性、中性及钙质土上均能生长；有一定的耐旱力，但不耐涝，土壤太湿易烂根。萌蘖性强，深根性，有抗风雪能力。在适宜环境中，幼树生长尚快，后渐变慢。能耐烟尘及有害气体，对城市环境适应性强。

观赏特性及园林用途：本种冠大荫浓，树姿优美，叶形秀丽，嫩叶红色，秋季叶又变成橙黄色或红色，是北方重要之秋色叶树种。华北各省广泛栽作庭荫树和行道树，在堤岸、湖边、草地及建筑附近配植皆甚雅致；也可在荒山造林或营造风景林中作伴生树种。春天叶前满树开黄绿色花朵，颇为美观，且是良好的蜜源植物。

经济用途：木材坚硬细致，纹理美，有光泽，是优良的建筑、家具及雕刻用材。种子榨油可供食用及工业用。

7. 栾树（图3-112）

Koelreuteria paniculata Laxm.

无患子科、栾树属。

形态：落叶乔木，高达15m；树冠近圆球形。树皮灰褐色，细纵裂；小枝梢有棱，无顶芽，皮孔明显。奇数羽状复叶，有时部分小叶深裂为不完全的2回羽状复叶，长达40cm；小叶7～15，卵形或卵状椭圆形，缘有不规则粗齿，近基部常有深裂片，背面沿脉有毛。花小，金黄色；顶生圆锥花序宽而疏散。蒴果三角状卵形，长4～5cm，顶端尖，成熟时红褐色或橘红色。花期6～7月；果9～10月成熟。

分布：产中国北部及中部，北自东北南部，南到长江流域及福建，西到甘肃东部及四川中部均有分布，而以华北较为常见；日本、朝鲜亦产。多分布于海拔1500m以下的低山及平原，最高可达海拔2600m。

图3-112 栾树

习性：喜光，耐半荫；耐寒，耐干旱瘠薄，喜生于石灰质土壤，也能耐盐渍及短期水涝。深根性，萌蘖力强；生长速度中等，幼树生长较慢，以后渐快。有较强的抗烟尘能力。

繁殖栽培：以播种为主，分蘖、根插也可。栾树适应性强，病虫害少，对干旱、水湿及风雪都有一定抵抗能力，栽培管理较为简单。

观赏特性及园林用途：本种树形端正，枝叶茂密而秀丽，春季嫩叶多为红色，入秋叶色变黄；夏季开花，满树金黄，十分美丽，是理想的绿化、观赏树种。宜作庭荫树、行道树及园景树，也可用作防护林、水土保持及荒山绿化树种。

经济用途：木材较脆，易加工，可作板料、器具等。叶可提制栲胶；花可作黄色染料；种子可榨油，供制肥皂及润滑油。

同属其他植物：

复羽叶栾树

K. bipinnata Franch.

形态：落叶乔木，高达20m，小叶叶缘有锯齿，二回羽状复叶互生，花杂性同株，黄色，大型圆锥花序顶生；蒴果卵形，中空，具三棱，果皮膜质，红色。花期5～7月，果期9～10月。

习性：喜光，喜温暖湿润，耐寒性差，耐干旱；对土壤要求不严，微酸性、中性及排水良好的钙质土均能生长，深根性。

分布：产我国中南及西南部地区。

观赏功能及园林用途：宜作庭荫树、行道树。

8. 无患子（皮皂子）（图3-113）

Sapindus mukurossi Gaertn.

无患子科、无患子属。

形态：落叶或半常绿乔木，高达20～25m。枝开展，成广卵形或扁球形树冠。树皮灰色，平滑不裂；小枝无毛，芽两个叠生。偶数羽状复叶互生，小叶8～14，互生或近对生，卵状披针形或卵状长椭圆形，长7～15cm，先端尖，基部不对称，全缘，薄革质，无毛。花黄白色或带淡紫色，成顶生多花圆锥花序，花小，杂性。核果近球形，径1.5～2cm，熟时黄色或橙黄色；种子球形，黑色，坚硬。花期5～6月；果9～10月成熟。

图3-113 无患子

分布：产长江流域及其以南各省区；越南、老挝、印度、日本亦产。为低山、丘陵及石灰岩山地习见树种，垂直分布在西南可高达2000m左右。

习性：喜光，稍耐荫；喜温暖湿润气候，耐寒性不强；对土培要求不严，在酸性、中性、微碱性及钙质土上均能生长，而以土层深厚、肥沃而排水良好之地生长最好。深根性，抗风力强；萌芽力弱，不耐修剪。生长尚快，寿命长。对二氧化硫抗性较强。

繁殖栽培：播种繁殖。移栽在春季芽萌动前进行，小苗带些宿土，大苗须带土球。

观赏特性及园林用途：本种树形高大，树冠广展，绿荫稠密，秋叶金黄，颇为美观，宜作庭荫树及行道树。孤植、丛植在草坪、路旁或建筑物附近都很合适。若与其他秋色叶树种及常绿树种配植，更可为园林秋景增色。

经济用途：果肉含皂素，可代肥皂使用；根及果可入药；种子榨油可作润滑油用。木材黄白色，较脆硬，可供家具、木梳、箱板等用。

9. 乌桕（图3-114）

Sapium sebiferum Roxb.

大戟科、乌桕属。

形态：落叶乔木，高达15m；树冠圆球形。树皮暗灰色，浅纵裂；小枝纤细。叶互生，纸质，菱状广卵形，长5～9cm，先端尾状，基部广楔形，全缘，两面均光滑无毛；叶柄细长，顶端有2腺体。花单性同株，无花瓣，花序穗状，顶生，长6～12cm，雄花在上部，雌花在下部，花小，黄绿色。蒴果3棱状球形，径约1.5cm，熟时黑色，3裂，果皮脱落；种子黑色，外被白蜡，固着于中轴上，经冬不落。花期5～7月；果10～11月成熟。

分布：在中国分布很广，主产长江流域及珠江流域，浙江、湖北、四川等省栽培较集中。日本、印度亦有分布。垂直分布一般多在海拔1000m以下，在云南可达2000m左右。

习性：喜光，喜温暖气候及深厚肥沃而水分丰富的土壤。稍耐寒，并有一定的耐旱、耐水湿及抗风能力。多生于田边、溪畔，并能耐间歇性水淹，也能在江南山区当风处栽种。对土壤适应范围较广，无论沙壤、黏壤、砾质壤土均能生长，对酸性土、钙土及含盐在0.25%以下的盐碱地均能适应。但过于干燥和瘠薄地不宜栽种。乌桕一年能发几次梢，但秋梢常易枯干。主根发达，抗风力强；生长速度中等偏快，寿命较长。一般4～5年生树开始结果，10年后进入盛果期，60～70年后逐渐衰老，在良好的立地条件下可生长到百年以上。乌桕能抗火烧，并对二氧化硫及氯化氢抗性强。

观赏特性及园林用途：乌桕树冠整齐，叶形秀丽，入秋叶色红艳可爱，不亚丹枫。植于水边、池畔、坡谷、草坪都很合适。若与亭廊、花墙、山石等相配，也甚协调。冬日白色的乌桕子挂满枝头，经久不凋，也颇美观，古人就有"偶看柏树梢头白，疑是江梅小着花"的诗句。乌桕在园林绿化中可栽作护堤树、庭荫树及行道树。

经济用途：乌桕是我国南方重要的工业油料树种。种子外被之蜡质称"柏蜡"，可提制"皮油"，供制高级香皂、

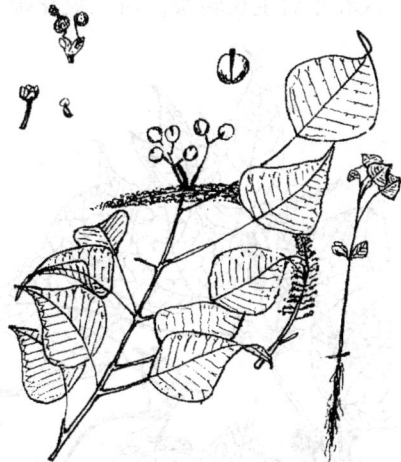

图3-114 乌桕

蜡纸、蜡烛等；种仁榨取的油称"柏油"或"青油"，供油漆、油墨等用。此外，木材坚韧致密，不翘不裂，可作车辆、家具、雕刻用材。树皮、叶可入药，花期长，是良好的蜜源植物。

10. 枫香（枫树）（图 3-115）

Liquidambar formosana Hance

金缕梅科、枫香属。

形态：乔木落叶，高可达 40m，胸径 1.5m；树冠广卵形或略扁平。树皮灰色，浅纵裂，老时不规则深裂。叶常为掌状 3 裂（萌芽枝的叶常为 5～7 裂），长 6～12cm，基部心形及截形，裂片先端尖，缘有锯齿；幼叶有毛，后渐脱落。蒴果集成球形果序下垂，径 3～4cm，宿存花柱长达 1.5cm；刺状萼片宿存。花期 3～4 月，果 10 月成熟。

分布：产中国长江流域及其以南地区，西至四川、贵州，南至广东，东到台湾；日本亦有分布。垂直分布一般在海拔 1000～1500m 以下的丘陵及平原。

变种：

（1）短萼枫香（var. *brevicalycina* Cheng et P. C. Huang）：蒴果之宿存花柱粗短，长不足 1cm，刺状萼片也短，产江苏。

（2）光叶枫香（var. *monticola* Rehd. et Wils.）：幼枝及叶均无毛，叶基截形或圆形，产湖北西部、四川东部一带。

（3）北美枫香

L. *styraciflua* L.（Sweet Gum），落叶乔木，小枝红褐色，通常有木栓质翅。叶 5～7 掌裂，背面主脉有明显白簇毛。原产北美，我国南京、杭州、上海等地有引种。树形直立优美，秋叶红色或紫红色，宜作观赏树。

习性：喜光，幼树稍耐荫，喜温暖湿润气候及深厚湿润土壤，也能耐干旱瘠薄，但不太耐水湿。在自然界多生于山谷、山麓，常与山毛榉科、榆科及樟科树种混生。萌蘖性强，可天然更新。深根性，主根粗长，抗风力强。幼年生长较慢，入壮年后生长转快。对二氧化硫、氯气等有较强抗性。

繁殖栽培：主要用播种繁殖，扦插亦可。幼苗怕烈日晒，应搭稀疏荫棚遮光。枫香直根较深，苗期要多移栽几次，促生须根，移栽大苗时最好采用预先断根措施，否则不易成功。

观赏特性及园林用途：枫香树高干直，树冠宽阔，气势雄伟，深秋叶色红艳，美丽壮观，是南方著名的秋色叶树种。在我国南方低山、丘陵地区营造风景林很合适。亦可在园林中栽作庭荫树，或于草地孤植、丛植，或于山坡、池畔与其他树木混植。倘与常绿树丛配合种植，秋季红绿相衬，会显得格外美丽。陆游即有"数树丹枫映苍桧"的诗句。又因枫香具有较强的耐火性和对有毒气体的抗性，可

图 3-115　枫香

用于厂矿区绿化。但因不耐修剪,大树移植又较困难,故一般不宜用作行道树。

经济用途:枫香之根、叶、果均可入药,有祛风除湿、通经活络之效,叶为止血良药。树脂可作苏合香之代用品,药用有解毒止痛、止血生肌之效,又可作香料之定香剂。木材轻软,结构细,易加工,但易翘裂,水湿易腐,若保持干燥则颇耐久,有"搁起万年枫"之说,可作建筑及器具等材料。

11. 鹅掌楸(马褂木)(图 3-116)

Liriodendron chinense (Hemsl.) Sarg.

木兰科、鹅掌楸属。

形态:落叶乔木,高 40m,胸径 1m 以上,树冠圆锥状。1 年生枝灰色或灰褐色,叶马褂形,长 12～15cm,各边 1 裂,向中腰部缩入,老叶背部有白色乳状突点。花黄绿色,外面绿色较多而内方黄色较多;两性,单生枝顶,花瓣长 3～4cm,花丝短,约 0.5cm。聚合果,长 7～9cm,由翅状小坚果组成,先端钝或钝尖。花期 5～6 月;果 10 月成熟。

分布:浙江、江苏、安徽、江西、湖南、湖北、四川、贵州、广西、云南等省;越南北部也有。

习性:自然分布于长江以南各省山区,大体在海拔 500～1700m 间与各种阔叶落叶或阔叶常绿树混生。性喜光及温和湿润气候,有一定的耐寒性,可经受-15℃低温而完全不受伤害。喜深厚肥沃、适湿而排水良好的酸性或微酸性土壤(pH4.5～6.5),在干旱土地上生长不良,亦忌低湿水涝。生长速度快,在长江流域适宜地点 1 年生苗可达 40cm,10～15 年可开花结实,20 年生者高达 20m 左右,胸径约 30cm。本树种对空气中的二氧化硫气体有中等的抗性。

繁殖栽培:多用种子繁殖,扦插繁殖。本树不耐移植,故移栽后应加强养护。一般不行修剪,如需轻度修剪时应在晚夏,暖地可在初冬。本树具有一定的萌芽力。

病虫害:主要有日烧病,还有卷叶蛾、樗蚕及大袋蛾为害。

图 3-116 鹅掌楸

观赏特性及园林用途:树形端正,叶形奇特,是优美的庭荫树和行道树种。花淡黄绿色,美而不艳,最宜植于园林中的安静休息区的草坪上。秋叶呈黄色,很美丽。可独栽或群植,在江南自然风景区中可与木荷、山核桃、板栗等行混交林式种植。

经济用途:木材淡红色,材质细致,软而轻,不易干裂或变形,可供建筑、家具及细工用。叶及树皮可入药,主治风湿症。

二、灌木类

1. 黄栌(图 3-117)

Cotinus coggygria Scop.

漆树科、黄栌属。

形态：落叶灌木或小乔木，高达5～8m。树冠圆形；树皮暗灰褐色。小枝紫褐色，被蜡粉。单叶互生，通常倒卵形，长3～8cm，先端圆或微凹，全缘，无毛或仅背面脉上有短柔毛，侧脉顶端常2叉状；叶柄细长，1～4cm。花小，杂性，黄绿色；成顶生圆锥花序。果序长5～20cm，有多数不育花的紫绿色羽毛状细长花梗宿存；核果肾形；径3～4mm。花期4～5月；果6～7月成熟。

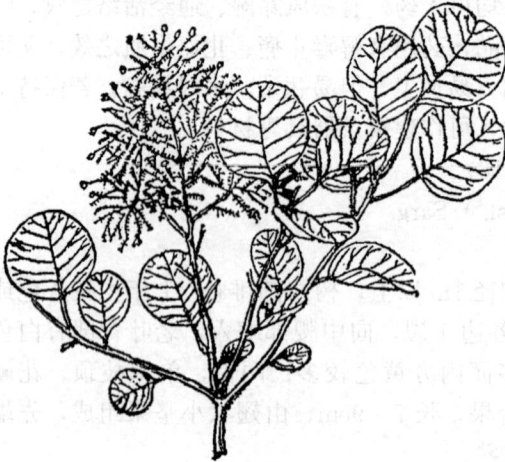

图3-117 黄栌

分布：产中国西南、华北和浙江；南欧、叙利亚、伊朗、巴基斯坦及印度北部亦产。多生于海拔500～1500m之向阳山林中。

习性：喜光，也耐半荫；耐寒，耐干旱瘠薄的碱性土壤，但不耐水湿。以深厚、肥沃而排水良好之沙质壤土生长最好。生长快；根系发达。萌蘖性强，砍伐后易形成次生林。对二氧化硫有较强抗性，对氯化物抗性较差。

繁殖栽培：播种为主，压条、根插、分株也可。栽培粗放。

观赏特性及园林用途：黄栌叶子秋季变红，鲜艳夺目，著名的北京香山红叶即为本种。每值深秋，香山阳坡，层林尽染，游人云集。初夏花后有淡紫色羽毛状的伸长花梗宿存树梢很久，成片栽植时，远望宛如万缕罗纱缭绕林间，故英名有"烟树"（Smoke-tree）之称。在园林中宜丛植于草坪、土丘或山坡，亦可混植于其他树群尤其是常绿树群中，能为园林增添秋色。此外，可在郊区山地、水库周围营造大面积的风景林，或作为荒山造林先锋树种。

经济用途：木材可提制黄色染料，并可作家具及雕刻用材等；树皮及叶可提制栲胶；枝叶可入药，能消炎、清湿热。

2. 山麻杆（图3-118）

Alchornea davidii Franch.

大戟科、山麻杆属。

形态：落叶丛生灌木，高1～2m。茎直而少分枝，常紫红色，有绒毛。叶圆形至广卵形，长7～17cm，缘有锯齿，先端急尖或钝圆，基部心形，3主脉，表面绿色，疏生短毛，背面紫色，密生绒毛。花雌雄同株，雄花密生，成短穗状花序，萼4裂，雄蕊8，花丝分离；雌花疏生，成总状花序，位于雌花序的下面，萼4裂，子房3室，花柱3，细长。蒴

图3-118 山麻杆

172

果扁球形，密生短柔毛；种子球形。花期 4～5（6）月；果 7～8 月成熟。

产长江流域及陕西，常生于山野阳坡灌丛中。

习性：喜光，稍耐荫；喜温暖湿润气候，不耐寒；对土壤要求不严，在微酸性及中性土壤均能生长。萌蘖性强。一般采用分株繁殖，扦插、播种也可进行。分株在秋末落叶后或早春萌芽前进行；扦插选粗壮之 1 年生枝在 2～3 月进行。山麻杆是观嫩叶树种，对其茎秆要进行定期更新。

山麻杆早春嫩叶及新枝均鲜红色，十分醒目美观，平时叶也常带紫红褐色，是园林中常见的观叶树种之一。丛植庭前、路边、草坪或山石旁，均为适宜。茎皮纤维可供造纸或纺织用；种子榨油，可供工业用。

3. 南天竹（图 3-119）

Nandina domestica Thunb.

小檗科、南天竹属。

常绿灌木，高达 2m，丛生而少分枝。2～3 回羽状复叶，互生，中轴有关节，小叶椭圆状披针形，长 3～10cm，先端渐尖，基部楔形，全缘，两面无毛。花小而白色，成顶生圆锥花序，花期 5～7 月。浆果球形，鲜红色，果 9～10 月成熟。

变种：白果南天竹 f. *alba* (Clarke) Rehd.，果白色。

分布：原产中国及日本。江苏、浙江、安徽、江西、湖北、四川、陕西、河北、山东等省均有分布。现国内外庭园广泛栽培。

习性：喜半荫，最好能上午见光、中午和下午有庇荫；但在强光下亦能生长，惟叶色常发红。喜温暖气候及肥沃、湿润而排水良好之土壤，耐寒性不强，对水分要求不严，生长较慢。

繁殖栽培：播种、扦插、分株繁殖。

观赏特性及园林用途：南天竹茎干丛生，枝叶扶疏，秋冬叶色变红，更有累累红果，经久不落，实为赏叶观果佳品。长江流域及其以南地区可露地栽培，宜丛植于庭院房前，草地边缘或园路转角处。北方寒地多盆栽观赏。又可剪取枝叶和果序瓶插，供室内装饰用。

图 3-119 南天竹

经济用途：根、叶、果均可药用。果为镇咳药，根、叶能强筋活络、消炎解毒。

同属植物：

红叶南天竹

形态：常绿小灌木，被誉为冬天里的一把火。叶形同南天竹，叶色终年红色，植物矮小，高约 30cm，株形紧凑，叶片椭圆或近圆形。

观赏功能及园林用途：适宜作地被和小庭园环境布置，可改变园林中冬天比较单调的色彩和寒意；或与景石相配，自然而富有野趣；也适宜室内盆栽观赏。

第三节 花 木 类

花木也称观花树木，其观赏价值在于植物的花器官。凡是列入花木类的树木，必有艳丽清香的花冠，开花之际或妖艳夺目，或芬芳扑鼻，或花姿迷人，成为景观构成的重要因素。造园布置中，虽不仅限于花卉，但园中色彩之美、清香之气，主要源于花木。

1. 木兰（紫玉兰，辛夷，木笔）

Magnolia liliflora Desr.

木兰科、木兰属。

形态：落叶大灌木，3～5m。大枝近直伸，小枝紫褐色，无毛。叶椭圆形或倒卵状长椭圆形，长10～18cm，先端渐尖，基部楔形，背面脉上有毛。花大，花瓣6，外面紫色，内面近白色；萼片3，黄绿色，披针形，长约为花瓣1/3，早落，果柄无毛，花3～4月，叶前开放；果9～10月成熟。

分布：原产中国中部，除严寒地区外都有栽培。

习性：喜光，不耐严寒，北京地区需在小气候条件较好处才能露地栽培。喜肥沃、湿润而排水良好之土壤，在过于干燥及碱土、黏土上生长不良。根肉质，怕积水。

繁殖栽培：通常用分株、压条法繁殖，扦插成活率较低。通常不行短剪，以免剪除花芽，必要时可适当疏剪。

观赏特性及园林用途：木兰栽培历史较久，为庭园珍贵花木之一。花蕾形大如笔头，故有"木笔"之称。为我国人民所喜爱的传统花木，在古代已传入朝鲜及日本，1790年传入欧洲。宜配植于庭园室前，或丛植于草地边缘。

经济用途：花可提制芳香浸膏；花蕾入药，有散风寒、止痛、通窍、清脑之功效；树皮可治腰痛、头痛等症。此外，本树可作白玉兰、二乔玉兰等之砧木。

2. 白玉兰（玉兰，望春花，木花树）（图3-120）

Magnolia denudata Desr.

木兰科、木兰属。

形态：落叶乔木，高达15m。树冠卵形或近球形，幼枝及芽均有毛，叶倒卵状长椭圆形，长10～15cm，先端突尖而短钝，基部广楔形或近圆形，幼时背面有毛。花大，径12～15cm，纯白色，芳香，花萼、花瓣相似，共9片。花3～4月，叶前开放，花期8～10天；果9～10月成熟。

分布：原产中国中部山野中；现国内外庭园常见栽培。

习性：喜光，稍耐荫，颇耐寒，北京地区于背风向阳处能露地越冬。喜肥沃适当湿润而排水良好的弱酸性土壤（pH5～6），但亦能生长于碱性土（pH7～8）中。根肉质，畏水淹。生长速度较慢。在上海于2月初萌动，2月下旬至3月上旬开花，花期约10天，花谢后展叶，至5月初可形成叶幕。至10月中下旬开始落叶，11月初落净。在长江流域于3月开花，在广州则2月即可开花。

繁殖栽培：可用播种、扦插、压条及嫁接等繁殖。

观赏特性及园林用途：白玉兰花大、洁白而芳香，是我国著名的早春花木，因为花开时无叶，故有"木花树"之称。最宜列植堂前、点缀中庭。民间传

图3-120 白玉兰

统的宅院配植中讲究"玉棠春富贵"，其意为吉祥如意、富有和权势。所谓玉即玉兰、棠即海棠、春即迎春、富为牡丹、贵乃桂花。白玉兰盛开之际有"莹洁清丽，恍疑冰雪"之赞。如配植于纪念性建筑之前则有"玉洁冰清"象征着品格的高尚和具有崇高理想脱却世俗之意。如丛植于草坪或针叶树丛之前，则能形成春光明媚的景境，给人以青春、喜悦和充满生气的感染力。此外，玉兰亦可用于室内瓶插观赏。

经济用途：花瓣质厚而清香，可裹面油煎食用，又可糖渍，香甜可口。种子可榨油，树皮可入药，木材可供制小器具或雕刻用。

3. 二乔玉兰（朱砂玉兰）

Magnolia×soulangeana（LinadI.）Soul.-Bod.

木兰科、木兰属。

落叶小乔木或灌木，高7～9m。叶倒卵状长椭圆形，花大、呈钟状，内面白色，外面淡紫，有芳香，花萼似花瓣，但长仅达其半，亦有呈小形而绿色者。叶前开花，花期与玉兰相若。为玉兰与木兰的杂交种。在国内外庭园中普遍栽培，而有较多的变种与品种。

（1）大花二乔玉兰 cv. lennei：灌木，高2.5m；花外侧紫色或鲜红，内侧淡红色，比原种开花早，栽培较多。

（2）美丽二乔玉兰 cv. Speciosa：花瓣外面白色，但有紫色条纹，花形较小。

（3）塔形二乔玉兰 var. *niemetzii* Hort.：树冠柱状。

4. 海棠果（楸子）（图3-121）

Malus prunifolia（Willd.）Borkh.

蔷薇科、苹果属。

形态：落叶小乔木，高3～10m；小枝幼时有毛。叶长卵形或椭圆形，有托叶，长5～9cm，先端尖，基部广楔形，缘有细锐锯齿，叶柄长1～5cm。花白色或稍带红色，单瓣，径约3cm，成伞形总状花序，萼片比萼筒长而尖，宿存。果近球形，红色，径2～2.5cm。

图3-121 海棠果

分布：主产华北，东北南部、内蒙古及西北也有。

习性：适应性强，喜光，抗寒、抗旱，也能耐湿，耐碱，对土壤要求不严格。生长快，树龄长。

播种或嫁接繁殖，砧木用山荆子。

本种花、果均甚美丽，是优良庭园绿化树种。

果可鲜食，或加工成蜜饯、果干等食用。此外，是苹果的优良耐寒、耐湿砧木。

5. 海棠花（海棠、西府海棠）（图3-122）

Malus spectabilis Borkh.

蔷薇科、苹果属。

形态：落叶小乔木，树形峭立，高可达8m。小枝红褐色，幼时疏生柔毛，

图 3-122　海棠花

叶椭圆形至长椭圆形，长 5～8cm，先端短锐尖，基部广楔形至圆形，有托叶，缘具紧贴细锯齿，背面幼时有柔毛。花在蕾时甚红艳，开放后呈淡粉红色，径 4～5cm，单瓣或重瓣；伞形总状花序，萼片较萼筒短或等长，三角状卵形，宿存；花梗长 2～3cm。果近球形，黄色，径约 2cm，基部不凹陷，果味苦。花期 4～5 月；果熟期 9 月。

分布：原产中国，是久经栽培的著名观赏树种，华北、华东尤为常见。

喜光，耐寒，耐干旱，忌水湿。在北方干燥地带生长良好。

繁殖栽培：可用播种、压条、分株和嫁接等法繁殖。定植后每年秋季可在根际培一些塘泥或肥土。对病虫害要注意及时防治，在早春喷射石硫合剂可防治腐烂病等。在桧柏较多之处，易发生赤星病，宜在出叶后喷几次波尔多液进行预防。

本种春天开花，美丽可爱，为我国的著名观赏花木。植于门旁、庭院、亭廊周围、草地、林缘都很合适；也可作盆栽及切花材料。

6. 西府海棠（小果海棠）（图 3-123）

Malus micromalus Mak.

蔷薇科、苹果属。

形态：落叶小乔木，树态峭立；为山荆子与海棠花之杂交种。小枝紫褐色或暗褐色，幼时有短柔毛。叶长椭圆形，长 5～10cm，先端渐尖，基部广楔形，锯齿尖细，背面幼时有毛，叶质硬实，表面有光泽；叶柄细长，2～3cm。花淡红色，径约 4cm，花柱 5，花梗及花萼均具柔毛，萼片短，有时脱落。果红色，径 1～1.5cm。花期 4 月；果熟期 8～9 月。

分布：原产中国北部，各地有栽培。

习性：喜光，耐寒，耐干旱，对土壤适应性强，寿命长，根系发达。

图 3-123　西府海棠

本种春天开花粉红美丽，秋季红果缀满枝头，是海棠诸品种中的最佳者。果味甜而带酸，可鲜食及加工成蜜饯，因此是良好的庭园观赏树兼果用树种。此外，在华北可作苹果及花红的砧木，生长良好，比山荆子抗旱力强。

7. 垂丝海棠（图 3-124）

Malus halliana (Voss.) Koehne.

蔷薇科、苹果属。

形态：落叶小乔木，高5m，树冠疏散。枝开展，幼时紫色。叶卵形至长卵形，长3.5～8cm，基部楔形，锯齿细钝或近全缘，质较厚实，表面有光泽；叶柄及中肋常带紫红色。花4～7朵簇生于小枝端，鲜玫瑰红色，径3～3.5cm，花柱4～5，花萼紫色，萼片比萼筒短而端钝；花梗细长下垂，紫色；花序中常有1～2朵花无雌蕊。果倒卵形，径6～8mm，紫色。花期4月，果熟期9～10月。

分布：产于江苏、浙江、安徽、陕西、四川、云南等省，各地广泛栽培。

喜温暖湿润气候，耐寒性不强，北京在良好的小气候条件下勉强能露地栽植。

繁殖多用湖北海棠为砧木进行嫁接。

图 3-124　垂丝海棠

本种花繁色艳，朵朵下垂，是著名的庭园观赏花木。在江南庭园尤为常见；在北方常盆栽观赏。

变种有重瓣垂丝海棠（var. *parkmanii* Rehd.）和白花垂丝海棠（var. *spenianea* Rehd.）等。

8. 苹果

Malns pumila Mill.

蔷薇科、苹果属。

形态：落叶乔木，高达15m。小枝幼时密生绒毛，后变光滑，紫褐色。叶椭圆形至卵形，长4.5～10cm，先端尖，缘有圆钝锯齿，幼时两面有毛，后表面光滑，暗绿色。花白色带红晕，径3～4cm，花梗与萼均具灰白绒毛，萼片长尖，宿存，雄蕊20，花柱5。果为略扁之球形，径5cm以上，两端均凹陷，端部常有棱脊。花期4～5月；7～11月果熟。

分布：原产欧洲东南部，小亚细亚及南高加索一带，在欧洲久经栽培，培育成许多品种。1870年前后始传入我国烟台，近年在东北南部及华北、西北各省广泛栽培，以辽宁、山东、河北栽培最多，江苏、浙江、湖北、四川、贵州、云南也有栽培。主要品种有："国光"、"青香蕉"、"金帅"、"元帅"、"红玉"、"红星"、"金冠"、"倭锦"、"祝"等。

习性：苹果为温带果树，要求比较冷凉和干燥的气候，喜阳光充足，以肥沃深厚而排水良好的土壤为最好，不耐瘠薄。一般定植后3～5年开始结果，树龄可达百余年。

繁殖栽培：嫁接繁殖，砧木用山荆子或海棠果。定植深度一般要使接口高出地面少许，埋得太深易得根腐病。在园林中结合生产栽培时，宜选用适应性较强、病虫害较少的品种。

观赏特性及园林用途：开花时节颇为可观；果熟季节，累累果实，色彩鲜艳，深受广大群众所喜爱。

9. 贴梗海棠（铁角海棠，贴梗木瓜，皱皮木瓜）（图 3-125）

Chaenomeles speciosa（Sweet）Nakai

蔷薇科、木瓜属。

图 3-125　贴梗海棠

形态：落叶灌木，高达 2m，枝开展，无毛，有刺。叶卵形至椭圆形，长 3～8cm，先端尖，基部楔形，缘有尖锐重锯齿，托叶大。花 3～5 朵簇生于 2 年生老枝上，朱红、粉红或白色，径约 3～5cm；萼筒钟状，无毛，萼片直立；花柱基部无毛或稍有毛；花梗粗短或近于无梗。果卵形至球形，径 4～6cm，黄色或黄绿色，芳香，萼片脱落，花期 3～4 月，先叶开放；果熟期 9～10 月。

分布：产于我国陕西、甘肃、四川、贵州、云南、广东等省区，缅甸也有。

繁殖栽培：主要用分株、扦插和压条法繁殖；播种也可，管理比较简单，一般在开花后剪去上年枝条的顶部，只留 30cm 左右，以促使分枝，增加明年开花数量。如要催花，可在 9～10 月间掘取合适植株上盆，入冬后移入温室，温度不要过高。经常在枝头上喷水，这样在元旦前后即可开花，催花后待天气转暖再回栽露地，经 1、2 年充分恢复后才可再行催花。

观赏特性及园林用途：本种早春叶前开花，簇生枝间，鲜艳美丽，且有重瓣及半重瓣品种，秋天又有黄色芳香的硕果，是一种很好的观花、观果灌木。宜于草坪、庭院或花坛内丛植或孤植，也可作为绿篱及基础种植材料，同时还是盆栽和切花的好材料。

经济用途：果供药用，是制木瓜酒的主要原料，能舒经活络，镇痛消肿，治风湿性关节痛。

10. 日本贴梗海棠（倭海棠）

Chaenomeles japonica Lindl.

蔷薇科、木瓜属。

落叶矮灌木，通常高不及 1m。枝开展有刺；小枝粗糙，幼时具绒毛，紫红色，2 年生枝有疣状突起，黑褐色。叶广卵形至倒卵形或匙形，长 3～5cm，先端钝或短急尖，缘具圆钝锯齿，两面无毛，托叶大。花 3～5 朵簇生，砖红色；果近球形，径 3～4cm，黄色。

原产日本；中国各地庭园习见栽培，有白花、斑叶和平卧变种。

11. 木瓜（图 3-126）

Chaenomeles sinensis（Thouin）Koehne.

蔷薇科、木瓜属。

落叶小乔木，高达 5～10m。干皮薄皮状剥落；枝无刺，但短小枝常成棘状；

小枝幼时有毛。叶卵状椭圆形，长 5～8cm，先端急尖，缘具芒状锐齿，幼时背面有毛，后脱落，革质，叶柄有腺齿。花单生叶腋，粉红色，径 2.5～3cm。果椭圆形，长 10～15cm，暗黄色，木质，有香气。花期 4～5 月，叶后开放；果熟期 8～10 月。

产于山东、陕西、安徽、江苏、浙江、江西、湖北、广东、广西等省区。

喜光，喜温暖，但有一定的耐寒性，要求土壤排水良好，不耐盐碱和低湿地。

可用播种及嫁接法繁殖，砧木一般用海棠果。生长较慢，10 年左右才能开花。一般不作修剪，只除去病枝和枯枝即可。

本种花美果香，常植于庭园观赏。

果实味涩，水煮或糖渍后可食用，入药有解酒、去痰、顺气、止痢之效。又因果有色有香，也常供室内陈列观赏。木材坚硬，可作床柱等用。

图 3-126　木瓜

12. 月季花（图 3-127）

Rosa chinensis Jacq.

蔷薇科、蔷薇属。

形态：常绿或半常绿直立灌木，通常具钩状皮刺。小叶 3～5 片，广卵至卵状椭圆形，长 2.5～6cm，先端尖，缘有锐锯齿，两面无毛，表面有光泽；叶柄散生皮刺和短腺毛，托叶大多附生在叶柄上，边缘有腺纤毛，花常数朵簇生，罕单生，径约 5cm，深红、粉红至近白色，微香；萼片常羽裂，缘有腺毛；花梗多细长，有腺毛。果卵形至球形，长 1.5～2cm，红色。花期 4 月下旬～10 月；果熟期 9～11 月。

分布：原产湖北、四川、云南、湖南、江苏、广东等省，现各地普遍栽培，其中尤以原种及月月红为多。原种及多数变种早在 18 世纪末、19 世纪初传至国外，成为近代月季杂交育种的重要原始材料。

变种和变型：

（1）月月红（var. *semper florens* Koehne）：茎较纤细，常带紫红晕，有刺或近无刺。小叶较薄，常带紫晕。花多单生，紫色至深粉红色，花梗细长而常下垂。品种有大红月季、铁把红等。

图 3-127　月季花

（2）小月季（var. *minima* Voss）：

植株矮小，多分枝，高一般不超过 25cm；叶小而狭；花也较小，径约 3cm，玫瑰红色，单瓣或重瓣。宜作盆景材料。栽培品种不多，但在小花月季矮化育种中起着重要作用。

（3）绿月季（var. *viridiflora* Dipp）：花淡绿色，花瓣呈带锯齿之狭绿叶状。

（4）变色月季（f. *mutabilis* Rehd）：花单瓣，初开时硫黄色，继变橙色、红色，最后呈暗红色，径4.5～6cm。

习性：月季对环境适应性颇强，我国南北各地均有栽培，对土壤要求不严，但以富含有机质、排水良好而微酸性（pH6～6.5）土壤最好。喜光，但过于强烈的阳光照射又对花蕾发育不利，花瓣易焦枯。喜温暖，一般白昼气温在 15～25℃，夜晚为 10～15℃最为适宜，冬季温度低于 5℃时，即进入休眠。能耐—15℃低温，夏季温度持续 30℃以上时，进入半休眠，能耐 35℃高温，但对开花不利。因此，月季虽能在生长季中开花不绝，但以春、秋两季开花最多最好。

月季多用扦插或嫁接繁殖，还可采用分株及播种繁殖。栽培管理比较简单，新栽植要重剪，以后每年初冬也要根据当地气候情况适当重剪。

月季主要易受白粉病危害，宜选通风、日照良好、地势高燥处栽种，并注意经常的养护管理等。如已发生白粉病，应及早剪除病枝，集中烧毁。

月季花色艳丽，花期长，是园林布置的好材料。宜作花坛、花境及基础栽植，在草坪、园路角隅、庭院、假山等处配植也很合适，又可作盆栽及切花用。花、叶及根均可药用，有活血化淤、拔毒消肿之效。

13. 香水月季

Rosa odorata Sweet.

蔷薇科、蔷薇属。

常绿或半常绿灌木；枝条长，多少具攀缘性，有散生钩状皮刺。小叶 5～7，常为卵状椭圆形，长 3～7cm，先端尖，基部近圆形，缘有锐锯齿，两面无毛，表面有光泽；叶柄和叶轴均疏生钩刺和短腺毛；新叶及嫩梢常带古铜色晕。花蕾秀美，花梗细长，单生或 2～3 朵聚生，有粉红、浅黄、橙黄、白等色，径5～8cm 或更大，芳香浓烈。果近球形，红色。

香水月季原产于中国西南部，久经栽培，1810 年传入欧洲后，培育成很多品种，统称"Tea Rose"（原指花具有压碎的新鲜茶叶之香味），19 世纪至 20 世纪初在欧洲及北美温暖地区栽培很普遍。有若干品种目前仍在栽培，如"西王殿"、"千里香"及我国北方栽培之"平头白"、"黄月季"、"疏枝醉酒"等。

习性似月季花而较娇弱，喜水、肥，怕热、畏寒。新梢自春至秋不断生长，只需有 20℃以上的温度，即可次第着蕾开花。

繁殖多用嫁接法。管理要求较为精细，夏季要注意通风，冬季要注意防寒。

香水月季具有花蕾秀美、花形优雅、色香俱上及连续开花等优良性状。在近代月季杂交育种中起重大作用。但由于它秉性娇弱，尤其是不耐寒成了它发展的主要障碍，到 20 世纪初在欧美月季舞台上就逐渐让位给它们较耐寒的子孙——杂种香水月季了。

14. 玫瑰（图 3-128）

Rosa rugosa Thunb.

蔷薇科、蔷薇属。

形态：落叶直立丛生灌木，高达 2m；茎枝灰褐色，密生刚毛与倒刺。小叶 5～9，椭圆形至椭圆状倒卵形，长 2～5cm，缘有钝齿，质厚；表面亮绿色，多皱，无毛，背面有柔毛及刺毛；托叶大部分附着于叶柄上。花单生或数朵聚生，常为紫红色，芳香，径 6～8cm。果扁球形，径 2～2.5cm，砖红色，具宿存萼片。花期 5～6 月，7～8 月零星开放，果 9～10 月成熟。

分布：原产中国北部，现各地有栽培，以山东、江苏、浙江、广东为多，山东平阴、北京妙峰山涧沟、河南商水县周口镇以及浙江吴兴等地都是著名的产地。

变种：

(1) 紫玫瑰（var. *typica* Reg.）：花玫瑰紫色。

(2) 红玫瑰（var. *rosea* Rehd.）：花玫瑰红色。

(3) 白玫瑰（var. *atha* W. Robins）：花白色。

(4) 重瓣紫玫瑰（var. *rubro-plena* Reg.）：花玫瑰紫色，重瓣，香气馥郁，品质优良，多不结实或种子瘦小，各地栽培最广。

(5) 重瓣白玫瑰（var. *albo-plena* Rehd.）：花白色，重瓣。

习性：玫瑰生长健壮，适应性很强，耐寒、耐旱，对土壤要求不严，在微碱性土上也能生长。喜阳光充足、凉爽通风及排水良好之处，在肥沃的中性或微酸性轻壤土中生长和开花最好。在荫处生长不良，开花稀少。不耐积水，遇涝则下部叶片黄落，甚至全株死亡。萌蘖力很强，生长迅速；根系一般分布在 15～50cm 之间，但垂直根有深达 400cm 者。盛花期在 4～5 月间，只有 4～5 天，以后显著下降，至 6 月上中旬谢败，以后仅有零星开花，约至 8～9 月停止。

繁殖以扦插、分株为主。栽植以秋季为好。8 年以上的株丛

图 3-128　玫瑰

逐年衰老，可于秋季平地之际剪去老枝，促其更新。玫瑰病虫害不多，主要有锈病、天鹅绒金龟子等，须及早防治。

观赏特性及园林用途：玫瑰色艳花香，适应性强，最宜作花篱、花境、花坛及坡地栽植。

经济用途：玫瑰花可作香料和提取芳香油，用于食品工业；花蕾及根入药，

有理气、活血、收敛等效。因此，还是园林结合生产的好材料，特别适合在山地风景区结合水土保持大量栽种。

15. 黄蔷薇

Rosa hugonis Hensl.

蔷薇科、蔷薇属。

落叶灌木，高达 2.5cm；枝拱形，有直而扁平之刺，并常有刺毛混生。小叶 5～13，卵状椭圆形至倒卵形，长 0.8～2cm，先端微尖或圆钝，基部圆形，缘具锐齿，两面无毛，花单生，淡黄色，微香，径约 5cm，单瓣。果扁球形，径 1～1.5cm，红褐色，萼片宿存。花期 4～5 月；果熟期 7 月。

原产陕西、甘肃、四川等省。传至国外后广泛应用于园林，多作篱栅或墙垣种植，春季开花繁密，为单瓣黄色蔷薇中最受欢迎的种类之一。秋季扦插易活，也可用分株及播种繁殖。

16. 棣棠（图 3-129）

Kerria japonica（L.）DC.

图 3-129 棣棠

蔷薇科、棣棠属。

落叶丛生无刺灌木，高 1.5～2m；小枝绿色，光滑，有棱。叶卵形至卵状椭圆形，长 4～8cm，先端长尖，基部楔形或近圆形，缘有尖锐重锯齿，背面略有短柔毛。花金黄色，径 3～4.5cm，单生于侧枝顶端；瘦果黑褐色，生于盘状花托上，萼片宿存。花期 4 月下旬至 5 月底。

产河南、湖北、湖南、江西、浙江、江苏、四川、云南、广东等省。日本也有。

其变种重瓣棣棠（var. *pleniflora* Witte）观赏价值更高，并可作切花材料，在园林、庭院中栽培更普遍。此外，尚有若干斑叶、彩枝等变种，较为罕见。

性喜温暖、半荫而略湿之地。在野生状态多在山涧、岩石旁、灌丛中或乔木林下生长。南方庭园中栽培较多，华北其他城市须选背风向阳或建筑物前栽种。

繁殖多用分株法，于晚秋或早春进行。也可用硬枝或嫩枝分别于早春、晚夏扦插。若要大量繁殖原种，则可采用播种法。栽培管理比较简单。因花芽是在新梢上形成，故宜隔二三年剪除老枝一次，以促使发新枝，多开花。

棣棠花、叶、枝俱美，丛植于篱边、墙际、水畔、坡地、林缘及草坪边缘，或栽作花径、花篱或假山配植，都很合适。

17. 珍珠梅（吉氏珍珠梅）（图 3-130）

Sorbaria kirilowii（Reqel）Maxim.

蔷薇科、珍珠梅属。

落叶灌木,高 2～3m。小叶 13～21 枚,卵状披针形,长 4～7cm,重锯齿,无毛。花小,白色;雄蕊 20 枚,与花瓣等长或稍短。花期 6～10 月。

分布:河北、山西、山东、河南、陕西、甘肃、内蒙古。

习性:喜光又耐荫,耐寒,性强健,不择土壤。萌蘖性强,耐修剪,生长迅速。

繁殖栽培:可播种、扦插及分株繁殖。

观赏特性及园林用途:花、叶清丽,花期极长且正值夏秋少花季节,故园林中多有应用。

18. 李(图 3-131)

Prunus salicina Lindl.

蔷薇科、梅属。

形态:落叶乔木,高达 12m。叶多呈倒卵状椭圆形,长 6～10cm,叶端突渐尖,叶基楔形,叶缘有细钝重锯齿,叶背脉腋有簇毛;叶柄长 1～1.5cm,近端处有 2～3 个腺体。花白色,径 1.5～2cm,常 3 朵簇生;花梗长 1～1.5cm,无毛;萼筒钟状,无毛,裂片有细齿。果卵球形,径 4～7cm,黄绿色至紫色,无毛,外被蜡粉。花期 3～4 月;果熟期 7 月。

分布:东北、华北、华东、华中均有分布。

习性:喜光,也能耐半荫。耐寒,能耐-35℃的低温,喜肥沃湿润之黏质壤土,在酸性土、钙质土中均能生长,不耐干旱和瘠薄,也不宜在长期积水处栽种。浅根性,吸收根主要分布在 20～40cm 深处,但根系水平发展较广。幼龄期生长迅速,一般 3～4 年即可进入结果期;寿命可达 40 年左右。

图 3-130 珍珠梅

图 3-131 李

观赏特性及园林用途:我国栽培李树已达 3000 多年。李树花色白而丰盛繁茂,花的观赏效果极佳,故有"艳如桃李"之句。果又丰产,故《尔雅》载"李,木之多子者,故从子",所以又是普遍栽培的果树之一。在庭院、宅旁、村旁或风景区栽植都很合适。

经济用途:除鲜果供食用外,核仁可榨油、药用,根、叶、花、树胶也可药用。

19. 紫叶李(红叶李)(图 3-132)

Prunus cerasifera Ehrh. cv. Atropurpurea Jacq.

蔷薇科、梅属。

落叶小乔木,高达 8m;小枝光滑。叶卵形至倒卵形,长 3～4.5cm,端尖,基圆形，重锯齿尖细，紫红色，背面中脉基部有柔毛。花淡粉红色，径约 2.5cm，常单生，花梗长 1.5～2cm。果球形，暗酒红色。花期 4～5 月间。亚洲西南部是樱李（P. cerasifera）的故乡。红叶李是其观赏变型。

性喜温暖湿润气候。

繁殖可以桃、李、梅或山桃为砧木进行嫁接。

此树整个生长季叶都为紫红色，宜于建筑物前及园路旁或草坪角隅处栽植，惟须慎选背景之色泽，方可充分衬托出它的色彩美。

图 3-132 紫叶李

20. 杏（图 3-133）

Prunus armeniaca L.

蔷薇科、梅属。

形态：落叶乔木，高达 10m，树冠圆整。小枝红褐色或褐色。叶广卵形或圆卵形，长 5～10cm，先端短锐尖，基部圆形或近心形，锯齿细钝，两面无毛或背面脉腋有簇毛；叶柄多带红色，长 2～3cm。花单生，先叶开放，白色至淡粉红色，径约 2.5cm；萼鲜绛红色。果球形，径 2.5～3cm，黄色而常一边带红晕，表面有细柔毛；核略扁而平滑。花期 3～4 月；果熟期 6 月。

分布：在东北、华北、西北、西南及长江中下游各省均有分布。

习性：喜光，耐寒，能耐－40℃的低温，也能耐高温，耐旱，对土壤要求不严，可在轻盐碱地上栽种。极不耐涝，也不喜空气湿度过高。春季寒潮侵袭也会对开花结实产生不利影响。杏树最宜在土层深厚、排水良好的沙壤土或砾沙壤土中生长。杏是核果类果树中寿命较长的一种，在适宜条件下可活二三百年以上。实生苗 3～4 年即开花结果。杏树树冠大，盛果期长、兰州安宁堡一株 100 多年生之"金妈妈杏"，高约 10m，冠幅 12m，1956 年株产 600 多千克。杏根系发达，既深且广。但萌芽力、发枝力皆较桃树等为弱，故不宜过分重剪，一般多采用自然形整枝。

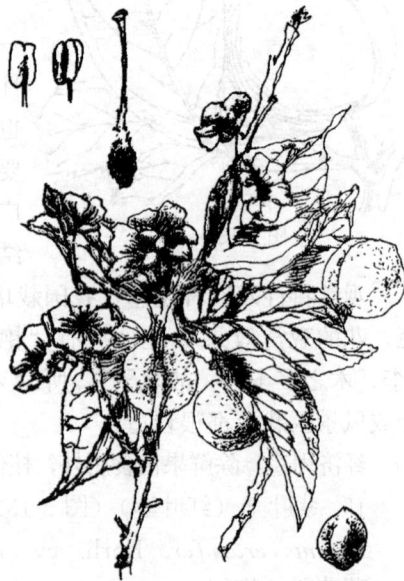

图 3-133 杏

观赏特性及园林用途：杏树为我国原产，栽培历史达 2500 年以上。早春开花，繁茂美观，北方栽植尤多，故有"南梅、北杏"之称。除在庭院少量种植外，宜群植、林植于山坡、水畔。张仲素《春游曲》云："万树江边杏，新开一夜风；满园深浅色，尽在绿坡中。"又有"十里杏花村"的说法，这都是杏树构成佳景的例子。此外，杏树又宜作大面积沙荒及荒山造林树种。

经济用途：果供食用；杏仁及杏仁油均入药，有润肺、止咳、平喘、滑肠之效。木材结构致密，花纹美丽，可作工艺美术用材。

21. 梅（春梅，干枝梅）（图 3-134）

Prunus mume Sieb, et Zucc.

蔷薇科、梅属。

形态：落叶乔木，高达 10m。树干褐紫色，有纵驳纹；小枝细而无毛，多为绿色。叶广卵形至卵形，长 4～10cm，先端渐长尖或尾尖，基部广楔形或近圆形，锯齿细尖，多仅叶背脉上有毛。花 1～2 朵，具短梗，淡粉或白色，有芳香，在冬季或早春叶前开放。果球形，绿黄色，密被细毛，径 2～3cm，核面凹点甚多，果肉黏核，味酸。果熟期 5～6 月。

分布：野生于西南山区，曾在四川省汶川海拔 1300～2500m、丹巴海拔 1900～2000m、会理海拔 1900m、湖北宜昌海拔 300～1000m、广西兴安县以及西藏波密海拔 2100m 等地山区沟谷中均曾发现野梅。栽培的梅树在黄河以南地区可露地安全过冬，华北以北则只见盆栽；日本、朝鲜亦有栽培，在欧、美则少见栽培。在日本，有的植物学家认为日本有原产的野生梅，有的植物学家则持怀疑态度。

图 3-134 梅

变种、变型和品种：过去记载的变种、变型甚多，但与品种分类未加联系。近年陈俊愉教授根据中国品种的演进顺序发表了分类新系统。

习性：喜阳光，性喜温暖而略潮湿的气候，有一定耐寒力，对土壤要求不严格，较耐瘠薄土壤，亦能在轻碱性土中正常生长。根据江南经验，栽植在砾质黏土及砾质壤土等下层土质紧密的土壤上，梅之枝条充实，开花结实繁盛，而生长在轻松的沙壤或沙质土上的枝条常不够充实。梅树最怕积水之地，要求排水良好，因其最易烂根致死，又忌在风口处栽植。

梅的寿命很长，可达数百年至千年左右。如浙江天台山国清寺有一株隋梅，至今已 1300 余年。梅的发育较快，实生苗在 3～4 年生即可开花，7～8 年后花果渐盛。嫁接苗如培养得法，1～2 年即可开花。梅树的生长势在最初的 40～50 年内最旺，以后渐趋缓慢。梅花可在长花枝、中花枝、短花枝及花束状枝上着生花芽，每处 1～3 个，至于在何种花枝上着生最多及开花的繁茂程度则视品种习性和栽培管理条件而定。

观赏特性及园林用途：梅为中国传统的果树和名花，栽培历史长达2500年以上。由于它具有古朴的树姿，素雅的花色，秀丽的花态，恬淡的清香和丰盛的果实，所以自古以来就为广大人民所喜爱，为历代著名文人所讴歌。梅花在江南，吐红于冬末，开花于早春，虽残雪犹存却已报来春光，象征着不畏风刀雪剑的困难环境而永葆青春的乐观主义精神。但是因时代的不同，人们对它的体会、理解也有不同。在封建社会时代，常被称为"清客"，誉为君子或隐士，故有"疏影横斜"、"暗香浮动"、"茅舍竹篱短、梅花吐未齐，晚来蹊径侧、雪压小桥低"等句。此外，更有"梅妻鹤子"的传说，大抵均带有离世却俗，孤高自赏或惆怅孤寂的情调。但在民间亦有欢乐、生气勃勃的场面，如苏州邓尉的香雪海，每当梅林盛开之际香闻数十里，可谓盛极一时，正是"江都车马满斜晖、争赴城南未掩扉，要识梅花无尽藏、人人襟袖带香归"了。

在配植上，梅花最宜植于庭院、草坪、低山丘陵，可孤植、丛植及群植。传统的用法是以松、竹、梅为"岁寒三友"而配植成景色。梅树又可盆栽观赏或加以整剪做成各式桩景，或作切花瓶插供室内装饰用。

经济用途：果实除可鲜食外，主要供加工制成各种食品，如陈皮梅、梅干、乌梅、糖渍梅、梅膏、梅醋等。材质坚韧富弹性，可供雕刻、算珠及各种细工用。果又可入药，有收敛止痢、解热镇咳及驱虫之效，根及花亦有解毒活血功效。

22. 桃（图3-135）

Prunus persica (L.) Batsch

蔷薇科、梅属。

形态：落叶小乔木，高达8m，小枝红褐色或褐绿色，无毛；芽密被灰色绒毛。叶椭圆状披针形，长7～15cm，先端渐尖，基部阔楔形，缘有细锯齿，两面无毛或背面脉腋有毛；叶柄长1～1.5cm，有腺体。花单生，径约3cm，粉红色，近无柄，萼外被毛。果近球形，径5～7cm，表面密被绒毛。花期3～4月，先叶开放；果6～9月成熟。

分布：原产中国，在华北、华中、西南等地山区仍有野生桃树。

变种、变型和品种：桃树栽培历史悠久，长达3000年以上；我国桃的品种约1000个。根据果实品质及花、叶观赏价值而分为食用桃与观赏桃两大类。兹将我国主要栽培变种、变型与代表性品种简介于下：

（1）食用桃——常见有以下变种与变型：

1）油桃（var. *nectarina* Maxim）：果实成熟时光滑无毛，形较小；叶片锯齿较尖锐。如新疆的"黄李光桃"、甘肃的"紫胭桃"等。

2）蟠桃（var. *compressa* Bean）：果实扁平，两端均凹入，核小而不规则。品种以江浙一带为多，华北略有栽培。

3）粘核桃（f. *scleropersica* Voss）：果肉粘核，品种甚多，如北方的"肥城佛桃"，南方的"上海水蜜"等。

4）离核桃（f. *aganopersica* Voss）：果肉与核分离。如北方的"青州蜜桃"，南方的"红心离核"等。

其他还有黄肉桃、冬桃等。

（2）观赏桃——常见有以下变型：

1）白桃（f. *alba* Schneid.）：花白色；单瓣。

2）白碧桃（f. *albo-plena* Schneid.）：花白色，复瓣或重瓣。

3）碧桃（f. *duplex* Rehd.）：花淡红，重瓣。

4）绛桃（f. *camelliaeflora* Dipp.）：花深红色，复瓣。

5）红碧桃（f. *rubro-plena* Schneid.）：花红色，复瓣，萼片常为 10。

6）复瓣碧桃（f. *dianthiflora* Dipp.）：花淡红色，复瓣。

7）绯桃（f. *dianthiflora* Dipp.）：花鲜红色，重瓣。

8）洒金碧桃（f. *versicolor* Voss）：花复瓣或近重瓣，白色或粉红色，同一株上花有二色，或同朵花上有二色，乃至同一花瓣上有粉、白二色。

9）紫叶桃（f. *atropurpurea* Schneid.）：叶为紫红色；花为单瓣或重瓣，淡红色。

10）垂枝桃（f. *pendula* Dipp.）：枝下垂。

11）寿星桃（f. *densa* Mak.）：树形矮紧密，节间短；花多重瓣。有"红花寿星桃"、"白花寿星桃"等品种。

12）塔形桃（f. *pyramidalis* Dipp.）：树形呈窄塔状，较为罕见。

习性：喜光，耐旱，喜肥沃而排水良好土壤，不耐水湿，如水泡 3～5 日，轻则落叶，重则死亡。碱性土及黏重土均不适宜。喜夏季高温，有一定的耐寒力，除酷寒地区外均可栽培。在华北可露地越冬，但仍以背风向阳之处为宜。开花时节怕晚霜，忌大风。根系较浅，寿命一般只有 30～50 年。桃树进入花果期的年龄很早，一般定植后 1～3 年就开始开花结果，4～8 年达花果盛期。生长势与发枝力皆较梅强，但不易持久，约自 15～20 龄起即逐渐衰老。大多数品种以长果枝为开花结果之主要部位，但亦有少数品种多在中、短果枝上着生花果。花芽分化一般在 7～8 月间。自交结实率很高，异花授粉能提高产量和品质。

图 3-135　桃

观赏特性及园林用途：桃花烂漫芳菲，妩媚可爱，不论食用种、观赏种，盛开时节皆"桃之夭夭，灼灼其华"，加之品种繁多，着花繁密，栽培简易，故南北园林皆多应用。园林中食用桃可在风景区大片栽种或在园林中游人少到处辟专园种植。观赏种则山坡、水畔、石旁、墙际、庭院、草坪边缘均可，惟须注意选阳光充足处，且注意与背景之间的色彩衬托关系。此外，碧桃尚宜盆栽、催花、切花或作桩景等用。我国园林中习惯以桃、柳间植水滨，以形成"桃红柳绿"之景色。但要注意避免柳树遮了桃树的阳光，同时也要将桃植于较高燥处，方能生长良好，故以适当加大株距或将桃向外移种为妥。

图 3-136 榆叶梅

23. 榆叶梅（图 3-136）

Prunus triloba Lindl.

蔷薇科、梅属。

落叶灌木，高 3～5m；小枝细，无毛或幼时稍有柔毛。叶椭圆形至倒卵形，长 3～5cm，先端尖或有时 3 浅裂，基部阔楔形，缘具粗重锯齿，两面多少有毛。花 1～2 朵，粉红色，径 2～3cm；萼筒钟状，萼片卵形，有齿，核果球形，径1～1.5cm，红色。花期 4 月，先叶或与叶同放；果 7 月成熟。

原产中国北部，黑龙江、河北、山西、山东、江苏、浙江等地均有分布、华北、东北庭园多有栽培。

榆叶梅品种极为丰富，据初步调查，北京即有 40 余个品种，且有花瓣多达 100 枚以上者，还有长梗等类型。

性喜光，耐寒，耐旱，对轻碱土也能适应，不耐水涝。

北方园林中最宜大量应用，以反映春光明媚、花团锦簇的欣欣向荣景象。在园林或庭院中最好以苍松翠柏作背景丛植，或与连翘配植。此外，还可作盆栽、切花。

24. 郁李

Prunus japonica Thunb.

蔷薇科、梅属。

落叶灌木，高达 1.5m。枝细密，冬芽 3 枚，并生。叶卵形至卵状椭圆形，长 4～7cm，先端长尾状，基部圆形，缘有锐重锯齿，无毛或仅背脉有短柔毛。叶柄长 2～3mm。花粉红或近白色，径约 1.5～2cm，花梗长 0.5～1cm，春天与叶同放。果似球形，径约 1cm，深红色。

产于华北、华中至华南；日本、朝鲜也有分布。常见有以下两变种：

性喜光，耐寒又耐干旱。通常用分株或播种繁殖。对重瓣品种可用毛桃或山桃作砧木，用嫁接繁殖。

郁李花朵繁茂，在庭园中多丛植赏花用。其果实可生食，核仁可供药用，有健胃润肠、利水消肿之效。

25. 樱桃（图 3-137）

Prunus pseudocerasus Lindl.

蔷薇科、梅属。

落叶小乔木，高可达 8m。叶卵形至卵状椭圆形，长 7～12cm，先端锐尖，基部圆形，缘有大小不等重锯齿，齿尖有腺，上面无毛或微毛，背面疏生柔毛。花白色，径约 1.5～2.5cm，萼筒有毛；3～

图 3-137 樱桃

6朵簇生成总状花序。果近球形，径1～1.5cm，红色。花期4月，先叶开放；果5～6月成熟。

河北、陕西、甘肃、山东、山西、江苏、江西、贵州、广西等省区均有分布。

喜日照充足、温暖而略湿润之气候及肥沃而排水良好之沙壤土，有一定的耐寒与耐旱力，华北栽培较普遍。萌蘗性强，生长迅速。

繁殖可用分株、扦插及压条等；栽培管理简单。

果实味甜，可生食或制罐头。

花先叶开放，也颇可观，是园林中观赏及果实兼用树种。

26. 东京樱花（日本樱花，江户樱花）（图3-138）

Prunus yedoensis Matsum.

蔷薇科、梅属。

落叶乔木，高可达16m。树皮暗褐色，平滑；小枝幼时有毛。叶卵状椭圆形至倒卵形，长5～12cm，叶端急渐尖，叶基圆形至广楔形，叶缘有细尖重锯齿，叶背脉上及叶柄有柔毛。花白色至淡粉红

图3-138 东京樱花

色，径2～3cm，常为单瓣，微香；萼筒管状，有毛；花梗长约2cm，有短柔毛；3～6朵排成短总状花序。核果，近球形，径约1cm，黑色。花期4月，叶前或与叶同时开放。

原产日本。中国多有栽培，尤以华北及长江流域各城市为多。

对于本种的来源，有人主张是园艺上的栽培种，亦有人认为在韩国济州岛上有野生的原种。

变种：

（1）翠绿东京樱花 var. *Nikaii* Honda（P. *Nikaii* Kiodz.）：乔木，嫩枝无毛。叶卵状椭圆形，长4.5～12cm，叶背脉上和叶柄有毛；叶与花均似原种，但新叶、花柄、萼均为绿色，花为纯白色，而且花期要比原种早开半月。

（2）垂枝东京樱花 f. *perpendens* Wilson：小枝长而下垂。

此外尚有光萼、粉萼、重瓣等变种。

东京樱花性喜光、较耐寒，在北京能露地越冬。生长较快但树龄较短；盛花期在20～30龄，至50～60龄则进入衰老期。用嫁接法繁殖，砧木可用樱桃、山樱花

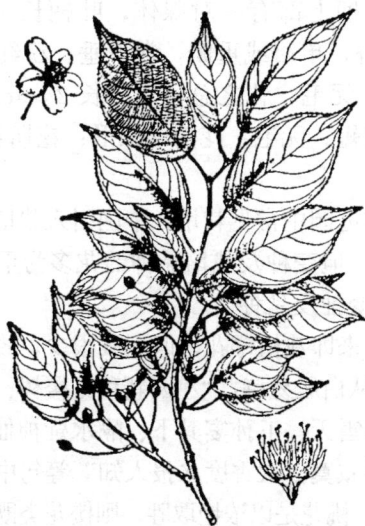

图3-139 樱花

（Prunus serrulata var. *spontanea* Wils.）、尾叶樱（P. dielsiana Schneid.）及桃、杏等实生苗。栽培管理较简单。本种春天开花时满树灿烂，很美观，但花期很短，仅能保持1周左右即谢尽；宜于山坡、庭院、建筑物前及园路旁栽植。

27. 樱花（山樱桃）（图3-139）

Prunus serrulata Lindl.

蔷薇科、梅属。

形态：落叶乔木，高15～25cm，直径达1m。树皮暗栗褐色，光滑；小枝无毛或有短柔毛，赤褐色。冬芽在枝端丛生数个或单生；芽鳞密生，黑褐色，有光泽。叶卵形至卵状椭圆形，长6～12cm，叶端尾状，叶缘具尖锐重或单锯齿，齿端短刺芒状，叶表浓绿色，有光泽，叶背色稍淡，两面无毛；幼叶淡绿褐色；叶柄长1.5～3cm，无毛或有软毛，常有2～4腺体，罕1。花白色或淡红色，很少为黄绿色，径2.5～4cm，无香味；苞片呈蓖形至圆形，大小不等，边缘有带腺的软毛；萼筒钟状，无毛，萼裂片有细锯齿，裂片卵形或披针形，呈水平展开；花瓣倒卵状圆形或倒卵状椭圆形，先端有缺凹；雄蕊多数；花柱平滑；常3～5朵排成短伞房总状花序。核果球形，径6～8mm，先红而后变紫褐色，稍有涩味，但可食。花期4月，与叶同时开放；果7月成熟。

分布：产于长江流域，东北南部也有。朝鲜、日本均有分布。

习性：樱花喜阳光，喜深厚肥沃而排水良好的土壤；对烟尘、有害气体及海潮风的抵抗力匀较弱。有一定耐寒能力，但栽培品种在北京仍需选小气候良好处种植。根系较浅。栽培简易，繁殖方法与东京樱花相似。

28. 日本晚樱

Prunus lannesiana Wils

蔷薇科、梅属。

落叶乔木，高达10m。干皮淡灰色，较粗糙；小枝较粗壮而开展，无毛。叶常为倒卵形，长5～15cm，宽3～8cm，叶端渐尖，呈长尾状，叶缘锯齿单一或重锯齿，齿端有长芒，叶背淡绿色，无毛；叶柄上部有一对腺体，叶柄长1～2.5cm；新叶无毛，略带红褐色。花形大而芳香，单瓣或重瓣，常下垂，粉红或近白色；1～5朵排成伞房花序，小苞片叶状，无毛；花之总梗短，长2～4cm，有时无总梗，花梗长1.5～2cm，均无毛；萼筒短，无毛；花瓣端凹形；花期长，4月下旬开放，果卵形，熟时黑色，有光泽。

分布：原产日本，在伊豆半岛有野生，日本庭园中常见栽培；中国引入栽培。

变种及变型：日本晚樱的原始种是单瓣花，但变种及栽培品种的花多为重瓣花；栽培种的花期较原始种更迟。晚樱有许多变种及品种。

樱花类的观赏特性和园林用途：我国自古以来即栽植樱花，但记载很少，故不如桃、李、杏、梅、梨、海棠等之享有盛名。但从白居易诗："小园新种红樱树、闲绕花枝便当游"，及古诗："樱桃千万枝、照耀如雪天、王孙宴其下、隔水疑神仙"、"山樱抱石荫松枝、比并余花发更迟，赖有春风嫌寂寞，吹香度水报人知"等句中亦可见其观赏价值。因此，如果梅花是以清雅著称，桃花是以浓艳取胜，则樱花类既有梅之幽香又有桃之艳丽，品种更多，达数百种，所以实应给以应有的重视，加以大力发展。在日本则定为国花，每当樱花盛开之时，全国欢度樱花节，扶老携幼、红男绿女在樱花下载歌载舞，呈现一片举国欢乐，喜庆而富于朝气的场面。

在配植上应注意发挥各种不同种类的观赏特点。一般言之，樱花以群植为佳，最宜集团状群植，在各集团之间配植常绿树作衬托，这样做不但能充分发挥樱花的观赏效果而且有利于病虫害的防治。在庭园中有点景时，最好用不同数量的植株，成组地配植，而且应有背景树。山樱适合配植于大的自然风景区内，尤其在山区，可依不同海拔高度、小气候环境以集团式配植，这样还可延长观花期，丰富景物的趣味。东京樱花由于具有华丽的风采，故用于城市公园为佳。日本早樱及垂枝樱等可依树形而与庭园建筑相配，垂枝樱亦宜植于池旁岩侧。日本晚樱中之花大而芳香的品种以及四季开花的"四季樱"等均宜植于庭园建筑物旁或行孤植；至于晚樱中的"大岛樱"则是滨海城市及工矿城市中的良好绿化材料。

定植的地点应选阳光充足之处；由于樱花类都是浅根性树种，所以应选土壤肥沃和避风之处；最适宜的地形是有缓坡而低处有湖池的地点。

29. 合欢（绒花树，合昏，夜合花，洗手粉）（图 3-140）

Albizzia julibrissin Durazz.

豆科、合欢属。

形态：落叶乔木，高达 16m，树冠扁圆形，常呈伞状。树皮褐灰色，主枝较低。叶为 2 回偶数羽状复叶，羽片 4～12 对，各有小叶 10～30 对；小叶镰刀状长圆形，长 6～12mm，宽 1～4mm，中脉明显偏于一边，叶背中脉处有毛。花序头状，簇生叶腋或密集于小枝端呈伞房状；萼及花瓣均黄绿色；雄蕊多数，花丝粉红色，长 25～40mm，如绒缨状。荚果扁条形，长 9～17cm。花期 6～7 月；果 9～10 月成熟。

产亚洲及非洲。分布于自黄河流域至珠江流域之广大地区，为温带、亚热带、热带三带树种。

习性：性喜光，但树干皮薄畏暴晒，否则易开裂。耐寒性略差，在华北宜选平原或低山区之小气候较好处栽植。对土壤要求不严，能耐干旱、瘠薄，但不耐水涝。生长迅速，枝条开展，树冠常偏斜，分枝点较低。具根瘤菌，有改良土壤的功效。浅根性，萌芽力不强，不耐修剪。

观赏特性及园林用途：合欢树姿优美，树冠开阔，叶形雅致，纤细如羽，盛夏绒花满树，有色有香，能形成轻柔舒畅的气氛，宜作庭荫树、行道树，植于林

图 3-140 合欢

缘、房前、草坪、山坡等地。树皮及花入药，能安神、活血、止痛。嫩叶可食，老叶浸水可洗衣。木材纹理通直，质地细密，经久耐用，可供制造家具、农具、车船用。

图 3-141 紫荆

30. 紫荆（满条红）（图 3-141）

Cercis chinonsis Bunge.

豆科、紫荆属。

形态：落叶乔木，高达 15m，但在栽培情况下多呈灌木状。叶近圆形，长 6～14cm，叶端急尖，叶基心形，全缘，两面无毛。花紫红色，4～10 朵簇生于老枝上。荚果长 5～14cm，沿腹缝线有窄翅。花期 4 月，叶前开放；果 10 月成熟。

变型：白花紫荆 f. *alba* P. S. Hsu：花纯白色。

分布：湖北西部、辽宁南部、河北、陕西、河南、甘肃、广东、云南、四川等省。

习性：性喜光，有一定耐寒性，华北需植于背风向阳地点。喜肥沃、排水良好土壤，不耐淹。萌蘖性强，耐修剪。

观赏特性及园林用途：早春叶前开花，无论枝、干，布满紫花，艳丽可爱。叶片心形，圆整而有光泽，光影相互掩映，颇为动人。宜丛植庭院、建筑物前及草坪边缘。因开花时，叶尚未发出，故宜常绿之松柏配植为背景或植于浅色的物体前面，如白粉墙之前或岩石旁。

经济用途：树皮及花梗可入药，有解毒消肿之效；种子可制农药，有驱杀害虫之效。木材纹理直，结构细，可供家具、建筑等用。

31. 紫羊蹄甲（羊蹄甲，白紫荆）（图 3-142）

Bauhinia purpurea L.

豆科、羊蹄甲属。

常绿乔木，高 4～8m。叶近革质，广椭圆形至近圆形，长 5～12cm，端 2 裂，裂片为全长的 1/3～1/2，裂片端钝或略尖，有掌状脉 9～13 条，两面无毛。伞房花序顶生；花玫瑰红色，有时白色，花萼裂为几乎相等的 2 裂片；花瓣倒披针形，宽不足 1cm；发育雄蕊 3～4。荚果扁条形，长 15～30cm，略弯曲。花期 10 月。

图 3-142 紫羊蹄甲

分布于福建、广东、广西、云南等省。马来半岛、南洋一带均有栽培。

树冠开展，枝丫低垂，花大而美丽，秋冬时开放，叶片形如牛羊的蹄甲，是个很有特色的树种。可用播种及扦插法繁殖。在广州及其他华南城市常作行道树及庭园风景树用。树皮含单宁；嫩叶治咳嗽；花芽经盐渍可充蔬菜食用。材质坚重，有光泽，可作细工、农具。

32. 羊蹄甲（洋紫荆，红花紫荆）（图 3-143）

Bauhinia variegata L.

豆科、羊蹄甲属。

半常绿乔木，高 5～8m。叶革质较厚，圆形至广卵形，宽大于长，长 7～10cm，叶基圆形至心形，叶端 2 裂，裂片为全长的 1/3～1/4，裂片端浑圆，叶基有掌状脉 11～15 条。花大而显著，约 7 朵排成伞房状总状花序；花粉红色，有紫色条纹，芳香；花萼裂成佛焰苞状，先端具 5 小齿；花瓣倒广披针形至倒卵形，宽 2cm 以上；发育雄蕊 5 枚。荚果扁条形，长 15～25cm。花期 6 月。

变种有白花洋紫荆 var. *candida* Buch. -Han.，花白色。

分布于福建、广东、广西、云南等省。越南、印度均有分布。

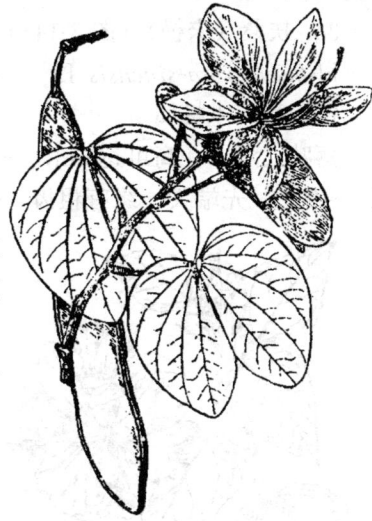

图 3-143　羊蹄甲

本种在广州园林中为习见观赏树木。香港区旗的紫荆花图案也源于此花。

33. 木槿（图 3-144）

Hibiscus syriacus L.

锦葵科、木槿属。

形态：落叶灌木或小乔木，高 3～4（6）m。小枝幼时密被绒毛，后渐脱落。叶菱状卵形，长 3～6cm，基部楔形，端部常 3 裂，边缘有钝齿，仅背面脉上稍有毛；叶柄长 0.5～2.5cm。花单生叶腋，径 5～8cm，单瓣或重瓣，有淡紫、红、白等色。蒴果卵圆形，径约 1.5cm，密生星状绒毛。花期 6～9 月；果 9～11 月成熟。

分布：原产东亚，中国自东北南部至华南各地均有栽培，尤以长江流域为多。

习性：喜光，耐半荫；喜温暖湿润气候，也颇耐寒；适应性强，耐干旱及瘠薄土壤，但不耐积水。萌蘖性强，耐修剪。对二氧化硫、氯气等抗性较强。

观赏特性及园林用途：木槿夏秋开花，花期长而花朵大，且有许多不同花色、花型的变种和品种，是优良的园林观花树种。常作围篱及基础种植材料，也宜丛植于草坪、路边或林缘。因具有较强抗性，故也是工厂绿化的好树种。

经济用途：茎皮纤维可作造纸原料；全株各部可入药，有清热、凉血、利尿

图 3-144　木槿

等功效。

34. 扶桑（朱槿）（图 3-145）

Hibiscus rosa-sinensis L.

锦葵科、木槿属。

落叶大灌木，高可达 6m，一般温室栽培者高约 1m 余。叶广卵形至长卵形，长 4～9cm，先端尖，缘有粗齿，基部近圆形且全缘，两面无毛或背面沿脉有疏毛，表面有光泽。花冠通常鲜红色，径 6～10cm；雄蕊丝和花柱长，伸出花冠外；花梗长 3～5cm，近顶端有关节。蒴果卵球形，径约 2.5cm，顶端有短喙。夏秋开花。

原产中国南部，福建、台湾、广东、广西、云南、四川等省区均有分布；现温带至热带地区均有栽培。

喜光，喜温暖湿润气候，不耐寒，华南多露地栽培，长江流域及其以北地区需温室越冬。喜肥沃湿润而排水良好土壤。繁殖通常用扦插法。扶桑为美丽的观赏花木，花大色艳，花期长，除红色外，还有粉红、橙黄、黄、粉边红心及白色等不同品种；除单瓣外，还有重瓣品种。盆栽扶桑是布置节日公园、花坛、宾馆、会场及家庭养花的最好花木之一。根、叶、花均可入药，有清热利水、解毒消肿之功效。

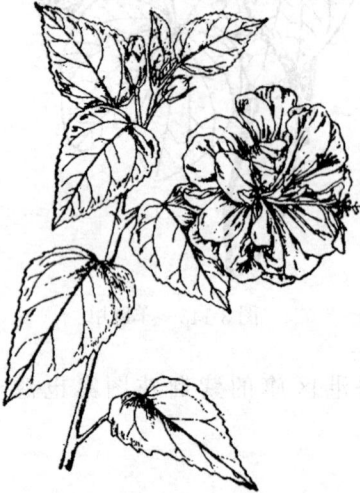

图 3-145　扶桑

35. 木芙蓉（芙蓉花）（图 3-146）

Hibiscus mulabilis L.

锦葵科、木槿属。

形态：落叶灌木或小乔木，高 2～5m；茎具星状毛及短柔毛。叶广卵形，宽 7～15cm，掌状 3～5（7）裂，基部心形，缘有浅钝齿，两面均有星状毛。花大，径约 8cm，单生枝端叶腋；花冠通常为淡红色，后变为深红色；花梗长 5～8cm，近顶端有关节。蒴果扁球形，径约 2.5cm，有黄色刚毛及绵毛，果瓣 5；种子肾形，有长毛。花期 9～10 月；果 10～11 月成熟。

分布：原产中国，黄河流域至华南均有栽培，尤以四川成都一带为盛，故成都有"蓉城"之称。

变种及品种：木芙蓉除最常见的单瓣桃红色花外，还有大红重瓣、白重瓣、半白半桃红重瓣以及清晨开白花、中午转桃红、傍晚变深红的"醉芙蓉"等品种。传闻还有不可多得的开黄花的"黄芙蓉"。

图 3-146　木芙蓉

习性：喜光，稍耐荫；喜肥沃、湿润而排水良好之中性或酸性沙质壤土；喜温暖气候，不耐寒，在长江流域及其以北地区露地栽培时，冬季地上部分常冻死，但第二年春季能从根部萌发新条，秋季能正常开花。生长较快，萌蘖性强。对二氧化硫抗性特强，对氯气、氯化氢也有一定抗性。

观赏特性及园林用途：木芙蓉秋季开花，花大而美丽，其花色、花型随品种不同有丰富变化，是一种很好的观花树种。由于性喜近水，种在池旁水畔最为适宜。花开时水影花光，互相掩映，自觉潇洒有致，因此有"照水芙蓉"之称。《长物志》云："芙蓉宜植池岸，临水为佳。"《花镜》云："芙蓉丽而开，宜寒江秋沼。"苏东坡也有"溪边野芙蓉，花水相媚好"的诗句。此外，植于庭院、坡地、路边、林缘及建筑前，或栽作花篱，都很合适。在寒冷的北方也可盆栽观赏。

经济用途：茎皮纤维洁白柔韧，可供纺织、制绳、造纸等用；花、叶及根皮入药，有清热凉血、消肿解毒之效。

36. 山茶（曼陀罗树，晚山茶，耐冬，川茶，海石榴）（图3-147）

Camellia japonica L.

山茶科、山茶属。

形态：常绿灌木或小乔木，高达10～15m。叶卵形、倒卵形或椭圆形，长5～11cm，叶端短钝渐尖，叶基楔形，叶缘有细齿，叶表有光泽。花单生或对生于枝顶或叶腋，大红色，径6～12cm，无梗，花瓣5～7，但亦有重瓣的，花瓣近圆形，顶端微凹；萼密被短毛，边缘膜质；花丝及子房均无毛。蒴果近球形，径2～3cm（次年），无宿存花萼；种子椭圆形。花期11～4月，果秋季成熟。

图3-147 山茶

分布：产于中国和日本。中国中部及南方各省露地多有栽培，北部则行温室盆栽。

变种及品种：品种已达3000以上。

习性：喜半阴，最好为侧方庇荫。喜温暖湿润气候，酷热及严寒均不适宜。一般在气温达29℃以上时则生长停止，若达35℃时则叶子会有焦灼现象，如时期较长则会引起嫩枝死亡。山茶也有一定的耐寒力，在青岛及西安小气候良好处均可露地过冬，青岛崂山寺庙中有古山茶名"耐冬"已经受过多次极端最低气候的考验。一般言之，山茶可耐-10℃的低温而无冻害；气温若缓慢逐渐降温则不易受害或受害亦很轻微，例如青岛的极端最低气温曾达-16.4℃，但青岛公园中仍露地植有山茶花。但如温度骤降或冬季有较大的干风则易使叶、嫩枝及花蕾受害。此外地栽的比盆栽的耐寒力为强，盆栽的当气温降至-3℃或盆土结冰时，植株就会死亡。各品种茶花的习性略有差别，但总的说来，最适宜生长温度为20～25℃。在2℃时即可开始开花，如果温度一直保持在较低的情况下花期可延长，如果温度上升至 22℃则花朵会全部迅速凋落，故温度变幅以保持在10～20℃之间为宜，单朵花的花期可长达 2 周以上，全株花期可达 2～4 个月之久。叶芽一般在 7℃以上开始缓慢萌动，在 15～18℃萌发较快，在 20～25℃新梢生长较速，至 30℃则新梢停止生长。

山茶喜肥沃湿润、排水良好的微酸性土壤（pH5～6.5），不耐碱性上；因山茶根为肉质根，如土壤黏重积水则易腐烂变黑而落叶甚至全株死亡。空气的相对湿度以在 50%～80%之间为宜，若温度高、光线强而又空气干燥时，叶片易得日灼病。山茶对海潮风有一定的抗性。

繁殖栽培：可用播种、压条、扦插、嫁接等法繁殖。

观赏特性和园林用途：山茶是中国传统的名花。叶色翠绿而有光泽，四季常青，花朵大，花色美，品种繁多，从 11 月即可开始观赏早花品种而晚花品种至次年 3 月始盛开，故观赏期长达 5 个多月。其开花期正值其他花较少的季节，故更为珍贵。茶花不但为中国所热爱，在欧美及日本亦极受珍视，常用于庭园及室内装饰。

经济用途：木材可供细工用；种子含油 45%以上，榨油可食用；花及根均可入药，性凉，有清热、敛血之效，可治吐血、血崩、白带等症。

37. 滇山茶（云南山茶花）

Camellia reticulata Lindl.

山茶科、山茶属。

形态：常绿小乔木至大灌木，高可达 15m。树皮灰褐色；小枝无毛，棕褐色。叶椭圆状卵形至卵状披针形，长 7～12cm，宽 2～5cm，锯齿细尖，叶表深绿而无光泽，网状脉显著，叶背淡绿色。花 2～3 朵，着生于叶腋，无花柄，形大，径 8～19cm，花色自淡红至深紫，花瓣 15～20，内瓣倒卵形，外瓣阔卵形或圆形，叶缘常波状；萼片形大，内方数枚呈花瓣状；子房密生柔毛。蒴果扁球形，无宿存萼片，木质，熟时茶褐色，内含种子 1～3 粒。花期极长，在原产地早花种自 12 月下旬开始，晚花种能开到次年 4 月上旬。

分布：原产中国云南省，在江苏、浙江、广东等省均有栽培，在北方各省有少量盆栽。

滇山茶对光照的要求是喜半阴环境但不宜在顶部遮荫而以侧方庇阴为佳。幼年期更喜较荫蔽的环境，但成年期对光照的要求提高，如过分荫蔽会妨碍生长及开花。所以在盆栽管理上要求掌握"雨季晒，旱热荫"的管理原则。土壤水分以适当湿润、注意勿积水为原则；空气中相对湿度以 60%～80%为适宜。对土壤的酸碱性反应比山茶更为敏感，以 pH5～5.5 最为适宜，在 pH3～6 的范围内均可正常生长，但在碱性土中则会死亡。滇山茶原产地的土壤是红色沙质壤土，理化性质均较好，但根据外地的引种经验，以用栽培兰花的山泥最佳，如无山泥，可用酸性红壤或黄壤混合以腐殖质或用富含腐殖质的沙质壤土。

滇山茶生长缓慢但寿命极长，现在在云南各地的古寺庙及花园中多有遗存，其著名者如云南安宁县关庄清泰庵中的两株"狮子头"（九心十八瓣）高 7m，干基粗达 37cm，据说树龄达 600 多年。在安宁县城隍庙中的一株"狮子头"高

10m、胸径 55cm、干基径达 60cm，其年龄当更老。又如晋宁县盘龙寺中的"松子鳞"为元代（1347 年）所植，高 10m，干径 52cm。此外，如"早桃红"、"大蝶翅"、"麻叶桃红"、"紫袍"、"大理茶"等品种均有数百年以上的古树。

国外自中国引入滇茶最早的国家当推日本，大约 1673～1681 年即清代的康熙年间。英国在 1812～1831 年曾自中国引入大批花木，以后又曾多次派专人来中国采集；1909～1932 年曾派福瑞斯特（G. Forrest）在云南采集大量滇茶种子引入英国培育。美国及澳大利亚在 1948～1949 年也引入十余个品种。

滇茶的特色为叶常绿不凋，花极美艳，大者过于牡丹，而且花朵繁密如锦，一树万苞，妍丽可爱，每年花开时，如火烧云霞，形成一片花海。由于历代劳动人民的辛勤劳动，培育出许多优秀的品种，极大地丰富了园林景色。在云南昆明、大理、腾冲等地几乎到处可见。明代邓渼曾称滇茶有十德，即滇茶之美有十绝：一、花美：艳而不妖；二、寿长：虽经二三百年而仍生气蓬勃如新栽；三、气魄大：干高四、五丈粗可合抱；四、肤雅：肤纹苍润黯若古云、气如樽罍；五、姿美：枝条黝斜，状若尘尾龙形；六、根奇：蟠根兽攫，轮囷离奇，可凭而几，可借而枕；七、叶茂：丰叶如幄，森沉蒙茂；八、性坚：性耐霜雪，四时常青；九、颜荣：花期久长，次第开放，近二三月，每朵花期亦历旬余；十、宜赏：水养瓶中十余日颜色不变，半吐者也能开。由于滇山茶有上述许多优点，故自古以来，已久用于布置庭园。如《滇云纪胜》一书中曾载："山茶花在会城者以沐氏西园为最，西园有名簇锦，茶映如锦，落英铺地，如坐锦茵，……及登太华则山茶数十树罗殿前，树愈高花愈繁，……。"由此可知古时它常被列植在屋侧堂前。因其性喜半荫，故在园林中最宜与庭荫树互相配植，例如植于茶室、凉棚旁的供休息的林荫下，以及花架与亭旁等处。

经济用途：种子可榨油，供食用或入药，有滋补身体沿虚弱之效。茶油不含胆固醇，最宜高血压病人食用。

38. 金花茶

Camellia chrysantha（Hu）Tuyama

山茶科、山茶属。

形态：常绿小乔木，高 2～5m；干皮灰白色，平滑。叶长椭圆形至宽披针形，长 11～17cm，宽 2.5～5cm，叶端尖尾状，叶基楔形，叶表侧脉显著下凹。花黄色至金黄色，花径 7～8cm，1～3 朵腋生；花梗长 1～1.5cm；苞片革质，5 枚，呈黄绿色，宿存；花瓣 10～12 枚，较厚；雄蕊多数；花柱 3～4 枚，分离达基部。蒴果扁圆形，端凹，横径 6～8cm，纵径 4～5cm，无毛。花期 11 月至次年 3 月。

产于广西东兴县、邕宁县。

金花茶性喜暖湿气候，喜排水良好的酸性土壤及半荫条件，故在自然界生长于暖热地带低海拔（75～350m）的山谷溪沟旁常绿阔叶林下。

39. 茶梅（图 3-148）

Camellia sasangua Thunb

山茶科、山茶属。

常绿小乔木或灌木，高 3～13m，分枝稀疏，嫩枝有粗毛。芽鳞表面有倒生

图 3-148 茶梅

柔毛。叶椭圆形至长卵形，长 4～8cm，叶端短锐尖，叶缘有齿，叶表有光泽，脉上略有毛。花白色，径 3.5～7cm，略有芳香，无柄；子房密被白色毛。蒴果直径 2.5～3cm，略有毛，无宿存花萼，内有种子 3 粒。花期 11 月至次年 2 月。

产于长江以南地区。日本有分布。

变种及品种达百余种，大都为白花，红花者较少。

性强健，喜光，也稍耐荫，但以在阳光充足处花朵更为繁茂。喜温暖气候及富含腐殖质而排水良好的酸性土壤。有一定抗旱性。可用播种、扦插、嫁接等法繁殖。茶梅可作基础种植及常绿篱垣材料，开花时为花篱，花落后又为常绿绿篱，故很受欢迎。亦可盆栽观赏。种子可榨油。

40. 金丝桃（图 3-149）

Hypericum chinense L.

藤黄科、金丝桃属。

常绿、半常绿或落叶灌木，高 0.6～1m。小枝圆柱形，红褐色，光滑无毛。叶无柄，长椭圆形，长 4～8cm，先端钝，基部渐狭而稍抱茎，表面绿色，背面粉绿色。花鲜黄色，径 3～5cm，单生或 3～7 朵成聚伞花序；萼片 5，卵状矩圆形，顶端微钝；花瓣 5，宽倒卵形；雄蕊多数，5 束，较花瓣长；花柱细长，顶端 5 裂。蒴果卵圆形。花期 6～7 月；果熟期 8～9 月。

河北、河南、陕西、江苏、浙江、台湾、福建、江西、湖北、四川、广东等省均有分布。日本也有。

性喜光，略耐荫，喜生于湿润的河谷或半阴坡地沙壤土上；耐寒性不强。

可用播种、分株及扦插等法繁殖。实生苗第二年即可开花。扦插多于夏秋用嫩枝插于沙床中。北方多行盆栽，结合换盆可行分株；露地宜选建筑物前避风向阳处栽植，冬季宜在根际培土防寒。花谢后宜剪去花头及过老枝条进行更新。

图 3-149 金丝桃

本种花叶秀丽，是南方庭园中常见的观赏花木。可植于庭院内、假山旁及路边、草坪等处。华北多行盆栽观赏，也可作为切花材料。果及根可入药，果可治百日咳，根有祛风湿、止咳、治腰痛之效。

41. 金丝梅（图 3-150）

Hypericum patulum Thunb.

藤黄科、金丝桃属。

半常绿或常绿灌木。小枝拱曲，有两棱，红色或暗褐色。叶卵状长椭圆形或广披针形，顶端通常圆钝或尖，基部渐狭或圆形，有极短叶柄，表面绿色，背面

淡粉绿色，散布油点。花金黄色，径 4～
5cm，雄蕊 5 束，较花瓣短；花柱 5，离
生。蒴果卵形，有宿存萼。花期 4～8 月；
果熟期 6～10 月。

产陕西、四川、云南、贵州、江西、
湖南、湖北、安徽、江苏、浙江、福建
等省。

性喜光，有一定的耐寒能力，喜湿润
土壤，但不可积水，在轻壤土上生长良
好。在自然界多生于山坡、山谷林下或灌
丛中。萌芽力强。

多用分株法繁殖，播种、扦插也可。

园林用途同金丝桃。根入药，有舒
筋、活血、催乳、利尿之效。

图 3-150 金丝梅

42. 结香（图 3-151）

Edgeworthia chrysantha Lindl.

瑞香科、结香属。

形态：落叶灌木，高 1～2m。枝通常三叉状，棕红色。叶长椭圆形至倒披针
形，长 6～15cm，先端急尖，基部楔形并下延，表面疏生柔毛，背面被长硬毛；
具短柄。花黄色，芳香，花被筒长瓶状，长约 1.5cm，外被绢状长柔毛。核果卵
形。花期 3～4 月，先叶开放。

分布：北自河南、陕西，南至长江流域以南各省区均有分布。

习性：性喜半荫，喜温润气候及肥沃
而排水良好的沙质壤土。耐寒性不强，过
干和积水处都不相宜。

落叶后至发芽前可行分株繁殖，2～3
月或 6～7 月均可行扦插繁殖。栽培管理简
易。多栽于庭园观赏，水边、石间栽种尤
为适宜；北方多盆栽观赏。枝条柔软，弯
之可打结而不断，常整形成各种形状。

茎皮可造纸及人造棉；全株入药，能
舒筋接骨、消肿止痛。

43. 紫薇（痒痒树，百日红）

Lagerstroemia indica L.

千屈菜科、紫薇属。

形态：落叶灌木或小乔木，高可达
7m。树冠不整齐，枝干多扭曲；树皮淡褐

图 3-151 结香

色，薄片状剥落后干特别光滑。小枝四棱，无毛。叶对生或近对生，椭圆形至倒
卵状椭圆形，长 3～7cm，先端尖或钝，基部广楔形或圆形，全缘，无毛或背脉

有毛，具短柄。花鲜淡红色，径3～4cm，花瓣6；萼外光滑，成顶生圆锥花序。蒴果近球形，径约1.2cm，6瓣裂，基部有宿存花萼。花期6～9月；果10～11月成熟。

分布：产亚洲南部及澳大利亚北部。中国华东、华中、华南及西南均有分布，各地普遍栽培。

变种：

(1) 银薇 var. *alba* Nichols.：花白色或微带淡堇色；叶色淡绿。

(2) 翠薇 var. *rubra* Lav.：花紫堇色；叶色暗绿。

习性：喜光，稍耐荫；喜温暖气候，耐寒性不强，喜肥沃、湿润而排水良好的石灰土壤，耐旱，怕涝。萌蘖性强，生长较慢，寿命长。

观赏特性和园林用途：紫薇树姿优美、树干光滑洁净，花色艳丽；开花时正当夏秋少花季节，花期极长，由6月可开至9月，故有"百日红"之称，又有"盛夏绿遮眼，此花红满堂"的赞语。过去有"好花不常开"的悲观论调，此花却一反常规，色丽而花穗繁茂，如火如荼，令人振奋精神、青春常在，故有"谁道花无百日红，紫薇常放半年花"的诗句，这是乐观主义者的赞歌了。最适宜在庭院及建筑前，也宜栽在池畔、路边及草坪上。在昆明的金殿有明朝栽植的古树，高7m，干径粗约1m。在美国有的作为小型行道树用。又可盆栽观赏及作桩景用。

44. 石榴（安石榴，海榴）（图3-152）

Punica granatum L.

石榴科、石榴属。

形态：落叶灌木或小乔木，高5～7m。树冠常不整齐；小枝有角棱，无毛，端常成刺状。叶倒卵状长椭圆形，长2～8cm，无毛而有光泽，在长枝上对生，在短枝上簇生。花朱红色，径约3cm；花萼钟形，紫红色，质厚。浆果近球形，径6～8cm，古铜黄色或古铜红色，具宿存花萼；种子多数，有肉质外种皮。花期5～6（7）月，果9～10月成熟。

分布：原产伊朗和阿富汗；汉代张骞经西域时引入我国，黄河流域及其以南地区均有栽培，已有2000余年的栽培历史。

习性：喜光，喜温暖气候，有一定耐寒能力，但经−20℃左右之低温则枝干冻死；喜肥沃湿润而排水良好之石灰质土壤，但可适应于pH4.5～8.2的范围，有一定的耐旱能力，在

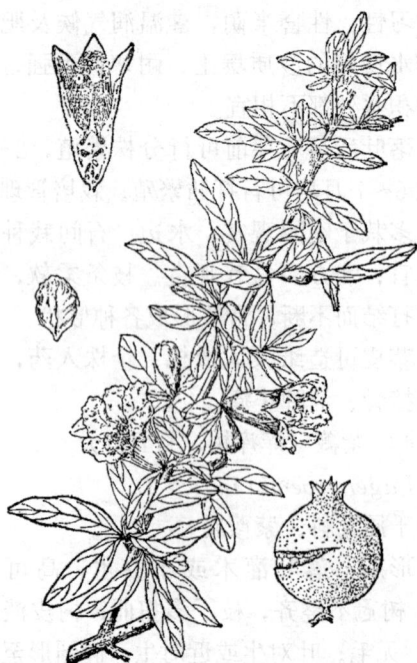

图3-152 石榴

平地和山坡均可生长，生长速度中等，寿命较长，可达 200 年以上。石榴在气候温暖的江南一带，一年有 2～3 次生长，春梢开花结实率最高；夏梢和秋梢在营养条件较好时也可着花，而使石榴之花期大为延长。但由于生长季的限制，致使夏、秋梢花朵的结实率极低，因此在花谢后应及时摘除，以节约养分。生长停止早而发育壮实的春梢及夏梢常形成结果母枝，一般均不太长，次年由其顶芽或近顶端的腋芽抽生新梢（即结果果枝），在新梢上着生 1～5 朵花，其中顶生的 1 花最易结果。因此修剪时切不可短截结果母枝。

观赏特性和园林用途：石榴树姿优美，叶碧绿而有光泽，花色艳丽如火而花期极长，又正值花少的夏季，所以更加引人注目，古人曾有"春花落尽海榴开，阶前栏外遍植栽，红艳满枝染夜月，晚风轻送暗香来"的诗句。最宜成丛配植于茶室、露天舞池及游廊外或民族形式建筑所形成的庭院中。又可大量配植于自然风景区，如南京燕子矶附近即依山屏水，随着山路的曲折而形成石榴丛林，每当花开时游人络绎不绝。在秋季则果实红黄色，点点朱金悬于碧枝之间，衬着青山绿水，真是一片大好景色。石榴又宜盆栽观赏，老北京的传统有于四合院中摆荷花缸和石榴树的配植手法。亦宜做成各种桩景和供瓶养插花观赏。

经济用途：果可生食，有甜、酸、酸甜等品种，维生素 C 的含量比苹果、梨均高出 1～2 倍，又富含钙质及磷质。又可入药，有润燥和收敛之效。果皮内富含单宁，可作工业原料，又可入药有止泻痢之效；根可除绦虫；叶煮水可洗眼。

45. 杜鹃（映山红，照山红，野山红）（图 3-153）

Rhododendron simsii Planch.

杜鹃花科、杜鹃花属。

形态：常绿或半常绿灌木，高可达 3m；分枝多，枝细而直，有亮棕色或褐色扁平糙伏毛。叶纸质，卵状椭圆形或椭圆状披针形，长 3～5cm，叶表之糙伏毛较稀，叶背者较密。花 2～6 朵簇生枝端，蔷

图 3-153 杜鹃

薇色、鲜红色或深红色，有紫斑；雄蕊 10 枚，花药紫色；萼片小，有毛；子房密被伏毛。蒴果密被糙伏毛、卵形。花期4～6 月；果 10 月成熟。

分布：广布于长江流域及珠江流域各省，东至台湾，西至四川、云南。

变种：

（1）白花杜鹃 var. *eriocarpum* Hort.：花白色或浅粉红色。

（2）紫斑杜鹃 var. *mesembrinum* Rehd.：花较小，白色而有紫色斑点。

（3）彩纹杜鹃 var. *vittatum* Wils.：花有白色或紫色条纹。

本种在长江流域多生于丘陵山坡上，在云南常见于海拔 1000～2600m 山坡上。杜鹃的栽培历史很久，故园艺品种极多，较耐热，不耐寒，在华北地区多行盆栽。

习性：喜酸性土，忌石灰质的碱土和排水不良的黏质土壤。喜光，但忌烈日曝晒，在烈日下嫩叶易灼伤，而其根部离土表近亦易遭干热伤害。喜凉爽湿润的气候。根浅而细，喜排水良好土壤，忌浓肥。以在混交疏林（深根性）的林缘，杜鹃生长最好。

观赏特性及园林用途：杜鹃是中国十大名花之一，称得上花叶兼美，地栽、盆栽皆宜。可用于装饰庭院、天井、墙角、林缘、溪边、路侧、草坪石畔，成片成丛栽种均可组成优美景观，也可用杜鹃做成花篱分隔空间，或作为灌木花境用材。春暮繁花似锦，夏日茂密青翠，秋冬又有色叶，四季可赏。

46. 羊踯躅（闹羊花，黄杜鹃，六轴子）（图 3-154）

Rhododendron molle G. Don.

杜鹃花科、杜鹃花属。

形态：落叶灌木，高 1.4m。分枝稀疏，幼时有短柔毛和刚毛。叶纸质、

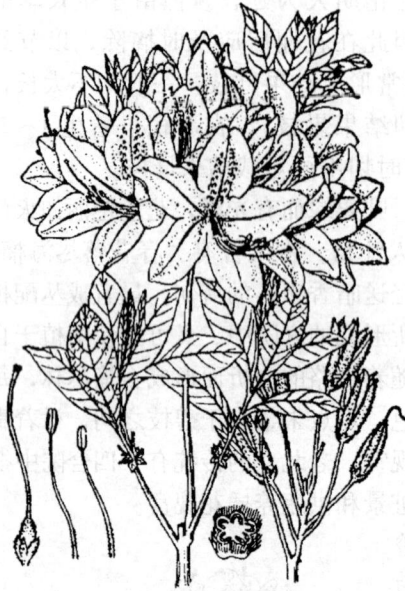

图 3-154 羊踯躅

长椭圆形或椭圆状倒披针形，长 6～12cm，端钝，有小突尖，缘有睫毛，叶表背均有毛。顶生伞形总状花序可多达 9 朵，花金黄色，径 5～6cm；雄蕊 5，与花冠等长。子房有柔毛。蒴果圆柱形，长达 2.5cm。花期 4～5 月；果 7 月成熟。

分布：广布于长江流域各省，南达广东、福建。在自然界多生于海拔 200～2000m 的山坡上。

本种全株有剧毒，人畜食之会死亡；叶、花捣烂外敷可治皮肤癣病，对蚜虫、螟虫、飞虱等有触杀作用。

47. 白花杜鹃（毛白杜鹃，白杜鹃）（图 3-155）

Rhododendron mucronatum G. Don.

杜鹃花科、杜鹃花属。

形态：半常绿灌木，高 1～2m。分枝密，小枝有密而开展的灰柔毛及黏质腺毛。

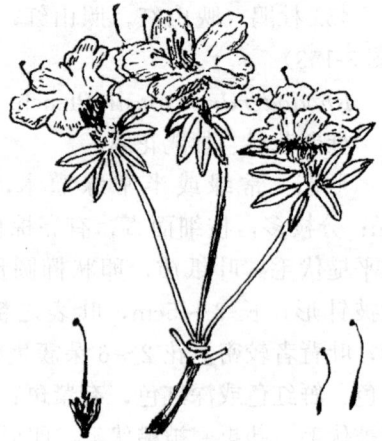

图 3-155 白花杜鹃

花白色，芳香，1～3 朵簇生枝端，径约 5cm；花梗及花萼上都混生有腺毛；雄蕊 10 枚；花芽鳞片黏质。蒴果长卵形，长 1cm。花期 4～5 月。品种多，有大朵、重瓣及玫瑰色等变种。

分布：产湖北。杭州园林中大片露地栽植，各地盆栽观赏很多。

48. 紫丁香（华北紫丁香，丁香）（图 3-156）

Syringa oblata Lindl.

木犀科、丁香属。

形态：落叶灌木或小乔木，高可达 4～5m；枝条粗壮无毛。叶广卵形，通常宽度大于长度，宽 5～10cm，端锐尖，叶基心形或截形，全缘，两面无毛。圆锥花序长 6～15cm；花萼钟状；有 4 齿；花冠堇紫色，端 4 裂开展；花药生于花冠筒中部或中上部。蒴果长圆形，顶端尖，平滑。花期 4 月。

分布：属温带山地植物，主要分布吉林、辽宁、内蒙古、河北、山东、陕西、甘肃、四川，生海拔 300～2600m 山地或山沟。朝鲜也有。

变种：

(1) 白丁香 var. *alba* Rehd.：花白色；叶较小，背面微有柔毛。

(2) 紫萼丁香 var. *giraldii* Rehd.：花序轴和花萼紫蓝色；叶先端狭尖，背面微有柔毛。

(3) 佛手丁香 var. *plena* Hort.：花白色，重瓣。

习性：喜光，稍耐荫，阴地能生长，但花量少或无花；耐寒性较强；耐干旱，忌低湿；喜湿润、肥沃、排水良好的土壤，在中性、微酸、微碱的土壤中都能生长。

繁殖栽培：播种、扦插、嫁接、分株、压条繁殖。

图 3-156 紫丁香

紫丁香树势较强健，幼苗时须注意浇水，成年植株无需特殊管理，剪除枯弱枝、病枝及根蘖苗，以利调节树势及通风透光。

观赏特性及园林用途：紫丁香枝叶茂密，花美而香，是我国北方各省区园林中应用最普遍的花木之一。广泛栽植于庭园、机关、厂矿、居民小区等地。常丛植于建筑前、茶室凉亭周围；散植于园路两旁、草坪中；与其他种类丁香配植成专类园，形成美丽、清雅、芳香、青枝绿叶、花开不绝的景区，效果极佳；盆栽、促成栽培、切花等用。

经济用途：种子入药，花提制芳香油，嫩叶代茶。

49. 栀子（黄栀子，山栀子）（图 3-157）

Gardenia jasminoides Ellis.

茜草科、栀子属。

形态：常绿灌木，高 1～3m。干灰色，小枝绿色，有垢状毛。叶对生或 3 叶轮生，长椭圆形，长 6～12cm，端渐尖，基部宽楔形，全缘，无毛，革质而有光泽，托叶膜质。花单生枝端或叶腋；花萼 5～7 裂，裂片线形；花冠高脚碟状，端常 6 裂，白色，浓香；花丝短，花药线形。果卵形，具 6 纵棱，顶端有宿存萼片。花期 6～8 月。

变型、变种：

(1) 大花栀子 f. *grandiflora* Makino：叶较大，花大而重瓣，径 7～10cm，

园林中应用更为普遍。

（2）水栀子 var. *radicana* Makino：又名雀舌栀子，植株较小，枝常平展匍地，叶小而狭长，花也较小。

分布：产长江流域，我国中部及中南部都有分布。

习性：喜光也能耐荫，在蔽荫条件下叶色浓绿，但开花稍差；喜温暖湿润气候，耐热也稍耐寒（-3℃）；喜肥沃、排水良好的酸性轻黏壤土，也耐干旱瘠薄，但植株易衰老；抗二氧化硫能力较强。萌蘖力、萌芽力均强，耐修剪更新。

观赏特性及园林用途：栀子叶色亮绿，四季常青，花大洁白，芳香馥郁，又有一定耐荫和抗有毒气体的能力，故为良好的绿化、美化、香化的材料，可成片丛植或配置于林缘、庭前、院隅、路旁，植作花篱也极适宜，作阳台绿化、盆花、切花或盆景都十分相宜，也可用于街道和厂矿绿化。

图 3-157 栀子

经济用途：花含挥发油，可提制浸膏，作调香剂；果实可作黄色染料；根、花、种子入药。

50. 锦带花（五色海棠）（图 3-158）

Weigela florida (Bunge) A. DC.

忍冬科、锦带花属。

形态：落叶灌木，高达 3m。枝条开展，小枝细弱，幼时具 2 列柔毛。叶椭圆形或卵状椭圆形，长 5～10cm，端锐尖，基部圆形至楔形，缘有锯齿，表面脉上有毛，背面尤密。花 1～4 朵成聚伞花序；萼片 5 裂，披针形，下半部连合；花冠漏斗状钟形，玫瑰红色，裂片 5。蒴果柱形；种子无翅。花期 4～6 月。

分布：原产华北、东北及华东北部。

变型：

（1）白花锦带花 f. *alba* Rehd.：花近白色。

（2）四季锦带花：生长期开花不断。

习性：喜光；耐寒；对土壤要求不严，能

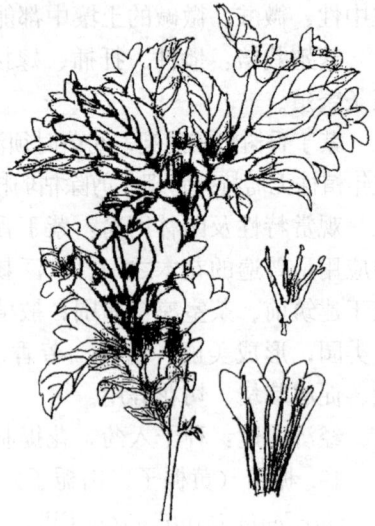

图 3-158 锦带花

耐瘠薄土壤，但以深厚、湿润而腐殖质丰富的壤土生长最好，怕水涝；对氯化氢抗性较强。萌芽力、萌蘖力强，生长迅速。

栽培容易，病虫害少，花开于 1～2 年生枝上，故在早春修剪时，只需剪去枯枝或老弱枝条，每隔 2～3 年行一次更新修剪，将 3 年生以上老枝剪去，以促进新枝生长。花后及时摘除残花序，增进美观，并能促进枝条生长。早春发芽前施一次腐熟堆肥，则可年年开花茂盛。

观赏特性及园林用途：锦带花枝叶繁茂，花色艳丽，花期长达两月之久，是华北地区春季主要花灌木之一。适于庭园角隅、湖畔群植；也可在树丛、林缘作花篱、花丛配植；点缀于假山、坡地，也甚适宜。

51. 木本绣球（大绣球，斗球，荚蒾绣球）（图 3-159）

Viburnum macrocephalum Fort.

忍冬科、荚蒾属。

形态：落叶灌木，高达 4m，枝条广展，树冠呈球形。冬芽裸露，幼枝及叶背密被星状毛，老枝灰黑色。叶卵形或椭圆形，长 5～8cm，端钝，基圆形，边缘有细齿。大型聚伞花序呈球形，多由白色不孕花组成，直径 20cm；花萼筒无毛；花冠辐射状，纯白。花期 4～6 月。

分布：主产长江流域，南北各地都有栽培。

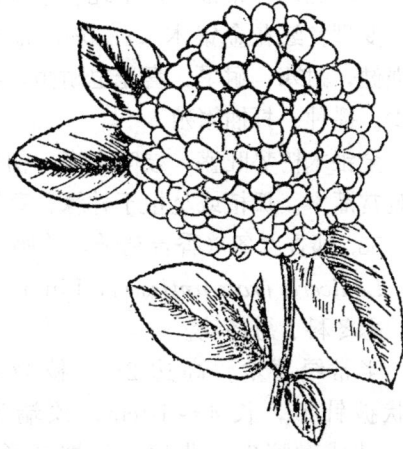

图 3-159 木本绣球

变型：琼花 f. *keteleeri* Rehd.，又名八仙花，实为原种，聚伞花序，直径 10～12cm，中央为两性可育花，仅边缘为大型白色不孕花；核果椭圆形，先红后黑。果期 7～10 月。

习性：喜光略耐荫；性强健，颇耐寒，华北南部可露地栽培；常生于山地林间的微酸性土壤，也能适应平原向阳而排水较好的中性土。萌芽力、萌蘖力均强。

繁殖栽培：因全为不孕花不结果实，故常行扦插、压条、分株繁殖。移植修剪时注意保持圆整的树姿，管理较为粗放，如能适量施肥、浇水、即可年年开花繁茂。

观赏特性及园林用途：木本绣球树姿开展圆整，春日繁花聚簇，团团如球，犹似雪花压树，枝垂近地，尤饶幽趣，其变型琼花，花型扁圆，边缘着生洁白不孕花，宛如群蝶起舞，逗人喜爱。最宜孤植于草坪及空旷地，使其四面开展，体现其个体美；如群体一片，花开之时即有白云翻滚之感，十分壮观；栽于园路两侧，使其拱形枝条形成花廊，人们漫步于其花下，顿觉心旷神怡；配植于庭中堂前，墙下窗前，也极相宜。

52. 金银木（金银忍冬）（图 3-160）

Lonicera maackii (Rupr.) Maxim.

忍冬科、忍冬属。

落叶灌木，高达 5m。小枝髓黑褐色，后

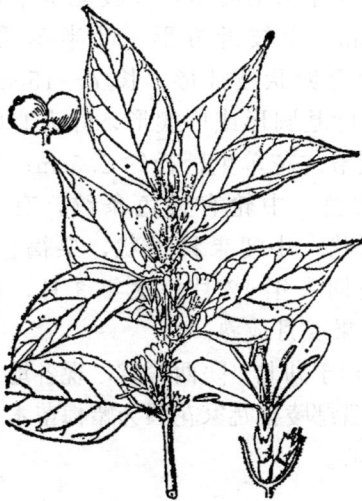

图 3-160 金银木

205

变中空，幼时具微毛。叶卵状椭圆形至卵状披针形，长5～8cm，端渐尖，基宽楔形或圆形，全缘，两面疏生柔毛。花成对腋生，总花梗短于叶柄，苞片线形；相邻两花的萼筒分离；花冠唇形，花先白后黄，芳香，花冠筒2～3倍短于唇瓣；雄蕊5，与花柱均短于花冠。浆果红色，合生。花期5月；果9月成熟。

产东北，分布很广，华北、华中及西北东部、西南北部均有。

变型：红花金银木 f. *erubescens* Rehd.：花较大，淡红色，嫩叶也带红色。性强健，耐寒、耐旱，喜光也耐荫，喜湿润肥沃及深厚之壤土。管理粗放，病虫害少。播种、扦插繁殖。

金银木树势旺盛，枝叶丰满，初夏开花有芳香，秋季红果缀枝头，是一良好之观赏灌木。孤植或丛植于林缘、草坪、水边均很合适。

53. 郁香忍冬（香吉利子，羊奶子）

Lonicera fragrantissima Lindl. et Paxon.

忍冬科、忍冬属。

半常绿灌木，高达2m。枝髓充实，幼枝有刺刚毛。叶卵状椭圆形至卵状披针形，长4～10cm，顶端尖至渐尖，基部圆形，两面及边缘有硬毛。花成对腋生，苞片线状披针形；相邻两花萼筒合生达中部以上；花冠唇形，粉红色或白色，芳香。浆果红色。花期2～3月先叶开放，果5～6月成熟。

主产长江流域，生山坡灌丛，海拔200～1000m。华东城市已引种栽培，常植于庭园观赏。

54. 蜡梅（腊梅，黄梅花，香梅）（图3-161）

Chimonanthus praecox（L.）Link.

蜡梅科、蜡梅属。

形态：落叶丛生灌木，在暖地呈半常绿，高达3m。小枝近方形。叶半革质，椭圆状卵形至卵状披针形，长7～15cm，叶端渐尖，叶基圆形或广楔形，叶表有硬毛，叶背光滑。花单生，径约2.5cm；花被外轮蜡黄色，中轮有紫色条纹，有浓香。果托坛状；小瘦果种子状，栗褐色，有光泽。花期头年12月～次年3月，在叶前开放；果8月成熟。

分布：产于湖北、陕西等省，现各地有栽培。河南省鄢陵县姚家花园为蜡梅苗木生产之传统中心。

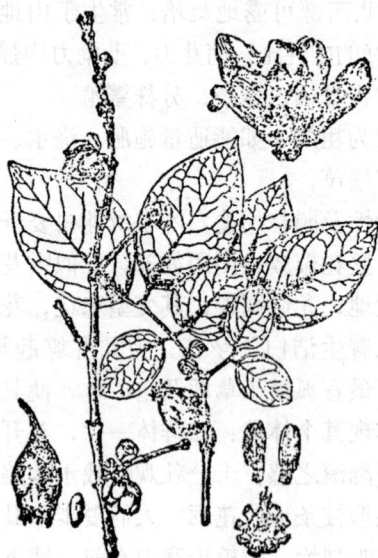

图3-161 蜡梅

变种：

（1）狗牙蜡梅（狗蝇梅）var. *intermedius* Mak.：叶比原种狭长而尖。花较小，花瓣长尖，中心花瓣呈紫色，香气弱。

（2）磬口蜡梅 var. *grandiflora* Mak.：叶较宽大，长达 20cm。花亦较大，径 3～3.5cm，外轮花被淡黄色，内轮花被有浓红紫色边缘和条纹，花形似圆形。

（3）素心蜡梅 var. *concolor* Mak.：内外轮花被片均为纯黄色，香味浓。

（4）小花蜡梅 var. *parviflorus* Turrill：花小，径约 0.9cm，外轮花被片黄白色，内轮有浓红紫色条纹，栽培较少。

此外，尚有不少变种及栽培品种，如"吊金钟"、"黄脑壳"、"早黄"等。它们在花色、着花密度、花期、香气及生长习性等方面各有特点。

习性：喜光亦略耐荫，较耐寒，耐干旱，忌水湿，花农有"旱不死的蜡梅"的经验，但仍以湿润土壤为好，最宜选深厚肥沃排水良好的沙质壤土，如植于黏性土及碱土上均生长不良。蜡梅的生长势强、发枝力强、修剪不当则常易发出徒长枝，宜在栽培上注意控制徒长以促进花芽分化。蜡梅花期长且开花早，故应植于背风向阳地点。寿命长，可达百年，50～60 年生者高达 3m，干径 15cm。

为了冬季室内观花，可预先带土球挖后上盆，干时只浇清水，不需加底肥和浇液肥，待花谢后再栽回地上，可免盆栽管理之烦。

蜡梅在园艺造型上可整成屏扇形、龙游形以及单干式、多干式等各种形式。整形的方法是在春天芽萌动时动刀整理树干使其形成基本骨架，到 6 月时，用手扭拧新枝使成一定形姿。民间传统的蜡梅桩景有"疙瘩梅"、"悬枝梅"均为著名的整形法。

观赏特性及园林用途：蜡梅花开于寒月早春，花黄如蜡，清香四溢，为冬季观赏佳品。配植于室前、墙隅均极适宜；作为盆花、桩景和瓶花亦独具特色。我国传统上喜用南天竹与蜡梅相搭配，可谓色、香、形三者相得益彰，极得造化之妙。

经济用途：花可提取香精，花烘制后为名贵药材，有解暑生津之效；采花浸生油中，称"蜡梅油"可敷治水火烫伤。茎、根亦可作镇咳止喘药。

55. 太平花（京山梅花）（图 3-162）

Philadelphus pekinensis Rupr.

虎耳草科、山梅花属。

形态：落叶丛生灌木，高达 2m。树皮栗褐色，薄片状剥落；小枝光滑无毛，常带紫褐色。叶卵状椭圆形，长 3～6cm，基部广楔形或近圆形，三主脉，先端渐尖，缘疏生小齿，通常两面无毛，或有时背面脉腋有簇毛；叶柄带紫色。花 5～9 朵成总状花序，花乳黄色，径 2～3cm，微有香气，萼外面无毛，里面沿边有短毛。蒴果陀螺形。花期 6 月；9～10 月果熟。

分布：产中国北部及西部，北京山地有野生；朝鲜亦有分布。各地庭园常有栽培。

习性：喜光，耐寒，多生于肥沃、湿润之山谷或溪沟两侧排水良好处，亦能生长在向阳的干瘠土地上，不耐积水。

观赏特性及园林用途：本种枝叶茂密，花乳黄而有清香，多朵聚集，花期较久，颇为美丽。宜丛植于草地、林缘、园路拐角和建筑物前，亦可作自然式花篱或大型花坛之中心栽植材料。在古典园林中假山石旁点缀，尤为得体。太平花在我国栽培历史很久，宋仁宗时始植于宫廷，据传宋仁宗赐名"太平瑞圣花"，流传至今。北京故宫御花园中所植太平花，相传为明代遗物。

56. 山梅花（图 3-163）

Philadelphus incanus Koehne

虎耳草科、山梅花属。

落叶灌木，高达 3～5m。树皮褐色，薄片状剥落；小枝幼时密生柔毛，后渐脱落。叶卵形到卵状长椭圆形，长3～6 (10)cm，缘具细尖齿，表面疏生短毛，背面密生柔毛，脉上毛尤多。花白色，径 2.5～3cm，无香，萼外有柔毛，花柱无毛；5～7 (11) 朵成总状花序。花期 (5)6～7 月；果 8～9 月成熟。

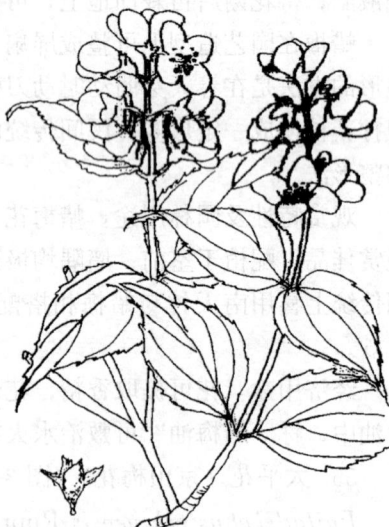

图 3-162 太平花

产陕西南部、甘肃南部、四川东部、湖北西部及河南等地，常生于 1000～1700m 山地灌丛中。

喜光，较耐寒，耐旱，怕水湿，不择土壤，生长快。可用播种、分株、扦插等法繁殖。性强健，管理粗放。适时剪除枯老枝可强壮树势，开花更好。本种花朵洁白如雪，虽无香气，但花期长，经久不谢。可作庭园及风景区绿化观赏材料，宜成丛、成片栽植于草地、山坡及林缘，若与建筑、山石等配植也很合适。

57. 溲疏（图 3-164）

Deutzia scabra Thunb.

虎耳草科、溲疏属。

图 3-163 山梅花

形态：落叶灌木，高达 2.5m。树皮薄片状剥落。小枝中空红褐色，幼时有星状柔毛。单叶对生叶长卵状椭圆形，长3～8cm，叶缘有不显小刺尖状齿，两面有星状毛，粗糙。花白色，或外面略带粉红色，花柱 3，稀为 5，萼裂片短于筒部；直立圆锥花序，长 5～12cm。蒴果近球形，顶端截形，长约 5mm。花期 5～6 月，果 10～11 月成熟。

分布：产我国长江流域各省（浙江、江西、安徽南部、江苏、湖南、湖北、四川、贵州）；日本亦有分布。

变种：

(1) 白花重瓣溲疏（cv. Candidissima）：花重瓣，纯白色。

(2) 紫花重瓣溲疏（cv. Flore Pleno）：花重瓣，外面带玫瑰紫色。

习性：喜光，稍耐荫；喜温暖气候，也有一定的耐寒力，在华北小气候良好处能露地生长，但每年枝梢干枯；喜富含腐殖质的微酸性和中性土壤。在自然界多生于山谷溪边、山坡灌丛中或林缘。性强健，萌芽力强，耐修剪。

观赏特性及园林用途：溲疏夏季开白花，繁密而素静，其重瓣变种更加美丽。国内外庭园久经栽培。宜丛植于草坪、林缘及山坡，也可作花篱及岩石园种植材料。花枝可供瓶插观赏。

经济用途：木材坚硬，不易腐朽；叶、根可供药用。

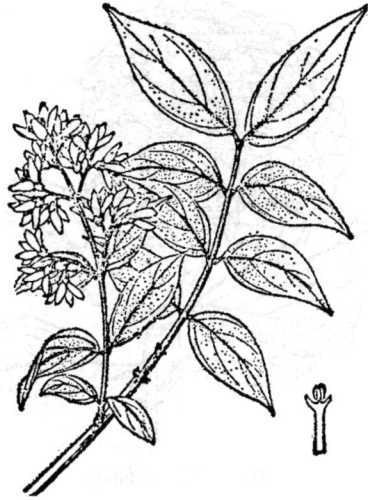

图 3-164　溲疏

58. 大花溲疏

Deutzia grandiflora Bunge

虎耳草科、溲疏属。

落叶灌木，高达 2m。树皮通常灰褐色。叶卵形，长 2.5～5cm，先端急尖或短渐尖，基部圆形，缘有小齿，表面散生星状毛，背面密被白色星状毛。花白色，较大，径 2.5～3cm，1～3 朵聚伞状；雄蕊 10，花丝端部两侧具勾状齿牙；花柱 3，长于雄蕊；萼片线状披针形，比花托长。花期 4 月中下旬；果 6 月成熟。

产于湖北、山东、河北、陕西、内蒙古、辽宁等省区；朝鲜亦有分布。

多生于丘陵或低山山坡灌丛中。喜光，稍耐荫，耐寒，耐旱，对土壤要求不严。可用播种、分株等法繁殖。本种花朵大而开花早，颇为美丽，宜植于庭园观赏；也可作山坡地水土保持树种。

59. 八仙花（绣球花）（图 3-165）

Hydrangea macrophylla (Thunb.) Seringe

虎耳草科、八仙花属。

形态：落叶灌木，高达 3～4m。小枝粗壮，无毛，皮孔明显。叶对生，大而有光泽，倒卵形至椭圆形，长 7～15（20）cm，缘有粗锯齿，两面无毛或仅背脉有毛。顶生伞房花序近球形，径可达 20cm；几乎全部为不育花，扩大之萼片 4，卵圆形，全缘，粉红色、蓝色或白色，极美丽。花期 6～7 月。

分布：产中国及日本，中国湖北、四川、浙江、江西、广东、云南等省区都有分布。各地庭园习见栽培。

变种及品种：栽培变种及品种很多，其中栽培最多的是其品种"紫阳花"（cv. Otaksa），植株较矮，高约 1.5m，叶质较厚，花序中全为不育性花，状如绣球，极为美丽，是盆栽佳品。另有变种银边八仙花（var. *maculata* Wils.），叶具白边，亦属常见，多作盆栽观赏。

习性：喜荫，喜温暖气候，耐寒性不强，华北地区只能盆栽，于温室越冬。喜湿润、富含腐殖质而排水良好之酸性土壤。性颇健壮，少病虫害。

图 3-165 八仙花

观赏特性及园林用途：本种花球大而美丽，且有许多园艺品种，耐荫性较强，是极好的观赏花木。在暖地可配植于林下、路缘、棚架边及建筑物之北面。盆栽八仙花则常作室内布置用，是窗台绿化和家庭养花的好材料。

60. 牡丹（富贵花，木芍药，洛阳花）（图 3-166）

Paeonia suffruticosa Andr.

毛茛科、芍药属。

形态：落叶灌木，高达 2m。枝多而粗壮。叶呈二回羽状复叶，小叶长 4.5～8cm，阔卵形至卵状长椭圆形，先端 3～5 裂，基部全缘，叶背有白粉，平滑无毛。花单生枝顶，大型，径 10～30cm；花型有多种；花色丰富，有紫、深红、粉红、黄、白、豆绿等色；雄蕊多数；心皮 5 枚，有毛，其周围为花盘所包。花期 4 月下旬至 5 月；果 9 月成熟。

分布：原产于中国西北部，在秦岭伏牛山、中条山、嵩山均有野生。现在全国各地都有栽培，但以黄河流域、江淮流域各省市栽培为宜。

习性：喜温暖而不酷热气候，较耐寒；喜光但忌夏季暴晒，以在弱荫下生长最好，尤其在花期若能适当遮荫可延长花期，并且可保持纯正的色泽。例如名品"豆绿"在略荫下可充分显现其品种特色，若植于强光暴晒处则大为逊色失其原貌。但各品种的喜光性略有差异，一般言之，宋玉、山夜光、胭脂红等可植于半荫处，而胡红、王红、鹤白、魏紫等可植阳光充足处。但一些喜光品种，在开花期亦以略遮荫为宜。牡丹为深根性的肉质根，喜深厚肥沃、排水良好、略带湿润的沙质壤土，最忌黏土及积水之地；较耐碱，在 pH 为 8 的土壤中能正

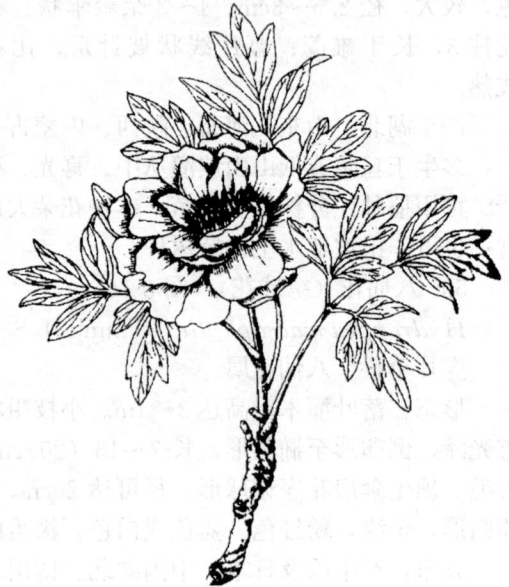

图 3-166 牡丹

常生长。牡丹在春季发芽后，新枝生长，至花期枝条停止延长生长。开花延续期约 10 天左右。牡丹的花芽是混合芽，在头年 6～7 月开始分化，至 8 月下旬即已初步完成并继续增大。成年牡丹的顶芽大都是混合芽。混合芽在完全分化形成后即进入休眠状态，需经过一个低温期打破休眠于次春温度升高后始能萌动。但在此休眠期若遇强烈生理刺激可打破休眠气芽开始萌动。在栽培技术上，我们常利

用牡丹的这种特性而获得"不时之花"。

牡丹在观花灌木类中属于长寿类，但与栽培管理技术的好坏有很大关系；在良好的栽培管理条件下，寿命可达百年以上。

观赏特性和园林用途：牡丹花大且美，香色俱佳，故有"国色天香"的美称，更被赏花者评为"花中之王"，而从诗句"倾国姿容别，多开富贵家。临轩一赏后，轻薄万千花。"中可见其评价。又有记载如"洛阳之俗大抵好花，春时城中无贵贱插花，虽负担者亦然，花开时士庶竞为遨游，往往于古寺废宅有池台处为市，并张幕席笙歌之声相闻……至花落乃毕"，由此可见，当时赏花习俗的盛况。在园林中常作专类花园及供重点美化用。又可植于花台、花池观赏。亦可行自然式孤植或丛植岩旁、草坪边缘或配植于庭园。此外，亦可盆栽作室内观赏或作切花瓶插用。

经济用途：根皮叫"丹皮"，可供药用。叶可作染料；花可食用或浸酒用。

61. 连翘（黄寿丹，黄花杆）（图 3-167）

Forsythia suspensa（Thunb.）Vahl

木犀科、连翘属。

形态：落叶灌木，高可达 3m。干丛生，直立；枝开展，拱形下垂；小枝黄褐色。稍四棱，皮孔明显，髓中空。单叶或有时为 3 小叶，对生，卵形、宽卵形或椭圆状卵形，长 3～10cm，无毛，端锐尖，基圆形至宽楔形，缘有粗锯齿。花先叶开放，通常单生，稀 3 朵腋生；花萼裂片 4，矩圆形；花冠黄色，裂片 4，倒卵状椭圆形；雄蕊 2；雌蕊长于或短于雄蕊。蒴果卵圆形，表面散生疣点。花期 4～5 月。

变种：

（1）垂枝连翘 var. *steboldii* Zabel：枝较细而下垂，通常可匍匐地面，而在枝稍生根；花冠裂片较宽，扁平，微开展。

（2）三叶连翘 var. *fortunei* Rehd.：叶通常为 3 小叶或 3 裂；花冠裂片窄，常扭曲。

分布：除华南、西藏和西北部分地区外，其余各省均有分布。

习性：喜光，有一定程度的耐荫性；耐寒；耐干旱瘠薄，怕涝；不择土壤；抗病虫害能力强。

连翘有两种花，一种花的雌蕊长于雄蕊，另一种花的雄蕊长于雌蕊，两种花不在同一植株上生长，连翘有自花授粉不亲和的现象，而且不与同一类型的花受精。

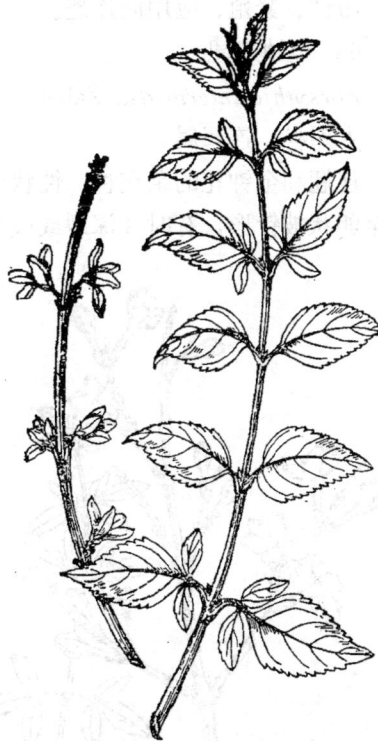

图 3-167　连翘

繁殖栽培：用扦插、压条、分株、播种繁殖，以扦插为主。花后修剪，去枯弱枝，其他无需特殊管理。

观赏特性及园林用途：连翘枝条拱形展开，早春花先叶开放，满枝金黄，艳丽可爱，是北方常见优良的早春观花灌木，宜丛植于草坪、角隅、岩石假山下、路缘、转角处、阶前、篱下及作基础种植，或作花篱等用。以常绿树作背景，与榆叶梅、绣线菊等配植，更能显出金黄夺目之色彩。大面积群植于向阳坡地、森林公园，则效果也佳。其根系发达，有护堤岸之作用。

经济用途：果、茎、叶、根均可入药。果能清热散结，消肿，治湿热、丹毒、斑疹、痈疡肿毒、小便淋闭。茎叶治心肺积热。根治伤寒、瘵热发黄。种子油制香皂、化妆品，含二萜皂甙。

62. 金钟花（黄金条，迎春条）

Forsythia viridissima Lindl.

木犀科、连翘属。

落叶灌木，枝直立，小枝黄绿色，呈四棱形，髓薄片状。单叶对生，椭圆状矩圆形，长 3.5～11cm，先端尖，中部以上有粗锯齿。花先叶开放，1～3 朵腋生，深黄色，花期 4～5 月。蒴果卵圆状。

分布我国中部、西南、北方都有栽培。

习性、繁殖、应用同连翘。

63. 金钟连翘

Forsythia intermedia Zabel.

木犀科、连翘属。

连翘和金钟花的杂交种，性状介于两者之间。枝拱形，髓成片状。叶长椭圆形至卵状披针形，有时 3 深裂或成 3 小叶。花黄色深浅不一。有多数园艺变种。

64. 迎春（金腰带）（图 3-168）

Jassminum nudiflorum Lindl.

木犀科、茉莉属。

形态：落叶灌木，高 0.4～5m。枝细长拱形，绿色，有四棱。三出复叶对生，卵形至长圆状卵形，长 1～3cm，端急尖，缘有短睫毛，表面有基部突起的短刺毛。花单生，先叶开放，苞片小；花萼裂片 5～6；花冠黄色；直径 2～2.5cm，裂片 6，约为花冠筒长度的 1/2。通常不结果。花期 2～4 月。

分布：产我国北部、西北、西南各地。

习性：性喜光，稍耐荫；较耐寒，华北可露地栽培；喜湿润，也耐干旱，怕涝；对土壤要求不严，耐碱，除洼地外

图 3-168 迎春

均可栽植。根部萌发力很强，枝端着地部分也极易生根。

观赏特性及园林用途：迎春植株铺散，枝条鲜绿，不论强光及背阴处都能生长，冬季绿枝婆娑，早春黄花可爱，对我国冬季漫长的北方地区，装点冬春之景意义很大，各处园林和庭院都有栽培。其开花极早，南方可与腊梅、山茶、水仙同植一处，构成新春佳景；与银芽柳、山桃同植，早报春光；种植于碧水萦回的柳树池畔，增添波光倒影，为山水生色。或栽植于路旁、山坡及窗下墙边；或作花篱密植；或作开花地被、或植于岩石园内，观赏效果极好。可将山野多年生老树桩移入盆中，做成盆景；或编枝条成各种形状，盆栽于室内观赏；也可作切花插瓶。

经济用途：花、叶、嫩枝均可入药。

65. 云南黄馨（野迎春）（图 3-169）

Jasminum mesnyi Hance.

木犀科、茉莉属。

常绿灌木，高可达 3m；树形圆整。枝细长拱形，柔软下垂，绿色，有四棱。叶对生，几无柄，小叶 3，纸质，叶面光滑。花单生于具总苞状单叶之小枝端；萼片叶状，披针形；花冠黄色，径

图 3-169 云南黄馨

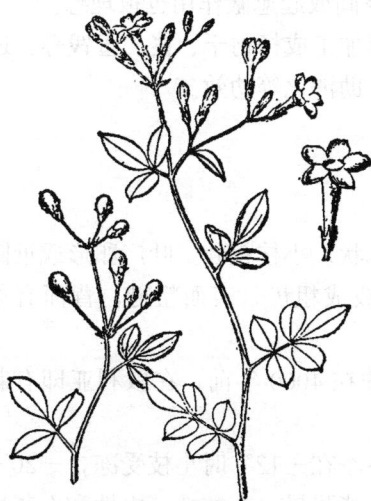

3.5～4m，裂片 6 或稍多，成半重瓣，较花冠筒为长。花期 4 月，延续时间长。

原产云南，南方庭园中颇常见。耐寒性不强，北方常温室盆栽。繁殖方法同迎春。

云南黄馨枝条细长拱形，四季常青，春季黄花绿叶相衬，艳丽可爱。最宜植于水边驳岸，细枝拱形下垂水面，倒影清晰，还可遮蔽驳岸平直呆板等不足之处；植于路缘、坡地及石隙等处均极优美。温室盆栽常编扎成各种形状观赏。

66. 探春（南迎春，迎夏）（图 3-170）

Jasminum floridum Bunge.

木犀科、茉莉属。

半常绿灌木，高可达 1～3m；枝直立或平展，幼枝绿色，光滑有棱，小叶常为 3，偶有 5 或单叶，叶缘反卷，聚伞花序顶生，花冠黄色，裂片 5，卵形，花期 5～6 月。

产中国北部及西部，江浙一带有栽培。性较耐寒。繁殖、园林用途同迎春。

图 3-170 探春

213

第四节 果 木 类

果木也称观果树木，与普通果树不同之处，在于重在以观赏为主要目的。当然，味甘而色美者，亦为观赏果木，但仅有美味而无佳色，则不属观赏果木之类。观赏果木强调果实色彩，以红紫为贵，黄色次之，它们以不同的果色，为园林增色。若味甘色美者，则生产观赏两相宜。

1. 杨梅（图 3-171）

Myrica rubra (Lour.) Sieb. et Zuce.

杨梅科、杨梅属。

形态：常绿乔木，高达 12m，树冠整齐，近球形。树皮黄灰黑色，老时纵裂。幼枝及叶背有黄色小油腺点。叶倒披针形，长 4～12cm，先端较纯，基部狭楔形，全缘或近端部有浅齿；叶柄长 0.5～1cm。雌雄异株，雄花序柱形，雌花序球形，紫红色。核果球形，径 1.5～2cm，深红色，也有紫、白等色，多汁。花期 3～4 月；果熟期 5～7 月。

图 3-171 杨梅

分布：产长江以南各省区，以浙江栽培最多；日本、朝鲜及菲律宾也有分布。

习性：中性树，稍耐荫，不耐烈日直射；喜温暖湿润气候及酸性而排水良好之土壤，中性及微碱性土上也可生长。不耐寒，长江以北不宜栽培。深根性，萌芽性强。对二氧化硫、氯气等有毒气体抗性较强。

观赏特性及园林用途：杨梅枝繁叶茂，树冠圆整，初夏又有红果累累，十分可爱，是园林绿化结合生产的优良树种。孤植、丛植于草坪、庭院，或列植于路边都很合适；若采用密植方式用来分隔空间或起遮蔽作用也很理想。

经济用途：果味酸甜适中，既可生食，又可加工成杨梅干、酱、蜜饯等，还可酿酒。此外，果实亦可入药，有止渴、生津、助消化等功效。

2. 无花果（图 3-172）

Ficus carica L.

桑科、榕属。

形态：落叶小乔木，高可达 10m，或成灌木状。小枝粗壮。叶广卵形或近圆形，长 10～20cm，常 3～5 掌状裂，边缘波状或成粗齿，表面粗糙，背面有柔毛。隐头花序梨形，长 5～8cm，绿黄色。

分布：原产地中海沿岸，栽培历史悠久，约在 4000 年前，在叙利亚即有栽培。我国各地有栽培。

习性：喜光、喜温暖湿润气候，不耐寒，冬季在－12℃时小枝受冻，－20～－22℃则地上部分全部冻死。对土壤要求不严，能耐旱，在酸性、中性和石灰性土上均可生长，以肥沃的沙质壤土栽培最宜。根系发达，但分布较浅。生长较快，用营养繁殖（分株、压条、扦插）极易成活，2～3 年生树可开始结果，6～

7 年进入盛果期，寿命可达百年以上。栽培品种多。青岛、长江流域及其以南地区可露地栽培，常植于庭院及公共绿地；华北多盆栽观赏，需在温室越冬。果可生食或制成罐头和果干食用，并有清热，润肠等药效；根、叶亦可入药，治肠炎、腹泻等。本种繁殖栽培容易，是绿化观赏结合生产的好树种。

3. 枇杷（图 3-173）

Eriobotrya japonica（Thunb.）Lindl.

蔷薇科、枇杷属。

形态：常绿小乔木，高可达 10m。小枝、叶背及花序均密被锈色绒毛。叶粗大革质，常为倒披针状椭圆形，长 12～30cm，先端尖，基部楔形，锯齿粗钝，侧脉 11～21 对，表面多皱而有光泽。花白色，芳香，10～12 月开花，翌年初夏果熟。果近球形或梨形，黄色或橙黄色，径 2～5cm。

图 3-172　无花果

分布：原产于中国，四川、湖北有野生；南方各地多作果树栽培。浙江塘栖、江苏洞庭及福建莆田都是枇杷的有名产地。越南、缅甸、印度、印度尼西亚、日本也有栽培。

习性：喜光，稍耐荫，喜温暖气候及肥沃湿润而排水良好之土壤，不耐寒。生长缓慢，寿命较长；一年能发三次新梢。嫁接苗 4～5 年生开始结果，15 年左右进入盛果期，40 年后产量减少。

观赏特性及园林用途：枇杷树形整齐美观，叶大荫浓，常绿而有光泽，冬日白花盛开，初夏黄果累累，南方暖地多于庭园内栽植，是园林结合生产的好树种。

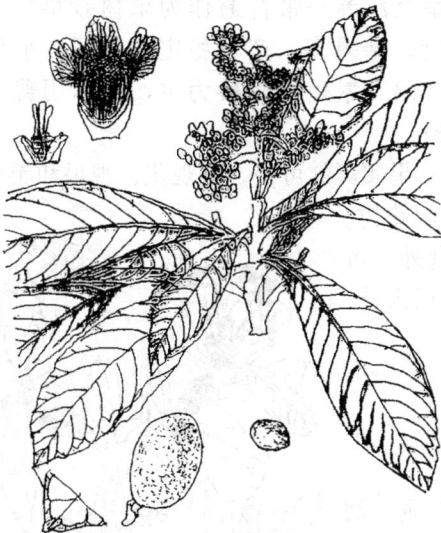

图 3-173　枇杷

经济用途：果味鲜美，酸甜适口，上市早，除生食外，还可酿酒或制成罐头。叶晒干去毛后，可供药用。有化痰止咳、和胃降气等效。花为良好的蜜源。木材红棕色，可作木梳和手杖等用。

4. 山楂（图 3-174）

Crataegus pinnatifida Bunge.

蔷薇科、山楂属。

形态：落叶小乔木，高达 6m。叶三角状卵形至菱状卵形，长 5～12cm，羽状 5～9 裂，裂缘有不规则尖锐锯齿，两面沿脉疏生短柔毛，叶柄细，长 2～6cm，托叶大而有齿。花白色，径约 1.8cm，雄蕊 20；伞房花序有长柔毛。果近球形或梨形，径约 1.5cm，红色，有白色皮孔。花期 5～6 月；果 10 月成熟。

图 3-174 山楂

分布：产于东北、华北等地；朝鲜及俄罗斯西伯利亚地区也有。生于海拔 100～1500m 的山坡林边或灌木丛中。

习性：性喜光，稍耐荫，耐寒，耐干燥和贫瘠土壤，但以在湿润而排水良好之沙质壤土生长最好。根系发达，萌蘖性强。

繁殖可用播种和分株法，播前必需沙藏层积处理。

变种：山里红（var. *major* N. E. Br.）

山里红又名大山楂，树形较原种大而健壮；叶较大而厚，羽状 3～5 浅裂；果较大，径约 2.5m，深红色。在东北南部，华北，南至江苏一带普遍作为果树栽培。树性强健，结果多，产量稳定，山区、平地均可栽培。繁殖以嫁接为主，砧木用普通的山楂。

原种及其变种均树冠整齐，花繁叶茂，果实鲜红可爱，是观花、观果和园林结合生产的良好绿化树种。可作庭荫树和园路树。原种还可作绿篱栽培。果实酸甜，除生食外，可制糖葫芦、山楂酱、山楂糕等食品；干制后入药，有健胃、消积化滞、舒气散淤之效。

5. 火棘（火把果，救兵粮）（图 3-175）

Pyracantha fortuneana (Maxim) Li.

蔷薇科、火棘属。

形态：常绿灌木，高约 3m。枝拱形下垂，幼时有锈色短柔毛，短侧枝常成刺状。叶倒卵形至倒卵状长椭圆形，长 1.5～6cm，先端圆钝微凹，有时有短尖头，基部楔形，缘有圆钝锯齿，齿尖内弯，近基部全缘，两面无毛，花白色，径约为 1cm，成复伞房花序。果近球形，红色，径约 5mm。花期 5 月；果熟期 9～10 月。

图 3-175 火棘

分布：产陕西、江苏、浙江、福建、湖北、湖南、广西、四川、云南、贵州等省区。生于海拔 500～2800m 的山地灌丛中或河沟边。

习性：喜光，不耐寒，要求土壤排水良好。

观赏特性及园林用途：本种枝叶茂盛，初夏白花繁密，入秋果红如火，且留存枝头甚久，美丽可爱。在庭园中常作绿篱及基础种植材料，也可丛植孤植于草地边缘或园路转角处。果枝还是瓶插的好材料，红果可经久不落。

经济用途：果可酿酒或磨粉代食。

6. 柚（图 3-176）

Citrus grandis（L.）Osbeck.

芸香科、柑橘属。

形态：常绿小乔木，高 5～10m。小枝有毛，刺较大。单生复叶，长 6～17cm，叶缘有钝齿。花两性，白色，单生或簇生叶腋。果极大，球形、扁球形或梨形，径 15～25cm，果皮平滑，淡黄色。春季开花，果 9～10 月成熟。

分布：原产印度，中国南部地区有较久的栽培。

品种：

（1）文旦：果呈扁圆形，纵横径为 13.6m×16.4cm，酸味略强，10 月上旬成熟。树势中等，枝条较长而开展。产于福建、台湾等省。

（2）沙田柚：果呈倒卵形似巴梨状，味甜美，肉色白，产于广西容县沙田，是很著名的品种。

（3）四季柚：树形小，叶片厚，每年可开花 4 次，结实 3 次。果呈倒卵圆形，纵径 16.4cm、横径 12.6cm，果肉软，甜酸适宜而多汁，11 月成熟；产于浙江平阳。

图 3-176 柚

习性：柚喜暖热湿润气候及深厚、肥沃而排水良好的中性或微酸性砂质壤土或黏质壤土，但在过分酸性及黏土地区生长不良。不耐旱，不耐瘠，较耐湿。

繁殖：繁殖可用播种、嫁接、扦插、空中压条等法。

用途：为亚热带重要果树之一；系常绿香花树种。成熟期一般较早，又耐贮藏。果实可鲜食，果皮可作蜜饯，硕大的果实且有很强的观赏价值，是江南园林中的地栽观果树种。根、叶、果皮均可入药，有消食化痰、理气散结之效；种子榨油供制皂、润滑及食用。木材坚实致密，为优良的家具用材。花、叶、果皮可提供芳香油。

7. 柑橘（图 3-177）

Citrus reticulata Blanco

芸香科、柑橘属。

形态：常绿小乔木或灌木，高约 3m。小枝较细弱，无毛，通常有刺。叶长卵状披针形，长 4～8cm，叶端渐尖而钝，叶基楔形，全缘或有细钝齿；叶柄近无翼。花黄白色，单生或簇生叶腋。果扁球形，径 5～7cm，橙黄色或橙红色；果皮薄易剥离。春季开花，10～12 月果熟。

217

分布：原产中国，广布于长江以南各省。

习性：柑橘性喜温暖湿润气候，耐寒性较柚、酸橙、甜橙稍强，可在江苏南部栽培而生长良好。用播种和嫁接法繁殖，是中国著名果树之一。柑橘在果树园艺上又常分为两大类，一为柑类，指果较大，直径在5cm以上，果皮较粗糙而稍厚，剥皮较难。另一为橘类，指果较小，直径常小于5cm，果皮薄而平滑，剥皮容易的种类。

柑橘四季常青，枝叶茂密，树姿整齐，春季满树盛开香花，秋冬黄果累累，黄绿色彩相间极为美丽。除专门作果园经营外，也宜于供庭园、绿地及风景区栽植，既有观赏效果又获经济收益。在美国南部的大柑橘园中，常辟出一部分区域供游赏用，收入极多。柑橘之果皮晒干后可入药，即中药之陈皮，有理气化痰、和胃之效；核仁及叶也有活血散结、消肿之效；种子可榨油用。

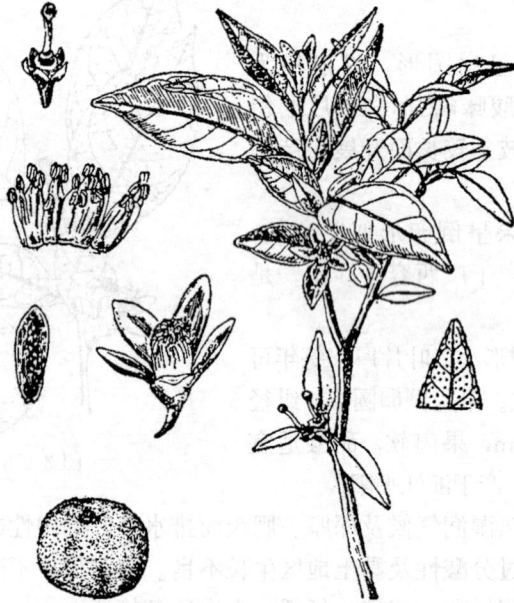

图3-177 柑橘

8. 金橘

Citrus microcarpa Bge.

芸香科、柑橘属。

形态：常绿灌木或乔木，高至2m左右，枝多刺。叶长圆状椭圆形，长3～8cm，叶端微凹，叶缘具波状钝齿；叶柄具狭翼。花单生或成对生于叶腋，白色，较小。果扁圆形，径2～2.5cm，深橘黄色，酸而多汁。皮薄而易剥。

分布：产于广东、浙江等省，各地均常行盆栽观赏；菲律宾、美国、日本亦有栽培。通常用枸橼作砧木用嫁接法繁殖。

9. 金枣（罗浮）（图3-178）

Fortunella margarita Swingle.

芸香科、金柑属。

形态：常绿灌木，高可达 3m，通常无刺。叶长椭圆状披针形，两端渐尖，长 4～9cm，叶全缘但近叶端处有不明显浅齿；叶柄具极狭翼。花 1～3 朵腋生，白色，花瓣 5，子房 5 室。果倒卵形，长约 3cm，熟时橙黄色；果皮肉质。

分布：分布于华南，现各地有盆栽。

习性：性较强健，对干旱、病害的抗性均较强；亦耐瘠薄土，易开花结实，故常用作盆栽观赏果实。果皮厚而肉质，可连皮生食，略甜而带酸味，有爽口开胃之效。可扦插或以枸橼的扦插苗作砧木行嫁接繁殖。市面上最常见的品种为羊奶橘。

图 3-178 金枣

10. 枸骨（鸟不宿，猫儿刺）（图 3-179）

Ilex cornuta Lindl.

冬青科、冬青属。

形态：常绿灌木或小乔木，高 3～4m，最高可达 10m 以上。树皮灰白色，平滑不裂；枝开展而密生。叶硬革质，矩圆形，长 4～8cm，宽 2～4cm，顶端扩大并有 3 枚大尖硬刺齿，中央一枚向背面弯，基部两侧各有 1～2 枚大刺齿，表面深绿而有光泽，背面淡绿色；叶有时全缘，基部圆形，这样的叶往往长在大树的树冠上部。花小，黄绿色，簇生于 2 年生枝叶腋。核果球形，鲜红色，径 8～10mm，具 4 核。花期 4～5 月；果 9～10（11）月成熟。

分布：产我国长江中下游各省，多生于山坡谷地灌木丛中；现各地庭园常有栽培，朝鲜亦有分布。

变种：偶见无刺枸骨（var. *fortunei* S. Y. Hu）和黄果枸骨（cv. Luteocarpa）。前者叶缘无刺齿，后者果暗黄色。

习性：喜光，稍耐荫；喜温暖气候及肥沃、湿润而排水良好之微酸性土壤，耐寒性不强；颇能适应城市环境，对有害气体有较强抗性。生长缓慢；萌蘖力强，耐修剪。

观赏特性及园林用途：枸骨枝叶稠密，叶形奇特，深绿光亮，入秋红果累累，经

图 3-179 枸骨

冬不凋，鲜艳美丽，是良好的观叶、观果树种。宜作基础种植及岩石园材料，也可孤植于花坛中心、对植于前庭、路口，或丛植于草坪边缘。同时又是很好的绿篱（兼有果篱、刺篱的效果）及盆栽材料，选其老桩制作盆景亦饶有风趣。果枝可供瓶插，经久不凋。

经济用途：枝、叶、树皮及果是滋补强壮药；种子榨油可制肥皂。

11. 冬青（图3-180）

Ilex chinensis Sims.

冬青科、冬青属。

形态：常绿乔木，高达13m；枝叶密生，树形整齐。树皮灰青色，平滑。叶薄革质，长椭圆形至披针形，长5～11cm，先端渐尖，基部楔形，缘疏生浅齿，表面深绿而有光泽，叶柄常为淡紫红色；叶干后呈红褐色。雌雄异株，聚伞花序着生于当年生嫩枝叶腋；花瓣紫红色或淡紫色。果实深红色，椭圆球形，长8～12mm，具4～5分核。花期5～6月；果9～10（11）月成熟。

图3-180 冬青

分布：产长江流域及其以南各省区，常生于山坡杂木林中；日本亦有分布。

习性：喜光，稍耐荫；喜温暖湿润气候及肥沃之酸性土壤，较耐潮湿，不耐寒。萌芽力强，耐修剪；生长较慢。深根性，抗风力强，对二氧化硫及烟尘有一定抗性。

观赏特性及园林用途：本种枝叶茂密，四季常青，入秋又有累累红果，经冬不落，十分美观。宜作园景树及绿篱植物栽培，也可盆栽或制作盆景观赏。

经济用途：木材坚韧致密，可作细木用料。种子及树皮可供药用，制强壮剂；叶有清热解毒作用，可治气管炎等症。

12. 柿树（朱果，猴枣）（图3-181）

Diospyros kaki Thunb.

柿树科、柿树属。

形态：落叶乔木，高达15m；树冠呈自然半圆形；树皮暗灰色，呈长方形小块状裂纹。冬芽先端钝。小枝密生褐色或棕色柔毛，后渐脱落。叶椭圆形、阔椭圆形或倒卵形，长6～18cm，近革质；叶端渐尖，叶基阔楔形或近圆形，叶表深绿色有光泽，叶背淡绿色。雌雄异株或同株，花四基数，花冠钟状，黄白色，4裂，有毛；雄花3朵排成小聚伞花序；雌花单生叶腋；花萼4深裂，花后增大；雄蕊8枚，子房8室，花柱自基部分离，子房上位。浆果卵圆形或扁球形，直径2.5～8cm，橙黄色或鲜黄色，宿存萼卵圆形，先端钝圆。花期5～6月；果9～10月成熟。

分布：原产中国，分布极广，北自河北长城以南，西北至陕西、甘肃南部，南至东南沿海、两广及台湾，西南至四川、贵州、云南均有分布。

习性：性强健，南自广东北至华北北部均有栽培，大抵北界在北纬 40°的长城以南地区。凡属年平均温度在 9℃，绝对低温在−20℃以上的地区均能生长，生长季节 4～11 月的平均气温在 17℃左右，成熟期平均温度在 18～19℃时则果实品质即可佳良。其垂直分布因纬度而异，在河北省南部即北纬 36°～40°间可生长于海拔 100～850m 间，在北京密云县则多生长在 200～250m 间，在陕西即北纬 33°～40°间多生长在海拔 1600m 以下地区，而四川安宁河流域即北纬27°～28°间，柿可分布到海拔 2800m 高。

柿喜温暖湿润气候，也耐干旱，生长期的年雨量应在 500mm 以上，如盛夏时久旱不雨则会引起落果，但在夏秋季果实正在发育时期如果雨水过多会使枝叶徒长，有碍花芽形成，也不利果实生长。在 5、6 月开花如多雨，则有碍授粉，会影响产量。在幼果期如阴雨连绵，日照不足，则会引起生理落果。

柿树为阳性树，虽也略耐荫，但在阳光充足处果实多而品质好，在光照时数少的谷地则树木向高发展而结果少。

柿为深根性树种，主根可深达 3～4m，根系强大，吸水肥能力强，故不择土壤，在山地、平原、微酸、微碱性的土壤上均能生长；也很能耐潮湿土地，但以土层深厚肥沃、排水良好而富含腐殖质的中性壤土或黏质壤土最为理想。

柿树的生长特点是在春季开始萌芽期较迟，而秋季结束生长期又较早。萌芽后 35 天左右即开花，花期约 20 天左右。落花后，子房开始膨大，约经130～150 天果实成熟，成熟期一般在 8～11 月，在 10 月下旬落叶进入休眠。

在园林配植中应注意对有核的品种适当配植授粉树以提高座果率，对单性结实特性强的则无此问题，但在繁殖选接穗母树时，则需注意其单性结实能力的大小问题。

主要病虫害：角斑病、圆斑病和柿蒂虫。

观赏特性和园林用途：柿树为我国原产，栽培历史悠久，在 3000 年前的《诗经》中已有记载。树形优美；叶大，呈浓绿色而有光泽，在秋季又变红色，是良好的庭荫树。在 9 月中旬以后，果实渐变橙黄或橙红色，累累佳实悬于绿荫丛中，极为美观；且因果实不易脱落，虽至 11 月落叶以后仍能悬于树上，故观赏期极长，观赏价值很高。是极好的园林结合生产树种，既适宜于城市园林，又适于山区自然风景点配植应用。

图 3-181 柿树

13. 枸杞（枸杞菜，枸杞头）（图 3-182）

Lycium chinense Mill.

茄科、枸杞属。

形态：多分枝落叶灌木，高 1m，栽培可达 2 余 m。枝细长，常弯曲下垂，有纵条棱，具针状棘刺。单叶互生或 2～4 枚簇生，卵形、卵状菱形至卵状披针形，长 1.5～5cm，端急尖，基部楔形。花单生或 2～4 朵簇生叶腋；花萼常 3 中裂或 4～5 齿裂；花冠漏斗状，淡紫色，花冠筒稍短于或近等于花冠裂片。浆果红色、卵状。花果期 6～11 月。

分布：广布全国各地。

习性：性强健，稍耐荫；喜温暖，较耐寒；土壤要求不严，耐干旱、耐碱性都很强，忌黏质土及低温条件。繁殖栽培：播种、扦插、压条、分株繁殖均可。

观赏特性及园林用途：枸杞花朵紫色，花期长，入秋红果累累，缀满枝头，状若珊瑚，颇为美丽，是庭园秋季观果灌木。可供池畔、河岸、山坡、径旁、悬崖石隙以及林下、井边栽植；根干虬曲多姿的老株常作树桩盆景，雅致美观。

图 3-182 枸杞

经济用途：果实、根皮均入药，嫩叶可作蔬菜食用。

第五节 木质藤本类

木质藤本植物，其主要特征是茎不能直立，必须缠绕或攀附他物而向上生长。这类植物常常是园林设计中花架、花格、花框、墙壁等园林建筑的绿化材料。认识、熟悉常见木质藤本植物，掌握其设计特征。

1. 木香（图 3-183）

Rosa banksiae Ait.

蔷薇科、蔷薇属。

形态：常绿或半常绿攀缘灌木，高达 6m，枝细长绿色，光滑而少刺。小叶 3～5，罕 7，卵状长椭圆形至披针形，长 2.5～5cm，先端尖或钝，缘有细锐齿，表面暗绿而有光泽，背面中肋常微有柔毛；托叶线形，与叶柄离生，早落。花常为黄白色，径约 2.5cm，芳香；萼片全缘，花梗细长，光滑；3～15 朵排成伞形花序。果近球形，红色，径 3～4mm，萼片脱落，花期 4～5 月。

分布：原产中国西南部，现各地园林中多有栽培。

变种、变型：

（1）重瓣白木香（var. *albo-plena* Rehd.）：花白色，重瓣，香味浓烈；常为 3 小叶，久经栽培，应用最广。

（2）重瓣黄木香（var. *lutea* Lindl.）：花淡黄色，重瓣，香味甚淡；常为 5 小叶；较少栽培。

图 3-183 木香

222

（3）单瓣黄木香（f. *lutescens* Voss）：花黄色，单瓣，罕见。

此外，还有金樱木香（*R. fortuneana* Lindl.），可能是木香与金樱子（*R. laevigala* Michx.）的杂交种，藤本，小叶 3～5，有光泽；花单生，大形，重瓣，白色，香味极淡，花梗有刚毛。

习性：性喜阳光，耐寒性不强，萌芽力强，耐修剪整形。

繁殖多用压条或嫁接法；扦插虽可，但较难成活。木香生长迅速，管理简单，开花繁茂而芳香，花后略行修剪即可。休眠季节可裸根移栽。

木香白者宛若香雪，黄者灿若披锦。园林中广泛用于花架、花篱材料；在北方也常盆栽并编扎成各种造型。

2. 紫藤（藤萝）（图 3-184）

Wisteria sinensis Sweet.

豆科、紫藤属。

形态：落叶藤本，茎枝为左旋性。小叶 7～13，通常 11，卵状长圆形至卵状披针形，长 4.5～11cm，宽 2～5cm，叶基阔楔形，幼叶密生平贴白色细毛，成长后无毛。总状花序长 15～25cm，花蓝紫色，长约 2.5～4cm，小花柄长 1～2cm。荚果长 10～25cm，表面密生黄色绒毛；种子扁圆形。花期 4 月。

原产中国，辽宁、内蒙古、河北、河南、江西、山东、江苏、浙江、湖北、湖南、陕西、甘肃、四川、广东等省区均有栽培。国外亦有栽培。

变种：银藤 var. *alba* Lindl. 花白色，耐寒性较差。

习性：喜光，略耐荫；较耐寒，但在北方仍以植于避风向阳之处为好；喜深厚肥沃而排水良好的土壤，但亦有一定的耐干旱、瘠薄和水湿的能力。主根深、侧根少，不耐移植；生长快，寿命长，苏州有文征明手植藤，仍年年开花。上海豫园有一株 300 多年的紫藤，也每年开花，对城市环境的适应性较强。花穗多发自去年生短侧枝或长枝的腋芽及顶芽。

观赏特性和园林用途：紫藤枝叶茂密，庇荫效果强，春天先叶开花，穗大而美，有芳香，是优良的棚架、门廊、枯树及山面绿化材料。制成盆景或盆栽可供室内装饰。

图 3-184 紫藤

经济用途：嫩叶及花可食用，花加糖烙饼为藤萝饼，是北京土产之一。茎皮及花尚可入药，有解毒、驱虫、止吐泻之效。花尚可提取芳香油。种子含金雀花碱，入药。

3. 多花紫藤（日本紫藤）

Wisteria floribunda DC.

豆科、紫藤属。

藤本，茎枝较细为右旋性。小叶 13～19，卵形、卵状长椭圆形或披针形，叶端渐尖，叶基圆形，叶两面微有毛。花紫色，长约 1.5cm，小花柄细长，长 2～2.5cm；总状花序长 30～50cm，多发自去年生长枝的腋芽。荚果大而扁平，密生细毛；种子扁圆形。花期 5 月上旬。

原产日本。华北、华中有栽培。

本种花与叶同时开放，故以观花效果而言不如紫藤，但荫蔽力比紫藤大。

4. 葡萄（图 3-185）

Vitis vinifera L.

葡萄科、葡萄属。

形态：落叶藤木，长达 30m。茎皮红褐色，老时条状剥落；小枝光滑，或幼时有柔毛；卷须间歇性与叶对生。叶互生，近圆形，长 7～15cm，3～5 掌状裂，基部心形，缘具粗齿，两面无毛或背面稍有短柔毛；叶柄长 4～8cm，有托叶。花小，黄绿色；圆锥花序大而长。浆果椭球形或圆球形，熟时黄绿色或紫红色，有白粉。花期 5～6 月；果 8～9 月成熟。

分布：原产亚洲西部；中国在 2000 多年前就自新疆引入内地栽培。现辽宁中部以南各地均有栽培，但以长江以北栽培较多。

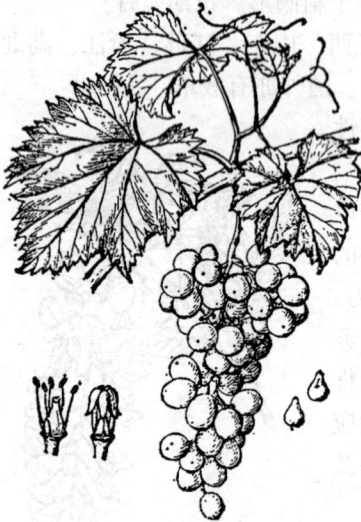

图 3-185 葡萄

习性：葡萄品种很多，对环境条件的要求和适应能力随品种而异。但总的来说是性喜光，喜干燥及夏季高温的大陆性气候；冬季需要一定低温，但严寒时又必须埋土防寒。以土层深厚、排水良好而湿度适中的微酸性至微碱性沙质或砾质壤土生长最好。耐干旱，怕涝，如降雨过多、空气潮湿，则易罹病害，且易引起徒长、授粉不良、落果或裂果等不良现象。深根性，主根可深入土层 2～3m。生长快，结果早。一般栽后 2～3 年开始结果，4～5 年后进入盛果期。寿命较长。

观赏特性及园林用途：葡萄是很好的园林棚架植物，既可观赏、遮荫，又可结合果实生产。庭院、公园、疗养院及居民区均可栽植，但最好选用栽培管理较粗放的品种。

经济用途：果实多汁，营养丰富，富含糖分和多种维生素，除生食外，还可酿酒及制葡萄干、汁、粉等。种子可榨油；根、叶及茎蔓可入药，有安胎、止呕之效。

5. 爬山虎（地锦，爬墙虎）（图 3-186）

Parthenocissus tricuspidata (Sieb. et Zucc.) Planch.

葡萄科、爬山虎属。

形态：落叶藤木；卷须短而多分枝，顶部扩大成吸盘。叶广卵形，长 8～18cm，通常 3 裂，基部心形，缘有粗齿，表面无毛，背面脉上常有柔毛；幼苗期叶常较小，多不分裂；下部枝的叶有分裂成 3 小叶者。聚伞花序通常生于短枝顶端两叶之间，花淡黄绿色。浆果球形，径 6～8mm，熟时蓝黑色，有白粉。花期 6 月；果 10 月成熟。

分布：中国分布很广，北起吉林，南到广东均有；日本也产。

习性：喜荫，耐寒，对土壤及气候适应能力很强；生长快。对氯气抗性强。常攀附于岩壁、墙垣和树干上。

图 3-186　爬山虎

观赏特性及园林用途：本种是一种优美的攀缘植物，能借助吸盘爬上墙壁或山石，枝繁叶茂，层层密布，入秋叶色变红，格外美观。常用作垂直化建筑物的墙壁、围墙、假山、老树干等，短期内能收到良好的绿化、美化效果。夏季墙面的降温效果显著。

经济用途：根、茎入药，能散瘀血、消肿毒。

6. 美国地锦（五叶地锦，美国爬山虎）

Parthenocissus quinquefllia Planch.

葡萄科、爬山虎属。

形态：落叶藤木，幼枝带紫红色。卷须与叶对生，5～12 分枝，顶端吸盘大。掌状复叶，具长柄，小叶 5，质较厚，卵状长椭圆形至倒长卵形，长 4～10cm，先端尖，基部楔形，缘具大齿，表面暗绿色，背面稍具白粉并有毛。聚伞花序集成锥状。浆果近球形，径约 6mm，成熟时蓝黑色，稍带白粉，具 1～3 种子。花期 7～8 月；果 9～10 月成熟。

分布：原产美国东部；中国有栽培。

习性：喜温暖气候，也有一定耐寒能力；耐荫。生长势旺盛，但攀缘力较差，在北方常被大风刮下。通常用扦插繁殖，播种、压条也可。本种秋季叶色红艳，甚为美丽，常用作垂直绿化建筑墙面、山石及老树干等，也可用作地面覆盖材料。

7. 常春藤（中华常春藤）（图 3-187）

图 3-187　常春藤

Hedera nepalensis K·Koch var. *sinensis*（Tobl.）Rehd.

五加科、常春藤属。

形态：常绿藤本，长可达 20～30cm。茎借气生根攀缘，嫩枝上柔毛鳞片状。营养枝上的叶为三角状卵形，全缘或 3 裂；花果枝上的叶椭圆状卵形或卵状披针形，全缘，叶柄细长。伞形花序单生或 2～7 顶生；花淡绿白色，芳香。果球形，径约 1cm，熟时红色或黄色。花期 3～9 月。

分布于华中、华南、西南及甘、陕等省。

性极耐荫，有一定耐寒性；对土壤和水分要求不严，但以中性或酸性土壤为好。

通常用扦插或压条法繁殖，极易生根。栽培管理简易。

在庭园中可用以攀缘假山、岩石，或在建筑阴面作垂直绿化材料。在华北宜选小气候良好的稍荫环境栽植。也可盆栽供室内绿化观赏用，攀附或悬垂均甚

225

雅致。

茎叶和果实可入药，能祛风湿，活血、消肿，治关节酸痛和痛肿疮毒等。

8. 洋常春藤

Hedera helix L.

五加科、常春藤属。

常绿藤本；借气生根攀缘。幼枝上柔毛星状。营养枝上的叶 3～5 浅裂；花果枝上的叶无裂而为卵状菱形。果球形，径约 6mm，熟时黑色。

原产欧洲至高加索。国内盆栽甚普遍，并有斑叶金边、银边等观赏变种，是室内及窗台绿化的好材料。也可植于庭园作垂直绿化及荫处地被植物。

习性及繁殖、栽培等均与常春藤相似。

9. 薜荔 （图 3-188）

Ficus pumila L.

桑科、榕属。

形态：常绿藤木，借气生根攀缘；含乳汁。小枝有褐色绒毛。叶互生，椭圆形，长 4～10cm，全缘，基部 3 主脉，革质，表面光滑，背面网脉隆起并构成显著小凹眼；同株上常有异形小叶，柄短而基歪。隐头花序梨形或倒卵形，径 3～5cm。

分布：产华东、华中及西南；日本、印度也产。

图 3-188 薜荔

习性：喜温暖湿润气候，常生于平原、丘陵和山麓。耐荫，耐旱，不耐寒；在酸性、中性土上都能生长。可用播种、扦插和压条等法繁殖。在园林中是点缀假山石及绿化墙垣和树干的好材料。果实富含果胶，可制凉粉食用；根、茎、叶、果均可药用，有祛风除湿、活血通络、消肿解毒、补肾、通乳等功效。

10. 络石 （万字茉莉，白花藤，石龙藤）（图 3-189）

Trachelospermum jasminoides （Lindl.）Lem.

夹竹桃科、络石属。

形态：常绿藤木，长可达 10m，具气生根。茎赤褐色，全株有白色乳汁。幼枝有黄色柔毛，老枝红褐色，有皮孔。叶椭圆形或卵状披针形，长 2～8cm，宽 1～4 cm，全缘，对生，表面无毛，背面有柔毛，6～12 对羽状脉。聚伞花序，顶生或腋生，花萼 5 深裂，花后反卷；花冠白色，芳香，呈高脚碟状，花冠 5 裂，开展并右旋，形如风车，花冠筒中部膨大，喉部有毛，花期 4～6 月。蓇葖果双生，种子褐色，并具长毛。

分布：主产黄河流域以南，在我国除新疆、青海、西藏和东北地区外，全国各地均有分布。朝鲜、日本也有。

习性：喜光，耐荫；喜温暖湿润气候，耐寒、耐热，凡温度不低于－23℃的地方均能生长；喜弱光也耐烈日高温。根系发达，吸收力强，对土壤要求不严，且抗干旱，但在湿润环境中生长最快；也抗海潮风，能适应多种气候，萌蘗性强。

观赏特性及园林用途：络石叶色浓绿，四季常青，花白繁茂，且具芳香，长江流域及华南等暖地，多植于枯树、假山、墙垣之旁，令其攀缘而上，均颇优美自然，还可用于点缀山石、陡壁或专设支架用于特殊环境的绿化；其耐荫性较强，故宜作林下或常绿孤立树下的常绿地被；由于耐修剪，四季常绿，植物配置中可与金叶女贞、红叶小檗、红叶石楠等色叶植物搭配作色

图 3-189　络石

带、色块等，也可修剪成块状栽植或作地被。也是污染严重的厂区、公路等恶劣环境中绿化造景首选植物种类，属于优良的高抗逆性、节水型绿化植物种类。

络石抗污染能力强，叶表面有蜡质层，对二氧化硫、氯化氢、氟化物及汽车尾气等有害气体有较强抗性。络石对粉尘的吸滞能力强，净化空气效果较好。

经济用途：根、茎、叶、果实供药用。乳汁有毒，对心脏有毒害作用，设计应用时应注意。

同属其他种类：石血、细梗络石、湖北络石、紫花络石、短柱络石、韧皮络石、锈毛络石等。

11. 野蔷薇（图 3-190）

Rosa multiflora Thunb.

蔷薇科、蔷薇属。

形态：落叶藤木；茎长，偃伏或攀缘，托叶下有刺。小叶 5～9（～11），倒卵形至椭圆形，长 1.5～3cm，缘有齿，两面有毛；托叶明显，缘尖锯齿。花多朵成密集圆锥状伞房花序，白色或略带粉晕，芳香，径约 2cm，萼片有毛，花后反折。果近球形，径约 6mm，褐红色。花期 5～6 月，果熟期 10～11 月。

分布：产华北、华东、华中、华南及西南；朝鲜、日本也有。

习性：性强健，喜光，耐寒，对土壤要求不严，在黏重土中也可正常生长。

繁殖栽培：繁殖用播种、扦插、分根均易成活。

观赏特性及园林用途：在园林中最宜植为花篱，坡地丛栽也颇有野趣，且有助于水土保持。原种作各类月季、蔷薇的砧木时亲和力很强，故国内外普遍应用。

常见栽培变种、变型有：

（1）粉团蔷薇（var. *cathyensis* Rehd. et Wils.）：小叶较大，通常 5～7；花较大，径 3～4cm，单瓣，粉红至玫瑰红色，多朵成平顶之伞房花序。

（2）荷花蔷薇（f. *carna* Thory）：花重瓣，粉红色，多朵成簇，甚美丽。

（3）七姊妹（f. *platyphyll* Thary）：叶较大；花重瓣，深红色，常 6～7 朵

成扁伞房花序。

（4）"白玉棠"：枝上刺较少；小叶倒广卵形；花白色，重瓣，多朵簇生，有淡香；北京常见。

以上变种与变型还有不同品种和品系，有色有香，丰富多彩，广泛栽植于园林，多作花柱、花门、花篱、花架以及基础种植、斜坡悬垂材料，也可盆栽或切花观赏。栽培管理粗放，必要时略行疏剪或轻度短剪。一些品种易罹白粉病，可用石灰磺黄合剂防治。

12. 凌霄（紫葳，女葳花）（图 3-191）

Campsis grandiflora (Thunb.) Loisel.

紫葳科、凌霄属。

图 3-190　野蔷薇

形态：落叶藤木，长达 10m；树皮灰褐色，呈细条状纵裂；小枝紫褐色。小叶 7~9，卵形至卵披针形。长 3~7cm，端长尖，基部不对称，缘疏生 7~8 锯齿，两面光滑无毛。疏松顶生聚伞状圆锥花序；花萼 5 裂至中部；花冠唇状漏斗形，鲜红色或橘红色。蒴果长如荚，顶端钝。花期 6~8 月。

分布：原产中国中部、东部，各地有栽培。日本也产。

习性：喜光而稍耐荫，幼苗宜稍庇荫；喜温暖湿润，耐寒性较差，华北幼苗越冬需加保护；耐旱忌积水；喜微酸性、中性土壤。萌蘖力、萌芽力均强。

观赏特性及园林用途：凌霄干枝虬曲多姿，翠叶团团如盖，花大色艳，花期甚长，为庭园中棚架、花门之良好绿化材料；用以攀缘墙垣、枯树、石壁，均极适宜；点缀于假山间隙，繁花艳彩，更觉动人；经修剪整

图 3-191　凌霄

枝等栽培措施，可成灌木状栽培观赏；管理粗放、适应性强，是理想的城市垂直绿化材料。凌霄花粉有毒，须加注意，茎、叶、花均入药。

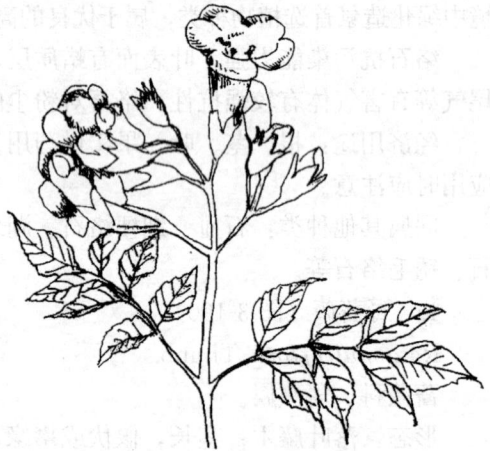

13. 美国凌霄（图 3-192）

Campsis radicans (L.) Seem.

紫葳科、凌霄属。

形态：落叶藤木，长达 10 余 m。小叶 9~13，椭圆形至卵状长圆形，长 3~6cm，叶轴及叶背均生短柔毛，缘疏生 4~5 粗锯齿。花数朵集生成短圆锥花序；萼片裂较浅，深约 1/3；花冠筒状漏斗形，较凌霄为小，径约 4cm，通常外面橘红色，裂片鲜红色。蒴果筒状长圆形，先端尖。花期 6~8 月。

原产北美。我国各地引入栽培。

喜光，也稍耐荫；耐寒力较强，华北能露地越冬；耐干旱，也耐水湿；对土

壤不苛求，能生长在偏碱的土壤上，又耐盐，在土壤含盐量为 0.31% 时也正常生长。深根性，萌蘖力、萌芽力均强，适应性强。

繁殖及用途同凌霄。

14. 金银花（忍冬，金银藤）（图 3-193）

Lonicera japonica Thunb.

忍冬科、忍冬属。

形态：半常绿缠绕藤木，长可达 9m。枝细长中空，皮棕褐色，条状剥落，幼时密被短柔毛。叶卵形或椭圆卵状卵形，长 3～8cm，端短渐尖至钝，基部圆形至近心形，全缘，幼时两面具柔毛，老后光滑。花成对腋生，苞片叶状；萼筒无毛；花冠二唇形，上唇 4 裂而直立，下唇反转，花冠筒与裂片等长，初开为白色略带紫晕，后转黄色，芳香。浆果球形，离生，黑色。花期 5～7 月；8～10 月果熟。

分布：中国南北各省均有分布，北起辽宁，西至陕西，南达湖南，西南至云南、贵州。

变种：

(1) 红金银花 var. *chinensis* Baker：小枝、叶柄、嫩叶带紫红色，花冠淡紫红色。

(2) "黄脉" 金银花 cv. Aureo-reticulata Nichols：叶较小，网脉黄色。

习性：喜光也耐荫；耐寒；耐旱及水湿；对土壤要求不严，酸碱土壤均能生长。性强健，适应性强，根系发达，萌蘖力强，茎着地即能生根。

观赏特性及园林用途：金银花植株轻盈，藤蔓缭绕，冬叶微红，花先白后黄，富含清香，是色香具备的藤本植物，可缠绕篱垣、花架、花廊等作垂直绿化；或附在山石上，植于沟边，爬于山坡，用作地被，也富有自然情趣；花期长，花芳香，又值盛夏酷暑开放，是庭园布置夏景的极好材料；又植株体轻，是美化屋顶花园的好树种；老桩作盆景，姿态古雅。花蕾、茎枝入药，是优良的蜜源植物。

图 3-192　美国凌霄　　　　　　　　　图 3-193　金银花

思考题

1. 针叶植物中哪些是常绿、落叶、乔木、灌木？
2. 月桂、桂花有何区别？
3. 比较阔叶十大功劳与枸骨、广玉兰与含笑、海桐与蚊母的异同。
4. 哪些植物的叶在春天是红色？
5. 先叶开花树木在设计时应注意哪些问题？
6. 比较杨梅、枇杷、柿树的树形、生活型、果色。
7. 比较紫藤与凌霄的开花习性。
8. 哪些树木适合作城市行道树？
9. 举例说明防噪声植物的选择标准。
10. 用你认识的树木说明植物的吸尘、抗有害气体等环境功能。

第四章　园林花卉

"卉"是草本的总称，"园林花卉"主要指一类以观赏性为主（观花、观叶等），兼有其他功能价值的草本植物。人们对园林花卉栽培利用的方式有多种，对花卉分类的依据各不相同。有依照自然分科属、生态习性、栽培方式、自然分布、园林及经济用途等。其中以生态习性的分类较为多用。

生态习性的分类，是依据不同地区的气候条件及花卉的耐寒力，将之分为露地花卉与温室花卉，这个概念在不同地区所包含的种类不一致。如在温暖地区为露地花卉，而移至寒冷地区则为温室花卉。本章主要以上海地区气候条件为划分种类的依据，说明之。

一、露地花卉

露地花卉指繁殖栽培均在露地进行的一类花卉。按照其生态习性与生命周期可分为：一、二年生草花，多年生花卉（宿根花卉、球根花卉、水生花卉等）。现分别叙述如下。

1. 一、二年生草花

一年生草花，即春播草花。指春天播种，当年内开花结实，并完成其生活史的种类。它们均不耐严寒，冬季到来前枯死。如鸡冠花、一串红、半枝莲、百日草、紫茉莉等。二年生草花，即秋播草花。指秋季播种，第二年春天开花，需要跨两个年头完成生活史的种类。它们在露地越冬，耐寒性强。如羽衣甘蓝、三色堇、雏菊、金盏菊、花菱草等。这一类多为长日照植物。在上海气候条件下，有些种类耐寒力稍弱，在冬季需要加防寒措施才能安全越冬，如金鱼草、矢车菊等。

2. 多年生草花

（1）宿根花卉：指耐寒性强，冬季在露地能安全越冬的一类多年生花卉。依冬季地上茎叶枯死与否，又分为落叶与常绿二类，前者如菊花、芍药，后者如万年青、麦冬等。如将万年青、麦冬移至北方寒冷地区栽培时，即不能在露地越冬，则成为温室花卉。

（2）球根花卉：指地下部分变异肥大，不论是茎或根都形成球状或块状的一类多年生花卉。其包含的类型有：

① 球茎类：外形如球或扁球，内部实心，其外有数层膜质外皮，有明显的节，节上生有叶变形的皮膜和芽（主芽、侧芽），如唐菖蒲、小苍兰、番红花等。

② 鳞茎类：系由多数肥厚鳞叶着生于扁平的茎盘上。外被纸质外皮的叫做有皮鳞茎，如水仙花、风信子、郁金香等；外面没有外皮包被全球茎的叫做无皮鳞茎，如百合、贝母等。

③ 块茎类：主根肥大成块状，外形不整齐，块茎顶端通常有几个发芽点。

属此类的有马蹄莲、大丽花、球根海棠、彩叶芋等。

④ 根茎类：地下茎肥大而形成粗长之根茎，其上有明显的节与节间，节处生根，在每一节上通常可以发生侧芽，尤以根茎顶端节处发生较多。此类花卉有美人蕉、鸢尾、睡莲及荷花等。

球根花卉也有按种植季节分类的，春植球根类，是在春季将球根栽种后，夏秋开花，入冬地上部分枯死，如唐菖蒲、大丽花、美人蕉等。秋植球根类，是在秋末栽种，春季开花，夏季休眠，如郁金香、风信子、水仙花等。

二、温室花卉

是一类原产于热带、亚热带及暖温带南部的花卉。它们在寒冷地区不能露地越冬，必须有温室设备以满足其对温度的要求，才可正常生长。其中有茎肥厚呈掌状、柱状或球状，叶变态呈刺状或叶肥厚、多汁呈片状、球芽状，茎叶内具有发达的贮水组织的植物，被称为仙人掌与多肉多浆植物。如仙人掌科、景天科、番杏科、萝藦科等。

三、其他花卉分类

1. 根据植物对温度的不同要求，及耐寒能力差异，将之分为：

(1) 耐寒花卉：原产温带及寒带的二年生花卉、落叶宿根和秋植球根花卉等，在我国北方寒冷地区能露地越冬，一般能耐0℃左右的温度，其中一部分种类还能忍耐−5～−10℃低温。在北京如三色堇、二月兰、金鱼草、萱草、玉簪、地被菊、芍药、郁金香、风信子、牡丹、丰花月季、榆叶梅等，均能露地越冬。

(2) 半耐寒花卉：原产温带较暖地区，耐寒力介于耐寒与不耐寒花卉之间，在北方冬季需稍加防寒便能越冬。如在北京，金盏菊、紫罗兰、桂竹香等，秋季播种，在早霜到来前移入冷床中保护越冬。菊花、月季、石榴、梅花等要在冷室内过冬或包草、覆土加以保护。

(3) 不耐寒花卉：原产热带及亚热带的一年生花卉，春植球根花卉和常绿草本和木本花卉等在生长期间要求高温，不能忍受0℃以下的温度，其中一部分种类还不能忍受5℃左右温度。因此在北方，这类花卉生长发育必须在一年中无霜期内进行，或在温室内栽培。在北京如凤仙花、鸡冠、翠菊、麦秆菊、万寿菊等，在春季晚霜过后开始生长发育，到秋季早霜到来时死亡。唐菖蒲、晚香玉、美人蕉、大丽花等春天土解冻后种植，秋末必须将地下部分挖回，放到室内贮藏越冬。瓜叶菊、吊兰、报春花、喜林芋、彩叶凤梨、棕竹、山茶、巴西木、橡皮树等均要在温室内栽培。在冬季养护时，应根据它们对温度不同要求分别进入低温、中温和高温温室栽培。

2. 按植物对光照强度的不同要求，可分为：

(1) 阳性花卉：原产于热带及温带平原上、高原南坡、高山阳面的花卉，该类花卉必须在完全的光照下生长，不能忍受若干蔽荫。如多数露地一、二年生草花和宿根、球根花卉，仙人掌科、景天科等多浆植物，水生花卉及多数落叶木本花卉。如月季、牡丹、扶桑、夹竹桃、石榴等，它们都喜强光，在蔽荫环境下，生长发育会受到影响。

(2) 阴性花卉：原产于热带雨林、高山阴坡及森林下面的花卉，不能忍受强烈的直射光照，生长期要求 50％～80％的蔽荫度才能生长良好，一般在温室内培养需加遮阳网遮荫，室内需在荫棚下养护。如兰科植物、蕨类植物，天南星科、姜科、凤梨科等植物多属此类。这类花卉适合在室内摆放，也称室内花卉。

（3）中性花卉：原产于热带和亚热带地区花卉，对光照强度的要求介于上述二者之间，一般喜阳光充足，但在微荫下也能生长良好。如萱草、耧斗菜、桔梗、杜鹃、山茶、棕竹、八仙花等。这类花卉在我国北方的夏季必须放在疏荫下养护。

3. 按花卉对光照时间长短的不同要求，可分为：

（1）长日照花卉：由营养生长期进入生殖生长期，每日所需光照时间必须在12h 以上（一般 14～16h）的植物。如唐菖蒲、百合和矢车菊、金鱼草、虞美人、紫罗兰、飞燕草等二年生花卉。

（2）短日照花卉：从营养生长期进入生殖生长期，每日所需光照在 10～11h以下的花卉。如菊花、一品红、叶子花等。

（3）中日照花卉：这类花卉对光照长短要求不严格，无论在长日照或短日照下都可以开花。如香石竹、紫茉莉，还有大丽花、马蹄莲、仙客来、四季海棠、月季、扶桑等。

4. 按照花卉对水分要求的差异（由原产地降雨量和分布状况影响而形成的），可分为：

（1）旱生花卉：这类花卉大多原产于炎热干旱的荒漠地带，耐旱性强，能忍受较长时间的空气和土壤干旱。如仙人掌类和多浆植物，为了适应干旱的环境，它们茎肥厚呈柱状或球状，内具发达的贮水组织，叶片变小或退化成刺状，以减少蒸腾。

（2）湿生花卉：这类花卉原产于热带雨林或阴湿森林中，生长期间要求经常有大量水分存在。如蕨类植物、热带兰和天南星科、鸭趾草科、凤梨科植物等。

（3）中生花卉：大多数花卉都属于这一类，对水分要求介于以上两者之间，有一些种类偏于旱生花卉特征，有一些则偏重于湿生花卉的特征。

（4）水生花卉：这类花卉必须在水中生长。常见种类分以下四类：

1）挺水植物：即叶离开水面，根生长在泥里。如荷花、慈菇、千屈菜、水葱等。

2）浮水植物：即叶浮在水面上，根生长在泥里，如睡莲、芡实等。

3）漂浮植物：叶浮在水面，根不生在泥土里，可随水漂动。如凤眼莲等。

4）沉水植物：平时植株生长在水里，开花时才出水面。如金鱼藻等。

5. 依据自然分布生境状况，可分为：热带花卉、温带花卉、寒带花卉、高山花卉、水生花卉、岩生花卉、沙漠花卉等。

6. 依据经济用途分为：药用花卉、香料花卉、食用花卉、其他用途花卉。

7. 依据观赏部位分为：观花类、观果类、观叶类、观茎类等。

8. 依据园林用途分为：花坛花卉、盆栽花卉、室内花卉、切花花卉、水景花卉、岩石园花卉、棚架花卉等。

第一节 一、二年生花卉

1. 羽衣甘蓝（叶牡丹，牡丹菜，花菜）（图 4-1）

Brassica oleracea var. *acephala* f. tricolor Hort.

十字花科、甘蓝属。

形态：二年生越冬草本，株高 30～40cm（连花序高达 120cm），直立无分枝，茎基部木质化。叶矩圆倒卵形，宽大，长可达 20cm，被白霜。叶柄粗而有翅，重叠着生于短茎上，叶缘呈细波状皱叠。总状花序顶生，有小花 20～40 朵，花期 4 月。长角果细圆柱形，种子球形。

变种、变型及品种：分红紫叶和白绿叶两大类。前者心部叶呈紫红、淡紫红或雪青色，茎部紫红色；后者心部呈白色或淡黄色，茎部绿色。种子前者红褐色，后者黄褐色。

产地及分布：原产西欧。

习性：耐寒，喜阳光充足及肥沃土壤。

用途：全株可作饲料。因其耐寒，叶色鲜艳，故为冬季花坛的重要材料，亦可盆栽观赏。

图 4-1 羽衣甘蓝

2. 金盏菊（长生菊，常春花，金盏花，黄金盏）（图 4-2）

Calendula officinalis L.

菊科、金盏菊属。

形态：一年生草本，微有毛，株高 50～60cm。叶互生，多肉，矩圆形至矩圆状倒卵形。头状花序单生，总花梗粗壮，花序直径 4～10cm。舌状花在原种仅有一轮排于盘缘，黄色。盘心筒状花黄色不育。花期 3～6 月。瘦果船形、爪形、环形。

产地及分布：原产欧洲南部，目前世界各地广为栽培。

习性：能耐寒，但不耐暑热。生长迅速，适应性强，耐瘠薄土壤，但喜向阳轻松土壤；在气候温和、土壤肥沃条件下，开花大而多。天气炎热时或生长后期，花变小，花瓣显著减少。在原产地花期极长，自晚春至秋不绝，但在上海，入夏即枯萎。能自播。

用途：含芳香油，全草入药，性微苦、辛、凉、可发汗利尿。欧洲有取花晒干，揉下舌状花花冠贮藏，作燉汁或汤调味用。可作花坛或花境材料，也可作切花或早春盆花。

图 4-2 金盏菊

3. 雏菊（延命菊，春菊，马兰头花）（图 4-3）

Bellis perennis L.

菊科、雏菊属。

形态：多年生草本，作二年生栽培。株高 15～20cm。叶基部簇生，倒卵形或匙形。头状花序单生，径 3～5cm，着生于 10～15cm 的花葶上。舌状花条形，平展，单轮排列于盘边，白或淡红色。盘心管状花，黄色。花期 3～6 月。瘦果倒卵形。

变种、变形及品种：园艺变种多为"重瓣"种。有平瓣重瓣种，舌状花平展，满心，白、浅红及背深面淡的红花种。有卷瓣重瓣种，舌状花两缘向后中线纵向翻卷呈筒状，有深红、粉红和白色。有矮生小花种，深粉红卷瓣小花，丛株矮而圆整。有斑叶种，叶有黄斑黄脉。有重花种，在一个头状花序开谢后，从总苞鳞片腋部再生出 1～4 朵小花。

图 4-3　雏菊

产地及分布：原产西欧。

习性：耐寒，但不耐酷热，喜气候温和的夏季。能适应一般园土，但对排水良好的肥沃壤土最为适宜。花谢后，种子落地，在梅雨时能萌发成大量苗株。

用途：为优良的花坛材料，亦可用于花境边缘，或盆栽观赏。

4. 蛇目菊（小波斯菊，金钱菊，金星菊，铁菊，孔雀菊）（图 4-4）

Coreopsis tinctoria Nutt.

菊科、金鸡菊属。

形态：一年生草本，植株光滑多分枝，株高 60～90cm。叶对生，基部叶有长柄，二回羽状深裂，裂片线形或披针形，长 6～10cm；上部叶无柄或有翅柄，裂片线形。头状花序有总梗，着生在纤细枝条顶端，成松散的聚伞花序，直径 3～4cm。舌状花单轮，通常 8 枚，黄色，基部红褐色，先端有 3 齿浅裂。盘心花暗紫色。花期 6～8 月。瘦果纺锤形。

用途：全草药用，味甘，性平。有清热解毒、化湿的功效。矮种可作花坛、花境边缘。高株者可作花境材料或作地被植物用。

5. 波斯菊（秋英，秋樱，大波斯菊）（图 4-5）

Cosmos bipinnatus Cav.

菊科、秋英属。

形态：一年生草本，株高 120～150cm。叶对生，长约 10cm，二回羽状全裂，裂片稀疏，线形，全缘。头状花序有长总梗，顶生或腋生，花序径 5～8cm。盘缘舌状花先端截形或微有齿，淡红或红紫色，盘心黄色。花期 9 月至降霜。瘦果有喙。

图 4-4　蛇目菊

图 4-5　波斯菊

习性：不耐寒，不喜酷热。性强健，耐瘠土，但土壤过肥时，枝叶徒长，开花不良。在上海 7、8 月停止生长，即使开花，也不能结籽。偶能自播繁衍。

用途：可入药，有清热解毒、明目化湿之用。种子可榨油。可作花境材料或背景材料，也可植于树坛中，以增加色彩。又为优良的切花材料。

6. 万寿菊（臭芙蓉，蜂窝菊）（图 4-6）

Tagetes erecta L.

菊科、万寿菊属。

形态：一年生草本，株高 60～100cm。茎粗壮，光滑。叶对生，羽状全裂，裂片长圆形或披针形，有锯齿。上部叶裂片的锯齿或顶端常具长而软的芒。叶缘具数个大的油腺点。头状花序单生，径 6～10cm，黄或橙色。总花梗粗壮，接近花序处肿大。花期 6 月至霜降。瘦果黑色，下端浅黄，冠毛淡黄色。

变种、变形及品种：变种花色变化自淡黄、柠檬黄、金黄、橙黄至橙红。根据植株高低，可分为高茎种，株高 100cm，花形大；中茎种，株高 60～70cm；矮生种，株高 30～40cm，花形较小。

习性：不耐寒，喜温热，但在酷暑时生长不良。对土壤要求不严。

用途：花、叶药用，味微苦辛、性凉。有清热化痰、补血通经、去瘀生新的功效。

中、矮型种可作花坛、花境材料，并可盆栽或切花。高茎种除用于切花外，并可作背景材料，通过延迟播种等法控制高度，亦可盆栽。

图 4-6　万寿菊

图 4-7　百日草

7. 百日草（火球花，秋罗，百日菊，步步高）（图 4-7）

Zinnia elegans Jacq.

菊科、百日草属。

形态：直立性一年生草本，株高 40～90cm，茎被短毛。叶对生，微呈抱茎状。叶片广卵圆形至椭圆形，全缘，长 6～10cm，阔 2.5～5cm，具有短的粗硬毛。头状花序直径为 5～12cm，总花梗单生。舌状雌花倒卵形，顶端稍向后翻卷，紫红色或淡紫色。管状两性花上端有 5 浅裂，黄色或橙黄色。花期 7 月至降霜。瘦果形大，有两种形态：舌状雌花所结果从楔状广卵形至瓶形，顶端尖，中部微凹；管状两性花所结果椭圆形，较扁平，形较小。

习性：性强健，耐干旱，喜阳光，喜肥沃深厚壤土。忌酷热。

用途：园林中系优良花境材料，矮生种可作花坛材料或盆栽。又可作切花，特以中茎种为佳。叶、花均可入药，性微苦凉，能消炎祛湿热。

8. 大花三色堇（蝴蝶花，蝴蝶梅，游蝶花，鬼脸花）（图 4-8）

Viola tricolor var. *hortensis* DC.

堇菜科、堇菜属。

形态：二年生草本，株高 30cm，多分枝。叶互生，基生叶有长柄，叶片近圆心形，茎生叶矩圆状卵形或宽披针形，边缘具圆钝锯齿。花大，两侧对称，径 4～6cm，侧向。通常每花具三色，即蓝、黄和白色，故名。花瓣 5 枚，近圆形。花期 3～5 月。蒴果椭圆形，三瓣裂。种子倒卵形。

产地与分布：原产西欧，现世界各国广为栽种。

习性：喜凉爽气候和阴凉潮润土壤，但在任何精细耕作和充分施用腐熟有机肥的土，都能生长良好。能自播繁殖。

用途：三色堇为优良春季花坛材料，开花早，花期长，色彩丰富。并可盆栽。花坛栽培注意摘除残花，压定长条，则花期可以延长。盆栽于冷床越冬，早春开花，有时 12 月能开 1～2 朵大形花。全草入药，茎叶含三色堇素，花含芸香甙等，为止咳剂，并可治小儿瘰疬。

图 4-8　大花三色堇　　　　　图 4-9　虞美人

9. 虞美人（丽春花，蝴蝶满园春）（图 4-9）

Papaver rhoeas L.

罂粟科、罂粟属。

形态：一、二年生直立草本，分枝纤细，株高 30～90cm，被伸展性糙毛。叶互生，整齐羽状深裂，裂片披针形，具粗锯齿。花单生，花蕾卵球形，有长梗，未开放时下垂；花径在 5cm 以上，瓣片 4 枚，近圆形，全缘，有时具圆齿或锐刻。花色自白经红至紫，并有斑纹品种。花期 5～6 月。蒴果呈截顶球形，种子肾形。

变种、变型及品种：有复瓣种和重瓣种，并有白边红花和红边白花等间色品种。

产地及分布：原产欧亚大陆温带。

习性：耐寒。根系深长，不耐移植，而能自播。对土壤要求不严，但喜向阳、排水好的沙质土壤。

用途：为优良的花坛、花境材料，也可盆栽或栽作切花用。用作切花者，须在花蕾半放时剪下，立即浸入温水中，防止乳汁外流过多，否则花枝很快萎缩，花朵也不能全开。

10. 半支莲（龙须牡丹，松叶牡丹，太阳花，草杜鹃，洋马齿苋）（图 4-10）

Portulaca grandiflora Hook.

马齿苋科、马齿苋属。

形态：一年生肉质草本，株高 10～15cm，匍生或微向上。叶互生或散生，圆柱形。花 1～3 或 4 朵簇生于枝顶。花径 3～4cm，基部有 8～9 枚轮生的叶状苞片，并生有白色长柔毛。花瓣 5 枚，倒卵形，先端有浅凹，有白、黄、红、紫等色。花于日出后开放至午后凋谢，阴天至傍晚始凋谢。花期 6 月下旬至 9 月。蒴果盖裂，种子细小多数。

变种、变型及品种：庭园栽培主要为重瓣种，有：白、白花红点、雪青、淡黄、深黄、妃红、棕红、大红、深红和紫红，除前三种花色的茎部为绿色外，其余均为浅棕红色。

产地及分布：原产巴西。

习性：不耐寒，忌酷热，喜干燥沙质土壤，耐瘠土，能自播。

用途：为毛毡花坛、花坛边缘、花境边缘的良好材料，也可种植于斜坡或石砾地；亦可作盆花。药用全草，治感冒、烧烫伤。

图 4-10　半支莲

11. 石竹（洛阳花）（图 4-11）

Dianthus chinensis L.

石竹科、石竹属。

形态：宿根性不强的多年生草本，通常多作一、二年生花卉栽培。株高20～45cm，茎簇生直立，叶对生，互抱茎节部，条形或宽披针形。花顶生枝端，单生或数朵簇生，花径 2～3cm，花瓣 5 枚，花色有红、粉红、紫红、白色等，花瓣先端有不整齐浅齿裂。花期 4～5 月，果熟期 6 月。

产地及分布：系我国原产的著名一、二年生花卉，东北、西北至长江流域山野均有，现在国内外普遍栽培。

习性：耐寒，耐干旱，不耐酷暑。喜阳光充足、干燥、通风、凉爽的环境，喜排水良好、含石灰质的肥沃土壤，忌潮湿、水涝。

图 4-11 石竹

繁殖：9 月初播于露地苗床，发芽适温 20℃。也可利用茎基部萌生的丛生芽条扦插繁殖。

用途：为重要的春季花坛、花境材料，也可盆栽。高茎品种可作切花。全草入药，有清热利尿的功效。

同属其他花卉：

(1) 须苞石竹 *D. barbatus* L.（五彩石竹、美国石竹、大头石竹、美人草）：宿根草本，可作一、二年生花卉栽培。花色有白、粉红、紫色，并有环纹、斑点、镶边等。花期 5～6 月。习性同石竹，但宿根性较石竹强。

(2) 常夏石竹 *D. plucmarius* L.：宿根草本，丛生，植株光滑被白霜，高 15～30cm，基部叶狭条形，端尖，缘具细齿，花玫红或粉红，有环纹或中心色较深，芳香。花期 6 月。

12. 金鱼草（龙口花，龙头花，洋彩雀）（图 4-12）

Antirrhinucm cmajus L.

玄参科、金鱼草属。

形态：多年生草本，常作一、二年栽培。株高 30～90cm。叶对生或上部互生，矩圆状披针或披针形，长可达 7cm。总状花序顶生，长达 25cm 以上。花具短梗，花冠筒状唇形，外被绒毛。花色有白、黄、红、紫及间色，喉凸顶部黄色明显。花期 5～6 月。蒴果卵形，种子细小。

产地和分布：原产地中海区域，现为世界广泛栽培的草花之一。

习性：能耐寒，喜轻松、肥沃、排水良好土壤。不耐酷热，但耐半荫。稍耐石灰质土壤，能自播。

用途：为优良的花坛及花境材料，高茎种可作背景材料，或作切花；中、矮茎种可作盆花用。全草入药，性凉味苦，具清热凉血、消肿之效。

13. 美女樱（四季绣球，铺地锦，合平南，苏叶梅）（图 4-13）

Verbena hybrida Voss.

马鞭草科、马鞭草属。

形态：多年生草本，常作一、二年生栽培。株高 30～50cm，枝条外倾，全株被灰色略硬而开展性的长毛，但叶

图 4-12 金鱼草

图 4-13 美女樱

面处较不显著。叶对生，具柄，矩圆形或矩圆状卵形，长5～10cm，先端钝，边缘具阔而不相等的圆齿，近基部略呈裂片状。穗状花序顶生，但开花部分呈伞房状。花呈白、粉、红、紫、蓝等。花期 4 月至降霜。小坚果长 4～5mm，短棒状，浅灰褐色或茶褐色。

产地及分布：本种系种间杂种，原种产于南美巴西、秘鲁等地。

习性：能耐寒，性喜向阳、排水良好的肥沃土壤，夏季不耐干旱。

用途：由于植株低矮茂密圆整，花期长而花色多，适作夏秋花坛、花境材料，或作树坛边缘绿化，亦可盆栽作冬春温室用花。全草入药，有清热凉血之效，主治咽喉炎、乳腺炎等。

附：同属其他花卉：细叶美女樱（*V. tenera* Spreng.）：多年生草本，茎基部稍带木质化，丛生，外倾，节部生根，株高20～30cm。枝条细长，四棱，微生毛，叶 3 深裂，每个裂片再次羽状分裂，小裂片呈条形，端尖，全缘。叶有短柄。穗状花序顶生。花冠玫紫色。花期自 4 月至降霜。繁殖可用播种、扦插、压条、分株等法。采种时因成熟坚果易自行散落，应在花序中部坚果刚成熟时（发黄）采取。能耐寒，能自播，丛株覆盖地面可作花径、花境边缘或地被材料。

14. 长春花（日日草，山矾花）（图 4-14）

Catharanthus roseus G. Don.

夹竹桃科、长春花属。

形态：直立性多年生草本或半灌木，作一年生栽培。株高 60cm。叶对生，革质，倒卵状矩圆形。聚伞花序顶生或腋生，有花 2～3 朵，花冠深玫红色，往往具有红心。花径 2.5～3cm。花期 8 月至降霜，果 2 个，直立，种子近不规则圆柱形。

变种、变型及品种：有白花种和白花红心种。

产地及分布：原产热带非洲东部。

习性：不耐寒，喜温热，喜含有腐殖质的轻松壤土。

用途：可作夏秋花坛、花境材料，盆栽亦好。全草药用，含长春花碱，可治高血压、急性白血病、淋巴肿瘤等。

图 4-14 长春花

15. 凤仙花（指甲花，金凤花，小桃红，急性小，透骨草）（图 4-15）

Impatiens balsamina L.

凤仙花科、凤仙花属。

形态：一年生草本，株高 30～80cm。茎肉质，茎部青绿色或红褐色，常与花色有关。叶互生，狭或阔披针形，边缘有锐齿。花多侧垂，花梗短，单生或数朵簇生叶腋。花大，花色繁多，花期 6～8 月。蒴果纺锤形，种子球形。

变种、变型及品种：园艺变种很多，我国清初赵学敏著《凤仙谱》记载凤仙 200 余种。

花色变化，自白、粉红、玫红至大红，自淡雪青至茄紫及紫红，并有底色红紫不同的白斑种及间色种。

另有直立型凤仙，株高 50～60cm，直立，无或少分枝，花重瓣，茶花凤仙即属此类。高茎凤仙分枝多，高达 80cm 以上，重瓣性不强。

产地及分布：原产印度、马来西亚和中国南部，现世界各国都有栽培。

习性：不耐寒，能自播繁殖，对土壤适应性强，但喜潮润而排水良好的土壤。因茎部肉质多汁，夏季干旱往往落叶而凋萎。

用途：可作花坛、花境材料，或盆栽；亦可用作空隙地绿化。全草及花、种子可入药，有活血通经，消积等功能。种子名急性子，兼可榨油。

附：同属其他花卉：

(1) 巴富凤仙（*I. balfouri* Hook.）：多年生草本，株高 90cm，多分枝。花大，6～8 朵簇生成总状花序。原产喜马拉雅山区西部。

(2) 何氏凤仙（*I. holstii* Engler&Warb.）：多年生草本，株高 60cm，花大，径 4.5cm，砖红色，单生，或 2 朵簇生。原产非洲热带东部。为温室盆栽植物。有矮生种。

图 4-15 凤仙花

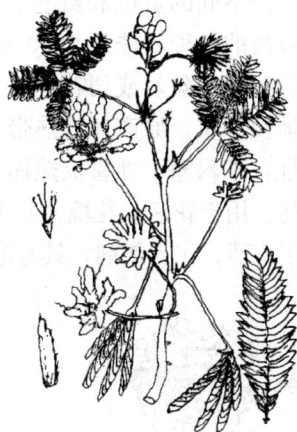

图 4-16 含羞草

16. 含羞草（知羞草，怕羞草）（图 4-16）

Mimosa pudica L.

豆科、含羞草属。

形态：直立或蔓生多年生草本，因不耐寒，上海地区作一年生栽培。茎基部木质化，株高 40～60cm。枝上散生倒毛和锐刺。羽片 2～4 个，掌状排列。小叶 14～48 个，触之即闭合下垂，矩圆形。头状花序矩圆形，花淡红色，花期 7～10 月。荚角扁，有 3～4 荚节，每荚有一粒种子，种子圆形。

产地及分布：原产美洲热带，现广布于热带各地。

习性：不耐寒，能自播繁殖。对土壤适应性强，尤喜湿润的肥沃土壤。

用途：含羞草如轻触其小叶，小叶即闭合；触羽片，全羽片即闭合下垂；触全叶，全叶亦闭合下垂，是颇为群众喜爱的盆栽植物，又为植物课的教学材料。全草药用，能安神镇静，止血收敛，散瘀止痛，种子含油约17%。

17. 鸡冠花（图4-17）

Celosia cristata L.

苋科、青葙属。

形态：一年生草本花卉，高40～90cm，茎直立。叶互生，卵形，卵状披针形或披针形，长达20cm，顶部渐尖，基部渐狭，全缘，有柄。花序顶生，呈黄、白或红紫色，扁化，折叠如鸡冠状，中部以下多花，观赏期8～10月。胞果卵形。

变种、变型及品种：鸡冠变种、变型和品种很多。以植株高度来分，有矮生种（20～30cm），中茎种（40～60cm），高茎种。以花期分，有旱花和晚花的区别。鸡冠形状有球形和扁球形。色彩自淡黄（近白）至金黄和棕黄，又自玉红、玫红、橙红至紫红色，并有黄系和红系夹杂的洒金、二乔等复色。

凤尾鸡冠（var. *pyramidalis*），又名芒花鸡冠、笔鸡冠，一年生草本花卉，高80～120cm。茎粗壮多分枝，植株外形呈等腰三角形。穗状花序聚集成三角形的圆锥花序，直立或略倾斜，着生于枝顶，呈羽毛状。观赏期9月至降霜，色彩有各种深浅不同的黄色和红色。并有矮生品种，高40cm。习性及栽培同鸡冠，但茎部较高的品种其株距为60cm。除为秋季花坛重要材料外，并可用于"四旁"及隙地的绿化，盆栽或切花。

产地及分布：原产亚洲热带，现全世界多有栽培。

习性：不耐寒，性喜炎热而干燥的气候，喜砂质土壤。

用途：用于花坛、花境，并可盆栽，也可散植，配置于树坛空隙，效果很好。花及种子入药，作收敛剂，具有凉血、止血、止泻、止带等功效。种子含脂肪。

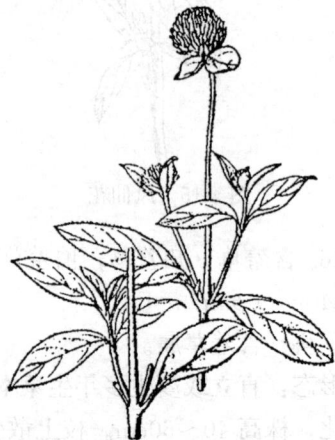

图4-17　鸡冠花　　　　　　　图4-18　千日红

18. 千日红（火球花，千年红）（图 4-18）

Gomphrena globosa L.

苋科、千日红属。

一年生草本，被灰白色长毛，株高 40～60cm，茎强直多分枝，具沟纹，在节部膨大。叶对生，长椭圆形或矩圆状倒卵形，长 1.5～5cm，全缘。头状花序单生，或 2～3 个着生于枝顶，花序无柄，有长总花梗；花序球形渐开渐伸长呈长圆形，直径 2cm。每花有小苞片 2 个，膜质发亮，呈紫红色。花期 8 月至降霜。胞果近球形，种子细小，橙黄色。

变种、变型及品种：千日白，小苞片白色；千日粉，小苞片粉红色。此外，还有近淡黄和近红色的变种。

产地及分布：原产热带地区，现世界各地广为栽培。

习性：不耐寒，喜温热，喜向阳、肥沃、疏松土壤。

用途：为花坛、花境材料。作盆花经久耐用。花残谢后可整枝施肥，重新萌发新枝，再次开花。又可作切花和"干花"用，在花序未伸长前切取，扎束晾干，于冬季用作花圈、花篮等。花序入药能祛痰，用于止咳平喘，平肝明目。

19. 一串红（西洋红，墙下红，爆竹红）（图 4-19）

Salvia splendens Ker.-Gawl.

唇形科、鼠尾草属。

形态：多年生草本或亚灌木作一年生草本栽培，株高约 30～80cm。叶对生有柄，卵形或三角状卵形，长 5～8cm。轮伞花序具 2～6 花，密集成顶生假总状花序。花萼钟状，和花冠同红色。花期 8 月至霜降。小坚果卵形，有三棱。

变种、变型及品种：变种有一串白（var. *alba*），一串紫（var. *atropurura*），丛生一串红（var. *compacta*），植株较矮，花序较密，亮红色。另有一个同型白花种，矮一串红（var. *nana*）：植株高 20cm，花亮红色。

产地及分布：原产巴西，现世界各国广为栽培，我国应用甚多。

习性：不耐寒，喜向阳肥沃土壤。

用途：为重要节日用花，盆栽、花坛均极需要。全草入药，味甘性平，有凉血消肿之效。

20. 茑萝（羽叶茑萝，茑萝松，游龙草，锦屏封）（图 4-20）

Quamoclit pennata Bojer.

旋花科、茑萝属。

形态：一年生柔弱缠绕草本，茎光滑，长可达 4m。叶互生，羽状细裂，长 4～7cm，裂片条形，基部二裂片再二裂。聚伞花序腋生，有花数

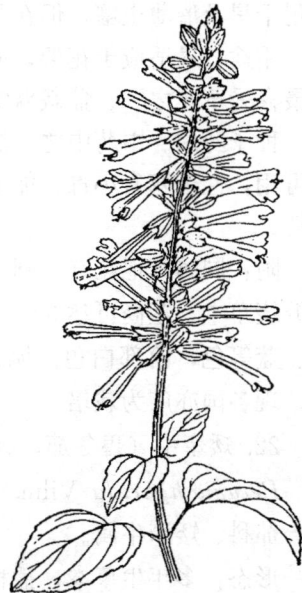

图 4-19　一串红

243

图4-20 茑萝

朵。花冠高脚碟状，长2.5cm，深红色，花冠筒上部稍膨大，冠边平展，5浅裂。花期8月至降霜。蒴果卵圆形，种子4，卵圆形。

变种、变型及品种：有白花种（var. *alba*）。

产地及分布：原产热带美洲，现各国广为栽培。

习性：不耐寒，能自播。大苗不适应移植。

用途：可用作篱垣、棚架绿化材料，又可用以遮盖表面不美观的物体。盆栽可搭架攀缘，做成各种形状。全草及根可入药，清热消肿，主治神经衰弱，感冒发热，痈疮肿毒。

21. 牵牛花（大花牵牛，裂叶牵牛，喇叭花，朝颜）（图4-21）

Pharbitis nil Choisy.

旋花科、牵牛属。

形态：一年生缠绕草本，茎高可达3m，全株被粗硬毛。叶互生，近卵状心形，长8～15cm，常呈三浅表裂，叶柄长5～7cm。花序腋生，有花1～2朵，常为1朵。花径可达10cm，甚至超过。花色甚多。花冠漏斗状，顶端5浅裂。花期6～10月。蒴果球形，成熟时胞背开裂。

图4-21 牵牛花

产地及分布：原产亚非热带，现广泛栽种于全世界，而以日本为栽培中心。

习性：不耐寒，宜植于向阳地方，能耐干旱及瘠薄土壤，但在肥沃土中生长特好。直根性、能自播。

用途：最适应于花架，或攀缘于篱垣之上。清晨开花，9时后凋谢，为群众所最喜爱草花之一。盆栽欣赏，亦别有风趣。

种子药用。中药中之"黑丑、白丑"为同属它种植物的种子，但本种种子同样可用，性苦寒有小毒，能治肾炎水肿，肝硬化腹水，虫积腹痛，泻湿热，利大小便。

附：同属其他花卉：圆叶牵牛（*P. purpurea*. Voigt）：别名小花牵牛。一年生缠绕草本，茎高可达3m，花序有花1～5朵，花漏斗形，有白、粉、玫红、紫红、蓝等色，筒部白色。园艺变种有镶边、镶色、重瓣及斑叶等。原产美洲热带，现各国亦广为栽培。

22. 矮牵牛（碧冬茄，灵芝牡丹，番薯花）（图4-22）

Petunia hybrida Vilm.

茄科、矮牵牛属。

形态：多年生草本，播种后当年开花，单瓣种多作一、二年生草花栽培。株高40～60cm，全株被腺毛。叶互生，上部叶对生，卵形，顶端渐尖或钝。花单生，花冠漏斗状，长 5～7cm，檐部五钝裂，径在 5cm 以上，变化很多，花色亦多，有白、各种红色及深紫，并有镶边等间色种。花期自 4 月至晚霜。

产地及分布：原种产南美洲。本种为园艺栽培种，源出 *P. axillaris* BSP. 和 *P. violacea* Lindl.

习性：不耐寒，喜向阳、排水良好、轻松沙质壤土，夏季需充分灌水。土壤过肥则过于旺发，以至枝条伸长倒伏。

用途：为极好的花坛材料，尤以单瓣种为好，因其对气候条件适应性较强，开花较多。秋播苗作春花坛。春播苗作秋花坛。重瓣种及大花种宜盆栽。长枝种可用于门廊窗台的绿化，重瓣种又可用作切花。种子药用，有杀虫泻气之效。

图 4-22　矮牵牛

23. 金莲花（旱金莲，旱荷）（图 4-23）

Tropaeolum majus L.

金莲花科、金莲花属。

形态：多年生，攀缘状，肉质草本植物。根有时块状。茎中空，蔓生。单叶，互生，具长柄，叶盾状近圆形，似荷叶，宽 5～8cm。花着生于腋生的细长花梗上，左右对称，有黄、红、橙、紫、乳白或杂色等；萼片 5 枚，下部合生。果实成熟时，分裂为 3 个小核果。种子肾脏形，外皮有皱。

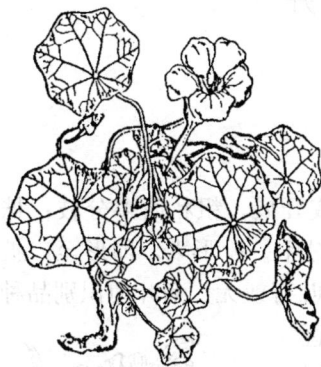

图 4-23　金莲花

习性：不耐寒，喜温暖、湿润、阳光充足的环境和排水良好的土壤。上海地区一般在低温温室中栽培。盛花期 2～5 月，秋天也有开花的，但花不多。也可作一年生露地栽培。

用途：金莲花茎叶匍匐下垂，花大色艳，形态自然优美。温室栽培，春季开花，除置窗台、高几上自然悬挂装饰外，也可绑扎成形，供观赏。一年生露地栽培，可布置花坛，或自然丛植作地被植物。

24. 观赏辣椒（图 4-24）

Capsicum frutescens L.

茄科、辣椒属。

形态：灌木，木质部坚硬，但播种第一年能结实，故作一年生栽培。株高 30～60cm 且多分枝。单叶互生，卵状披针形或矩圆形。花白色，单生叶腋，有梗，花萼短。花期 7 月至降霜。浆果直立或稍斜垂或下垂，长指形、圆锥形或近球形，成熟时红色、黄色或带紫色。

变种、变型及品种：观赏用变种很多，主要根据果实形状和是否簇生来区

245

图 4-24 观赏辣椒

分，上海地区常用有 4 种：

（1）五色椒：浆果以小而圆者为佳，径小于 0.8cm，果梗直立，散生。初生时绿色，后发白，带紫晕，而逐步变红，也有自绿而逐步带紫晕，最后变红。此种似应属 var. *cerasiforme* Bailey。

（2）朝天椒：浆果细长，长 2～3cm，果梗直立，散生，由绿变红。似应属 var. *conoides* Bailey。

（3）樱桃椒：浆果圆球形，端有时稍尖，径 1cm 左右，常 10～18 只簇生于枝顶，由上海植物园自选种。似应属 var. *fasciculatum* Bailey。

（4）佛手椒：浆果指形，长 4～5cm，果梗直立，常 9～17 簇生于枝顶，初白色，熟后变红。似应属 var. *fasciculatum* Bailey。

产地及分布：原产热带美洲，现各国广为栽培。

习性：不耐寒，喜温热、向阳、较潮润而肥沃土壤。耐肥。

用途：优良盆栽观果花卉。

第二节　宿根花卉

1. 菊花（黄花，节花，秋菊）（图 4-25）

Dendranthema marifolium Tzvel.

菊科、菊属。

形态：宿根亚灌木，茎部略木质化。茎直立或开展，粗壮而多分枝；株高 60～150cm，枝青绿色或带紫褐色，被灰色柔毛或绒毛。叶形大，卵形至广披针形，边缘有粗大锯齿或深裂，基部楔形，有柄；托叶有或无。菊叶为识别品种的依据之一。头状花序单生或数个聚生茎顶。花序直径 2～30cm；花色由白、粉红、雪青、玫红、紫红而至墨红，由淡黄、黄、棕黄而至棕红；此外，更有淡绿、红面粉背、红面黄背以及一个花序中生有 2 种显著不同色彩的小花称作"乔色"者。花期一般在 10～12 月，亦有夏季、冬季开花种等。"种子"（实为瘦果）褐色，细小，成熟期 12 月下旬至翌年 2 月。

习性：耐寒，喜深厚肥沃、排水良好沙质壤土。忌积涝，忌连作。老墩上着生新枝，其生长和开花较差，故以每年分枝、扦插繁殖新株为宜。

产地：为高度杂交种，只见于栽培。至于菊花的主要祖先，学者意见纷纭。目前有一种看法，认

图 4-25 菊花

为菊花主要由原产东北至华北的小红菊（D. *erubescens*. Tzvel.）与华南至华北原产的野菊（D. *indicum* Des. Moul.）天然种间杂交而成六倍体，再经我国古代园艺选育而成。此说尚待进一步通过实验加以证明。中国菊花传至日本后，又掺入日本若干野菊的血统在内。目前，菊花已在世界各地广为栽培。

花期控制：菊花为短日照开花植物，可以通过控制日照长短来提前或延后花期。

用途：为优良的盆花、花坛、花境用花及切花材料，可以单独组成大规模展览会，深受群众欢迎。

2. 芍药（将离，婪尾春，没骨花，余容，犁食）（图 4-26）

Paeonia lactiflora Pall.

毛茛科、芍药属。

形态：多年生宿根草本，具肉质根。茎丛生，高 60～120cm。叶为二回三出羽状复叶，小叶通常三深裂。花单生，单瓣或重瓣；萼片 5 枚，宿存；离生心皮 5 至数个，无毛；雄蕊多数。花期 4～5 月，果熟期 8～9 月。种子数枚，球形，黑色。

产地及分布：芍药原产于我国北部、日本及西伯利亚一带。目前我国除了华南地区热不适于芍药生长外，遍及我国各地园林中。大面积栽培以药用生产为主，以山东、安徽、浙江、江苏及四川诸省栽培较多。

习性：芍药性耐寒，夏季喜冷凉气候。栽植于阳光充足处生长旺盛，花多而大；但在稍阴处亦可开花。土

图 4-26 芍药

质以壤土及沙质壤土为宜，黏土及沙土虽可生长但不及前者。盐碱地及低洼地不宜栽培；土壤排水必须良好，但在湿润土壤中生长最好；如果从秋季到春季土壤保持湿润，不使过干，则生长开花尤佳。

用途：芍药适应性强，管理粗放，不仅为各地园林中普遍栽植，为我国传统名花，而且又是重要药材，为园林结合生产良好材料。芍药为配植花境的良好材料，也常设置为专类园。

3. 兰花类（兰草，兰）（图 4-27）

Cymbidium spp.

兰科、兰属。

种类：兰花类系宿根花卉，以其生态习性的不同，可大致分为地生兰和气生兰两大类。我国传统栽培的兰花，属地生兰。气生兰类原产于热带及亚热带，附生于森林中树干及岩石上，在我国产于华南及台湾山区，栽培不及地生兰普遍。今就我国普遍栽培的几种地生兰，即所谓"中国兰"分述于后：

（1）春季开花类

春兰（*Cymbidium virescens* L.）：又名草兰。根肉质，白色。"拟球茎"小形。叶狭线形，长约 20～25cm，边缘具细锐锯齿，叶脉明显。花单生或双生；黄绿色，亦有近白色及紫色品种，香味清幽。花期 2～3 月，原产我国长江流域

247

及西南各省。品种多。

（2）夏季开花类

蕙兰（*C. faberi* Rolfe）：又名夏兰、九节兰。根肉质，淡黄色。"拟球茎"卵形。叶线形，比春兰直立而粗长，叶缘粗糙。总状花序着花 5～13 朵，淡黄色，唇瓣绿色、白色，具红紫斑点。花甚香，花期 4～5 月。原产我国中部及南部。本种名贵品种甚多。

（3）秋季开花类

建兰（*C. ensifolium* Sw.）：又名秋兰。叶阔线形，长 30～60cm，多直立，叶缘光滑。花序总状，着花 6～12 朵；花黄绿色乃至淡黄褐色，有暗紫色条纹。香味甚浓，花期 7～9 月。原产福建、广东、四川、云南等省。

（4）冬季开花类

1）墨兰（*C. sinese* Willd.）：又名报岁兰。叶长 50～100cm，宽达 3cm，光滑，先端尖，直立型。花茎高约 60cm，着花 5～10 朵，花瓣多具紫褐条纹。花期冬季至早春。原产我国广东、福建及台湾。名贵品种甚多。

2）寒兰（*C. kanran* Makino）：叶狭而直立。花茎细，直立，着花 5～7 朵；花小，瓣狭，有黄、白、青、红、紫等色。花期冬季至早春。原产我国福建、浙江、江西等省，日本亦有之。

习性：兰花喜温暖、湿润气候。春兰及蕙兰耐寒力较强，长江南北均有分布，但以江南地区丰富。建兰及墨兰耐寒力稍弱，自然分布仅限于福建、广东、广西、云南南部及台湾。因此，墨兰、建兰在华中、华东地区冬季须移入室内越冬。兰花多野生于湿润山谷疏林下，含腐殖质丰富的微酸性土壤中。兰根分布于表土层中，长可达 50～80cm。在树下半荫处生长最为繁茂，但生长于南向山坡，日光较多而干燥处之植株，叶虽稍黄而花则着生较多；反之，阴坡叶色虽浓绿而繁茂，但花朵着生较少。依其习性来说，生长期间要求半荫处，冬季则宜有充足光照。兰花根系需有兰菌之共生，否则生长不良，种子也不能发芽。

图 4-27 兰花（春兰）

用途：中国兰是我国人民有传统爱好的名花，多行盆栽观赏，江南小环境适合处亦可直接栽植于庭院、园林中。此外，有的兰花还全草入药。

4. 大丽花（大理花，天竺牡丹，西番莲）（图 4-28）

Dahlia Pinnata Cav.

菊科、大丽花属。

形态：多年生草本，具粗大纺锤状肉质块根。株高依品种而异，叶对生，1～3 回羽状分裂，裂片卵形，锯齿粗钝，总柄微带翅状。头状花序具长总梗，顶生，其大小、色彩及形状因品种不同而富于变化。瘦果黑色，长椭圆形。花期夏季至秋季。

产地及分布：原产墨西哥高原地区，同属约有 15 种，世界各地均有栽培，我国各地园林中也习见栽培。现在栽培者均为长期以来杂交、选育而成，亲缘关系极为复杂。

习性：大丽花原分布于墨西哥海拔 1500m 之高原上，因此既不耐寒又畏酷暑，喜高燥凉爽，且每年需要一段低温时期进行休眠。我国辽宁、吉林等省大丽花生长良好，是与气候条件适宜有密切关系的。上海地区夏季高温多雨，对大丽花的生长甚为不利，甚至造成死亡，因而限制了大丽花在上海地区的应用。正是这个原因，在上海大丽花的夏花（6 月下旬至 7 月开放）不如秋花（9～10 月开放）繁茂。大丽花性喜阳光、温暖及通风良好的环境，土壤以富含腐殖质、排水良好的沙质壤土为宜。

图 4-28　大丽花

用途：花坛、花境或庭前丛栽皆宜，矮生品种盆栽可用于室内及会场布置。花朵为重要切花，亦是花篮、花圈、花束的理想材料。块根内含有"菊糖"，在医药上有与葡萄糖相似的功效。块根并能入药，有清热解毒、消肿之作用。

5. 香石竹（康乃馨，麝香石竹）（图 4-29）

Dianthus caryophyllus L.

石竹科、石竹属。

形态：常绿亚灌木，作宿根花卉栽培。株高 60～80cm，茎光滑，基部木质化，稍被白粉。叶对生，线状披针形，全缘，基部抱茎，灰绿色，被白粉。花常单生或 2～5 朵簇生枝端，有香气；苞片 2～3 层，紧贴萼筒，萼端 5 裂，裂片广卵形。花瓣多数，倒广卵形，具爪，有白色、肉红、水红、黄色、大红、紫色以及杂色等。花期 5～10 月。

变种、变型及品种：上海地区自欧美引入香石竹进行栽培，约有 50 多年的历史。栽培品种很多，大致可分为两大类：露地栽培种和温室栽培种。露地栽培种耐寒力强，可露地越冬，常作二年生花卉栽培，适于花坛布置及切花用。

图 4-29　香石竹

温室栽培种呈亚灌木状，四季开花性，适于盆栽，但更多作切花生产。

产地和分布：原产南欧至印度，现世界各地广泛栽培。

习性：喜空气流通、干燥及日光充足之环境。要求排水良好、腐殖质丰富、保肥性能良好而微呈碱性之黏质土壤，忌连作及低洼地。喜肥。能耐一定低温，在上海地区可露地越一定低温，但不能开花。为了冬季供应切花，常须带土球移入室内作床栽培。性好凉爽而不耐炎热，但因品种而有不同的适温：黄色系20～25℃时生长最好，10～20℃时开花最好；红色系适温要求高于 25℃，否则生长缓慢甚至不开花。

用途：在上海地区为最重要的切花之一，尤系冬季重要切花。也常盆栽观赏。此外，花朵还可提取香精用。

6. 天竺葵（石腊红，绣球花，日烂红）（图 4-30）

Pelargonium hortorum Baieey.

牻牛儿苗科、天竺葵属。

形态：多年生草本，全株有特殊气味。茎粗壮多汁，基部木质化，被细柔毛，叶片互生，圆形至肾形，直径 5～7cm，掌状脉，边缘有波形钝锯齿，基部心形。伞形花序，生于嫩枝上部，有总苞，花序柄长，小花数朵至数十朵，有红、桃红、玫红、肉红、白色等，外面瓣大，内面瓣小。雄蕊 5 枚。果实为五分果，具有喙，成熟时呈螺旋形旋卷。

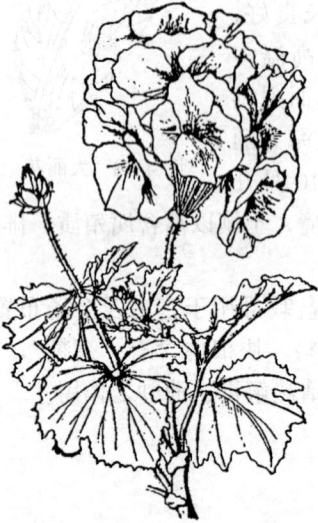

产地及分布：原产非洲南部，现我国各地都有栽培。

习性：性喜阳光，怕水湿而稍耐干燥，但也不喜高湿，要求排水良好富含腐殖质的土壤。耐寒性较差。上海常盆栽，冬春在室内培养，夏秋移露地避暑。花期较长，除夏季热天外，自 10 月至翌年 6 月陆续开花，盛花期为 4～6 月。

用途：天竺葵为优良的观赏植物，"五一"盛开，适于室内装饰及花坛布置。因花期较长，也便于零星点缀用。此外，全株可药用，有解毒、收敛之功能，有外治伤痛、乳腺炎等用途。

图 4-30 天竺葵

7. 萱草（黄花菜）（图 4-31）

Hemerocallis fulva L.

百合科、萱草属。

形态：根状茎粗短，有多数肉质根。叶线状披针形，长 30～60cm，宽 2.5cm。花葶高达 1m 以上，圆锥花序，着花 6～12 朵，橘红至橘黄色，阔漏斗形，花内外二轮，每轮三片。花期 6～7 月。

习性：性强健而耐寒，对环境适应性较强，亦耐半荫。在华东地区不加防寒就可越冬。对土壤选择性不强，但以富含腐殖质排水良好之湿润土壤为好。

用途：萱草栽培容易，春季萌发甚早，绿叶成丛，极为美观。园林中多丛植或于花境、路旁栽植。其叶丛紧密，耐半荫，也可做疏林地被及岩石园栽植。又可作切花之用。

8. 鸢尾（蝴蝶蓝，蝴蝶花，铁扁担）（图 4-32）

图 4-31 萱草

Iris tectorum Maxim.

鸢尾科、鸢尾属。

形态：根状茎短粗而多节。株高 30～60cm。叶剑形，长 30～50cm，宽 2.5～3.0cm。花茎高 30～50cm，具 1～2 分枝，每枝着花 1～3 朵；花蓝紫色，于 5～6月份开放。蒴果长椭圆形，具 6 棱。花期 5 月。

习性：耐寒性强，上海可露地栽培，春季萌发较早，小气候条件良好之处，地上茎叶在冬季不完全枯死。喜生于排水良好而适度湿润之土壤。其花芽分化在秋季 8～9 月间完成。春季根茎先端之顶芽生长开花，在顶芽两侧常发生数个侧芽，侧芽在春季生长后，形成新的根茎，并在秋季重新分化花芽。花芽开花后则顶芽死亡，侧芽继续形成花芽。

图 4-32　鸢尾

用途：根茎药用，治跌打损伤。为布置花坛、花境及自然式栽植的适宜材料，又可做切花之用。上海园林绿地广泛应用，其叶片冬季亦不完全枯萎，常植于树下作为地被植物。

9. 大花美人蕉（红艳蕉）（图 4-33）

Canna generalis Bailey.

美人蕉科、美人蕉属。

形态：株高 80～150cm，茎叶被白粉。叶阔椭圆形，长 40cm，宽约 20cm。总状花序顶生，花径 10～20cm，花瓣直伸；具 4 枚瓣化雄蕊。花色有乳白、黄、橘红、粉红、大红至红紫色，还有矮型及不同叶色品种。花期 6～10 月。

产地及分布：原产美洲热带和亚热带，现各地园林广为栽培。

习性：喜阳光充足温热气候，宜湿润肥沃排水良好之深厚土壤。上海可露地越冬，但是在寒潮来临时，对优良的品种应适当覆盖防寒，否则可能遭受冻害。华南可终年开花。

图 4-33　大花美人蕉

用途：美人蕉花大色艳，花期长，栽培容易，为普通绿化的重要花卉，可大片自然式栽植、丛植。常用于花坛、花境。耐污性强，被大量用于人工湿地净化污水。其根、茎及花可入药。

10. 千屈菜（水柳，对叶菜）（图 4-34）

Lythrum salicaria.

千屈菜科、千屈菜属。

形态：多年生湿生草本。茎四棱形，直立多分枝，被白色柔毛或无毛。叶对生或轮生，披针形，全缘，无柄，有时基部抱茎。花紫红色，两性，长穗状花序

图 4-34　千屈菜

顶生，小花多而密集，花果期 6～9 月。

产地及分布：原产欧洲、亚洲的温带地区，现广为栽培，我国南北各地均有野生。

习性：喜光及温暖通风良好的环境，尤喜生长在沟旁水边，在浅水中生长最佳。盆栽和露地栽种，耐寒性较强。

繁殖：以分株为主，亦可扦插和播种。

观赏特性和园林用途：千屈菜生长整齐清秀，花色艳丽，观花期长，是水景园林布置、盆栽布景的良好水生观赏植物材料。也可作切花装饰用。全草入药，可治痢疾、肠炎等病症；还有外伤止血之功效。

11. 水葱（管子草，冲天草，莞蒲）（图 4-35）

Scirpus validus.

莎草科、藨草属。

形态：高大的多年生挺水草本植物。葡匐根状茎粗壮，秆圆柱状，高 1～2cm，基部具 3～4 个叶鞘，管状，膜质，仅最上面的叶鞘具叶片。叶片细线形，长 1.5～12cm。小穗单生或 2～3 个簇生为花序，密生多数花，棕色或紫褐色。花果期 5～9 月。

产地及分布：除华南外，遍布我国各省区。朝鲜、日本、大洋洲、美洲也有分布。

习性：喜生于浅水湖边、塘或湿地中。对土壤要求不严，栽培管理粗放。

用途：水葱挺拔直立，色泽淡雅，多用于水景岸边、池旁。形态极美观，盆栽可以用于庭园装饰。茎秆可作插花材料。秆还可用于造纸，亦可作编织席子和

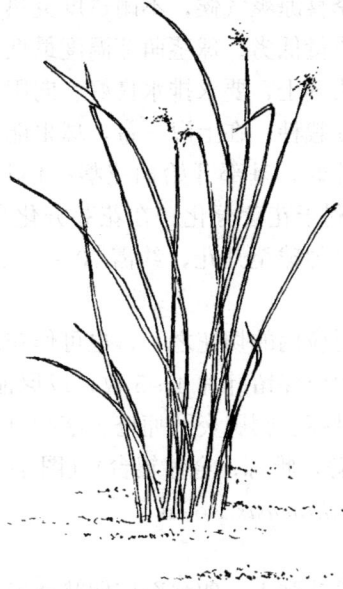

图 4-35 水葱

草包材料。茎能入药，主治水肿胀满、小便不畅等。水葱还有净化水质的作用。

第三节 球根花卉

1. 唐菖蒲（菖兰，剑兰，扁竹莲，十样锦）（图 4-36）

Gladiolus hybridus Hort.

鸢尾科、唐菖蒲属。

形态：多年生草本。茎基部膨大成球茎，具膜被，扁球形。株高 100～150cm，茎粗壮直立，无分枝。或罕有分枝。叶硬质，剑形，7～8 片叶嵌迭状排列。叶长 30～40cm，阔 4～5cm，有多数显著平行脉。花茎高出叶上，蝎尾状花序，着花 12～24 朵。花冠佛焰苞草质，无柄，左右对称。花冠筒呈膨大的漏斗形，稍向上弯，花径 12～16cm，花色有白、黄、红、紫及五彩各色。花期夏、秋。蒴果。

变种、变型及品种：现代唐菖蒲为夏秋开花的大花种，源出 G. *gandauensis* var. Houtt.（本身也是杂交种）。花色变化繁多，根据沈阳园林科学研究所意见，可分为白色、粉色、黄色、橙色、红色、浅紫色、蓝色、紫色及烟色等九系。最近，国外声称育成绿色新品种，也是指花被未展时呈嫩绿色（展开后仍为黄色）。

产地及分布：原种来自南非好望角，经多次种间杂交而成。栽培品种广布世界各地。

习性：耐寒性不强，植株在上海能于冷室或露地

图 4-36 唐菖蒲

253

塑料薄膜保护下越冬。夏季喜凉爽气候，不耐过度炎热，故在上海盛夏时生长不良，开花率不高。且花朵质量低劣。球茎萌芽温度最低为5℃，生长适温为20～25℃。性喜肥沃深厚的沙质壤土，要求排水良好、向阳而有充分光照的环境，不宜在黏重土壤、易有水涝处栽种。在上海一带，球根能在土内露地安全越冬。

唐菖蒲在长出3枚叶片时，基部开始抽花葶；4叶时花葶膨大已明显可见，6～7叶时开花。长日照有利于花芽分化；在花芽分化之后，短日照能促进花芽的生长和提早开花。一般自种球至开花，约需70～75天，视品种而异，亦有少数长达80天以上者。

用途：唐菖蒲是最广泛应用的切花之一，也可作花坛或盆栽之用。切花时注意由叶鞘处向下斜剪，至少应保留叶片4～5枚，以保证球根发育之需。

球茎入药，可治跌打肿痛、腮腺炎及痈疮。茎叶可提取维生素C。

2. 水仙（水仙花，天蒜，雅蒜，金盏银台）（图4-37）

Narcissus tazetta var. *chinensis* Roem.

石蒜科、水仙属。

形态：多年生草木。鳞茎肥大，卵状至广卵状球形，外被棕褐色薄皮膜，基部茎盘处着生多数白色肉质根。叶片少数，每芽有叶4～6枚，由鳞茎顶端绿白色筒状鞘中抽生，2列状，狭长带形。长30～80cm，宽1.5～4.0cm，端钝圆，全缘。花葶于叶丛中抽出，稍高于叶，中空，筒状或扁筒状，一般每球抽花葶1～7支，若肥水充足，生长健壮之大球可出3～8支或更多；每葶着花3～11朵，通常4～6朵，呈伞房花序；花白色，芳香；花冠高脚碟状，雄蕊6枚。花期1～2月。蒴果，种子空瘪。

图4-37 水仙

变种、变型及品种：有单瓣和重瓣2个品种，重瓣花品种花心部分由副冠及雄蕊瓣化而来，瓣形似漏斗或状如飞碟，黄白相间，十分雅致，故特称为"玉玲珑"。

以栽培类型分，有漳州水仙、崇明水仙以及舟山野生水仙等。漳州水仙为福建省漳州地区所栽培之水仙，鳞茎肥大形美，易出脚芽，且脚芽均匀对称；鳞片肥厚疏松；花葶多，花香浓，为我国水仙花中之佳品，驰名中外。崇明水仙为上海市崇明地区所栽培之水仙，鳞茎较小，鳞片紧密而薄，不易出脚芽或出脚芽而不太匀称；花葶较少，花香较前者为淡，虽不如漳州水仙，但在我国水仙花栽培上也是名种。浙江省舟山地区以及温州等地至今还有野生水仙。其形态特征介于前述两类型间，而略似崇明水仙。

产地及分布：水仙属植物的产地分布中心在欧洲中部、北非及地中海沿岸。而水仙分布于我国、日本和朝鲜；在我国，水仙的栽培分布多在东南沿海温暖湿润地区，内地仅武汉、成都、昆明等地栽培较多。

习性：水仙性喜温暖湿润气候，尤宜冬无严寒、夏无酷暑、春秋多雨的地方。喜水，耐大肥，要求土壤疏松、富含有机质和土壤水分十分充足的壤土，但亦适当耐干旱和瘠薄土壤。喜阳光充足，亦能耐半阴（但花期则宜阳光充足）。在上海地区可露地越冬栽培。水仙为秋植球根花卉，秋冬生长，早春开花并贮藏养分，夏季休眠。

用途：水仙为我国传统名花，深受群众欢迎。自古以来多用于盆栽、水养或置于几案上，供装饰和观赏。鳞茎内含有生物碱，可入药，主治腮腺炎、痈疖疔毒初起、红肿热痛，还具一定抗癌作用，但因毒性甚大，目前尚未用于临床。水仙鲜花芳香油含量为 0.20%～0.45%，提炼后可调制高级香精，用于香水、香皂及其他化妆品中。

水仙还是我国传统的出口花卉。漳州水仙至今还年年出口。

水仙具有一定的耐干旱、瘠薄以及耐阴性，株丛低矮整齐，开花繁茂而浓香，在园林中植于小径旁、疏林下、草坪边或用为地被植物都很合适，值得提倡和推广。

3. 百合类（图 4-38）

Lilium spp.

百合科、百合属。

形态及分布：百合属植物约 100 种，我国原产者 30 种以上。兹简介其中主要的 7 种：

（1）百合（*L. brownii* var. *uiridulum* Baker）：鳞茎白色，球形，径约 5cm，鳞片散展，茎高 0.7～1.5m，平滑无毛。叶散生，倒披针形，长 7～10cm。花 1～4 朵，近平展喇叭状，乳白色而外面略被紫褐晕，芳香，花药褐红，花柱极长。原产我国东南、西南以及豫、冀、陕、甘一带山区，有栽培品种。

（2）川百合（*L. dauidii* Duchartre）：鳞茎小，卵状球形，径 2～4cm，白色，茎高 1～2m，具小突起和稀疏白绵毛。叶多而常拥集，条形，长 6～10cm，仅 1 条脉。花 2～20 朵排为总状花序，橙黄至橙红色，下垂；花药橙红；子房绿色。产川、滇、甘、陕、晋、豫山坡及峡谷中，在川、滇有栽培品种。

图 4-38 百合花

（3）兰州百合（*L. dauidii* var. *unicolor* Cotton）：为川百合之变种，其主要不同点是：鳞茎扁圆形，可长得很大，栽培多年的株丛，其鳞茎有径达 15cm 者。每花序具花约 10～15 朵，多者可达 30～40 朵。原产甘肃南部，在兰州作食用百合栽培多年，有优质品种。

（4）湖北百合（亨利百合，*L. henryi* Baker）：鳞茎近球形，径约 5cm，淡褐色，茎高 60～120cm，有紫色，无毛。叶无毛，异形。花 6～12 朵，不香，橙黄色而具稀疏红褐斑点；雄蕊四面张开，与花被等长。原产湖北、贵州及川东山坡上。

（5）卷丹（南京百合，*L. lancifolium* Thunb.）鳞茎广卵状球形，径 4～

8cm，白色。茎高 0.8～1.5m，被白绵毛，叶长椭圆披针形至披针形，长 10～15cm，近无毛，无柄；上部叶腋具黑紫色珠芽。花 3～20 朵以上，下垂，橙红色，内具紫黑斑色；雄蕊四面张开，花药紫色。在我国各地分布，朝鲜、日本及俄罗斯西伯利亚之西南部亦有之。生于林缘及山坡。在我国作食用栽培已有千年的悠久历史，有栽培食用品种，另有重瓣观花变种。

（6）麝香百合（铁炮百合、龙牙百合，*L. longiflorum* Thnub.）鳞茎近球形而小，高约 2.5～5.0cm，白色。茎高 45～100cm，平滑，绿色（无斑点）。叶多而散生，平滑，长窄披针形，花数朵，呈蜡白色而茎部带绿，花形如喇叭，极香；自然花期 5 月下旬至 6 月中旬。原产琉球群岛，我国华南、华东有栽培。

（7）王百合（王香百合、峨嵋百合，*L. regale* Wils）：长势旺盛，夏花极美之百合。鳞茎红色，厚 10cm 或更大。茎高 1.0～1.8m，纤细，平滑，带紫色，但与叶交界处具黑紫斑。叶极多，条形，长 5.5～7.5cm，花 2～9 朵，近水平状，花形如喇叭，芳香；花药黄色。王百合系于 1902 年由英人威尔逊（E. H. Wilson）在川西北（与西藏交界）发现。原产于海拔 760～2200m 之山谷石隙中，气候变化剧烈。我国仅在北京、上海、南京略有栽培，系易于栽种的优质百合花。有栽培变种、种间杂种及其多品种。

习性：

1）共同的生态要求：绝大多数百合性喜冷凉、湿润气候和同类小气候，要求土壤有极丰富的腐殖质和良好的排水条件，喜微酸性土，要求半阴的环境，相当多的百合种不喜石灰质土质和碱性土。多数百合原产高山林下，故耐寒力甚强，而耐热力则较差。

2）不同百合种的生态习性：有些百合种自然分布较广，生态适应性较强、种性健壮，能略耐碱土或石灰质土，这样引种栽培易成功，管理也较简便。如王百合、湖北百合、川百合、兰州百合、卷丹即属此类；其中尤以王百合最为突出，它之栽培分布现已遍及全世界。其中，卷丹较喜温暖、干燥气候，较耐阳光照射，以在高燥、表土深厚肥沃的沙质壤土中栽培为宜；湖北百合也较喜阳，中国科学院北京植物园引种者在露地全日照射下生长开花良好。麝香百合则适应性较差，较易感病和退化，较严格地要求酸性土。

3）生长发育周期的统一规律和花期变化：百合种类虽多，形态变异甚大，却有个共同的生长发育周期规律，即春暖后鳞茎生长茎、叶，然后开花、结实。秋冬来临时地上部分逐渐枯萎，再以鳞茎休眠状态在深土中越冬。

但是，不同百合种的开花难易程度和花期差别很大。如王百合、兰州百合、湖北百合、卷丹较易开花，在北京的王百合花期为 6 月上旬至下旬，兰州百合为 6 月下旬至 7 月中旬，卷丹和湖北百合为 7 月下旬至 8 月上旬。又如，麝香百合对温度较为敏感，其自然开花期虽为 6 月，但在沪多行温室促成栽培，可在冬、春开花。

花期控制：百合类花卉中最适控制花期的种类是麝香百合，可于秋季将达到花龄的健康鳞茎种于温室中，一般 9 月底以前种完，可望元旦前开花。如用冷藏设备贮存鳞茎，则可全年分批栽种，不断供应鲜花。在日本和美国都已有大规模的百合四季切花生产，再用冷藏设备空运远销。美国用人工诱致多倍体方法育成若干四倍体麝香百合新品种，已投入四季切花生产中。据报道，因其花大，瓣厚，耐贮运，故甚受市场欢迎。

用途：百合花美、姿丽，有色有香，且鳞茎多可食用，故自公元前 3 世纪起，我国就有百合的记载。百合的食用栽培，在南京、宜兴和兰州等地已有较好的基础和经验。在各种百合中，卷丹（南京百合）、兰州百合、川百合、山丹百合（L. concolor Salisb.）、毛百合（L. dauricum Ker.）及沙紫百合等品质最好，特宜食用。多种百合入药，系滋补上品。又若干种百合含芳香油，可提制芳香浸膏，如山丹、百合等。在园林的树荫下、草坪旁、亭台畔和房屋基础外栽种百合，将使夏日园景大为增色。盆栽百合开花时，可供室内观赏。百合花，尤其是开白花的种类，乃系名贵切花，国外流行甚盛，国内生产不多，宜急起直追，争取出口。

4. 郁金香（洋荷花，草麝香，郁香）（图 4-39）

Tulipa gesneriana L.

百合科、郁金香属。

形态：多年生草本，鳞茎扁圆锥形，具棕褐色皮膜。茎叶光滑具白粉。叶 3～5 枚，长椭圆状披针形或卵状披针形，长 10～21cm，宽 1～6cm；基生者 2～3 枚，较宽大，茎生者 1～2 枚。花单生茎顶，大形直立，杯状，洋红色，基部常黑紫色，花期 3～5 月。

变种、变型及品种：栽培品种极多，达 8000 余个。花型有杯形、碗形、卵形、球形、百合花形、重瓣形等。花色有白、粉红、紫、褐、黄、橙等，深浅不一，单色或复色。花期有早、中、晚。品种虽极为丰富，但同风信子一样，在我国许多地方栽培不易成功，也常退化。

产地及分布：原产地中海沿岸及中亚细亚、土耳其等地。荷兰栽培甚为著名，成为商品性生产。

图 4-39 郁金香

习性：喜凉爽、空气湿润、阳光充足的环境，耐寒。

用途：花境，花坛或草坪边缘自然丛植，切花。

5. 玉簪（玉春棒，白鹤花）（图 4-40）

Hosta plantaginea Aschers.

百合科、玉簪属。

形态：多年生草本。根状茎粗大并生有多数须根。株高 75cm。叶基生成丛，具长柄，叶卵形至心状卵形，平行脉，端尖，基部心形，长 15～30cm，宽 10～15cm。花葶高出叶片，为顶生总状花序，着花 9～15 朵；花白色，管状漏斗形。蒴果三棱状圆柱形。花期 6～7 月，开花时芳香袭人，花在夜间开放。

园艺变种有重瓣玉簪（var. *plena* Hort.）。

产地及分布：原产我国及日本。欧美各国园林多有栽培。

图 4-40 玉簪

习性：性耐寒，上海可露地越冬。喜阴湿，栽于树下或建筑物北面可长势更佳。土壤以肥沃湿润、排水良好之处为宜。

用途：园林中可配置于林下，作地被植物或岩石园中及建筑物北面，亦有盆栽做观叶、观花的。全草及根茎均可入药。鲜花含芳香油，可提制芳香浸膏。

6. 风信子（洋水仙，五色水仙）（图 4-41）

Hyacinthus orientalis L.

百合科、风信子属。

形态：多年生草本，鳞茎球形或扁球形，外被皮膜呈紫蓝色或白色等，与花色相关。叶 4～6 枚，基生，肥厚，带状披针形。花葶高 15～45cm，中空，端着生为总状花序；小花 10～20 余朵密生上部。花具香味，有白、粉、黄、红、蓝及淡紫等色，深浅不一，单瓣或重瓣。花期 3～4 月。

用途：风信子植株低矮整齐，花色艳丽。花期早，为重要春季球根花卉，最宜作切花、花境、花坛或草坪边缘自然丛植等用。

图 4-41 风信子

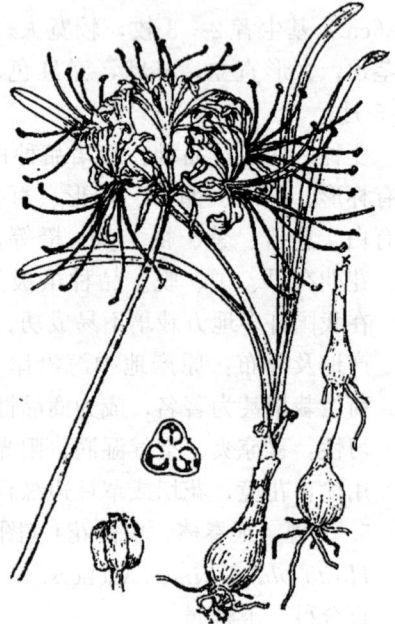

图 4-42 石蒜

7. 石蒜（蟑螂花，老鸦蒜）（图 4-42）

Lycoris radiata Herb.

石蒜科、石蒜属。

形态：多年生草本植物，地下鳞茎肥厚，广椭圆形，外被紫红色薄膜。叶线形，于花期后自基部抽出有 5～6 片，叶冬季抽出，夏季枯萎。花葶 8～9 月抽出，高 30～60cm，着花 4～12 朵，呈伞形花序顶生，花鲜红色，筒部很短，长约 5～6mm，裂片 6，狭倒披针形，向外翻卷。子房下位，花后不结实。

产地及分布：原产日本和我国长江流域及西南各省，有野生，上海园林中有栽培。

习性：在自然界多野生于山林阴湿处及河岸边，因此石蒜喜阴湿环境。耐寒，上海地区可以露地越冬。土壤以排水良好、肥沃的沙质壤土及石灰质壤土生长良好。

用途：园林中可做林下地被花卉，花境丛植或山石间自然式栽植。因其开花时无叶，所以应与其他较耐阴的草本植物搭配为好。除此也可供盆栽、水养、切花等用。鳞茎有毒，入药有催吐祛痰、消肿止痛之效。

附：同属其他花卉：

忽地笑（*L. aurea* Herb.）：鳞茎肥大，近球形。叶阔线形，粉绿色。花葶 30～60cm，着花 5～10 朵；花大，黄色，花期 7～8 月。我国苏、浙、云、贵、川等省均有分布。鳞茎入药，具毒。

8. 葱兰（葱莲，玉帘，白花菖蒲莲）（图 4-43）

Zephyranthes candida Herb.

石蒜科、葱兰属。

形态：多年生常绿草本，具小而颈部细长的鳞茎，株高 15～20cm。叶基生，线形，稍肉质，暗绿色。花葶中空，高 10～25cm，包于褐红色膜质苞片内，自叶丛一侧抽出；花单生，白色或外略具紫红晕，花被片 6，椭圆状披针形，无筒部；花径 3～4cm。花期 7 月下旬至 11 月初。蒴果三角球形，成熟时室背开裂。

产地及分布：原产南美。

习性：喜阳光充足、排水良好、肥沃而略黏质土壤，亦耐半荫和低湿环境。性耐寒，沪、杭一带可露地越冬。

用途：株丛低矮整齐，花朵繁多，花期很长，性强健，最宜作林下、坡地等地被植物，亦常作花坛、花境及路边的镶边材料，或盆栽观赏。

9. 荷花（莲，芙蕖，水芙蓉，菡萏）（图 4-44）

Nelumbo nucifera Gaertn.

睡莲科、莲属。

形态：荷花是多年生水生花卉，无明显的主根，仅在地下茎节间生不定根，长 20cm 左右。地下茎在浅水泥中横生，通称"藕节"，或称"藕鞭"。藕是它的地下茎的肥大部分。

图 4-45 是荷花的生长发育示意图。

荷叶初出水面常呈翻卷状，翻卷的方向就是藕鞭前进的方向。荷叶开张多呈圆盾形，全缘，叶面深绿或黄绿色，外被蜡质白粉，表面密生细毛，用以保护叶面的气孔。当雨点滴在荷叶上，由于叶面细毛的推动，水珠犹如碧盘玉珠，滚来滚去。叶中央有圆柱形叶柄，高出水面约 1m 左右，柄上密生刚刺。

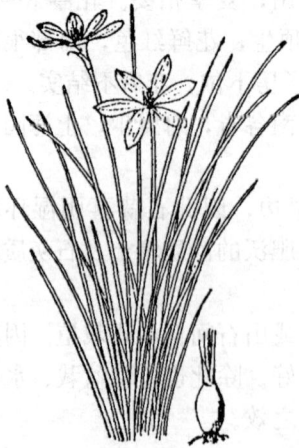

图 4-43　葱兰

图 4-44　荷花

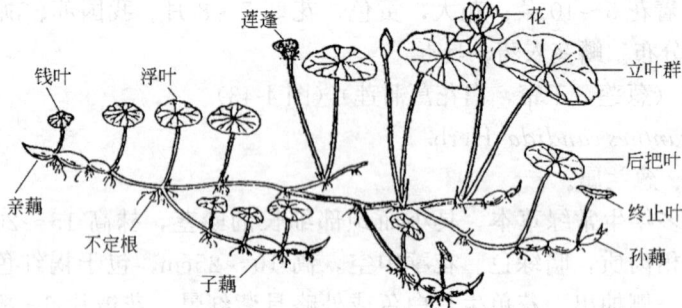

图 4-45　荷花生长发育示意图

　　花蕾多伴生立叶旁，多数品种最初几片叶不伴生花蕾。一般在立叶出水 5 天尚未开张前，花蕾随之抽出。花蕾通常高出荷叶，但也有少数品种后生花蕾和花蕾低于荷叶者。

　　花蕾形状，单瓣型多呈长桃形，复瓣型（即半重瓣型）多呈纺锤形，重瓣型则多圆桃形。花形大，花径常可达 8～12cm。萼片与花瓣区分不明显；花丝、萼片与花瓣颜色相似，一般有白、粉红、紫、洒金等色。单瓣型花瓣 10～20 片不等，重瓣型由于雌蕊瓣化，瓣数可达 100 片以上，如观赏莲品种"红千叶"的花瓣数为 152 片，花托状如杯或呈伞形，与果实合称"莲蓬"，内有莲子 10 枚左右。有的重瓣品种如"重台莲"、"千瓣莲"，则不结莲子。

　　变种、变型及品种：我国栽培荷花已有三千多年的历史，培育出丰富的品种，大体区分为藕用莲、子用莲、观赏莲三大类。

　　产地及分布：荷系我国南方原产。近年在浙江余姚新石器时代遗址中发现数千年前的古代莲子遗物，以前又曾在辽宁新金县挖出古代莲种子，说明了我国栽培荷花有悠久历史，且在人工栽培前早有野生的荷花。

　　荷花是一种重要的经济植物，在我国栽培分布极广。目前除西藏、黑龙江外，全国均有分布。

　　习性：荷花性喜温暖多湿，但极怕水淹没荷叶，严重时会造成死亡。

荷花对温度要求甚严，一般 8～10℃开始萌芽，14℃藕带开始伸长，23～30℃是荷花生长发育的最适宜温度，开花则需要高温，25℃生长新藕，大多数栽培种是在立秋前后气温下降时转入长藕阶段。

荷花对光照的要求亦高，在全日照条件下生长发育良好，开花亦早；生长在半日照条件下，发育缓慢，开花期推迟。

荷花又是喜肥植物。喜生长在肥沃、有机质多的微酸性黏土中。土壤酸度过大或土壤过于疏松，都不利于荷花生长发育。

莲子寿命特长，可达数千年之久，如辽宁省新金县泥炭层中挖出的古莲子，仍能发芽并开花、结实。

用途：荷花观赏价值极高，为我国名花之一，花大而艳丽，并具清香，自古以来，受人喜爱。古人常以"荷出污泥而不染"，赞美其崇高。

栽荷于湖内、池中，甚至缸栽，可为园林或庭园增加景色。荷花又可作为切花应用于室内环境布置。

荷花的经济用途很多，藕和莲子是营养价值较高的食品。种子（莲子）、根茎（藕）、节（藕节）、叶（荷叶）、叶柄（荷蒂）、花及种子的胚芽（莲心）等皆可入药。因此，荷花全身是宝。

10. 睡莲（子午莲，水浮莲）（图 4-46）

Nymphaea tetragona Georgi.

睡莲科、睡莲属。

形态：多年生水生花卉。叶卵圆形或心脏形，全缘，丛生。花单生梗端，直径 3～5cm，多数浮在水面；花瓣 8～15 枚，外层瓣大，近中心小，白色，萼片 4 枚，雄蕊多数，花谢后，逐渐卷缩沉入水中结果。浆果球形，径 2.0～2.5cm。

变种、变型及品种：睡莲有耐寒种和不耐寒种两大系：不耐寒种分布热带地区；我国目前栽种的品种多原于温带，属于耐寒品系，地下茎冬季一般在池泥中越冬。热带产的不耐寒种，花大而美，近年也有引种，但由于越冬不易，故栽培不多。现将常栽的几种睡莲种类列举如下：

图 4-46 睡莲

（1）白睡莲（*N. alba* L.）：花白色而大，径 10～13cm，终日开放。产欧洲。

（2）睡莲（*N. tetrgona* Georgi.）：花白色而小，径 3～5cm，仅在 3～4 个下午开放。原产我国及日本、俄罗斯西伯利亚及美国。

（3）黄睡莲（*N. cmexicana* Zucc.）：花黄色，径约10cm，午前至傍晚开放。原产墨西哥。

（4）香星莲（*N. odorata* Ait.）：花白色，径 3.6～12.7cm，上午开放，极香。原产北美。

此外，还有变种，种间杂种和栽培品种甚多。

习性：睡莲虽生于水中，但属于喜光植物，光照不足处只长叶，不开花。性喜高温水湿，在腐殖质黏土壤中生长良好，花期自夏至秋，陆续开花不绝，每花盛开 2～4 天，个别能维持 1 周不谢。

用途：睡莲宜栽于整齐式或自然式池塘中（不宜过密），可供观赏。又可用缸养睡莲，放置在架上，以供庭院中、广场前观赏。

11. 马蹄莲（慈姑花，野芋，水芋）（图 4-47）

Zantedschia aethiopica Spreng.

天南星科、马蹄莲属。

形态：多年生草本，株高 60～70cm，地下具肉质块茎。叶基生，具长柄，叶柄一般为叶长 2 倍，上部具棱，下部呈鞘状折叠抱茎；叶片卵状箭形，全缘，鲜绿色。花梗着生叶旁，高出叶丛，肉穗花序包藏于佛焰苞内，佛焰苞大形，开张呈马蹄形；肉穗花序圆柱状，鲜黄色，上部为雄花，下部为雌花。花期 3～4 月（温室盆栽）。

产地及分布：原产南非，现世界各地广为栽培。

习性：喜温暖、湿润及稍有遮荫的环境，但花期宜有阳光，否则佛焰苞常带绿色。耐寒性不甚强，上海多盆栽，冬季霜降时移入冷室栽培，夜间常在植株上面加盖塑料薄膜或报纸以防霜冻。春季开花，夏季休眠。

图 4-47　马蹄莲

用途：为重要切花，亦盆栽观赏。还可入药，味寒，有毒，可治破伤风，外治火烫伤。

12. 慈菇（华夏慈菇）（图 4-48）

Sagittaria trifolia Linn. var. sinensis

泽泻科、慈菇属。

形态：多年生水生草本，匍匐茎端膨大呈球形，叶基生，具长柄，叶片宽大肥厚，有戟形、卵形、阔卵形，全缘，总状花序轮生于总梗，组成圆锥花序，上部为雄花，下部为雌花。花小，白色。花期夏季。

产地与分布：广布于欧洲、北美洲至亚洲。我国南北各地均有分布。

习性：喜阳光，适应性强，多生于湖泊、池塘或沼泽地，在富含有机质的黏质土壤中生长最好。播种繁殖或分球繁殖。

用途：慈菇在园林中可植于池塘，以绿化水面，点缀水景。也可盆栽。球茎含大量

图 4-48　慈菇

淀粉，可作蔬菜或酿酒。

第四节 其他花卉

一、仙人掌与多肉多浆类

仙人掌类及多浆植物一般通称为多肉多浆植物。这类植物包括仙人掌科，番杏科及一部分龙舌兰科、萝藦科、凤梨科、菊科、景天科、大戟科、百合科、马齿苋科、葡萄科等植物。它们多数原产于美洲和非洲的热带地区。为了适应这些地区干旱少雨的环境，整个体内贮藏着大量水分，植株的茎叶肥厚，成为肉质、多浆的体态（图 4-49）。

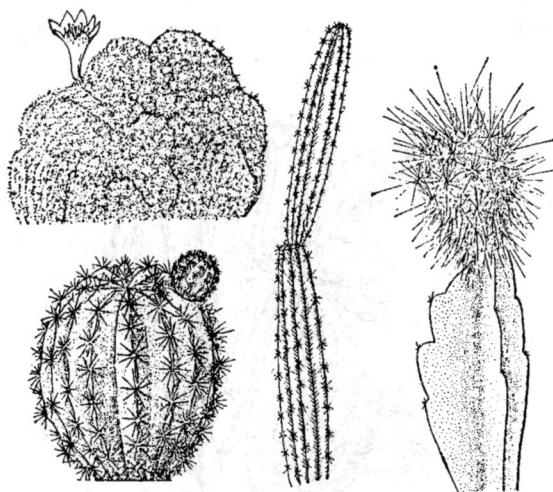

图 4-49 茎块硕大的、球形的、柱形的、密被刺毛的四种类型的仙人掌类植物

仙人掌类及多肉多浆植物的种类繁多，其形态多彩多姿，变化无穷，鲜艳夺目，因而引起人们极大的兴趣：有的茎块硕大而肥，密被刺毛、柔毛；有的尖针长短不一，有的茎块肉团团、软乎乎；还有不少是茎叶色彩斑斓，花色艳丽无比。真是百态千姿，绚美无比，确实是园林花卉中独具一格的植物。还由于它们养护管理简便，繁殖栽培容易，不论室内户外或案头小儿，都可以摆设陈放，特别适宜盆栽于室内。

为了栽培及管理上的方便，我们将仙人掌科植物单独列出，称为"仙人掌类植物"，而仙人掌科以外的其他多肉多浆植物称为"多浆植物"（图 4-50）。

仙人掌类植物都属于仙人掌科（Cactacae），共有 140 余属 2000 多种。主要产地是美洲的巴西、阿根廷、墨西哥等热带及亚热带地区，少数产于亚洲、非洲。我国广西、广东、云南、贵州一带有野生状态仙人掌，常用作为篱垣。上海等温带地区可作温室栽培。4～10 月为生长期，其中 5～9 月为生长旺盛期，11 月到翌年 3 月为休眠期。休眠期一般气候比较干燥寒冷，要注意保温避寒及保持干燥。由于仙人掌类植物具有特殊的贮水组织，它们在生长期，特别是生长旺盛

龙舌兰

芦荟

昙花

图 4-50　其他多肉多浆植物

期大量吸收肥、水，供给干旱季节的消耗，休眠期间体内有着丰富的贮藏物质，因此要注意水分不宜过多，方可使细胞原生质的黏性增大，透性碱少，有利于抗寒。休眠期间如果土壤过于潮湿，就会引起腐烂而死亡。

仙人掌类植物除叶状仙人掌及附生类型外，体型较多，有柱状、扁平状或球形，肉质茎上有特殊的器官，如刺窝着生刺、刺毛、柔毛或毛丛。花两性，大小不一，有纯白、纯黄、金黄、粉红、大红、玫瑰红等色。它们的雌雄蕊亦有翠绿、金黄、大红、白色等，雄蕊多数，附生于花之喉部，花柱细长，单生，柱头多分裂。果实多数为肉质浆果，有的色鲜红如珊瑚，都具有很好的观赏价值。

仙人掌植物还具有一定的经济价值。很多仙人掌类的果实可作食用，茎肉用糖煎煮后供制蜜饯。球茎可作药用，清热消肿，内治肺热咳嗽、痢疾、咽喉炎、胃溃疡，外治腮腺炎、火烫伤等。多刺的种类，还可作篱用。

二、温室花卉（图 4-51）

1. 一、二年生类：瓜叶菊、彩叶草、蒲苞花等。
2. 宿根类：非洲菊（扶郎花）、报春花类、樱草类等。
3. 球根类：仙客来、马蹄莲、小苍兰等。

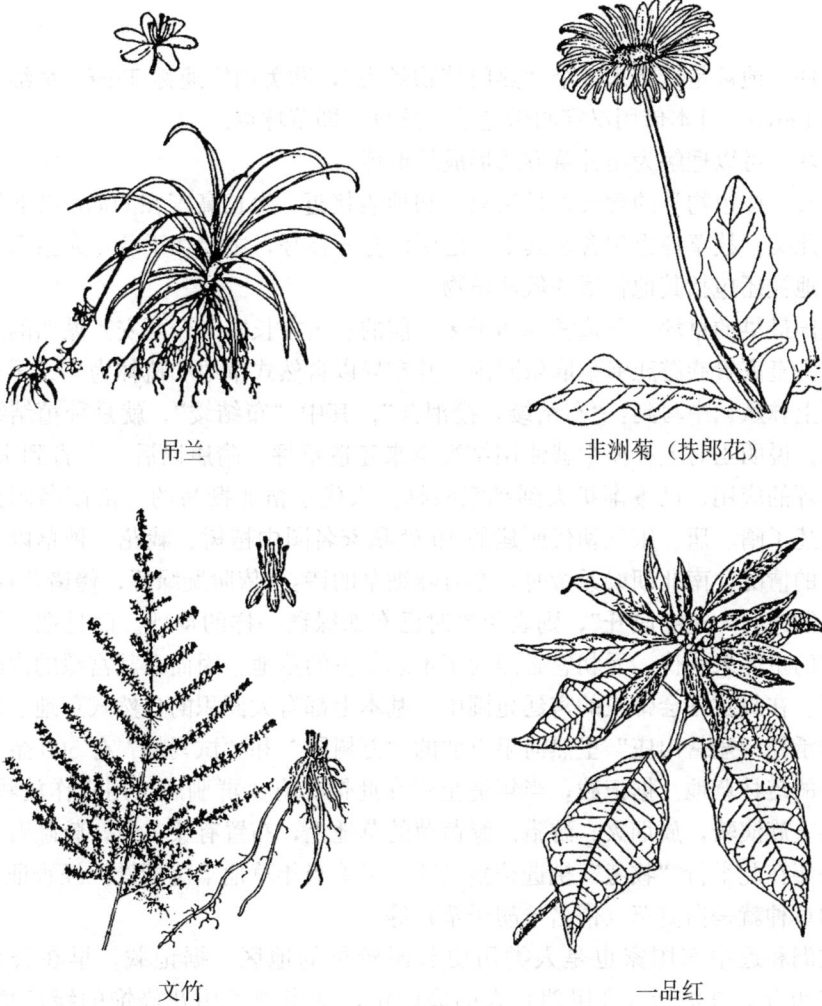

吊兰　　　　　　　　　非洲菊（扶郎花）

文竹　　　　　　　　　一品红

图 4-51　温室花卉

思考题

1. 一、二年生草花与多年生草花有哪些区别？
2. 在设计中如何运用一、二年生和多年生草花？

第五章　草坪与地被植物

草坪、地被是近年来一个"热门植物景观"，欧美国家通称 Turf，精细、漂亮者称 Lawn。日本借用汉字叫做芝地、芝草，即草坪草。

草坪：可以理解为用种草方式形成的地坪。

地被：按植物学的含义，是指只要和地表接近，生长高度在 60cm 以下的草本都属此类，故草坪也包含在其中。之所以分开称呼，主要在于草坪尤指禾本科草类，地被还包括其他科属的低矮植物。

我国最早的草坪，可追溯到两千多年前的著名古长安（今西安）城西的上林苑。作为皇家贵族游憩渔猎取乐园囿，其布局以自然式草地和疏林为主。司马相如在《上林赋》中写到："布结缕，攒戾莎"，其中"布结缕"，就是种植结缕草的意思。说明当时上林苑中就使用结缕草来建造草坪。隋唐以后，一直到宋代，我国草坪的应用，已逐渐扩大到私家园林。宋代李格非撰写的《洛阳名园记》，详细描述了隋、唐、宋三朝代所建的 19 处私家名园中植树、栽花、种草以及种植草药的情况。南北朝梁元帝时，亦有咏细草的诗："依阶疑绿藓，傍诸若青苔。漫生虽欲遍，人迹会应开"，则表明当时已有如绿毯一样的草坪。而且把草坪作为观赏的主体来看待。元朝忽必烈为了不忘蒙古的草地，因而在其宫殿的内院铺设草坪。在封建社会帝王的宫廷苑囿中，基本上都有大面积的自然式草地。举世闻名的承德"避暑山庄"里热河泉以北的"万树园"和"试马埭"有 500 余亩布局独特的疏林草地。据记载，当年清皇帝在此饲养有大群驯鹿，用它作放牧场，平时供皇族演骑，放烟火，游猎。绿茵茵的草地上，布置有蒙古包，乾隆帝（弘历）每年在此举行"牧考"挑选狩猎马匹。可见当年草地丰茂情景。经查证这片草地的草种就是白薹草（俗名羊胡子草）等。

欧洲和近中东国家也是人类历史起源较早的地区。据记载，早在公元前631～579 年，在波斯（今伊朗）人的庭院中，就出现了用花修饰的绿色草坪，这可以从当时的宫廷园林设计图中得到证明。公元前 354 年，古罗马帝国在有关草坪的简短记述中，提到了庭院里的小块草坪。早在罗马时代，草坪就伴随十字军东征进入英国，首先在修道院里应用。中世纪英国的文献中有 Lawn Gardens 的记载。英国到了 13 世纪，已产生用禾草单播建立草坪的技术。从此，英国对草坪的建造非常重视，绅士贵族草坪的养护十分讲究，把修剪平整的草称为"绿色羊毛"。

高尔夫球从 15 世纪初起在英国流行和普及，这种称为 turf 的草坪，主要由剪股颖草和羊茅草种构成。

近代草坪业起源于第二次世界大战以后的美国。由于经济和人口的迅猛增长，导致建房业飞速发展，从而大大地促进了草坪业的兴旺发达。随着百万幢住宅的建成，百万块草坪也相继出现了，加之经济的持续膨胀，缩短了工作周期，人们有更多的钱财和空闲时间，致使高尔夫球等娱乐活动日益普及。现在，美国除有公共草坪1000万英亩（约400万公顷），还有私人草坪650万英亩。

现在国际上将草坪覆盖面积作为衡量现代化城市建设的重要标志之一。1969年，成立了国际草坪学会（International Turfgrass Research Conference），现已召开多次学术会议。

目前，全球草坪栽培技术水平，仍以高尔夫球场草坪为代表。很多国家设有专门研究机构，如：美国高尔夫球协会的草坪研究部；新西兰高尔夫联盟的草坪研究会；英国皇家古代高尔夫球俱乐部草坪委员会；德国波恩大学的草地和饲料作物研究会的草坪研究部；日本草坪研究会等。

我国虽然对草坪和地被植物的研究工作起步较晚，但发展迅速，草坪和地被植物已成为一门独立的学科，北京林业大学、兰州大学都增设了草业学专业。不少城市先后成立了草业科研机构，开展了多方面的研究工作。现在上海已建立了草坪植生带厂，使我国草坪业向国际水准迈进了一大步。

第一节　草坪分类

目前国内外还没有统一的草坪分类标准，根据草坪的功能作用和生长特性，有以下几种常用分类方式。

一、按草坪的用途分类

1. 观赏草坪（装饰性草坪）

园林绿地中，专供欣赏的草坪，称为观赏草坪。主要铺设在广场、街头绿地、雕塑、喷泉、纪念物周围或前或后，作为背景装饰或陪衬景观。这类草坪周边多采用精美的栏杆加以保护，不允许游人入内践踏。草种要求平整、低矮、色泽亮丽一致、茎叶细柔密集，栽培管理要求精细，并严格控制杂草生长。

2. 休息草坪

这类草坪在绿地中没有固定的形状，面积可大可小，管理粗放，通常允许游人入内散步、休息、游戏及进行各类户外活动。此类草坪一般铺设在大型绿地中，如学校、疗养院、医院、有条件的居住区。草种要求耐践踏，萌生力强，返青早，枯黄晚。

3. 运动草坪

铺设作为开展各类体育活动和娱乐活动的草坪，如足球场、高尔夫球场、武术、网球场等。草种要求耐践踏，耐修剪，生长势强。如狗牙根、结缕草类。

4. 护坡固堤草坪

为保护坡地和岸堤免遭冲刷和侵蚀而铺设的草坪，如种植在铁路、公路、水库、堤岸、陡坡等处的草坪，其主要作用是保持水土不流失。草种要求根茎发达、草层紧密、固土力强、耐旱、耐寒的种类，如结缕草、竹节草等。最好采用种子直播或使用草坪带快速铺设。

5. 疏林草地

以草坪为主景，缀以丛植的灌木或小乔木，形成树木和草地相结合的草地景观。一般铺设在城市近郊或工矿区周围，或与疗养院、风景区、森林公园、防护林带相结合。它的特点是，局部林木密集，夏季可以供游人蔽荫，林间空旷草地，可供人们活动和休息。这类草坪多用地形排水，管理粗放，造价较低。草种可采用混合草种，营造一种回归自然的野趣植物景观。

二、按草种的起源和适宜气候分类

1. 暖季型草坪（图 5-1）

也称"夏绿型草坪"，它起源于热带非洲，其主要特点是：冬季呈休眠状态，早春开始返青复苏，夏季生长旺盛，进入晚秋，一经霜害，其茎叶枯萎褪绿，地下部分开始休眠越冬。最适生长温度为 26～35℃。我国目前栽培的暖季型草种，大部分适合于黄河流域以南的华中、华东、华南、西南广大地区。暖季型草种中的野牛草，性状类似于冷季型草，在华中以南地区栽培，不耐炎热，在北方栽培生长良好（图 5-1）。

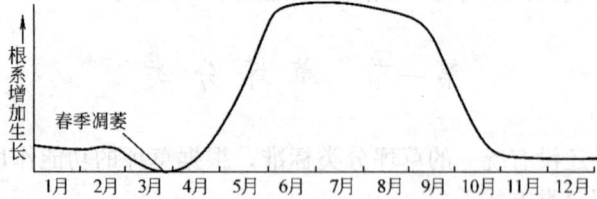

图 5-1　暖季型禾草的生长周期

2. 冷季型草坪（图 5-2）

原产于北美洲，最适生长温度约 25℃。其主要特点为：耐寒性较强，在部分地区冬季呈常绿状态，夏季不耐炎热，春、秋两季生长茂盛，仲夏后转入休眠或半休眠状态（图 5-2）。如早熟禾、高羊茅等。其中也有部分品种，由于适应性较强，亦可在我国中南及西南地区栽培，如剪股颖属、草地早熟禾、黑麦草。

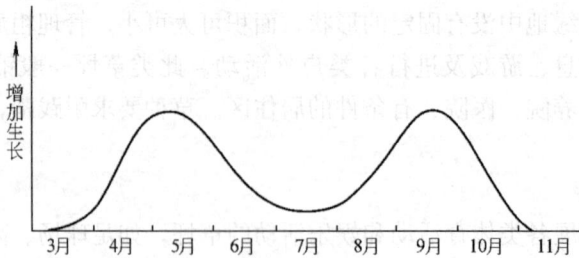

图 5-2　冷季型禾草的生长周期

三、按草种组合方式分类

1. 单一草坪

一般用一种草种或品种铺设形成的草坪。在我国北方地区，多选用野牛草、羊胡子草等植物来铺设单一草坪。在华中、华南、华东等地则选用马尼拉草、中华结缕草、地毯草、草地早熟禾等铺设单一草坪。由于单一草坪生长整齐美观、低矮、稠密、叶色一致、养护管理要求精细，多用作观赏或栽培在花坛中间。供人们欣赏，一般面积不能太大。

2. 混合草坪

根据草坪的功能，将两种或两种以上草种混合配植铺设形成的草坪，称混合草坪或混栽草坪。可以按照草坪植物的功能性质和人们的需要，按比例配合，如夏季生长良好的和冬季抗寒性强的混合；宽叶草种和细叶草种混合。混合栽培不仅能延长草坪植物的绿色观赏期，而且能提高草坪的使用效果和防护功能。如高尔夫球场，球座要求再生力强的草种（狗牙根、早熟禾等）；球盘区要求叶片纤细、平坦的草种（剪股颖）；球道则用 50% 早熟禾、40% 紫羊茅、10% 剪股颖混植。

3. 缀花草坪

一般在草坪规划时，在以禾草植物为主的草坪上，留出一定面积，用以散植或丛植少许低矮的多年生开花植物或观叶植物。如韭兰、鸢尾、紫叶小檗、石蒜、葱兰、红花酢浆草等。这些植物的数量，一般不超过草坪总面积的 1/4～1/3。分布有疏有密，自然错落，有时有花，有时花与叶隐没于草丛中。缀花草坪最好铺设于人流较少的休息草地，供游人欣赏休息。

第二节　草坪质量评价

草坪质量评价是指对草坪的表观质量和功能质量进行评价，前者包括草坪的色泽、质地、密度和均匀性；后者主要指草坪的生长势、刚性、弹性、恢复力及强度。

草种的品种不同，其色泽、质地、密度和均匀性也不相同，所提供的功能服务也不同，这些都受气候条件影响。当温度不适宜或天气干旱时，禾草生长不茂盛，缺少吸引力，适当的管理可以保证草坪质量，施肥和修剪能提高草坪质量。

一、表观质量

1. 颜色（Color）：一般说来，禾草越绿越有吸引力。暖季型禾草以夏季质量最好，冷季型禾草以春秋色泽最美（图 5-3）。草坪色泽主要碧绿、浅绿、蓝绿、暗绿等。以碧绿为佳。色泽不鲜是由于缺乏氮素、受到干旱或温度的影响，以及病虫或其他类型的伤害所致。有些种和品种的正常色泽是淡绿色。

2. 质地（Texture）：指草种叶片的宽度，一般认为叶片较窄、质地较细的草比叶片宽、质地粗的草更有吸引力（图 5-4）。不同草种和品种的质地有很大差别。低剪和增加密度能长出较窄的叶片。

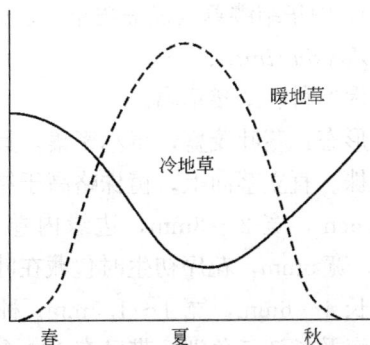

图 5-3　暖季型禾草在夏季质量最好，
冷季型禾草在春季和秋季最美

3. 密度（Density）：衡量草坪质量最主要的指标是密度。密度是指单位面积上新滋芽的数量。一块稠密得像地毯一样的草坪是非常诱人的，而一块稀疏斑秃的草坪则令人扫兴。

密度也可衡量禾草适应各种条件的能力。一个不耐荫的品种，如果生长在乔木下，其密度就小。足球场上的草坪，如果草种不耐践踏，也将是稀疏的。如果一个草种不能抗御病虫及其他不良因素，就不能得到较高密度。通常，根状茎和匍匐茎生长旺盛的草种，必能形成覆盖度较高的草坪。养护不当往往会降低草坪密度。

4. 均匀性（Uniformity）：它是另外三个指标的综合。一块具有吸引力的草坪，外形均匀，色泽、质地和密度一致，整个草坪看上去十分和谐。杂草、裸露的空地、病害、不同的质地和色泽都会破坏均匀性。

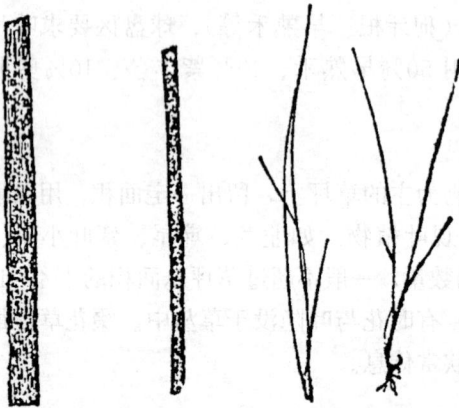

图 5-4　叶片质地的变化，由细到粗；
最有吸引力的叶片宽度为 3mm 或更窄

坚挺性，刚性强比刚性弱好。

二、功能质量

1. 生长势：生长迅速、健壮，比生长势弱、生长缓慢的草坪好。

2. 刚性：指草坪修剪后茎的坚挺性，刚性强比刚性弱好。

3. 弹性：指草坪受力后恢复原状的能力，弹性强的草坪好。

4. 恢复力：草坪受到破坏后重新复苏的能力。恢复力强要求复苏时间短，恢复力弱，要求复苏时间长。

第三节　常见草坪和地被植物

一、主要暖季型草坪植物

1. 中华结缕草（老虎皮草）（图 5-5）

Zoysia sinica.

禾本科、结缕草属。

形态：茎叶茂盛，草丛密集，具匍匐横走茎，能节节生根，于节间处形成幼小植株。直立茎向上，植株略高于结缕草，叶片略狭长，质地亦较结缕草柔软，长约 6cm，宽 2～3mm，边缘内卷。总状花序，花期 5～7 月，直立，长 2～4cm，宽 5mm，花序初生时包藏在叶鞘内；小穗仅 1 朵花，两性，单生，呈紫褐色，长 4～6mm，宽 1～1.5mm。种子成熟时易脱落。是江南地区的主要草种，在上海及长江三角洲一带已有 100 多年的栽培历史。植物学家最早在香港发现此草与结缕草不同，故定名为中华结缕草。模式标本存于香港。

习性：适应能力较强，喜温暖湿润气候。喜阳光，亦耐半荫。喜排水良好的沙质壤土，在微酸性与碱性之冲积土壤中亦能生长。耐寒性略次于结缕草与大穗结缕草，返青略早，绿色期比结缕草长 10～15 天，在华东地区约为 270 天。成都地区绿色期长达 280 天。基本适合于黄河流域及以南温暖气候地区。

产地及分布：主要分布于山东、浙江、江西、福建、广东等地，常见于堤坡、湖边及海岸边等湿润之处。调查时发现结缕草、大穗结缕草、中华结缕草在同一地区交叉生长，它们的规律是：结缕草喜干旱，生长在距海岸不远丘陵坡地；大穗结缕草生长在靠近海潮起落的沙质海滩坡地；而中华结缕草却生长在丘陵坡下面的湿润之处。

用途：中华结缕草是我国东南沿海地区的优良暖季型草种。应用范围较广，适合于庭园绿地、工矿企业、医疗单位等铺设草坪，还可与假俭草等其他暖季型草种混合铺种草坪运动场及足球场，增强草坪抗性。由于较耐阴湿，又常用作河坡阴湿处的固土护坡植物。茎叶柔嫩，营养适口，故又可作放牧地应用。

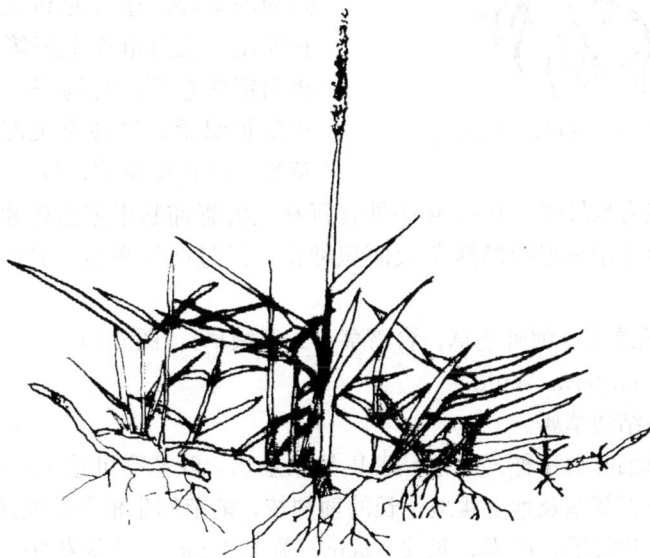

图 5-5　中华结缕草

2. 马尼拉结缕草（小芝Ⅰ型结缕草，马尼拉草）（图 5-6）

Zoysia matrella（L.）Merr.

禾本科、结缕草属。

形态：属半细叶类型，叶宽介于结缕草与细叶结缕草之间。约为 2mm 左右。总状花序，短小。

习性：略能耐寒，抗干旱能力强，且耐瘠薄。草层茂密，略耐践踏，根状茎直立，具有一定韧度与弹性。草色翠绿，病虫害少，分蘖能力强，覆盖度大，在深厚肥沃、排水良好的土壤中生长迅速，成形较快。华南部分地区栽培，基本四季不枯。在华东、华中、西南等地栽培，绿色期比当地的天鹅绒草长约 50 天左右。该草自 1981 年引入我国推广栽培，经长期观察，其最大优点是草层密集而无丛状馒头形突起，具有较强的蔓延侵占与竞争能力，少杂草危害，容易养护管

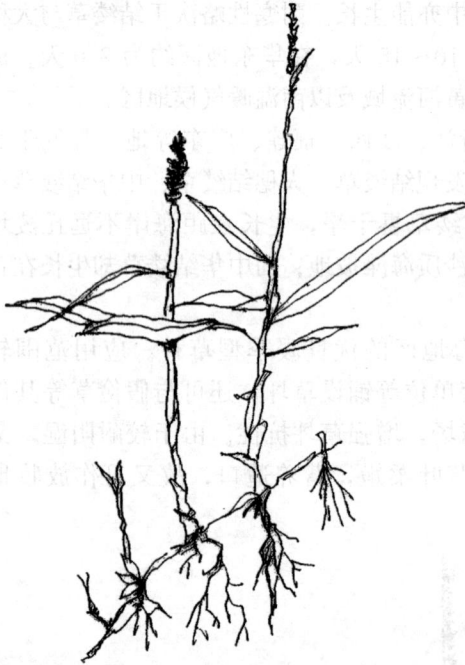

图 5-6　马尼拉结缕草

理。主要缺点是受草层密集的影响，花果枝及果穗稀少，种子成熟后易于脱落，很难采收到可供繁殖用的适量种子。

产地与分布：青岛市于 1981 年从日本引入栽培。现黄河流域以南的济南、洛阳、西安以及成都、重庆、上海、南京、合肥、广东、昆明等中南、西南地区推广种植。

用途：根据青岛、广州两市推广的经验介绍，马尼拉草经过 10 多年的种植，十分适合两地气候和土壤，不仅用它铺建庭园草坪、公共绿地草坪、运动场草坪，还可起到良好的固土防护作用。上海市在上海第五钢铁厂和梅山钢铁总厂，将马尼拉结缕草应用于防护绿地，经各有关部门反映，该草种养护管理粗放，抗干旱、抗污染、抗有害气体能力均较强。1991 年中外合资在上海青浦县朱家角辟建一处高尔夫球俱乐部，也选用马尼拉结缕草大面积种植，经过两年观察，养护与使用效果均好。

3. 细叶结缕草（朝鲜芝草，台湾草，天鹅绒草）（图 5-7）

Zoysia tenuifolia Willd.

禾本科、结缕草属。

形态：属细叶类草种。通常呈密集丛状生长，叶丛高可达 10～15cm，茎秆纤细，具地下匍匐茎及地上爬地生长的匍匐枝，能节间生根及萌发新植株，须根多，浅生。叶片线形，内卷，长 2～6cm，宽 0.5cm。总状花序，顶生，花果期 6～7 月，花穗短小常覆没于叶丛之中，不易发现，小穗穗状排列。种子稀少，成熟时易脱落。

习性：喜阳光及温暖气候，不耐蔽荫，在强光处生长良好。耐寒能力稍差。与多种杂草竞争力强，由于草层密集，杂草难以侵入。亦能耐干旱。喜湿润之肥土，在微碱性土壤中亦能生长。但草丛容易出现馒头形突起，影响草坪外观。栽培 3 年后，如放松修剪，茎叶草层下面，容易出现"毡化"现象，这种腐殖质草毡层，会造成表土不渗水、不透气，使草坪成片干枯死亡。

在正常情况下，在华南地区栽培，夏、冬均不枯黄，冬季呈半休眠状态。在华中、华东及西南地区，一般于 4 月初返青，冬季遇霜害后，茎叶逐渐枯黄。西安、洛阳等地，绿色观赏期可达 185 天左右。

产地及分布：主要分布于日本、菲律宾、韩国及我国台湾省等地。目前，已在我国黄河流域以南地区广泛推广种植。

用途：细叶结缕草色泽嫩绿，草丛密茂，外观似天鹅绒草毯一样平整美观，但必须精细养护，方能达到这一效果。不宜大面积铺设，主要用作铺建观赏性草坪，或用于纪念物、雕塑、喷水池周围作背景。也可把它与花卉、地被植物配置在一起，组成"花坛草地"，以封闭绿地形式，陈设观赏。

图 5-7 细叶结缕草

4. 狗牙根（爬根草，绊根草，铁线草，蟋蟀草，百慕达）（图 5-8）

Cynodon dactylon L.

禾本科、狗牙根属。

形态：植株低矮，具根状茎或细长匍匐枝，长 57～83cm，每支 11～20 节，节间长短不一，夏、秋蔓延迅速，节间着地均可生根，叶扁平线条形，长 3.8～8cm，宽 1～2mm，先端渐尖，边缘有细齿，叶色呈浓绿色。5～7 月陆续抽出穗状花序，秆高 12～15cm，3～6 分支，呈指状排列于茎顶，小穗排列于穗轴的一侧，绿色，有时略带紫色。结实能力极差，种子成熟后易脱落。

习性：喜光，但稍耐半荫，生长力强，本草质地较细，亦耐践踏，在排水良好的肥沃土壤中生长良好。

由于须根浅生，遇夏日干旱气候，容易出现匍匐茎嫩尖或叶片等成片干枯。此草侵占力较强，在肥厚的土壤条件下，容易侵入其他草种蔓延扩大。在微量的盐碱地上，亦能生长良好。此草春天返青较早，在华南绿色观赏期可达 270 天，华东、华中可达 245 天，成都地区为 250 天左右。

产地与分布：广布于南、北温带地区。我国华北以南广大区域均有分布，常见于旷野、路边、江河湖岸及林缘等处，为我国中南部地区的乡土草种。各地资源丰富，并发现不少天然杂交种。

用途：狗牙根是我国黄河流域（包括石家庄地区）以南栽培应用较广泛的优良草种之一。华北部分地区以及西北、西南、长江中下游等地，仍多用它铺建草坪，或与其他暖季型草种进行混合铺设草坪运动场。同时又可应用于公路、铁路、水库等处作固土护坡绿化材料种植。由于狗牙根的草茎内蛋白质含量较多，牛、马、羊等牲畜食口性好，因此，又可作为放牧草地开发利用。

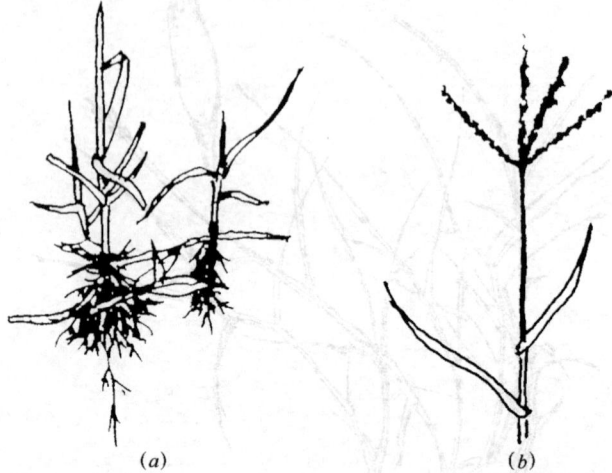

图 5-8　狗牙根
(a) 植株；(b) 花序

5. 天堂草（杂交狗牙根，杂交百慕达）

Cynodon dactylon × C. transvadlesis.

禾本科、狗牙根属。

形态：该草除了保持狗牙根原有的一些优良性状外，并具有叶丛密集、低矮、叶色嫩绿而细弱，茎略短等优点，又能耐频繁的刈割，践踏后易于复苏。

据长江流域以南的初步报道，绿色观赏期为 280 天，华南略长一些。不仅耐寒，病虫害少，而且能耐一定的干旱，十分适合于中原地区生长。

产地与分布：此草最早由广东从国外引进栽培。它是国外植物学家运用现代育种技术，把非洲狗牙根（*Cynodon transvadlensis*）与普通狗牙根（*Cynodon dactylon*）杂交后，并在其子一代的杂交种中分离选出而来。

用途：天堂草是较好的运动场及休息活动场地的理想绿化材料。据国外资料介绍，广泛适用于足球、垒球、高尔夫球、草地滚球、曲棍球、草地网球、马球等体育活动用草地。

我国栽培天堂草是最近几年才开始的，北起河南洛阳，南至广州与昆明，均比当地狗牙根表现优良。初步可以判断，凡是有野生狗牙根的地区，都可以引入应用。

二、主要冷季型草坪植物

1. 草地早熟禾（图 5-9）

Poa pratensis L.

禾本科、早熟禾属。

形态：多年生草本植物。是目前欧美各大城市绿地中的主要草坪栽培品种。具有根状茎及须根。茎秆直立，光滑，呈圆筒形，高50～70cm。叶鞘疏松裹茎，具条状纹。叶片条形，柔软，宽2～4mm。圆锥花序开展，长13～20cm，分枝下部裸露，小穗长4～6mm，含3～5朵小花。

习性：本种适宜在气候冷凉、湿度比较大的地区生长，抗寒力极强，在我国北方−27℃的寒冷地区均能安全越冬。耐旱性和耐热性稍差，在缺水或炎热的夏季生长缓慢或停滞。在我国华北雨水较少的干旱地区栽培，必须设置喷水设施。要求排水良好、质地疏松而富含有机质的土壤，在含石灰质较多的土壤上生长更为旺盛。根状茎繁殖迅速，再生力强。较能耐践踏。上海等沿海城市栽培，经过修剪后，嫩草冬季不枯黄。黄河流域小气候较好的地区，冬季亦能不枯。

产地与分布：原产于北温带地区，常见于河谷、草地、林边等处。我国东北及河北、甘肃、内蒙古、江西、四川均发现有丰富的野生资源分布。目前用于绿化栽培品种，种子多由美洲哥伦比亚等地进口。

用途：草地早熟禾在国外草坪应用上排在首要地位，广泛应用于各类绿地中，与其他冷地型草种混合栽培。我国引入后，已经开始应用于公园、机关、学校、工厂、医院、疗养院、居住区等处。在国外常以80%的草地早熟禾和20%的多年生黑麦草作为高尔夫球场开球区的混播种；球道的混合草种则采用草地早熟禾50%，匍匐型紫羊茅40%和匍匐茎剪股颖10%；也可应用于足球场草坪和曲棍球场。还可分期少量放牧。

栽培品种：根据国外介绍，目前各地应用于园林上的栽培品种有二十余种。

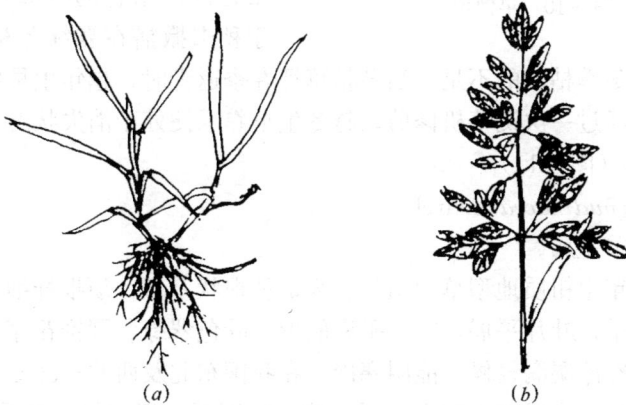

图5-9 草地早熟禾
(a) 植株；(b) 花序

2. 早熟禾（小鸡草）（图5-10）

Poa annua L.

禾本科、早熟禾属。

形态：1年生或越年生低矮草本植物。全株平滑无毛，茎秆丛生直立及基部稍倾斜，细弱。叶片质地柔软，小鸡喜食，叶先端呈小舟形，长2～10cm，宽

1～5cm。圆锥花序开展，卵圆形，长2～7cm，每节有1～2分枝，小枝绿色柔嫩，含3～5朵小花。颖果种子长约2mm，宽约0.6～0.8mm。

习性：喜冷凉湿润气候，耐寒冷，在-20℃低温情况下仍能顺利越冬。耐荫能力强，在乔木下半阴处亦能正常生长，叶片色泽保持嫩绿美观。耐旱能力弱，在炎热季节到来前逐渐出现枯萎。适应性稍强，不择土壤，能耐瘠薄，但在肥沃湿润土壤中生长得最茂盛。由于其叶片嫩绿，含水分较多，故耐践踏能力稍差，不适宜用作运动场草坪的种植材料。越年生早熟禾返青早，在华北地区2月底至3月初就已返青。我国南方大部分地区，此草入冬后仍能保持碧绿如茵。

产地及分布：我国大部分地区都有分布。常见于河坡湿地及道路边缘等处，除东北、西北等寒冷地带外，野生资源极其丰富。亚洲其他国家和美洲一些国家也都有分布。

用途：栽植于乔木下或行道树下，形成绿茵地被。我国西安等城市曾大面积栽培此草，获得了优良的绿化效果。在我国南部上海等城市，曾试用它的冬绿特点，将种子于秋末撒播在夏绿冬枯的暖季型草坪中，可弥补冬季枯黄的不足，当冬枯草坪春季返青时，越年生早熟禾进入抽穗开花期，此时经过一次铡草机修剪，越冬生早熟禾便处于消失状态。

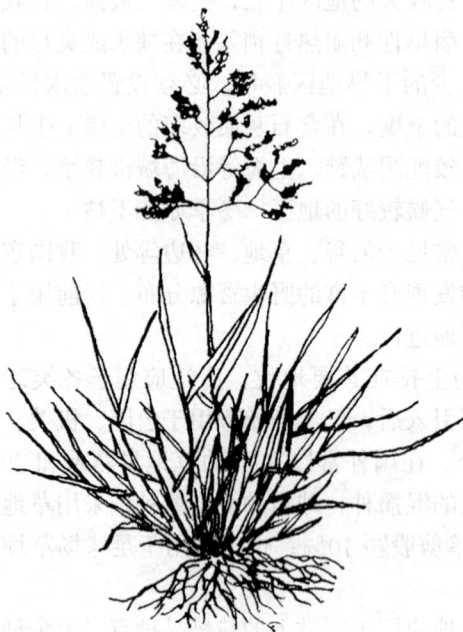

图 5-10 早熟禾

3. 高羊茅（图 5-11）

Festuca arnudinacea Schreb.

禾本科、羊茅属。

形态：多年生粗质地型草坪植物。为疏丛根状茎型，须根纤细，数量多，入土深。茎秆丛生，叶片平展，叶尖平底船形，叶色翠绿。圆锥花序，颖果。

习性：喜冷凉湿润气候，能耐寒冷，在我国东北及西北-30℃低温地区，仍能安全越冬生长。耐旱能力亦强，对土壤要求不严，不耐热，夏季有休眠现象，生长缓慢，耐荫性强，在乔木下半荫处仍能正常生长。抗践踏能力较强，在践踏不严重的情况下能够再生长。能耐低剪，剪草时留茬高度仅2cm时，它仍能恢复正常生长。管理粗放。

产地及分布：广布于北半球的温寒地带，在羊茅属草坪植物中比较耐寒。我国东北、华北、西北、华中、西南诸地区均有野生资源分布。由于我国尚无种子生产基地，目前园林绿化所需种子仍依靠进口。

用途：高羊茅可用作庭院绿化材料，花境和花坛的镶边材料，固土护坡、保持水土，可混播用于高尔夫球道，上海市居住小区、城市绿地多有铺用。

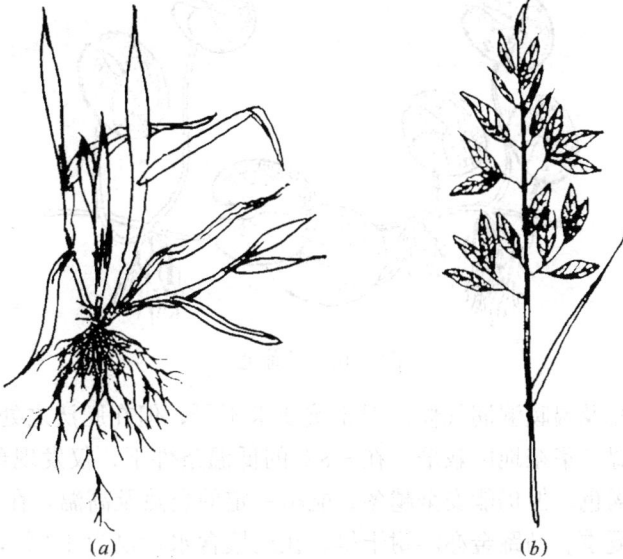

图 5-11 高羊茅

(a) 植株；(b) 花序

4. 多花黑麦草（意大利黑麦草，一年生黑麦草）（图 5-12）

Lolinm multiflorum Lam.

禾本科、黑麦草属。

形态：一年生或越年生，须根密集细弱，叶片长 10～15cm，宽 3～5mm，叶色翠绿，整齐，穗状花序扁平。

习性：喜冷凉气候，耐低温，耐干旱，稍耐荫，不择土壤，可在低盐碱地生长，较耐践踏，管理粗放。

产地及分布：欧亚温带地区有分布，我国引入栽培。

用途：适于长江流域以南地区的庭园、居民小区、城市绿地冬季草坪用草，也可作牲畜饲草。

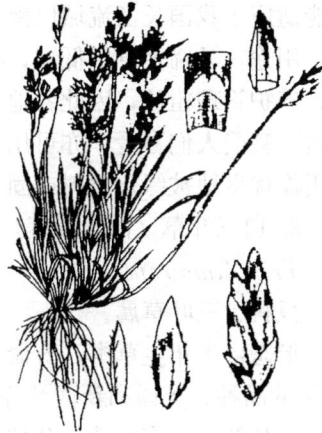

图 5-12 多花黑麦草

三、其他地被植物

1. 马蹄金（美国马蹄金）（图 5-13）

Dichondra repens Forst.

旋花科、马蹄金属。

形态：多年生草本植物。系广州 1980 年从国外引进的双子叶类型新草种，植株低矮，须根发达，具较多匍匐茎，节间触地生根，全株仅高 5～15cm。叶片扁平，基生于根部，具细长叶柄，肾形，外形大小不等，表面无毛，直径仅 1～3cm。夏秋开花，虽有种子，但结实率不高。

277

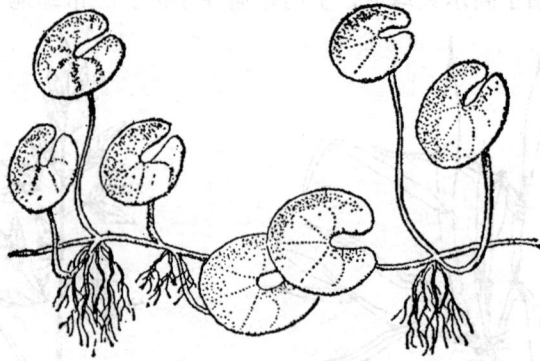

图 5-13　马蹄金

习性：喜光及温暖湿润气候。对土壤要求不严，但在肥沃之处，生长茂盛。能耐一定的低温，华东地区栽培，在−8℃的低温条件下，仅发现草层上部的部分叶片表面变褐色，但仍能安全越冬。能耐一定的炎热及高温，在42℃气温下，仍能安全越过夏季。马蹄金亦能耐干旱，在土壤含水量仅为4.8％，叶片出现垂萎的情况下，一旦进行浇水养护，约1周后，垂萎的叶片又会重新恢复正常生长。耐践踏性比中华结缕草和马尼拉结缕草强。在长江流域以南栽培尚佳，一般情况下尚能适应。在杭州全年绿色期为300天。

产地及分布：马蹄金引入我国栽培已经10多年，经过从南向北推广种植，尚能适应于我国长江流域以南栽培。

用途：马蹄金草层低矮，植丛密集，侵占力极强，杂草较少，一旦形成新草坪，养护管理粗放，因此各地多应用于小面积花坛、花境及山石园，作观赏草坪栽培，甚受人们喜爱。亦可用它布置庭园绿地及小型活动场地。马蹄金在国外通常用作优良地被绿化材料或固土护坡植物栽培。

2. 白三叶草（白车轴草）

Trifolium repens L.

豆科、三叶草属。

形态：多年生草本，寿命一般均在10年以上，国外有不少生命期长达40～50年的品种，英国和新西兰等地把它作为永久性草地栽培。

植丛低矮，直根性，分枝多，根部分蘖能力及再生能力均强。根部具有与豆科根瘤菌共同的特性。匍匐枝爬地生长，节间着地生根，并萌生新芽。三小叶，着生于长柄顶端，故名"三叶草"。头形总状花序，于夏秋两季陆续不断抽出花序。种子成熟期不一，边开花，边结籽，种子细小。

白三叶喜光及温暖湿润气候，亦能耐半荫；不耐干旱，稍耐潮湿；耐热性稍差，抗寒能力较强，在我国长江流域以南地区生长，冬季保持常绿不枯，不怕霜打。在夏季高温下，部分植株常处于半休眠状，如长期干旱无雨，部分叶片边缘有焦枯现象出现。在我国最北部的黑龙江哈尔滨郊外，发现有耐寒力较强的野生品种，据传是早年沙俄时期引入的栽培品种。

白三叶在我国西南地区云贵高原丘陵坡地种植后，由于气候温和湿润，土质酸性，极适合它生长，当地不少放牧地，已把白三叶作为永久性放牧草地。白三叶能耐刈割，种子成熟后自行脱落，故能自播。

白三叶最大缺点是不耐盐碱，在含盐稍大的土质中不能长久生存。因为它的根部共生的豆科根瘤菌被盐碱所杀死，直接影响到白三叶的生命存在。

产地及分布：白三叶原产于欧洲及亚洲的小亚细亚地区。目前我国黑龙江、新疆、云南、贵州沿铁路、公路边到处可见。

用途：白三叶除供放牧地栽培外，园林绿地通常作固土护坡、地面覆盖植物应用。亦有作粗放草坪单一种植。国外很早以前就把白三叶与其他冷季型和暖季型草混合栽培应用。我国各地近年也把它撒播在已建草坪上，增加草坪的适应性，尤其撒播在暖季型草坪中，可延长草坪的绿色期。

3. 红花酢浆草（三叶草）（图5-14）

Oxalis rubra St. Hil.

酢浆草科、酢浆草属。

多年生草本，地下部根端具鳞状根茎。全株具白色细纤毛，茎基部稍匍匐性。掌状复叶，基生，具细长总柄；小叶3枚，倒心形，全缘。伞形花序着生总花梗端，稍高出叶；花深玫红色，萼片覆瓦回旋状排列。花期10月初到次年2～3月。其花、叶对光有敏感性，白天和晴天开放，晚上及阴雨天闭合。

变种、变型及品种，有白花变种（var. *alba*），紫叶变种（var. *Lilacina*）。

产地及分布：原产巴西。

习性：喜阴湿环境，要求排水良好、含腐殖质多的沙质壤土。不耐寒，在上海小气候良好地区作露地栽培。耐荫性强，盛夏期间生长缓慢或进入休眠。

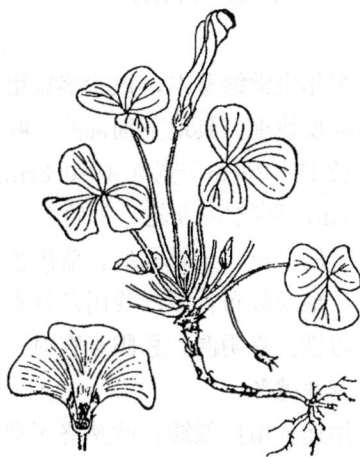

图5-14 红花酢浆草

用途：红花酢浆草植株整齐，叶色青翠，覆盖地面迅速，又能抑制杂草生长。是一种良好的观花地被植物，尤宜在疏林或林缘应用。花期长，花色艳，也可作花坛或盆栽。还可装饰岩石隙缝。

4. 菲白竹

Pleioblastus angustifolius (Mitford) Nakai

禾本科、苦竹属。

形态：低矮竹类，叶片狭披针形，绿色底上有黄白色纵条纹，边缘有纤毛，两面近无毛，有明显的小横脉，叶柄极短。笋期4～5月。

产地及分布：原产日本。中国华东地区有栽培。

习性：喜温暖湿润气候，耐荫性较强。

用途：菲白竹植株低矮，叶片秀美，常植于庭园观赏，栽作地被、绿篱，或与假山石相配，也是盆栽或盆景中配植的好材料。

5. 鹅毛竹（图 5-15）

Shibataea chinensis Nakai

禾本科、倭竹属。

形态：植株高 60～100cm，叶常单生枝端，卵状披针形或宽披针形，长约6～10cm，无毛。

产地及分布：产于江苏、浙江、安徽。华东常有栽培。

习性：较耐荫，管理粗放。

用途：常植于假山叠石间，或用作地被或盆栽。

6. 麦冬（大麦冬，土麦冬，鱼仔兰，麦门冬）（图 5-16）

Liriope spicata Lour.

百合科、麦冬属。

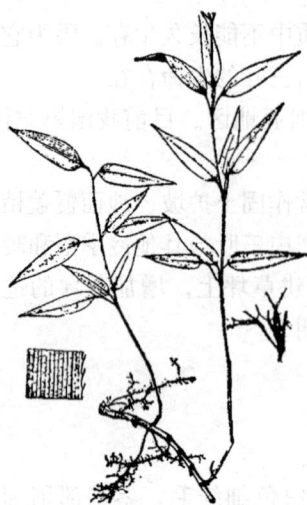

图 5-15 鹅毛竹

多年生常绿草本，根状茎短粗，下面生许多须根，常在须根中部膨大呈纺锤形的肉质块根。具地下匍匐茎。叶丛生，线形。稍革质，基部渐狭并具褐色膜质鞘，长 15～30cm，宽 0.4～0.8cm。花葶自叶丛中抽出，其上着生总状花序，长达12cm，具花5～9轮，每轮2～4朵，小花梗短而直立；花被6，淡紫色或近白色；子房上位，浆果圆形，蓝黑色。花期8～9月。

产地及分布：原产我国及日本，我国许多地区均有分布。

习性：喜阴湿，忌阳光直射，对土壤要求不严，以湿润肥沃为宜，在长江流域可露地越冬。

用途：植株低矮，叶丛终年常绿，为良好的地被植物，宜作花坛、花境的镶边材料或盆栽。全草入药，主治热病伤津、心烦、口渴、咽干、肺结核咯血等。

附：同属其他花卉常见者有：

（1）阔叶麦冬（*L. platyphylla* Wang et Tang）：地下不具匍匐茎。叶宽线形，稍成镰刀状，长 25～65cm，宽 0.6～2.2cm。花葶长 30～100cm，通常高于叶丛；总状花序长达 10～18cm。原产我国东北、华北、华东以及华南各省。其根茎亦可入药。主要变种有金边麦冬（"variegata"），其叶缘黄色。

（2）麦门冬（*L. graminifolia* Baker）：又称寸冬、禾叶土麦冬。具地下匍匐茎，叶较窄，宽 0.2～0.4cm，花甚小，小花梗长 0.3～0.4cm。

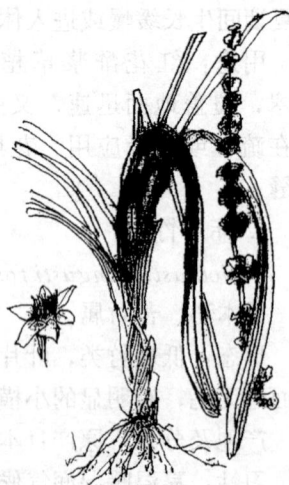

图 5-16 麦冬

思考题

1. 暖季型草与冷季型草的生长特性有何异同?
2. 列举你认识的开花地被植物,并说明如何应用?

第六章　植物景观规划

植物景观规划是区域规划和城市（镇）总体规划的重要组成部分和子系统，具有很强的自我系统性。但植物景观规划必须结合区域或城市各类用地，以及当地自然地形条件综合考虑，科学布局，合理融入区域或城市总系统之中，并形成连贯性网络体系。

第一节　植物景观规划类型

一、植物景观区域规划

1. 关于区域的概念

不同学科对区域理解不同，政治学认为区域是国家管理的行政单元；社会学则将区域看作具有相同语言、相同信仰和民族特征的人类社会聚落；经济学视区域是由人的经济活动造成的，具有特定地域特征的经济社会综合体；地理学把区域定义为地球表面的地域单元，具有特定的共性、同质性和内聚力。植物学对区域的理解近似于地理学，但更强调相似的水热条件和生境条件。

2. 植物景观区域规划的特点

植物景观区域规划是在特定的地区范围内，根据国民经济和社会发展的长远规划和区域的自然气候、水热分配、生境条件及社会经济条件，从区域角度、区域特征和区域属性出发，对区域植物景观建设进行全面的、系统的规划，并作出合理的空间配置决策。植物景观区域规划是区域规划的重要组成部分，是区域总体规划中的一个子系统。植物景观区域规划涉及更大的区域范围和尺度，因此，属于大尺度规划，可归属于大型绿地规划范畴。

3. 植物景观区域规划的范围和对象

植物景观区域规划的范围，主要是以资源的连续性、完整性、资源空间占有的不可分割性为特色来确定的。一般不与行政区划范围相同或重叠。如风景名胜区、自然保护区、水系廊道、道路廊道等，有时是跨省、市（镇）、县行政界线的良好植物区域。例如，我国知名的太湖风景名胜区，就是跨两省一市（浙江省、江苏省、上海市），雁荡山风景名胜区位于浙江省，跨乐清市、平阳县等。还有三北防护林植物景观、长江上游水土涵养林植物景观，都是植物景观区域规划的范例。一般来说，植物景观区域规划主要由该区域的林业部门主管。

二、城市（镇）绿地系统规划

植物景观规划在风景名胜区、城市（镇）各类公园绿地、附属绿地、生产绿地、防护绿地等规划中都有涉及。规划过程是在充分调查植物资源和绿化现状的基础上，通过分析评价，为某些地块（区域、城市、镇、县）在一定时期内，确定其生态、绿化、环境发展目标，作出计划的决策和在空间上的布局。

1. 城市（镇）绿地系统规划与其总体规划的关系

城市绿地系统规划是城市总体规划的重要组成部分，规划布局时，必须和工业用地、仓储用地、行政用地、文教用地、商业用地、居住区用地、道路交通用地，因地制宜综合考虑，全面安排，要与城市总体规划相匹配和协调。

2. 城市（镇）绿地系统规划的重点

城市绿地系统的总体规划，重点要解决城市绿地系统规划原则、目标及规划城市绿地类型、定额指标、布局结构和各类绿地规划、树种规划及实施规划的措施等内容。与城市总体规划、旅游规划、土地利用规划等有关规划相协调，并对城市总体规划讨论稿等提出调整意见，经有关评审会确定。

3. 城市（镇）绿地系统规划原则

各个城市有自己的地域特点，历史文化、自然环境条件、经济发展水平，以及人口规模和用地规模，但仍有一些共性问题。编制时应遵循以下基本原则。

（1）因地制宜，与河湖山川自然条件结合

从实际出发，重视城市内外自然山水地貌特征，发挥自然环境条件优势，挖掘城市历史文化内涵，依据城市总体规划，对各类绿地综合考虑，统筹安排，形成城市绿地系统布局结构特色。北方城市要重视防沙和水土保持；南方城市要重视遮阳降温。工业城市卫生防护绿地显得比较重要；风景旅游城市绿地系统内容广泛。绿地类型的规划布局要与河湖山川自然条件结合，充分利用名胜古迹，把自然和人文景观资源容纳到城市绿地系统中，小城镇一般便于与周围自然环境连接，甚至可以将郊区的农田、山林、果园等楔入市区，可适当减少市区公共绿地，构成人与自然和谐共生的绿地空间。

（2）均衡分布，形成合理的绿地网络结构

各类绿地有其不同的功能作用，规划布置时应将公共绿地在城市中均衡分布，连成网络系统，做到点（公园、小游园）、线（街道绿廊、滨水绿带、林荫道）、面（尺度较大的块状绿地）相结合，从城乡一体化的指导思想出发，与市郊相关绿地连接成为完整的系统，以发挥公共绿地的最大作用。

（3）按照国家有关绿地指标规定，根据城市游憩、景观、生态、避灾的需求，结合现状建设条件与经济发展水平，合理确定各类绿地类型与规模。

三、公园绿地规划

1. 公园绿地规划重点

按照城市绿地系统规划的要求，进一步明确公园在城市绿地系统中的关系，根据公园所处地段的特征和周边环境，确定公园的总体布局，对公园各部分作出全面的安排。

2. 公园规划的主要内容

根据公园用地面积，确定公园的性质、功能和景观主题定位，依据游客量和活动要求的预测，选定出入口位置，处理好内外交通联系；对公园进行功能空间分区，称为功能分区规划，将活动项目、设施位置、建筑体量和位置进行合理布局；对公园进行景色分区，叫景区规划，将整个公园分成若干个小区，赋予每个小区不同的景观特色。如杭州西湖的花港观鱼公园，面积 18 公顷，共分为 6 个景区，即鱼池古迹区、大草坪区、红鱼池区、牡丹园、密林区、新花港区，每一景区都有 1 个主题。

四、道路交通绿地规划

1. 道路交通绿地的特性

它是城市绿地系统中的带状绿地，主要以网格状、轴线状形式将整个城市绿地连成整体。道路绿地具有组织街景、改善街道小环境、有利交通等多重功能。

2. 道路交通绿地规划的重点

对城市静态交通（停车场、公交车站）绿地；人流、车流道路动态交通绿地；配套设施等，进行调查、统计、分类，按照不同的交通功能和绿化景观要求，参照有关规范，提出不同的道路绿化指标和建设标准。

五、建筑环境绿地规划

它是以建筑在空间环境中为主体的绿地，因此，必须甘当配角。环境绿地仅是建筑功能外部空间的延伸，如居住小区，公共建筑外部环境绿地。在充分调查建筑与周边环境条件后，提出与建筑相关的景观主题，并对道路场地、水面、地形、植物布置、建筑小品等作出适当的规划。

第二节　植物景观规划层次

按照规划编制的类型和阶段将植物景观规划分为：总体规划纲要、总体规划、控制性详规和详细规划。分述如下：

一、植物景观总体规划纲要

其主要任务是：研究确定植物总体规划的重大原则，并作为编制植物景观总体规划的依据。总体规划纲要的主要内容包括：论证规划范围内的自然环境条件、经济发展水平和人文历史基础，以及对规划范围内绿化现状和绿化潜力进行深入分析；原则性确定规划期内植物景观的总体目标；植物景观的规划结构与布局；分析确定影响合理绿化的矛盾，以及化解矛盾的重要措施手段，对不同类型植物景观的子系统规划提供宏观性、概念性指导。植物景观总体规划纲要多用于宏观规划，如植物景观区域规划，其成果主要是文字说明和附有现状的规划示意性图纸。

二、植物景观总体规划

在总体规划纲要的基础上，对各子系统植物景观进行深化。这一层次的规划主要适用于城市和风景名胜区。

1. 大中型城市植物景观分区规划

对于城市来说，植物景观总体规划对城市总体规划来说是个单项规划，也称子系统规划，类似于城市绿地系统规划。特别是大、中型城市，需要通过植物景观总体规划进一步完善功能分区规划，提出功能分区和景观特色定位，对生态、游憩、避灾、观赏等功能作用，提出更加明确的布局规划，要对绿地系统规划提出明确的发展目标及规模定额。

284

2. 树种规划

(1) 树种规划的意义

植物是一种有生命的物体，不能随处搁放，树木的生长与气候因子、土壤环境、地势地貌、相伴树种等多种因素相关。每年我国植树几千万株，但存活率尚不令人满意，很多部门用大量资金从外地买进不适合本地生长的苗木，造成人力、物力、财力的极大浪费，这主要是缺少对地区环境和树种习性的认识。作为城市规划师、景观设计师不能重犯类似错误，做到这一点，首先要做好规划地区的树种调查工作，摸清当地树种"家底"，总结不同树种在生长、管理及功能应用方面的经验与教训，根据不同绿地类型对树种要求制定规划，使城市绿地系统规划和植物景观规划成为可实施、可持续的城市元素。

(2) 树种调查内容

1) 行道树：名称（附学名）、配置方式、高度、胸径、冠径、株距、生长状况、栽植年代、主要存在问题等。

2) 公园中现有主要树种：名称、估计树龄、胸径、生长状况（强、中、弱）、存在问题、评价。

3) 本地抗污染（烟、尘、有害气体）树种：名称、高度、胸径、冠径、树龄、生长状况、生境、备注栏。

4) 城市及近郊的古树名木资源：名称、高度、胸径、冠幅、估计树龄、生境及地址、备注栏。

5) 边缘树种：名称、高度、胸径、生长状况、生境、地址和备注（养护措施、存在问题及评价）等。

6) 本地特色树种：名称、高度、胸径、冠幅、树龄、生长状况、生境和备注（特点及存在问题）。

最后汇总成某城市（镇）现状树种调查资料，备用。

3. 树种规划原则

(1) 地域性原则

充分考虑该市（地区）的各种自然因素，分析这些因素与树种的关系，注意最适条件与限制条件。同时，也要发掘引用有把握的新的树种资源，丰富城市建设风貌。

(2) 体现城市性质的原则

树种规划，要体现城市性质，用树种反映不同城市性质的风貌。如政治中心、文化中心、工业（钢铁、石油等）生产区、海港贸易中心或风景旅游中心等。

(3) 适地适树原则

在同一个地域、城市或镇，还存在隐域自然因素，引起不同小气候环境，表现出不同的生境特征。如上海大多数土壤为中性或微碱性但也有局部偏微酸性；很多城市建筑之间形成局部小气候环境，这些小环境为引种更多树种提供了十分有利的生境条件。

(4) 重视特色原则

地方特色的表现通常有两种方式，一是以当地著名、为人们所喜爱的多种树种来表现，另一种是以某些树种的运用手法和方式来表现。例如悬铃木虽有行道树之王的美称，但若地不分南北、城不论东西，都是悬铃木，就会令人产生单调感。再如有刺槐半岛之称的青岛，可将刺槐作为特色树种之一；北京可将白皮松作为特色树种之一进行规划。

（5）功能优先原则

树种规划是为城市环境服务，要科学性与实用性兼顾，满足城市不同绿化功能要求。如隔离功能，强调枝叶茂密；滨水环境，选用水生或湿生植物；城市中心广场选用该城代表性树种、防风林选用深根性，抗性强的树种。

4. 树种结构规划

1）基调树种：代表全城（地区）绿化的基调，一般每个城市应有经过审慎选择的基调树种若干种，并按优先顺序排列树种名称。如河南新郑市城市绿地系统规划确定的四种乔木基调树种，排列顺序为：栾树（南方品种）、银杏、杨树类、国槐；四种灌木基调树种，排列顺序为：大叶黄杨、火棘、荆条、红叶小檗。

2）骨干树种：城市绿地类型多样，各种类型绿地应有 5～12 种骨干树种，构成全城绿化的骨干。例如，新郑市的骨干树种包括：行道树：栾树（南方品种）、银杏、合欢、悬铃木、鹅掌楸、加杨、毛白杨、国槐、枫杨、梧桐、元宝枫、化香、垂柳、馒头柳。绿篱与花篱：大叶黄杨、小叶黄杨、珊瑚树、火棘、刺柏、蜀桧、海桐、石楠、小叶女贞、黄刺玫、木槿、棣棠。庭园：银杏、枣树、香椿、榆树、侧柏、龙柏、雪松、广玉兰、棕榈、柿树、大叶黄杨、蜀桧。垂直绿化：紫藤、爬山虎、美国地锦、凌霄、莴萝、木香。抗毒气抗污染：泡桐、垂柳、栀子花、国槐、臭椿、栾树、珊瑚树、构树、连翘、夹竹桃、海桐。水边绿化：垂柳、杞柳、白蜡条、小叶杨、紫藤、栀子花、棕榈、柿树、水杉。地被植物：马尼拉、吉祥草、早熟禾、书带草、红花酢浆草、白三叶草等。防护林：毛白杨、泡桐、速生杨、杞柳、白蜡条、小叶杨等。

3）一般树种：种类不限，通常可选用 100 种或更多。可以从常绿乔木、落叶乔木、常绿灌木、落叶灌木、藤蔓植物、宿根植物、草花、水生花卉、草坪与地被等多方面选用。

作为城市绿地系统规划重点的基调树种和各种类型绿地的骨干树种，其选择应少而精，基调树种的确定尤其应准确、稳妥、合理。这样全城绿化系统就有了主心骨。但是也不能忽视一般树种，尤其是排列在名单较前面的一般树种。不论基调树种、骨干树种或一般树种，都应按其重要性排成一定顺序。基调树种与骨干树种应以乔木为主，一般树种则包括乔、灌、藤和木本地被植物。树种规划是在树种调查基础上进行的，城市树种调查应以栽培树种为主要对象，对附近山区和郊区野生乔灌木、藤木及地被植物，也宜在可能条件下加以调查。

编制分期建设规划，确定近期建设目标、内容和实施步骤。对于风景名胜区的植物景观总体规划，要在调查植物景观资源基础上，进行植物景观客观评价，通过评价进行植物景观分类，按不同等级的景观特征，提出植物景观保育措施和对象、植物景观的整治措施和对象，植物景观的补充营造措施和布局。

植物景观总体规划的文件及主要图纸：

1) 规划文本：对各项目标和规划内容提出规定性要求的文件；

2) 规划说明：对规划文本的具体解释；

3) 附件：现状基础资料；

4) 植物景观现状图、城市绿地系统规划图、城市绿地系统结构分析图、公园绿地规划图、防护绿地规划图、道路绿地规划图、生产绿地规划图等。

5) 图纸比例：1/200～1/20000。

三、植物景观控制性规划

1. 绿地类型指标

植物景观控制性规划是在总体规划指导下，对规划对象进行指标规划。绿化指标也叫绿化技术指标，是落实空间占有的量化依据，是量化绿地类型的主要技术数字，规划范围通过量化指标来具体落实。不同绿地功能空间对环境要求不同，因此，应有不同的绿化指标。联合国推荐的城市人均公共绿地是 $16m^2$，柏林、纽约等国际先进城市已超过这一标准，成为名副其实的"宜居城市"。国务院在 2001 年发出关于加强城市绿化建设的通知，原建设部又提出"国家园林城市标准"，其中各项绿化指标成为报批的硬性条件。包括：到 2010 年，全国城市规划建成区绿地率达到 35%，绿化覆盖率达到 40% 以上。人均公园绿地面积达到 $10m^2$ 以上，并提出城市绿地的五种类型，它们为：公园绿地、防护绿地、生产绿地、附属绿地、其他绿地。

绿化指标规划，一般采用表格形式说明，项目有：绿地类型、面积数量、所占百分比、备注等，见表 6-1。

2004～2005 年上海市城市绿地发展指标 表 6-1

年　份	人均公共绿地(m^2/人)	绿地率(%)	绿化覆盖率(%)	森林覆盖率(%)
2004	10.11	34.14	36.03	11.04
2005	11.01	35.01	37.0	11.63

2. 植物种类指标

植物种类，是指不同生活型植物的类别，如常绿乔木、常绿灌木、落叶乔木、落叶灌木、藤蔓植物、水生沼泽植物等。各地区气候条件不同，植物类型所占比例也不同。我国最北端，气候寒冷，针叶植物多，树种比例以常绿针叶植物为主。温带、暖温带，落叶阔叶植物较多，树种比例要以落叶阔叶植物为多。上海地处亚热带北缘，是落叶阔叶向常绿阔叶过渡地区，可以多规划落叶植物，以便冬季阳光透过树枝，给人们多一些暖意。

上海市住宅发展局和上海市绿化管理局，于 2001 年在《上海市新建住宅环境绿化建设导则》中提出，落叶乔木与常绿乔木的比例为 1∶1～2；乔木与灌木的比例为 1∶3～6；草皮面积（乔灌木投影范围除外）不高于绿地总面积的 30%。植物种类，在 $3000m^2$ 以下的，不低于 40 种；3000～$10000m^2$，不低于 60 种；10000～$20000m^2$，不低于 80 种；$20000m^2$ 以上，不低于 100 种，用以保证植物的多样性。

各地根据所处气候带不同，提出不同的乔灌比例、落叶常绿比例以及植物种类数量等量化指标。

四、植物景观详细规划

以植物总体规划为依据，详细规定不同绿地类型的各项控制指标和其他规划要求，适用于公园绿地景观、道路交通绿地景观、建筑环境绿地景观、较大居住区绿地景观规划。植物景观详细规划，包括内容主要有：

1. 空间序列规划：从空间的开敞性与郁闭性来划分，分为开敞空间、半开敞空间、郁闭空间等。也可以从功能作用来划分，如儿童游戏空间、老年人活动空间、情侣空间、健身晨练空间、集会广场空间等。不同空间对植物规划要求不一样，儿童活动地应规划儿童易于亲近的、有趣味特色的、无毒无害无异味、安全无荆棘、花色艳丽或奇特的植物；情侣空间希望私密性强，植物宜多选枝叶茂密，高度能阻挡视线的植物；晨练广场是人们健身交流的空间，应规划分枝点高的乔木，视线易交流的疏枝叶植物，形成大树地坪植物景观。

2. 竖向规划：对规划范围内的用地进行竖向高差规划控制，形成有起伏变化的植物生境条件。

3. 季相规划：由于植物会随季节发生季相性动态变化，四季的景观不相同，因此，要对植物季相特点进行规划，确定最有代表性季相植物种类，构成丰富的植物景观。

4. 景观节点规划：通过视线分析，确定重要植物景观节点，对节点周围植物高度、色彩、形态提出概括性、粗线条的描述，为下一阶段设计定好基调。如：公园绿地、道路交通绿地、附属绿地、风景名胜区、自然保护区等植物景观都应做好控制性详细规划。

5. 详细规划的文件和图纸：规划文本，要正确表述各项规划的规定；附件，包括基础资料和规划说明。图纸包括：用地范围内现状图、详细规划总图、空间序列规划图、竖向规划图、季相规划图、景观节点规划图以及必要的分析图等。图纸比例为 1/200～1/1000。

五、植物景观概念性规划

针对有些甲方需要作探讨性的规划，而规划基础资料不足者，设计单位根据仅有的资料，进行方向性、概念性规划。概念性规划有一定的技术要求，主要是在与甲方交流沟通的基础上，根据甲方希望的景观要求，进行简略的框架性规划。可以用效果图或以文字说明为主，附有景观规划总平面示意图或意向照片进行表达。

第三节　植物景观规划原理

植物景观规划是景观师规划大地景观、城市规划师规划城市绿地系统时经常碰到的内容，它牵涉到植物学、植物地理学、植物生态学、普通生态学、气象学、自然地理学、景观规划设计原理、城市规划原理等多方面知识。特别是植物与环境因素、地带性植被类型、气候带类型、微地域特征和与之相应的植物种类等多种复杂因素。因此，作为一名规划师，必须知晓植物规划的基本原理，了解其规划内容，在不同层面把握植物景观规划深度要求，使规划在具有视觉效果的同时，更具有长效性和可持续性。

一、生态学原理

生态学是研究生物与环境关系的一门学科，自从生物在地球上出现就与环境有着紧密的联系，人们在长期的生产和生活实践中，早已注意到这种关系，并自觉或不自觉地运用这种规律来指导自己的行动。

地球上的生命表现为不同的组建水平，如，大分子水平，细胞水平，个体水平，种群水平，群落水平，生态系统水平等，后四种水平的研究与植物景观规划密切相关。现分述如下：

1. 个体生态学（Autecology）

是以生物的个体为研究对象，研究生物与自然环境之间的相互关系，探讨环境因子对生物个体的影响以及它们对环境所产生的反应。自然环境则包括非生物因子（光、温度、气候、土壤等）和生物因子（包括同种和不同种的生物）。

2. 种群生态学（Population Ecology）

种群是指一定时间、一定区域内同种个体的组合。或占据某一定地区的某个种的一群个体。在自然界中一般一个种总是以种群的形式存在，与环境之间的关系也必须考虑种群的特性及其增长的规律来探讨和分析。种群生态学研究的主要内容是种群密度、出生率、死亡率、存在率和种群的增长规律及其调节。

由个体组成的种群在其分布区域内，既有适宜于其生存的生活环境，又有不适宜于其生存的环境，两者相互交替着。种就在其分散的、不连续的生活环境里，形成了大大小小的个体群。例如，某一块山地上的马尾松种群，一个池塘里的水绵种群等等，种群是种存在的形式。

种群不仅是某一个种的个体的总和，而且是具有自己独立特征、结构和机能的总体。每一个种群均有其数量变动、年龄组成、空间分布格局、种群内个体间和与其他种间的关系以及自动调节的能力，这些都是种对周围环境条件能较完整和更多方面利用的一些具体适应方式。同时，种群参与了自然界的整个作用，所以，对种群的研究，也是了解生物群落和生态系统的重要基础。

3. 群落生态学（Community Ecology）

群落生态学以生物群落为研究对象。所谓群落是指多种植物、动物、微生物种群聚集在一个特定的区域内，相互联系、相互依存而组成的一个统一整体。群落生态学是研究群落与环境间的相互关系，揭示群落中各个种群的关系、群落的自我调节和演替等。

在自然界，任何植物都极少单独生长，几乎都是聚集成群。植物群居在一起，在植物和植物之间就发生了复杂的相互关系。就绿色高等植物而言，这种相互关系包括生存空间、各个植物对光能的利用、对土壤水分和矿质养料的利用，植物分泌物的彼此影响，以及植物之间附生、寄生和共生关系等等。另一方面，群居在一起的植物在受环境影响的同时，又作为一个整体影响一定范围的外界环境，并在群落内形成特有的"植物环境"（包括小气候和土壤环境）；由群落"改变"后的环境又反过来影响群落中的植物本身。

以上种种，使得群居在一起的植物，其生长发育乃至生存都决定于这些相互关系和影响。这就是说，群居在一起的植物并非杂乱堆积，而是一个有规律的组合，一定植物种群的组合，在环境相似的不同地段有规律地重复出现，每一个这样组合的单元就是一个植物群落（plant community, phytocoenos）。整个地球表面上全部植物群落的总和，称之为植被（vegetation）。因此，可以说植物群落是植被的基本单元。

植被在地球表面生活有着特殊的地位，主要是它在物质和能量转化和部分积蓄过程中起着特殊作用。我们知道，能量的最主要转化者是有机界，绿色植物是太阳能量的主要贮存者。以后，又由植物，特别是非绿色植物和动物来释放这些能量。这种复杂的、形式多样的物质和能量的蓄积和转化过程，以及在植物群落内和植物群落之间的所有高等植物和低等植物之间的物质和能量的交换过程，使得作为生物圈重要部分的植被，对大气圈，岩石圈表层和水圈产生了强烈的影响，改变着地球表面的面貌，使其他生物的存在成为可能。同时，源源不断地制造和产生各种植物产品，成为植物资源的宝库，是人类物质生活中生活资料的最初来源。植被的这种特殊作用，当然是通过每一个具体的植物群落而实现的。因此，对植被的研究，也就是要从每一个植物群落开始。

4. 生态系统生态学（Ecosystem Ecology）

生态系统生态学是以生态系统为研究对象，生态系统是指生物群落与生活环境间由于相互作用而形成一种稳定的自然系统。生物群落从环境中取得能量和营养，形成自身的物质，这些物质由一个有机体按照食物链转移到另一个有机体，最后又返回到环境中去，通过微生物的分解，又转化成可以重新被植物利用的营养物质，这种能量流动和物质循环的各个环节都是生态系统生态学的研究内容。

植物是生态系统中的生产者和主要因素，其生存、衰亡直接影响生态系统的发展。在以植物为主体的生态系统中，植物景观规划要从系统层面着重考虑。根据人类活动的影响大小，地球的生态系统可分为自然生态系统和人工生态系统，自然生态系统包括：海洋生态系统、森林生态系统、湿地生态系统、草地生态系统、河流生态系统、湖泊生态系统等；人工生态系统包括：城市生态系统、农田生态系统等。

二、植被地带性分布原理

1. 概述

地球表面每一个地带或每一个地区都分布着一定的植被类型。但是，为什么植被在各个地带或地区有那么大的差异？植物在空间上的分布遵循着什么样的规律性？

实际上，任何植物群落的存在，都是与它们所存在的环境条件有着密切联系，地球表面各种环境和气候条件的差异，是导致植物群落具有各式各样的类型及其分布特点的最重要原因。

在不同的地理环境下有着不同的生态因素组合，并为植物群落提供了多样的生活条件。而即使在一个不大的范围内，环境条件的差异，仍然是造成不同群落分布的重要前提，例如平地和坡地，山麓和山顶，近水处和远水处，阳坡和阴坡，砂质地和石质地等等，都可见到分布着不同类型的植物群落。

植被在空间上的变化，反映在每一类型群落的结构之中。组成群落的植物，特别是那些主要成分，它们对环境具有不同的要求。例如，组成阴暗针叶林的主要种类，只适于寒温带的气候条件，而热带、亚热带的环境，对它们的生长并不利，相反，热带地区常见的许多种类，在热带气候条件下生长茂盛，它们在亚热带地区则生长不良或不能生长。群落中主要的种类如此，群落中其他的种类也是如此。而所有这些，都是因为这些种类长期以来对各地综合环境条件的适应。

除了上述以外，人类活动对群落分布的影响也是极其巨大的。人类活动主要决定了次生植被类型的分布。人类通过引种、驯化、栽培等活动，在加强人为管理措施的条件下，能够把一些生态幅度较大的植物，从一地引入另一地，并使它们成为人工植物群落。也就是说，人类活动在于以不同的程度影响着各地的原生植被类型，大大地扩大了各类次生植被的分布面积；同时还根据需要与可能，建造和扩大了人工群落的分布面积。决定植被成带状分布的气候条件，主要是热量和水分，以及二者的配合状况。地球上的气候条件按三个方向改变着，植被也沿着这三个方向交替分布。这三个方向就是纬度、经度与高度。前二者构成植被分布的水平地带性，后者构成植被分布的垂直地带性。

2. 植被分布的水平地带性

植被分布的水平地带性，包括由南至北因热量变化的纬度地带性，和由海洋至大陆中心因水分变化而形成的经向变化。

（1）植被分布的纬度地带性

如果你乘火车从广东湛江北上至黑龙江省的最北端的漠河，就会发现，车窗外的植被景观会随着车轮飞速转动而发生明显的变化。从热带季雨林到亚热带常绿阔叶林、夏绿阔叶林、温带针叶阔叶混交林和针叶落叶林。这种从南到北，即沿着纬度方向有规律地更替的植被分布，称为植被分布的纬度地带性。因为随着纬度的增加，温度会降低，平均纬度每增加 1°，温度会下降 0.5℃～0.6℃。由于温度随纬度增加而逐渐下降就使南方热带和亚热带植物种类因无法适应低温而不能分布到纬度较高的区域，这样就在从南到北的方向，由于温度的不同，便形成了热带气候、亚热带气候、暖温带气候、温带气候和寒温带气候。在不同的气候带下就发育着不同的植被类型。

（2）植被分布的经度地带性

如果从上海乘火车到达新疆的乌鲁木齐，就会发现，火车车窗外的植被景观也发生了明显的变化，即穿越东部的森林区、中西部的草原区和西部的荒漠区。也就是说，从东部至西部分布着中国的湿润区、半湿润区和干旱区三个气候类型。我国东南部和东部濒临太平洋，而西北部则处于欧亚大陆的腹地，像新疆维吾尔自治区，东到太平洋 3500 多千米，西离大西洋 6900 多千米，北距北冰洋 3400 多千米，南至印度洋约 2500 千米。再加上北有阿尔泰山、西有准噶尔盆

291

地、南有昆仑山，使上空大气环流中的水汽很难到达新疆上空，因此形成了东西地区水分巨大的不同。导致水分从东南沿海向西北内陆深入的过程中，降水越来越少，夏季温度越来越高，大陆性气候越来越强，从而使植被发生了变化。这种以水分条件为主导因素，引起植被分布由沿海向内陆发生更替的现象，称为植被的经度地带性。它和纬度地带性一起统称为植被的水平地带性。这就像在电影院里看电影一样，每个座位都是由两个数（n 排 n 号）决定的。地球表面任一区域的植被类型也主要取决于该地区的纬度和经度的不同而带来的温度和湿度的变化。

（3）地带性植被与隐域植被

地带性植被是指能够最充分地反映一个地区气候特点的植被。一个地区除了有地带性植被外，还具有非地带性植被，也称隐域植被。非地带性植被不是固定在某一植被带中，而是出现在两个以上的植被带中。如盐生植被既出现在草原带和荒漠带，也出现在其他带的沿海地区，沼泽植被几乎出现在所有的植被带中；水生植被普遍分布在世界各地的湖泊、池塘、河流等淡水水域，这些植被统称为隐域植被。它们对气候带没有专一性，因而是非地带性植被。它们的分布常受制于某一生态因素，如水分、基质等的作用，它们呈斑点状或条带状嵌入在地带性植被类型之中。

（4）中国植被分布的水平地带性

植被分布的水平地带性在我国表现得十分明显。我国位于世界上最广阔的欧亚大陆东南部的太平洋西岸，西北部深入大陆腹地。冬季盛行着大陆来的极地气团或北冰洋气团，常形成寒潮由北向南运行。侵入我国的寒流大致有三条主要路线；第一条是由西伯利亚西北部出发，向南由我国新疆或蒙古国侵入河西走廊进入我国内地，贯穿中国大陆；第二条是由西伯利亚东部向南经过我国东北、内蒙古到达华北平原，遇到泰山阻挡后分为两支，其中一支由山东半岛北部入渤海，另一支在南进时又受大别山和桐柏山的阻碍，再次分为两股气流危害我国南方地区；第三条是由西伯利亚东部海岸出发，经日本再向西南偏南的方向进入我国东部和南部一带。由于寒流的作用，使我国亚热带常绿阔叶林中，尤其是北亚热带森林中，落叶的成分较多。而夏季又受太平洋东南季风和印度洋西南季风的影响，使我国东南部地区和西南部地区可以获得大量的降水。地形的复杂，峰峦逶迤的高山，使东西去向的山岭对寒潮向南流动起着不同程度的阻挡作用，成为温度带的分界线；东北至西南走向的山脉对太平洋东南季风深入内陆起着明显的屏障作用，与划分东南湿润气候区和西北干燥气候区的分界上有着密切的关系；西藏高原南部的东西走向山脉和南北走向的横断山脉，对印度洋西南季风的入境起着严重的阻碍作用；此外，来自北赤道的暖洋流接近我国台湾东岸顺着琉球群岛转向日本本州东岸远离东去，因此这支暖洋流对我国大陆，尤其是对北方气候未能发生直接增温加湿的作用，所以我国温带具有明显的大陆性气候。在上述自然地理条件下，我国从东南到西北受海洋季风和暖湿气流的影响程度逐渐减弱，依次有湿润、半湿润、半干旱、干旱和极端干旱的气候。相应的变化植被依次出现了三大植被区域。即东部的湿润森林区、中部的半干旱草原区，西部内陆极端干旱的干旱荒漠区。这充分反映了我国植被经度地带性规律。而中国植被水平分布的纬向地带性变化比较复杂，通常可以分为东西两个部分。在东部湿润森林区，即从黑龙江省的最北端一直到海南岛的最南端，自北向南依次分布着针叶落叶林（如各种落叶松）、温带针叶落叶阔叶林、暖温带落叶阔叶林、北亚热带含常绿成分的落叶阔叶林、中亚热带常绿阔叶林、南亚热带常绿阔叶林、热带季雨林、热带雨林，这八种类型的森林植被。但是在西部，由于位于亚洲内陆腹地，受强烈的大陆性气候即蒙古—西伯利亚高压气旋的控制，又有从北到南一系列的东西走向的巨大山系，打破了纬度的影响，从而导致从北到南的植被水平分布的纬度地带性变化为：温带半荒漠、荒漠带→暖温带荒漠带→高寒荒漠带→高寒草原带→高寒山地灌丛草原带。其中高寒荒漠带、高寒草原带和高寒山地灌丛草原带都分布在青藏高原。参见图 6-1。

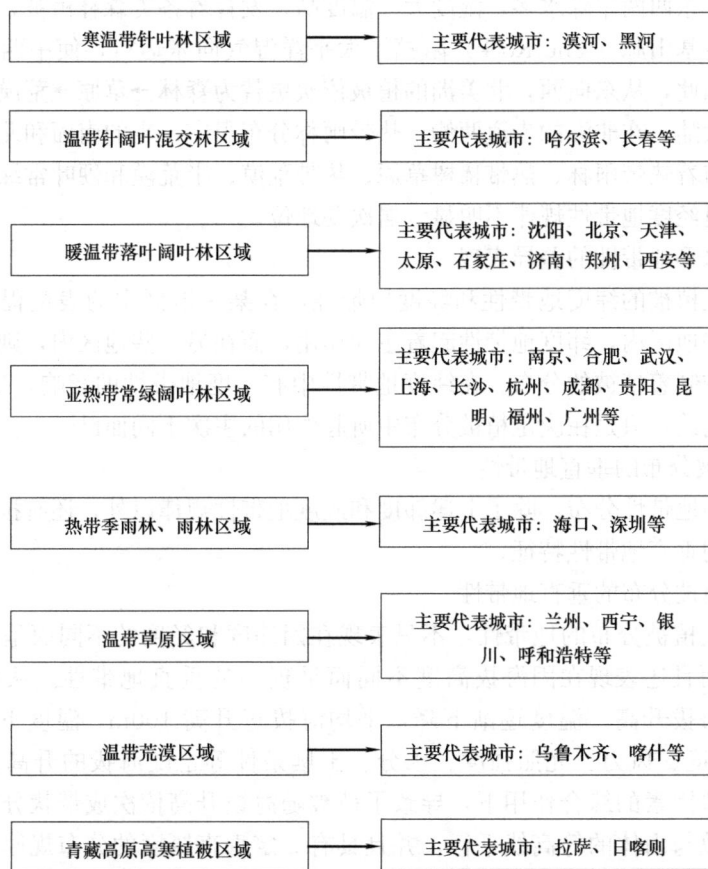

寒温带针叶林区域	→	主要代表城市：漠河、黑河
温带针阔叶混交林区域	→	主要代表城市：哈尔滨、长春等
暖温带落叶阔叶林区域	→	主要代表城市：沈阳、北京、天津、太原、石家庄、济南、郑州、西安等
亚热带常绿阔叶林区域	→	主要代表城市：南京、合肥、武汉、上海、长沙、杭州、成都、贵阳、昆明、福州、广州等
热带季雨林、雨林区域	→	主要代表城市：海口、深圳等
温带草原区域	→	主要代表城市：兰州、西宁、银川、呼和浩特等
温带荒漠区域	→	主要代表城市：乌鲁木齐、喀什等
青藏高原高寒植被区域	→	主要代表城市：拉萨、日喀则

图 6-1　中国植被区划与部分城市对应关系

在影响植被分布的因素中，并不是单纯地取决于水分和热量，而是取决于这两个因素的综合条件。在纬度地带性和经度地带性之间并不存在着从属关系，它们处于相互联系的统一体中。某一地区水平地带性植被的存在，决定于当地热量和水分的综合作用，而不是决定于当地纬度所联系的热量状况或经度所联系的水分状况。

（5）世界植被分布的水平地带性

植被水平分布的地带性规律在欧洲表现得也很明显。如东欧平原的经向地带性就十分清晰。东欧平原由于地形均一和母岩在很大程度上的一致，所以气候从西北向东南平稳地发生改变。夏季温度和可能蒸发量向东南逐渐增高，降雨减少，干旱性变得越来越明显。森林带和森林草原带之间界线相当于湿润区和干旱区之间界线。这意味着此线以北，年降水量可能超过蒸发量，此线以南，可能蒸发量高于年降水量。因此，东欧平原的植被从西北至东南，依次为：冻原→森林冻原→泰加林→针阔叶混交林→落叶阔叶林→森林草原→草原→荒漠。

北美洲植被的经向变化表现也十分明显。这是因为北美大陆东临大西洋，西濒太平洋，东西两岸降水多，湿度大，温度高，发育着各类森林植被，又由于南北走向的落基山脉（The Rock）阻挡了太平洋湿气向东运行，使中西部形成干旱气候。因此，从东向西，北美洲的植被依次更替为森林→草原→荒漠→森林。

非洲大陆，在非洲的赤道两侧，热带雨林分布很广，它的南面和北面依次大体对称分布着热带雨林、热带稀树草原、热带荒漠、半荒漠和硬叶常绿林等植被类型。这里经度地带性规律不明显，居次要地位。

（6）水平地带性的差异表现

地球上植被的纬度地带性和经度地带性，在某一地区中的表现程度是不同的。在某些地区内，纬度地带性起着主导作用，而在另一些地区内，则是经度地带性主要控制着植被的分布。在纬度地带性中有经度地带性的影响，反之亦同，两者相互制约，只是在决定植被分布中所起作用的主次不同而已。

3. 植被分布的垂直地带性

植被的地带性分布，除了上述纬度和经度地带性规律以外，还有按海拔高度交替变化的垂直地带性特征。

（1）植被分布的垂直地带性

地球上植被分布的地带性，不只表现在因纬度和经度的不同而呈现的水平地带性，而且还表现在因海拔高度不同而呈现出的垂直地带性。从山麓到山顶，随着海拔升高，温度逐渐下降，平均海拔每升高100m，温度下降0.5～1℃。而湿度、风力、光照强度、水分、土壤条件等也随海拔的升高而发生变化。在这些因素的综合作用下，导致了植被随海拔升高依次成带状分布。这种植被带大致与山体的等高线平行，并且具有一定垂直厚度的分布规律，称为植被分布的垂直地带性。而山地植被垂直带的组合排列和更迭顺序形成一定的体系，这个体系被称为植被垂直带谱或植被垂直带结构。一般在同一气候带内，根据距离海洋的远近不同，植被垂直带可以分为海洋型垂直带结构和大陆型垂直带结构。通常，大陆型垂直带结构中每一个带所处的海拔高度，比海洋型同一植被带的高度要高些，而且垂直带的厚度变小。若在不同的气候带，植被的垂直带结构差异就更大了。总的来说，从低纬度的山地到高纬度的山地，构成植被垂直带谱的带的数量逐渐减少，同一个垂直带的海拔高度逐渐降低。比如，北京最高峰东灵山西坡的山地植被垂直带谱为海拔 900m 以下为山地灌丛带，900～1800m 为落叶阔叶林带，1800～2200m 为亚高山草甸带，2200～2300m 为亚高山灌丛草甸带。共四个植被带。长白山的植被垂直带结构为海拔 500m 以下为落叶阔叶林带，500～1000m 为针阔叶混交林带，1000～1800m 为针叶林带，1800～2300m 为矮曲林带，2300m 以上为高山冻原带。共五个植被带。其他山地的植被垂直带谱，请看中国湿润地区各纬度地带和中国干旱区各地带的山地植被垂直带谱。

由此可见，在大尺度的宏观范围内，植被的分布规律遵循着纬向地带性、经向地带性和垂直地带性的规律。有人称之为三向地带性。中国正是由于地域广阔、山体众多，因此才形成了从东到西，从南到北的丰富多彩的植被类型。其特点在于：一是类型齐全，森林、草原、荒漠、沼泽等类型都有；二是受季风气候的影响，亚热带常绿阔叶林面积宽广；三是拥有青藏高原独特的高原植被以及众多山地独特的垂直带谱。中国植被类型的复杂既是中国生物多样性复杂的表现，又是形成植物种、动物、真菌、微生物复杂多样的基础。

（2）树线

森林群落的乔木分布的海拔高度上限，称为树线。每一座高山，只要山顶存在着永久性冰雪封盖地区，都有一定的树线高度。树线是木本植物分布的海拔高度最上限，往往和雪线高度相一致。通常所指的雪线是指长年为冰雪所覆盖的界线，称为气候雪线或永久雪线。这以下，有一个地区，一年中的一段时间里有积雪，它的界线称为季节性雪线。高山上植物群落的分布，也和季节性雪线在一年中交替有关。冬季雪线较低，夏季雪线较高，而夏季雪线常常和永久雪线的界线相一致。雪线的海拔高度随纬度而不同，低纬度地区常在海拔 5000m 左右，随着纬度的增高（即由赤道到极地），雪线的海拔高度逐渐下降，同样，树线的高度也依次下降。

4. 垂直地带性与水平地带性的相关性

从上述植物群落在山地的垂直分布序列中，我们可以发现，植物群落在垂直方向上的成带分布和地球上的水平分布顺序有其相应性。由山下向山上，可以分为森林带、灌丛带、草地带，在很多高山上还有高山冻原荒漠带，再向上就是终年积雪的冰雪带。

（1）不同纬度的植被垂直地带性特征

如果以赤道湿润地区的高山植被分带，与赤道到极地的水平植被分带作一比较，我们就可以看出：处自平地至山顶和自低纬度至高纬度的排列顺序大致上相似，垂直带与水平带上相应的植被类型，在外貌上也是基本相似的，其原因在于纬度上和高度上，在热量递减方面，有它们的相似之处。

但是，如果某一高山垂直带的水平起点不是在赤道地区，而是在赤道南北的不同纬度带上（例如，中纬度或高纬度地带），那么，这些纬度带上山地植被的带状分布，同样与该纬度带，从开始到极地止的水平植被分布顺序相似。

例如，位于安徽的黄山，从山麓到山顶的植被垂直带谱如图 6-2 所示。

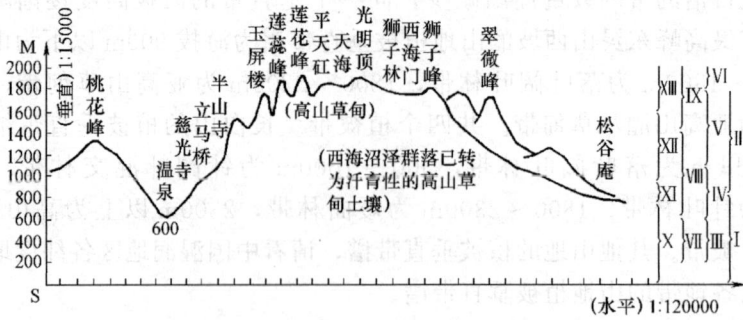

图 6-2 黄山植被垂直分布示意图

Ⅰ．800m 以下马尾松林界

Ⅱ．800m 以上黄山松林界

Ⅲ．600m 以下常绿落叶针阔混交林

Ⅳ．600～1100m 常绿林层青岗栎社会和落叶阔叶林群落

Ⅴ．1100～1800m 落叶林层黄山栋恩氏山毛榉社会

Ⅵ．1800m 以上高山草原层野古草拟麦氏社会

Ⅶ．600m 以下低山苔藓植物带

Ⅷ．600～1400m 山坡林区苔藓植物带

Ⅸ．1400m 以上山顶苔藓植物带

Ⅹ．800m 以下山脚荒坡次生灌丛下的蕨类

Ⅺ．800～1000m 常绿阔叶林下的蕨类

Ⅻ．1000～1600m 常绿落叶阔叶混交林下的蕨类

ⅩⅢ．1600m 以上山顶草坡黄山松林下有蕨类

摘自——《世界遗产公约 自然遗产：中国黄山》

中华人民共和国建设部 主编：季家宏 许鸣天 李学诗 1989)

纬度偏北，位于温带针叶-落叶阔叶混交林带的吉林长白山（北纬 42°，海拔 2744m），其植被垂直带谱如下：

① 300～500m，蒙古栎林和落叶阔叶杂木林带；

② 500～1000m，针叶-落叶阔叶混交林带；

③ 1000～1600m，山地针叶林（冷杉林和落叶松林）带；

④ 1600～1900m，山地矮曲林（岳桦林）带；

⑤ 1900～2744m，山地冻原带。

由上述可见，不同纬度起点的山地植被带多寡不同，越近赤道地区，高山上的垂直带类型越多，逐渐向极地推移，则山地植被带的类型越趋减少。到了极地，则整个山体为冰雪封盖，只有近山麓处的一个植被带——冻原带（图 6-3）。

以上，只是谈到在不同纬度带的植被垂直分布的一般情况，可以看出，植被分布的垂直地带性是以水平地带性为基础。

（2）同纬度的植被垂直地带性特征

在纬度位置相同的情况下，经度位置对于山系的植被垂直带谱，也有着显著

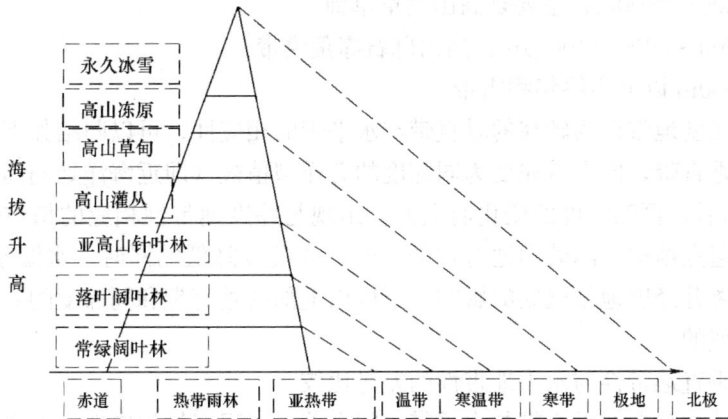

图 6-3　植被垂直地带性和水平地带性相关性示意图

的影响。例如，我国东部吉林的长白山与西部新疆天山相比，这两个山系都约位于北纬 42°左右，长白山在东经 128°，离海岸很近，属针叶—落叶阔叶混交林带；天山中段在东经 86°，位于内陆，属荒漠带范围。长白山的植被垂直带谱已如前述，而天山中段北坡的植被垂直带谱显然与长白山不同，该段山地海拔高度一般约 3800m，可分下列植被垂直带：

① 500～1000m，荒漠带；

② 1000～17000m，山地荒漠草原和山地草原带；

③ 1700～2700m，山地针叶林（云杉林）带；

④ 2700～3000m，亚高山草甸带；

⑤ 3000～3800m，高山草甸、高山垫状植被和终年冰雪带。

可以看出，相近纬度的不同经度位置上，不仅表现在植被垂直带谱组成上不同，而且也表现在相似植被带在高度上所占的海拔范围也不相同。

体现经度地带性的山地垂直植被带的组成状况，还与该经度地带所处的纬度有一定的相关性。如果高山是处在热带的荒漠地区，则山麓平地的地带性植被类型为干旱荒漠，随着山地的上升，依次的理想分布为干旱草原（或稀树草原）→疏林灌丛→常绿阔叶林→夏绿林→亚高山针叶林→高山灌丛→高山草地→高山冻原→冰雪带。当然，在热带的各个干旱地区，山地垂直带谱，因地形的多方面影响，并不一定表现得如上述这样完整，但基本上都能体现这一垂直分布规律。

中纬度大陆中部干旱荒漠地带的高山植被分带以天山北坡为例。

天山北坡山地的植被分布大致如下：

① 800（1000）～1100m，主要是一年生短命和多年生短命植物混生的荒漠

② 1000～1300m，一条狭窄的山地荒漠草原亚带

③ 1300～1500（1600）m，典型草原亚带

④ 1500～2700m，东部坡面上，是由雪峰云杉构成的山地寒温性针叶林带云杉林常与台地或缓坡上的山地草甸干燥地的草原相结合。在西部较干旱的山地，草原极为发育，云杉林常与草原群落结合形成山地森林—草原带。

⑤ 2600（2800）～2800（3000)m，亚高山草甸带

⑥ 2800～3600m，主要是高山蒿草草甸

⑦ 3600～3900（4000）m，高山砾石冻荒漠带

⑧ 4000m 以上为终年积雪带

对以经度地带性为转移的垂直带与水平带的相应性，可以归结如下：经度起点的植被垂直带，向上首先变为同纬度的海洋型植被（即近海洋处同高度的植被类型），而后，再顺纬度的变化而上升，出现与纬度地带性相应的植被带。这是因为经度起点植被，随着山地海拔的上升，在温度降低的同时，水湿条件增加，因而逐渐离开经度地带气候的影响，所以山上部的垂直带和同纬度的其他山地是基本上相似的。

（3）垂直地带性与水平地带性的差异比较

虽然植被分布的垂直带与水平带之间有着一定程度的相应性，但是，在它们之间仍存在很大的差异。

引起形成水平带和垂直带植被分布的各个因素，并不完全都是一样的。从赤道到极地和从山麓到山顶，年平均温度都是依次降低的，但其他的气候因素，首先是这些因素的周期性变化各不相同。例如，随着由赤道到极地的移动，发生了一年中的季节，炎热和温热的夏季以及寒冷或严寒的冬季。但如果由山麓向山顶移动，那么温度的年进程变化就会稍有不同：在赤道地带的高山，随着海拔的升高，虽温度越来越低，但仍保持着均匀的年进程，只是在上升时，从较热的气候中进入了越来越冷的气候，最后进入终年积雪的地区。如果分布在亚热带或温带气候中，也就是在平原地带能见到季节变动的地区，那就会看到另一种情况，这时，往山上上升时，则在温度降低的同时，也保持着季节变动的性质；如果在平原没有冬季（亚热带），在山上就有冬季；如果在平原已有冬季（温带），那么在山上的冬季就比较长。

从赤道到极地和从山麓到山顶，光的周期性区别特别明显。在前一种情况下，我们看到，夏季白天逐渐延长，冬季黑夜延长，最后，在极地圈外，出现了长期的夏季白天和冬季黑夜。但是，在山地上升时，一般保持着可以在平原上看到的白天和黑夜的交替节律。

在高山地区与冻原地区之间，有特别明显的区别。冻原有下列的特征：长而严寒的冬季，短而寒冷的夏季，最热月的平均温度大于 10℃，夏季日光延续很长，冬季黑夜很长，云量很多，以散射光为优势；全年雨量小于 200～300mm。冬季少雪，雨量以连绵雨或小雪状态降落，因而雨日很多；冬季吹强风；由于气候因素不良的组合，冻原土壤十分寒冷，在很多地区不太深的地方就有永久冻土层，因此，尽管雨量不大，沼泽化的过程发展很强烈。高山条件则不同，虽然在这里，与冻原一样，夏季寒冷而短，冬季长而严寒，但是高山上日照很强，阳光使土壤强烈增温，受日光照射的表面和非照射表面的温差很大，在夏季，高山上时而下雨，时而天晴，温差也很大。此外，太阳光谱的成分在这里也是另一种状况，高山阳光所含的紫外光比低山地区要多。在阿尔卑斯山 3000m 高度，空气的月平均温度，高于 0℃者一年中只有 2～3 个月，然而，由于强烈的日照，随着往上升，山上的土壤平均温度都比气温高，在海拔 1600m 处为 2.4℃，在

1900m 处为 3.0℃，在 2000m 处为 3.6℃。又如在西藏，日光照射的地方，空气温度为 20℃，而在阴暗处，常在 0℃ 以下。

通过高山和冻原生态条件比较，证明决定植物性质的因素，只有部分相似，而在很大程度上是有差异的。因此，比较纬度带与垂直带的特点，就可以得知，它们是以下列的特征相区别：

① 引起纬度带形成的环境因素和引起垂直带形成的环境因素，在性质上、量上以及配合状况上都是不同的。

② 纬度带和垂直带的宽度不同，纬度带是以几百公里计，很少是几十公里的，垂直带的宽度是以几百米计，很少是几公里的。

③ 纬度带的相对不间断性，垂直带的较大的间断性：纬度带伸展了很大的距离，绝大部分是连续成片的；而山地垂直带的植被，经常为河谷、岩石所间断，带状的植被类型，在面积上不是经常占优势。而且在山上，随着坡向和山坡的陡峭度，植被成分发生明显改变：同一垂直带在山坡的不同坡向，占据着不同的高度，某一带的楔状现象广泛的分布。

就在一座山上，因山地所处的位置、山体形态、海拔高低、坡度坡向、中小地形变化等因素的影响，常使垂直的分布界限并不是均匀齐一的，而是在一个较宽的海拔高度范围内变动，带间的交错和过渡现象常十分明显。

一般说来，北坡上，北方类型的植被带所占海拔高度要比南坡上低一些。这是因为北方气候受山体阻挡，北坡上接受了北方气候影响，对南坡影响较小。所以南、北两坡上垂直带的海拔高度并不一致。以江西武功山的垂直植被带为例（表 6-2），说明同一个群落类型在南坡的分布较北坡为高。

江西武功山南北坡的植被分布界限 表 6-2

群 落 类 型	南 坡(m)	北 坡(m)
(1)栽培的油茶林、马尾松林和次生稀树草地	200～500	200～500
(2)常绿阔叶林和杉木毛竹林	500～1100	500～800
(3)常绿落叶混交林和台湾松林	1100～1400	800～1200
(4)常绿落叶混交矮林	1400～1700	1200～1600
(5)山顶灌丛和草甸	1600～1870	1600～1870

由此可见，垂直带与水平带植被类型分布上的相似性，只是从植物群落分类的高级单位而言，也就是说，成带植被的优势生活型和外貌基本相似。

但就相应的两个植被带本身而言，最大的差异表现在植物种类的成分和群落的生态结构上。例如，北方针叶林（泰加群落）和南方山地上的亚高山针叶林比较，虽然在组成群落的科属上有若干相似之处（例如建群种中在两处可见到冷杉属（Abies）、云杉属（Picea）等等），但是并非所有植物的科属都近似。即使是两处相同的科属，其植物种仍然不同。泰加森林中主要为西伯利亚冷杉（*Abies sibirica*）、西伯利亚云杉（*Picea obovata*）等，而在我国西南亚高山针叶林中，常见者为长苞冷杉（*Abies georgei*）、青果冷杉（*A. delavayi*）、丽江云杉（*Picea likiangensis*）、紫果云杉（*P. purpurea*）等；就是在草本植物中，也极少有相同的种类。此外，我国亚高山针叶林下，普遍存在着箭竹（*Sinaarundinaria* spp.）层片，这也是泰加森林所没有的。至于亚高山针叶林以上的高山杜鹃（*Rhododendron spp.*）灌丛、高山草甸及砾石冻荒漠等植被类型，也显然与北方针叶林以北的极地冻原有着很大的差别。高山上的沼泽则远远不如极地冻原地带发达，而极地的藓类冻原，又是高山地区不易见到的。植物群落组成成分上的不同，除了与现有生境条件差异有关以外，还与地球植被的历史发展紧密联系。

总结上述，可见某一处山系上的植被垂直带谱，是反映着该山系所处的一定纬度和一定经度的水平地带的特征，也就是说植被垂直地带性的表现，是从属于水平地带性的特征。在水平地带性和垂直地带性的相互关系中，水平地带性是基础，由它决定着山地垂直地带性的系统。

人工栽培的人工群落，它们的分布规律和天然群落相似，即主要受制于气候条件。当然，特别是某些一年生植物群落和作为一年生植物栽培的多年生植物群落，它们只栽于一年中某一个生长时期，因此，无论在水平带或垂直带上，它们分布幅度较天然植被要大得多。

三、生态园林的原理

随着我国经济建设的快速发展和大量人口流入城市，城市的经济结构、功能作用、基本物质条件的发展与环境质量之间的矛盾日益尖锐。本来就十分脆弱的生态相对平衡不断遭到冲击。从事园林事业的同仁热切希望能充分发挥城市园林的生态效益，以保护和改变居民的物质和文化生活环境。有人因此提出发展"生态园林"的倡议。他们的本意大概是提倡大力发展具有生态效益的园林绿化，同时也让更多的人，包括城市建设的决策者认识园林绿化在改善城市环境方面的作用，使他们在城市生态系统中作出应有的贡献。但是"生态园林"一词确切的定义及内容究竟是什么？

早在70多年以前，荷兰、美国、英国等西方国家已经出现了生态园林；但其含义与上述"生态园林"不完全相同。他们的生态园林是从植物生态学角度出发，在植物配置、地形、水体创造等方面尽量模仿自然景观，包括植物的自然群落和它们的自然生境。可以基本不用人工养护就使植物生长繁茂。后来发展成包括植物、动物和微生物及其整个自成的生态系统，并且进行自然演化的城市绿地系统。

许多园林界的专家认为生态园林以人类生态学为基础，融汇景观学、景观生态学、植物生态学和有关城市生态系统理论，研究在风景园林和城市绿化可能影响的范围内，人类生活、资源使用和环境质量三者之间的关系及调节途径。因此，风景园林规划设计者必须把园林的概念，从孤立的公园绿地设计发展到城市环境绿化，进而扩大到国土、区域生态环境的规划设计和保护。生态园林是要自觉地遵循生态学原理、城市生态学原理、植物生态学原理，规划设计各类城市绿地、绿带、单位、居民区绿地、城市（镇）绿地、郊区大片绿地、风景名胜区和自然保护区等，以及城市绿地系统。生态园林规划设计要应用林学、药学、风景建筑学、地理学、社会学、心理学、美学和文学等，多学科之间的相互渗透，即将本来独立的技术紧密结合"编织"为一整体。

园林是人工再造或改进了的自然，对人类生活和环境都有重大影响，绿地建设也需要花费资金和劳力；但合理的绿地却不破坏环境且能够改善环境，它在土地的使用上，在投资的花费上与其他经济发展之间存在着矛盾；但它所产生的生态效益和节约用于生活的投资和资源消耗，提高人类生活质量，这又是人类花费大量资源、投资与劳动所追求的。园林与人类生活、资源利用和环境质量之间存在着复杂微妙的关系，是人类生活于其中的生态系统中一个重要的组成部分。

生态园林的概念，由于符合事物发展的客观实际，已经被越来越多的人所理解和接受。这是新中国成立以来城市园林绿化建设事业经过实践—再实践—再认识发展过程的必然结果。

生态园林的建设要依靠科学，要研究自然界的各种植物为什么不是各自单独生长，而是与同一种或不同种的其他许多个体或群体以相互影响的方式生长。同时，它们也受生态循环和群落生境作用的制约，要研究一个地区的各种植物共同形成的植被。植被的研究包括植物社会学（Plant Sociology）或称植物群落学（Phytocoenology）。Ellerber 于 1956 年提出植物社会学，主要研究"彼此相互竞争而又通过竞争改变环境、植物个体及其可依附的植物社会"。这个过程中，植物个体保持其独立性，植物群落才是真正的社会。建设生态园林要研究植物单个有机体与环境的关系；研究整个群落与环境的关系两个重要部分。同时要研究一群植物的发展、组成、特性以及相互间的作用。生态园林就是要创造人工种群或人工植物群落即共存一起的植物群落，以多种多样的方式，彼此发生作用，形成有规律的系统。

建设生态园林的主体是绿色植物。我国幅员辽阔，自然条件复杂，植物资源丰富，应该因地制宜地选择植物。实际上，观赏植物、药用植物、香料植物、果树、蔬菜和经济树木等在应用上并不存在不可逾越的鸿沟。如香椿在嫩芽时期是蔬菜，成长后又是木材；杜仲、杏既是木材又是药材；无花果经江苏省肿瘤防治所和南京农业大学完成的一科研成果表明，无花果具有明显的抗癌、防癌、增强人体免疫功能的作用。猕猴桃也有防癌、抗癌作用；杨梅、枇杷等是果木药三用的植物。各类植物材料有其自身的姿态美、色彩美、嗅觉美，以满足城市的环境效益、社会效益和经济效益。

以城市生态平衡为主导的园林绿地系统将代替以往的以视觉景观为主的园林绿地，这是当今现代园林的发展方向，只有从生态平衡的根本要求出发，才能把城市园林绿地系统的本身功能及其环境效益、社会效益作综合的、统一的、全面的考虑，才能保证宏观控制城市园林绿地系统的合理的规划设计。

建设有中国特点的生态园林的前景是十分广阔的。它可以是一个池塘、一块"巴掌大"的小绿地、一个公园、单位、庭院、居民区、防护绿地、四旁绿地、果园、桑园、风景名胜旅游区等，而且也可以是一个镇、一个县、一个市、一个省绿地系统，把小、中、大等多个单元的生态园林构成全国性的生态园林体系。可根据各自的具体条件，建设某一类型、多样型或综合型的人工种群或人工植物群落，不断提高绿地覆盖率，促进生态平衡，为人类生产、生活创造清洁舒适的环境。

生态园林正处于起步阶段，许多问题还说不清楚，如生态园林的结构，理论体系等等，需要生态学家、园林专家、林学家、环境专家、经济学家、社会学家、医药学家、植物学家、系统工程专家等多领域共同研究，才能使生态园林在实践中不断提高完善。

思考题

1. 什么叫种群、群落、植被？
2. 植物景观规划有哪些类型、层次？各有何特点？
3. 简述我国植被分布的水平地带性。

第七章　植物景观设计

植物景观规划与设计，是两个相互关联的工作阶段。植物景观设计，是在规划确定后的连续工作程序，是对确定的要求作出规定性的安排和具体的技术指导，是一项终极性安排。它要决定诸如植物造景的方式、种类选取、规格大小、数量、造价、植物与各基础设施的位置、与相邻环境的协调等。如果区域范围大，植物景观规划之后，还需要做植物景观扩初设计，如果范围小，问题简单，可以直接跨入植物景观详细设计阶段。

第一节　与景观设计相关的植物特征

景观师、规划师在作植物景观设计时，除了考虑植物的建造功能、生态功能，还应更多关注植物的大小、植物的色彩、植物的形态、植物的质地及季相变化（图7-1）等，这些直接影响景观设计的效果。本节主要叙述与景观设计相关的植物特征。

一、植物的体量

植物最重要的设计特性之一，就是它的体量。因此，在为设计选择植物素材时，应首先对其体量进行推敲。因植物的体量大小直接影响着空间范围、结构关系以及设计的构思与布局。按照植株高度为标准可将植物分为6类。

1. 大中型乔木

从大小以及景观中的结构和空间来看，最重要的植物便是大中型乔木。大乔木的高度在成熟期超过12m，而中乔木最大高度可达9～12m，大中型乔木主要包括：广玉兰、银杏、雪松、枫杨。下面我们将列举大中型乔木在景观中的一些功能。

这类植物因其高度和覆盖面积，而成为显著的观赏因素。它们的功能像一幅画的骨架，能构成室外环境的基本结构和骨架，从而使布局具有立体轮廓。

在一个布局中，当大中型乔木居于较小植物之中时，它将占有突出的地位，成为视线的焦点（图7-3a）。大中型乔木作为结构因素，其重要性随着室外空间的扩大而越加突出。在空旷地或广场上举目而视，大乔木将首先进入眼帘。而较小的乔木和灌木，只有在近距离观察时，才会受到注意和鉴赏。因此，在进行设计时，应首先确立大中型乔木的位置，这是因为它们的配置将会对设计的整体结构和外观产生最大的影响。一旦较大乔木被定植以后，小乔木和灌木才能得以安排，以完善和增强大乔木形成的结构和空间特性。较矮小的植物就是在较大植物所构成的总体结构中，展现出更具人格化的细腻装饰作用。由于大乔木极易超出设计范围和压制其他较小因素，因此，在小的庭园设计中应慎重地使用大乔木。

大中型乔木在环境中的另一个建造功能，便是在顶平面和垂直面上封闭空间。这样的室外空间感，将随树冠的实际高度而产生不同程度的变化。如果树冠离地面 3～4.5m 高，空间就会显示出足够的人情味，若离地面 12～15m，则空间就会显得高大，有时在成熟林中便能体会到这种感觉。大中型乔木在分隔那些最初由楼房建筑和地形所围成的、开阔的城市和乡村空间方面，也极为有用。此外，树冠群集的高度和宽度是限制空间的边缘和范围的关键因素。

大中型乔木在景观中还被用来提供荫凉。夏季时，当气温变得炎热时，室外空间和建筑物直接受到阳光的暴晒，人们就会对荫凉处渴望。林荫处的气温将比空旷地低 3～4℃。为了达到最大的遮荫效益，大中型乔木应种植在空间或楼房建筑的西南、西面或西北面。

由于炎热的午后，太阳的高度角在发生变化，在西南面种最高的乔木，与西北面次高的乔木形成的遮荫效果是相同的。夏季对空调机的遮荫，还能提高空调机的效率。美国冷却研究所的研究表明，被遮荫的分离式空调机冷却房间，能节能 3%。

2. 小乔木和观赏型植物

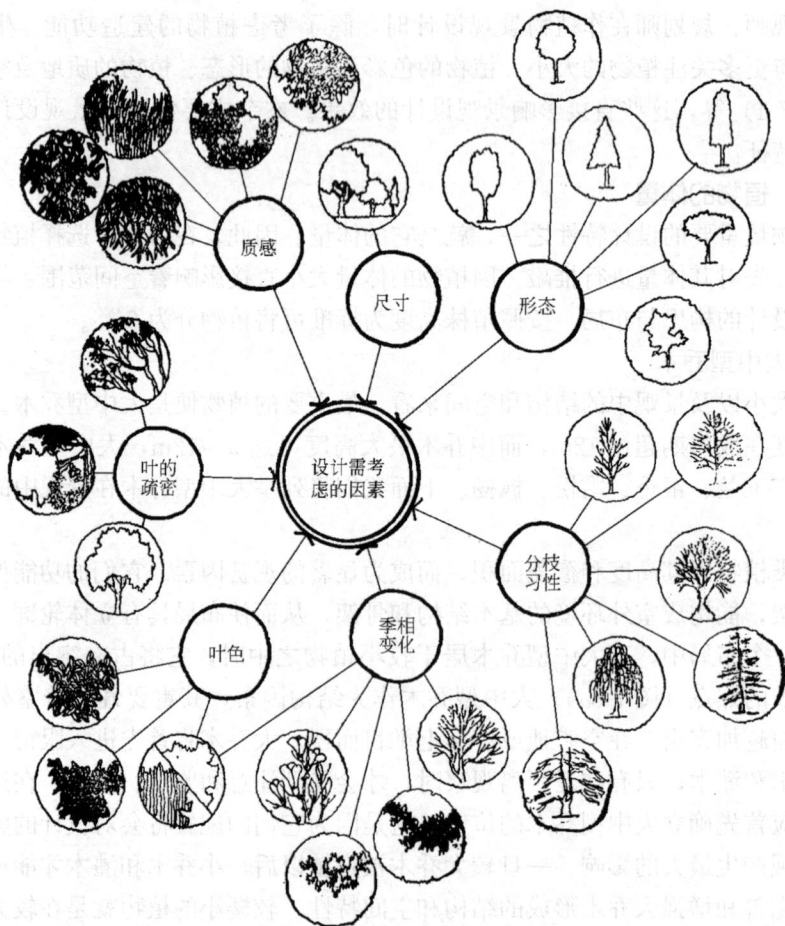

图 7-1　与景观设计相关的植物特征

凡最大高度为 4.5～6m 的植物为小乔木。包括油橄榄、洒金东瀛珊瑚、海棠类、桃花类、紫荆等。如同大中型乔木一样，小乔木在景观中具有许多潜在的功能。

小乔木能从垂直面和顶平面两方面限制空间。视其树冠高度而定，小乔木的树干能在垂直面上暗示着空间边界。当其树冠低于视平线时，它将会在垂直面上完全封闭空间。当视线能透过树干和枝叶时，这些小乔木像前景的漏窗，使人们所见的空间有较大的深远感（图 7-2）。顶平面上，小乔木树冠能形成室外空间的顶棚，这样的空间常使人感到亲切。在有些情况中树冠极低，从而能防止人们的穿行。总而言之，小乔木与观赏型植物适合于受面积限制的小空间，或要求较精细的地方。

图 7-2　作为景物前景的树干

小乔木和观赏植物也可作为焦点和构图中心。这一特点是靠其大小，或是观赏部位的明显形态，如花或果实来实现。按其特征，通常作为视线焦点而被布置在节点的地方，如入口附近，通往空间的标志、突出的端点上。在狭窄的空间末端，也可以用观赏小乔木，使其像一件雕塑或是抽象形象，以引导和吸引游人进入此空间（图 7-3b）。若序列地布置观赏植物，人们就能在它们的引导下从一个空间进入另一空间。从观赏植物的生长习性来看季节的观赏魅力：春花、夏叶、秋色、冬枝。

3. 大灌木

其最大高度为 3～4.5m。与小乔木相比较，灌木不仅较矮小，而且最明显的是缺少离地的树冠。一般说来，灌木叶丛几乎贴地而长，而小乔木则有一定距离，从而形成树冠或林荫。

在景观中，大灌木犹如一堵堵围墙，能在垂直面上构成空间闭合。仅大灌木所围合的空间，其四面封闭，顶部开敞。由于这种空间具有极强向上的趋向性，因而给人明亮、欢快感。大灌木还能构成极强烈的长廊型空间，将人们的视线和行动直接引向终端（图 7-4）。如果大灌木属于落叶树种，那么空间的性质就会随季节而变化，而常绿灌木能使空间保持始终如一。

大灌木也可以被用来作视线屏障和私密控制之用。这是大灌木的普遍功能，在有些地方，人们并不喜欢僵硬的围墙和栅栏，而是需要绿色的屏障。但是，正如早已提到的那样，在将高大灌木作屏障和私密控制之用时，必须注意对它们的

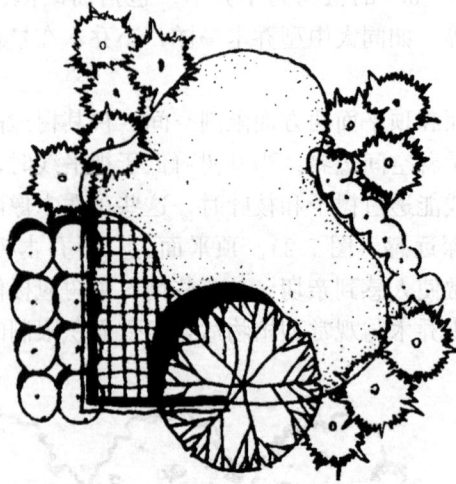

(a) 大乔木能在小花园空间作主景树

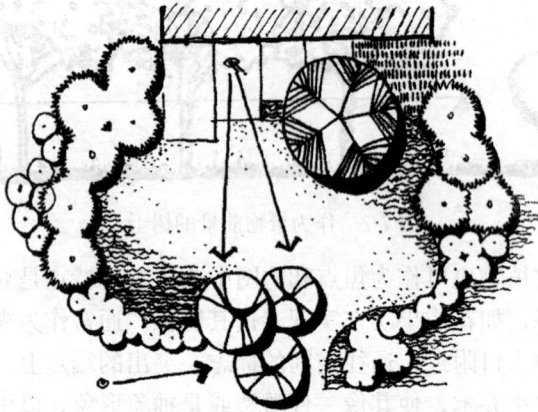

(b) 在庭院式空间中作为主景和出入口标志的观赏植物

图 7-3　大乔木的主景功能

高灌木可以充当障景物,并将视线引向景观中的观赏目标

图 7-4　大灌木构成长廊空间,将视线引向景观中的观赏目标

选择和配植,否则它们不能在一年四季中按照要求发挥作用。

当在低矮灌木的衬托下,大灌木形成构图焦点时,其形态越狭窄,有明显的色彩和质地，其效果将更突出（图 7-5）。

在对比作用方面，大灌木还能作为天然背景，以突出放置于其前的特殊景物，如一件雕塑或较低矮的花灌木（图 7-6）。同样，大灌木这一功能，因其落叶或常绿的种类不同而变化。

图 7-5　大灌木因其高度而充当主景

图 7-6　大灌木作为突出主景物的背景

4. 中灌木

这一类植物包括高度在 1～2m 的植物，它们也可以是各种形态、色彩或质地。这些植物的叶丛通常贴地或仅微微高于地面。中灌木的设计功能与矮小灌木基本相同，只是合围空间范围较之稍大点。此外，中灌木还能在构图中起到高灌木或小乔木与矮小灌木之间的视线过渡作用。

5. 矮小灌木

矮灌木是植物尺度上较小的植物。成熟的矮灌木高度不超过 1m。但是，矮灌木的最低高度必须在 30cm 以上，因为凡低于这一高度的植物，一般都作为地被植物对待。矮小灌木包括：小叶黄杨、小叶女贞、棣棠、雀梅、绣线菊等。矮小灌木种植在景观中可以达到下述目的。

矮灌木能在不遮挡视线情况下限制或分隔空间。由于矮灌木没有明显的高度，因此它们不是以实体来封闭空间，而是以暗示的方式来控制空间（图 1-16）。因此，为构成一个四面开敞的空间，可在垂直面上使用矮灌木。与此功能有关的例子是，种植在人行道或小路两旁的矮灌木，具有不影响行人的视线，又能将行人限制在人行道上的作用。

在构图上，矮灌木也具有从视觉上连接其他不相关因素的作用。不过，它们这一作用在某种程度上不同于地被植物，地被植物是使其他不相关因素放置于相同的地面上，而产生视觉上的联系，而矮灌木则有垂直连接的功能，这点与矮墙相似（图 7-7）。因此，当我们从立面图上来看，矮灌木对于构图中各因素具有较强烈的视觉联系。

矮灌木的另一功能，是在设计中充当附属因素。它们能与较高的物体形成对

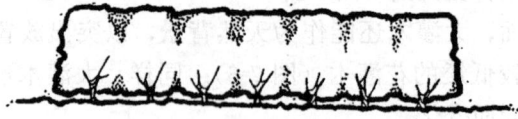

图 7-7　密植的矮灌木树墙

比，或降低一级设计的尺度，使其更小巧、更亲密。鉴于其尺度矮小，故应大面积地使用，才能获得较佳的观赏效果。如果使用面积小（相对总体布局而言），其景观效果极易丧失。但如果过分使用许多琐碎的矮灌木（图 7-8），就会使整个布局显得无整体感。

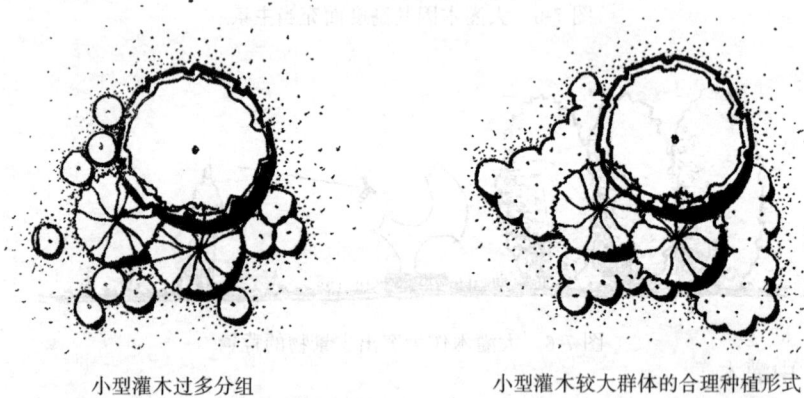

小型灌木过多分组　　　　　　　　小型灌木较大群体的合理种植形式

图 7-8　小型灌木的统一功能

6. 地被植物

按其大小而论，最小的植物应是地被植物。所谓"地被植物"指的是所有低矮、爬蔓的植物，其高度不超过 15～30cm。地被植物也各有不同特征，有的开花，有的不开花，有木本也有草本。常见的地被植物有：洋常春藤、蔓长春花等。地被植物可以作为室外空间的植物性"地毯"或铺地，此外它本身在设计中还具有许多功能。

与矮灌木一样，地被植物在设计中也可以暗示着空间边缘（图 1-10）。就这种情况而言，地被植物常在外部空间中划分不同形态的地表面。地被植物能在地面上形成所需图案，而不需硬性的建筑材料。当地被植物与草坪或铺道材料相连时，其边缘构成的线条在视觉上极为有趣，而且能引导视线，范围空间。当地被和铺道对比使用时，能限制步行道。

地被植物因具有独特的色彩或质地，而能提供观赏情趣。当地被植物与具有对比色或对比质地的材料配置在一起时，会引人入胜。具有迷人的花朵、丰富色彩的地被植物，这种作用特别重要。

地被植物还有一种功能，是作为衬托主要因素或主要景物的无变化的、中性的背景。例如一件雕塑，或是引人注目的观赏植物下面的地被植物床。作为一种自然背景，地被植物的面积需足够大以消除邻近因素的视线干扰。

地被植物另一设计功能，是从视觉上将其他孤立因素或多组因素联系成一个统一的整体。此外，地被植物的作用，就成了一个布局中与不同成分相关联的共有因素（图7-9）。各组互不相关的灌木或乔木，在地被植物层的作用下，都能成为同一布局中的一部分。因地被植物能将地面上所有的植物组合在一个共同的区域内，这个普遍的方法适合于环绕一开放草坪的边缘，作为"边缘种植"。

(a) 两组植物在视觉上无联系，使布局分离　　　(b) 地被将两组植物统一成整体

图 7-9　地被的统一功能

地被植物的实用功能，还在于为那些不宜种植草皮或其他植物的地方提供下层植被。地被植物的合理种植场所，是那些楼房附近，除草机难以进入或草丛难以生存的阴暗角隅。此外，一旦地被植物成熟后，对它的养护少于同等面积的草坪。与人工草坪相比较，在较长时间内，大面积地被植物层能节约养护所需的资金和时间精力。

地被植物还能稳定土壤，防止陡坡的土壤被冲刷。因为在斜坡上种植草皮，剪草养护是极其困难而危险的，因此，在这些地方，就应该用地被植物来代之。

总而言之，植物的大小是所有植物材料的特性中最重要、最引人注意的特征之一，若从远距离观赏，这一特性就更为突出。植物的大小成为种植设计布局的骨架，而植物的其他特性则为其提供细节和小情趣。一个布局中的植物大小和高度，能使整个布局显示出统一性和多样性。例如，如果在一小型花园布局中，其用的所有植物都同样大小，那么该布局虽然出现统一性，但同时也产生单调感

(a) 形态相同，但大小相同，有统一景观的效果

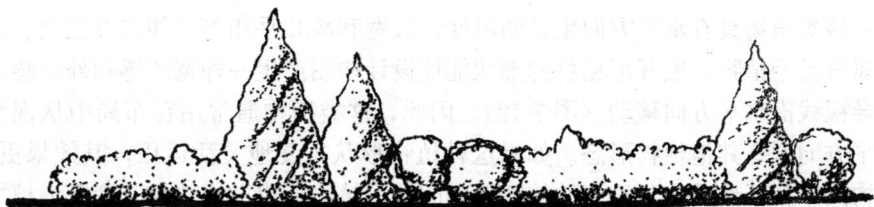

(b) 形态各异，大小不同，增强了观赏效果

图 7-10　形态与大小的景观效果

（图 7-10）。另一方面，若将植物的高度有些变化，能使整个布局丰富多彩，远处看去，其植物高低错落有致，要比植物在其他视觉上的变化特征更明显（除了色彩的差异外）。因此，植物的大小应该成为种植设计创作中首先考虑的观赏特性，植物的其他特性，都是依照已定的植物大小来加以选用。

二、植物的外形

指以天空为背景的单株或群体植物的外形，由植物的主杆、分枝、叶片汇在一起构成外部轮廓。它在植物的构图和布局上，影响着统一性和多样性。在作为背景物，以及在设计中植物与其他硬质设计因素相配合中，也是一关键性因素。植物外形基本类型为：纺锤形、圆柱形、水平展开形、圆球形、圆锥形、垂枝形和特殊形。上述各种植物形状如图 1-37 所示。每一种形状的植物都具有自己独特的性质，以及独特的设计应用。

1. 纺锤形

纺锤形植物其形态细窄长，顶部尖细。这类植物有池杉、柏木等。在设计中，纺锤形植物通过引导视线向上的方式，突出了空间的垂直面。如果这类植物单株欣赏，就有一种又高又窄的向上感，如果是一组这样的树形种在一起，当宽度大于高度时，就会产生水平方向感，池杉就是一个例子。大量使用该类植物，其所在的植物群体和空间，会给人一种超过实际高度的幻觉。当与较低矮的圆球形或展开形植物种植一起时，其对比十分强烈（图 7-11），其纺锤形植物犹如一"惊叹号"惹人注目，像乡镇地平线上的教堂塔尖。由于这种特征，故在设计时应该谨慎使用纺锤形植物。如果在设计中用得数量过多，会造成过多的视线焦点，使构图"跳跃"破碎。

图 7-11　纺锤形植物在布局中用于增强其高度的变化

2. 圆柱形

这种植物除了顶是圆的外，其他形状都与纺锤形相同。其代表植物有广玉兰和喜树。这种植物类型具有与纺锤形相同的设计效果。

3. 水平展开型

该类植物具有水平方向生长的习性，故宽和高几乎相等。如二乔玉兰、山楂都属该类型植物。展开形植物的形状能使设计构图产生一种宽阔感和外延感，会引导视线沿水平方向移动（图 7-12）。因此，这类植物通常用在布局中从视线的水平方向联系其他植物形态。如果这种植物形状重复地灵活运用，其效果更佳。在构图中展开形植物与垂直的纺锤形和圆柱形植物形成对比效果。展开形植物能和平坦的地形、平展的地平线和低矮水平延伸的建筑物相协调。若将该植物布置于平顶低矮的建筑旁，它们能延伸建筑物的轮廓，使其融会于周围环境之中（图 7-13）。

图 7-12 水平展开型植物使布局有宽阔延伸感

图 7-13 水平展开型植物将建筑的水平线联系在环境中

4. 圆球形

顾名思义，具有明显的圆环或球形形状。这类植物主要有香樟、女贞、杨梅以及榕树等。圆球形植物是植物类型中为数最多的种类之一，因而在设计布局中，该类植物在数量上有优势（图 7-14）。不同于纺锤形或展开形植物，该植物类型在引导视线方面既无方向性，也无倾向性。因此，在整个构图中，随便使用圆球形植物都不会破坏设计的统一性。由于圆球形植物外形圆柔温和，可以调和其他外形较强烈形体，也可以和其他曲线形的因素相互配合、呼应，如波浪起伏的地形。

图 7-14 在布置中圆球形植物应占突出地位

5. 圆锥形

这种植物的外观呈圆锥状，整个形体从底部逐渐向上收缩，最后在顶部成尖头。该类植物主要有：云杉属、枫香树以及连香树。圆锥形植物除具有易被人注意的尖头外，总体轮廓也非常分明和特殊。因此，该类植物可以用来作为视觉景观的重点，特别是与较矮的圆球形植物配植在一起时，其对比之下尤为醒目（图7-15）。尤其，也可以与尖塔形的建筑物或是尖耸的山巅相呼应。鉴于这种性质，

图 7-15 圆锥形植物在圆球形和展开形植物中的突出作用

有设计理论家认为,这类植物在无山峰的平地并不太适合,应谨慎使用。其次,圆锥形植物也可以协调地用在力量线条和几何形状的传统建筑设计中。

6. 垂枝形

垂枝形植物具有明显的悬垂或下弯的枝条。常见的植物有:垂柳、垂枝榆以及盘槐等。在自然界中,地面较低洼处常伴生着垂枝植物,如河床两旁常长有众多的垂柳。在设计中,它们能起到将视线引向水面的作用,因此,可以在引导视线向上的树形之后,用垂枝植物。垂枝植物还可种于一泓水湾之岸边,配合其波动起伏的涟漪,以象征着水的流动。为能表现出植物的姿态,最理想的作法是将该类植物种在种植池的边沿或地面的高处,这样,植物就能越过池的边缘挂下或垂下。

7. 特殊形

特殊形植物有奇特的造型。其形状千姿百态,有不规则的、多瘤节的、歪扭式的和缠绕螺旋式的。这种类型的植物通常是在某个特殊环境中已生存多年的成年老树。除专门人工培育的盆景植物外,大多数特殊形植物的形象,都是由自然力造成的。由于它们具有不同凡响的外貌,这类植物最好作为孤植树,放在突出的设计位置上,构成独特的景观效果。一般说来,无论在何种空间内,一次只宜置放一棵这种类型的植物,这样方能避免产生杂乱的景象。

毫无疑问,并非所有植物都能准确地符合上述分类。有些植物的形状极难描述,而有些植物则越过了各不同植物类型的界限。但是尽管如此,植物的形态仍是一个重要的观赏特征,这一点在植物因其形状而自成一景,或作为设计焦点时,尤为显示它的突出地位。不过,当植物是以群体出现时,单株的形象便消失,它的自身造型能力受到削弱。在此情况下,整个群体植物的外观便成了重要的方面。

三、植物的色彩

植物的色彩可以被看做是情感象征,这是因为色彩直接影响着一个室外空间的气氛和情感。鲜艳的色彩给人以轻快、欢乐的气氛,而深暗的色彩则给人异常郁闷的气氛。由于色彩易于被人所看见,因而它也是构图的重要因素,在景观中,植物色彩的变化,有时在相当远的地方都能被人注意到。

植物的色彩,通过植物的各个部分而呈现出来,如通过树叶、花朵、果实、大小枝条以及树皮等。毫无疑问,树叶的主要色彩呈绿色,其间也伴随着深浅的变化,以及黄、蓝和古铜色的色素。除此之外,植物也包含了所有的色彩,存在于春秋时令的树叶、花朵、枝条和树干之中。

植物配植中的色彩组合,应与其他观赏特性相协调。植物的色彩应在设计中起到突出植物的尺度和形态的作用。如一株植物以大小或形态作为设计中的主景时,同时也应具备夺目的色彩,以进一步引人注目。鉴于这一特点,在设计时,一般应多考虑夏季和冬季的色彩,因为它们占据着一年中的大部分时间。花朵的色彩和秋色虽然丰富多彩,令人难忘,但其寿命不长,仅持续几个星期。因此,对植物的取舍和布局,只依据花色或秋色来布置植物,是极不明智的,因为这些特征会很快消失。

在夏季树叶色彩的处理上，最好是在布局中使用一系列具色相变化的绿色植物，使其构图上产生丰富的视觉效果。另外，将两种对比配置在一起，其色彩的反差更能突出主题。例如黑与白在一起则白会显得更白，而绿色在红色或橙色的衬托下，会显得更浓绿。不同的绿色调，也各有其设计上的作用。各种不同色调的绿色，可以突出景物，也能重复出现达到统一，或从视觉上将设计的各部分连接在一起。像紫杉，其典型的深绿色，给予整个构图和其所在空间带来一种坚实凝重的感觉，成为设计中具有稳定作用的角色（图 7-16）。此外，深绿色还能使空间显得恬静、安详，但若过多地使用该种色彩，会给室外空间带来阴森沉闷感。而且深色调植物极易有移向观赏者的趋势（图 7-17），在一个视线的末端，深色似乎会缩短观赏者与被观赏景物之间的距离。同样，一个空间中的深色植物居多，会使人感到空间比实际窄小。

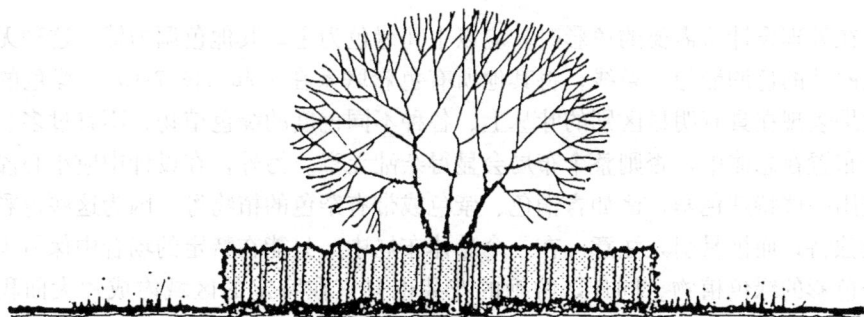

图 7-16 深色叶丛作为基础，而浅色叶和枝条在其上，构图稳定

深色植物"趋向"观赏者

浅色植物"远离"观赏者

图 7-17 植物颜色的距离功能

另一方面，浅绿色植物能使一个空间产生明亮、轻快感。浅绿色植物除在视觉上有漂离观赏者的感觉外，同时给人欢欣、愉快和兴奋感。当我们在将各种色度的绿色植物进行组合时，一般说来深色植物通常安排在底层（鉴于观赏的层

313

次），使构图保持稳定，与此同时，浅色安排在上层使构图轻快。在有些情况下，如图 7-18 所示，深色植物可以作为淡色或鲜艳色彩材料的衬托背景。这种对比在某些环境中是有必要的。

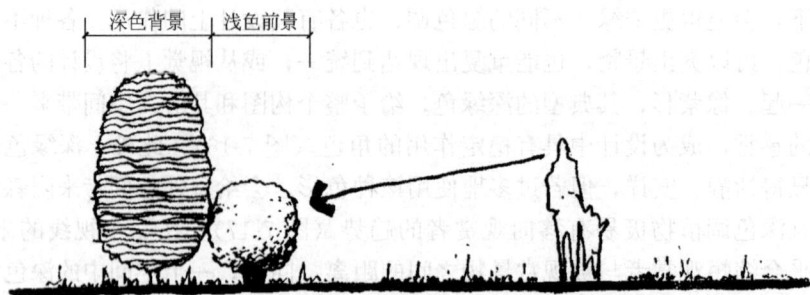

图 7-18 深色叶丛植物可充当浅色植物的背景

在处理设计所需要的色彩时，应以中间绿色为主，其他色调为辅。这种无明显倾向性的色调能像一条线，将其他所有色彩联系在一起（图 7-19）。绿色的对比效果表现在具有明显区别的叶丛上。各种不同色度的绿色植物，不宜过多、过碎地布置在总体中，否则整个布局会显得杂乱无章。另外，在设计中应小心谨慎地使用一些特殊色彩，诸如青铜色、紫色或带有杂色的植物等。因为这些色彩异常地独特，而极易引人注意。在一个总体布局中，只能在特定的场合中保留少数特殊色彩的绿色植物。同样，鲜艳的花朵也只宜在特定的区域内成片大面积布置。如果在布局中出现过多、过碎的艳丽色，则构图同样会显得琐碎。因此，要在不破坏整个布局的前提下，慎重地配置各种不同的花色。

图 7-19 中色调植物应作为深色植物与浅色植物之间的媒介

假如在布局中使用夏季的绿色植物作为基调，那么花色和秋色则可以作为强调色。红色、橙色、黄色、白色和粉色，都能为一个布局增添活力和兴奋感，同时吸引观赏者注意设计中的某一重点景色。事实上，色泽艳丽的花朵如果布置不适，大小不合，就会在布局中喧宾夺主，使植物的其他观赏特性黯然失色。色彩鲜明的区域，面积要大，位置要开阔并且日照充足。因为在阳光下比在阴影里可使其色彩更加鲜艳夺目。不过另一方面，如果慎重地将艳丽的色彩配置在阴影里，艳丽的色彩能给阴影中的平淡无奇带来欢快、活泼之感。如前所述，秋色叶和花卉，色虽鲜丽多彩，其重要性仍次于夏季的绿叶。

此外，植物的色彩在室外空间设计中能发挥众多的功能。常认为植物的色彩足以影响设计的多样性、统一性，以及空间的情调和感受。植物色彩与其他植物视觉特点一样，可以相互配合运用，以达到设计的目的。

四、植物的生活型

植物的生活型是植物长期适应气候变化而呈现的外部表征。并与植物的色彩在某种程度上有关系。基本的生活型有两种：落叶型、常绿型。其中再分常绿针叶型、常绿阔叶型；落叶针叶型、落叶阔叶型。每一种类型各有其特性，在室外空间的设计上，也各有其相关的功能。

1. 落叶型

落叶型植物在秋天落叶，春天再生新叶。通常叶片薄，并具有多种形状和不同大小。在大陆性气候带中，无论就数量上还是对周围各种环境的适应能力而言，多以落叶性植物占优势。落叶植物从地被植物到参天乔木均具有各种形态、色彩、质地和大小。

常见的植物有：榆属、荚蒾属、栎属、槭树属等。

在室外空间中，落叶植物有一些特殊的功能。其中最显著的功能之一，便是突出强调了季节的变化。正如上面所提到的，许多落叶植物在外形和特征上都有明显的四季差异，这样就直接影响着所在景区的风景质量。落叶植物这一具有活力的因素，能使一年的季相变化更加显著，更加具有意义。人们饶有兴趣地观赏落叶植物时，会惊讶地发现在通透性、外貌、色彩和质地上发生的令人着迷的交替变化。

在温带气候带内，主要的植物是落叶植物。它们能在各个方面限制空间作为主景，充当背景，并可以与针叶常绿和阔叶常绿树相互对比。事实上，落叶植物在设计中属于"多用途植物"，它能满足大多数功能的需要，而且还具有特殊的外形、花色或秋色叶，而被广泛采用。以下所列几种落叶植物都具有悦目的花朵，而在景观中占突出地位，如连翘、忍冬、金钟花、棣棠、海棠花等。

某些落叶植物的另一特性，是具有让阳光透射叶丛，使其相互辉映，产生一种光叶闪烁的效果（luminosity）。植物叶丛在太阳光下就会产生这种现象。当观赏者从树底或逆光看时，所看到的个别树叶呈鲜艳透明的黄绿色，从而给人一种树叶内部正在燃烧的幻觉。这种效果常出现在上午 10 点或下午 3 点，此时太阳正以较低的角度照射着植物。这一光亮闪烁的效果，使植物下层植被具有通透性和明快的效果。人行道和楼房入口处需要这种效果，在这些场所既需要隐蔽安全，又需要明亮轻快的空间效果。

落叶植物还有一特性，就是它们的枝干在冬季凋零光秃后，呈现的独特形象。这一特性与夏季的叶色和质地占有同等重要的地位。因此在布局中选用落叶植物时，必须首先研究该植物所具有的可变因素，如枝条密度、色彩及外形或生物学习性。如皂荚和火炬树，则具有开放型分枝，其整体形象杂乱而无明显的树形轮廓。

由枝条自身所构成的轮廓图案，也是设计所要考虑的因素。有些植物的枝条呈水平伸展，形成引人注意的水平线型图案，这类植物有：合欢、山楂等。而白蜡、鹅耳枥这类植物，则具有清晰的垂枝型树形，特别是沼生栎更为突出。其他植物如海棠类和紫荆，当进入老龄期，则具有扭曲的枝条形态。如果将该类植物配植在深色的常绿植物或其他中性物体的背景之前，会使该植物光秃的枝条和形象更为生动突出（图 7-20）。落叶植物的另一特性，就是当凋零的稀疏枝干投影在路面或墙上时，可以造成迷人的景象。特别是在冬季，对单调乏味的铺地或是面空墙，疏影映照有助于消除单调感。

2. 常绿针叶树

第二种基本生活型是常绿针叶植物，该类植物的叶片常年不落。普通的针叶常绿植物有：云杉属、柏科、红豆杉科以及罗汉松科。针叶常绿植物既有低矮灌木也有高大乔木，并具有各种形状、色彩和质地。然而，作为针叶常绿植物来说，它们没有艳丽的花朵。与落叶植物一样，针叶植物也具有自己的独特性和多种用途。

与其他类型的植物比较而言，作为针叶常绿树来说，其色彩比所有种类的植物都深（除柏树类以外），这是由于针叶植物的叶所吸收的光比折射出来的光多，故产生这一现象。这一特征从头年的夏季一直到来年的春季都很突出，特别是在冬季，常绿针叶植物的相对暗绿最为明显。这样就使得常绿针叶树显得端庄厚重，通常在布局中用以表现稳重、沉实的视觉特征。在一个植物组合的空间内，常绿针叶树可造成一种郁闷、沉思的气氛。但应记住，在任何一个场所，都不应过多地种植该种植物，原因是该种植物会使一个设计产生悲哀、阴森的感觉，尤其在许多老旧房屋周围，以免造成死气沉沉的感受。在一个设计中，针叶植物所占的比例应小于落叶植物。当然，若某一地区的主要植物都是针叶常绿植物的话，那又另当别论，此时，在设计布局中就应主要使用针叶植物。

在设计中使用针叶植物的另一原则是，必须在不同的地方群植常绿针叶植物，避免分散。这是因为常绿针叶树在冬天凝重而醒目，太过于分散，会导致整个布局的混乱感（图 7-21）。

基于常绿针叶植物相对深暗的叶色，其另一用途便可以作为浅色物体的背景，如图 7-18 和图 7-20 所示。有些色泽较浅的观花植物如：垂丝海棠、紫荆以及落叶杜鹃，经常利用常绿乔木或灌木作为背景，春暖花开时，这些赏花植物在浓郁的常绿植物陪衬下，非常娇艳夺目。

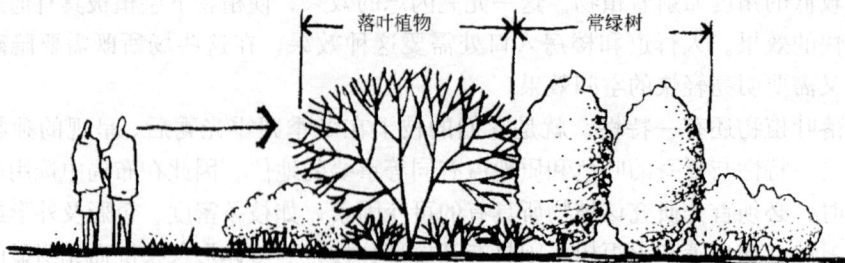

图 7-20　落叶树的枝条在常绿植物衬托下更显眼

顾名思义，针叶常绿植物的一个显著特征，就是其树叶无明显变化，色彩相对常绿。与落叶植物相比较，在结构上针叶常绿植物较之更稳定。因此，它们会使某一布局显示出永久性。它们还能构成一个永恒的环境，这一点对于可变的落

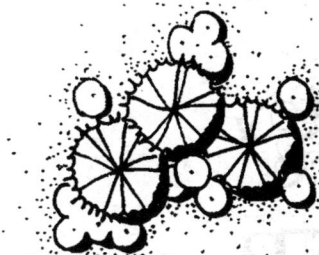

过分散乱地布置常绿植物，会使布局琐碎　　　　　　　集中配置常绿植物可统一布局

图 7-21　常绿植物的功能

叶植物来说是望尘莫及的。反过来，如果在某些环境中运用只有极小变化的常绿针叶植物作对比，具有季相变化的落叶植物就反而显得更加引人注目。

由于针叶常绿植物叶的密度大，因而它在屏障视线、阻止空气流动方面非常有效。常绿植物是在一年四季中提供永恒不变的屏障和控制隐秘环境的最佳植物（图 7-22）。此外，常绿植物也可种植在一幢楼房或户外空间周围，以抵挡寒风的侵袭。一般说来，在温带地区抵御冬季的寒风，种植常绿针叶植物的最有利方位，应在房屋或室外空间的西北方（图 7-23）。此外，它们能使空旷地风速降低60%，风速的降低又使透进房屋的冷空气达到最小值，与此同时也减少了流走的热量。一般说来，只要针叶常绿树木位置适当，设计合理，它们将能为一个家庭节约 33% 的取暖费用。在房屋围墙周围大面积地种植常绿高灌木，也能得到类似的效果。其原理就是，大面积密实的灌木与房屋墙体组成一个无空气对流的空间，这一空间恰如一个绝缘体，阻止了冷暖空气的流动。

图 7-22　常绿植物在任何季节都可作屏障

关于落叶植物与常绿植物的组合问题。就一般的经验而言（不涉及某特别设计中的特殊目的），在一个植物的布局中，落叶植物和针叶常绿植物的使用，应保持一定比例平衡关系。两种类型的植物，以其各自最好的特性而相互完善。当单独使用时，落叶植物在夏季分外诱人，但在冬季却"黯然失色"（图 7-24），因它们在这个季节里缺乏集密的可视厚度。反之，如果一个布局里只有针叶常绿植物，那么这个布局就会索然无味，因为该植物太沉重、太阴暗，而且对季节的变化几乎"无动于衷"（图 7-25）。

因此，为消除这些潜在的缺点，最好的方式就是将这两种植物有效地组合起来，从而在视觉上相互补充（图7-26）。

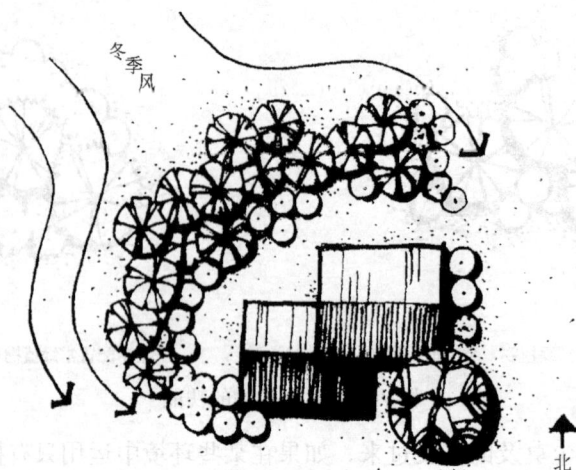

图 7-23 常绿植物置于建筑的西北面可阻挡冬季寒冷的西北风

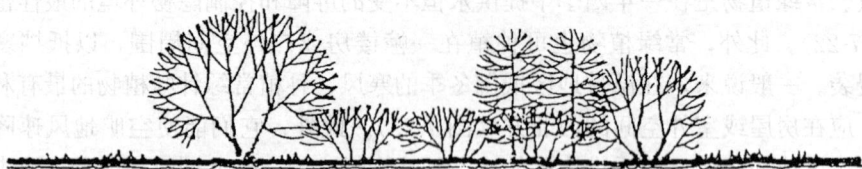

图 7-24 在冬季落叶植物无视觉效应，并且隐退

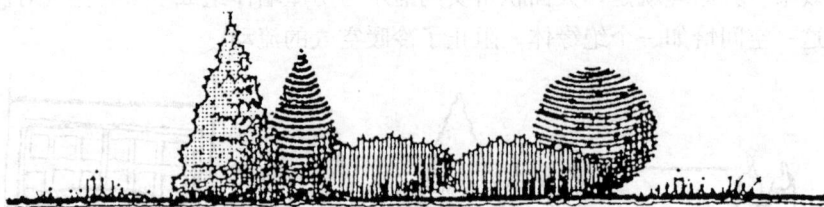

图 7-25 所有常绿植物色深凝重不随季节变化

图 7-26 植物配置应考虑落叶植物和常绿植物的结合

3. 常绿阔叶型

第三种生活型植物是常绿阔叶植物。该种植物的叶形与落叶植物相似，但叶片终年不落。这种植物主要有：常绿杜鹃、樟、广玉兰、女贞。下面我们就来探讨

这类植物的特性及潜在的设计用途。

与针叶常绿植物一样，阔叶常绿树的叶色几乎都呈深绿色。不过，许多阔叶常绿植物的叶片具有反光的功能，从而使该植物在阳光下显得光亮。阔叶常绿植物的一个潜在用途，就是能使一个开放性户外空间产生耀眼的发光特性，它们还可以使一个布局在向阳处显得轻快而通透。当其被植于阴影处时，阔叶常绿植物与针叶常绿植物相似，都具有阴暗、凝重的作用。

作为一个树种来说，阔叶常绿植物因其艳丽的春季花色而闻名。因此，许多设计师仅因其迷人的花朵而在设计中使用。应该说这并非良策，因为该植物的花朵只能延续很短的时间，这一点在色彩一节中已提到过。相反，在设计中使用该植物时，应主要考虑其叶丛。花朵只能作为附加的效果而加以考虑。当然在某些景观中也可以将艳丽的花朵作为焦点来使用。

阔叶常绿植物树种不十分耐寒。大多数阔叶常绿植物一般在温和的气候中，或在有部分阳光照射的地方和温暖阴凉处，如建筑物的东、西面，才能发挥较好的作用。阔叶常绿植物既不能抵抗炽热的阳光，也不能抵御极度的寒冷，因此，切忌将其种植在能得到过多夏季阳光照射的地方，或种植在会遭到破坏性冬季寒风吹打之处。这两种情形都会因叶片过度蒸腾导致根部水分不足。此外，大多数阔叶常绿植物喜偏酸性土壤条件。

总而言之，我们在讨论植物景观设计的色彩因素时，也应该同时考虑植物的生活型，这也是植物色彩的一个重要因素。生活型可以影响一个设计的季节交替关系、可观赏性和协调性。生活型还与植物的质地有着直接的关系，下面我们将讨论植物的质地。

五、植物的质地

所谓植物的质地，是指单株植物或群体植物直观的粗糙感和细腻感。它受植物叶片的大小、枝条的长短、树皮的外形、植物的综合生长习性，以及观赏者的距离等因素的影响。在近距离内，单个叶片的大小、形状、外表以及小枝条的排列都是影响观赏质感的重要因素。当从远距离观赏植物的外貌时，决定质地的主要因素则是枝干的密度和植物的一般生长习性。质地除随距离而变化外，落叶植物的质地也要随季节而变化。在整个冬季，落叶植物由于没有叶片，因而质感与夏季时不同，一般说来更为疏松。例如皂荚属植物在某些景观中，其质地会随季节发生惊人的变化。在夏季，该植物的叶片使其具有精细通透的质感；而在冬季，无叶的枝条使其具有疏松粗糙的质地。

在植物配植中，植物的质地会影响许多其他因素，其中包括布局的协调性和多样性、视距感，以及一个设计的色调、观赏情趣和气氛。根据植物的质地在景观中的特性及潜在用途，我们通常将植物的质地分为三种：粗壮型、中粗型及细小型（图 7-27）。

1. 粗壮型

粗壮型通常由大叶片、浓密而粗壮的枝干（无小而细的枝条）以及松疏的生长习性而形成，具有粗壮质地的植物大致有：梧桐树、七叶树、法国冬青、龙舌兰、二乔玉兰、八角金盘。下面我们来探讨粗壮质地植物的一些特殊特征及

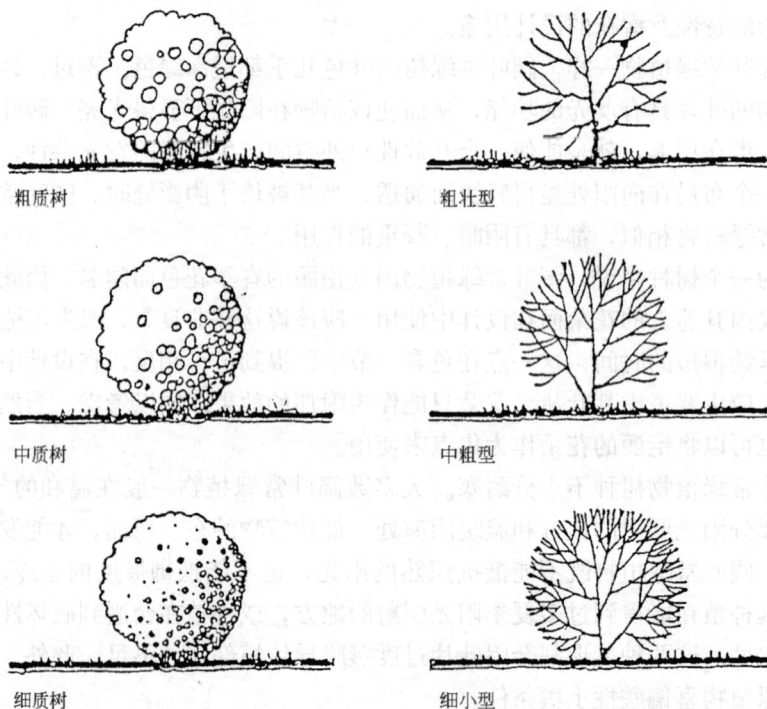

粗质树   粗壮型

中质树   中粗型

细质树   细小型

图 7-27   植物质地类型

功能。

粗壮型植物观赏价值高，泼辣而有挑逗性。将其植于中粗型及细小型植物丛中时，粗壮型植物会"跳跃"而出，首先为人所看见。因此，粗壮型植物可在设计中作为焦点，以吸引观赏者的注意力，或使设计显示出强壮感。与使用其他突出的景物一样，在使用和种植粗壮型植物时应小心适度，以免它在布局中喧宾夺主，或使人们过多地注意零乱的景观。

由于粗壮型植物具有强壮感，因此它能使景物有趋向赏景者的动感，从而造成观赏者与植物间的可视距短于实际距离的幻觉。与此类似，为数众多的粗壮型植物，能通过吸收视线"收缩"空间的方式，而使某户外空间显得小于其实际面积。粗壮型植物的这一特性极适合运用在那些超过人们正常舒适感的现实自然范围中。但对于那些既没有植物，也显得紧凑而狭窄的空间来说，则毫无必要。因此，在狭小空间内布置粗壮型植物时，必须小心谨慎，如果种植位置不适合，或过多地使用该类植物，这一空间就会被这些植物所"吞没"。

在许多景观中，粗壮型植物在外观上都显得比细小型植物更空旷、疏松、更模糊。粗壮型植物通常还具有较大的明暗变化。鉴于该类植物的这些特性，它们多用于不规则景观中。它们极难适应那些要求整洁的形式和鲜明轮廓的规则景观。

2. 中粗型

中粗型植物是指那些具有中等大小叶片、枝干，以及具有适度密度的植物。与粗壮型植物相比较，中粗型植物透光性较差，而轮廓较明显。由于中粗型植物占绝大多数，因而它应在种植成分中占最大比例，与中间绿色植物一样，中粗型植物也应成为一项设计的基本结构。充当粗壮型和细小型植物之间的过渡成分。中粗植物还具有将整个布局中的各个成分连接成一个统一整体的能力。

3. 细小型

细质地植物长有许多小叶片和微小脆弱的小枝，以及具有齐整密集的特性。鸡爪槭、菱叶绣线菊，都属细质地植物。

细质地植物的特性及设计能力恰好与粗壮型植物相反。细质地植物柔软纤细，在风景中极不醒目。在布局中，它们往往最后为人所视见，当观赏者与布局间的距离增大时，它们又首先在视线中消失（仅就质地而言）。因此，细质地植物最适合在布局中充当更重要成分的中性背景，为布局提供优雅、细腻的外表特征，或在与粗质地和中粗质地植物相互完善时，增加景观变化。

由于细质地植物在布局中不太醒目，因而它们具有一种"远离"观赏者的倾向。因此，当大量细质地植物被植于一个户外空间时，它们会构成一个大于实际空间的幻觉。细质地植物的这一特性，使其在紧凑狭小的空间中特别有用，这种空间的可视轮廓受到限制，但在视觉上又需扩展而不是收缩。

由于细质地植物长有大量的小叶片和浓密的枝条，因而它们的轮廓非常清晰，整个外观文雅而密实（有些细质地植物在自然生长状态中，犹如曾被修剪过一样），由此，细质地植物被恰当地种植在某些背景中，以使背景展示出整齐、清晰、规则的特征。

按照设计原理，在一个设计中最理想的是均衡地使用这三种不同类型的植物。这样才能使设计令人悦目。质地种类太少，布局会显得单调，但若种类过多，布局又会显得杂乱。对于较小的空间来说，这种适度的种类搭配十分重要，而当空间范围逐渐增大，或观赏者逐渐远离所视植物时，这种趋势的重要性也逐渐减小。另一种理想的方式是按大小比例配置不同质地类型的植物，如使用中质地植物作为粗质地和细质地植物的过渡成分。不同质地植物的小组群过多，或从粗质地到细质地植物的过渡太突然，都易使布局显得杂乱和无条理。此外，鉴于尚有其他观赏特性，因此在质地的选取和使用上必须结合植物的大小，形态和色彩，以便增强所有这些特性的功能。

六、枝叶的疏密度

枝叶茂密的植物则更易显示出树冠的整体效果和树冠的轮廓，枝叶稀疏的植物在明亮的背景前，更易显示出树枝的线条和叶形的效果。设计中通常选用叶片细小枝叶密集的树种作背景树。选用叶形大的树种处于坡地下方，可以增加稳定的效果。选用叶片大小枝叶密度相近的树种，可以增加景观的连续性和统一性。

七、植物季相

季相特征是植物在一年中随季节的更移而发生的周期性变化。例如萌芽、展叶、开花、结果、落叶、休眠等，植物季相变化对于组织景观是十分重要的因素。我国很多风景区、风景点、公园都有季相突出的观赏处。

以春季为主要季相的有：北京圆明园的武陵春色、颐和园的知春亭、上海豫园的点春堂、江苏退思园的坐春望月楼、杭州西湖的苏堤春晓、柳浪闻莺、牡丹园等。

以夏季为主要季相的有：苏州拙政园的荷风四面亭、杭州西湖的曲院风荷、退思园的闹红一舸、扬州个园的夏季假山等。

以秋季为主要季相的有：杭州西湖的平湖秋月、上海豫园的得月楼、圆明园的涵秋馆、颐和园谐趣园的洗秋、瘦西湖丁溪的秋思山房、济南大明湖的明湖秋月等。

以冬季为主要季相的有：拙政园的雪香云蔚亭、上海大观园的梅花岭，还有岁寒三友等。

八、植物年相

植物由小到大，年复一年地变化，我们称之为年相变化。在设计一个公园或一个绿地时，设计师要先知经过几年、十几年、几十年之后，这里植物群体会变得怎样。在施工时，一般采用小苗和少数规格较大的树，在设计中为求得初期的景观效果采取密植的方法，以后逐步抽稀或间伐，达到原定设计目标。也可以采用别的填充植物，造成另一个初期的临时景观，待设计的树木逐渐长大时，逐步抽去填充植物，实现原定设计目标。

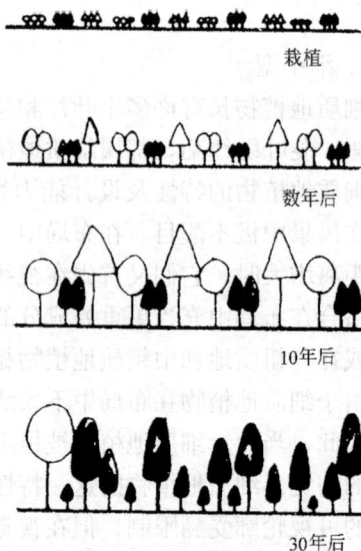

栽植

数年后

10年后

30年后

图 7-28　设计中对年相变化的考虑

总而言之，观赏植物的大小、形态、色彩和质地等，是设计师在使用植物素材时卓有效用的因素。

观赏植物的特性，对于一个设计的多样性和统一性、视觉上和情感上，以及室外环境的气氛或情绪，都有着直接的关系。因此，我们在进行设计创作时，应对其细心地研究，并将其与所有设计目的结合起来。

第二节　与植物景观相关的其他因素

一、植物与时相

一天中的某段时间，或一年中的某个季节或时段，都可以对植物景观表达产生影响。如早晨，是人们一天中最先感受的时光，文学词语用晨、晓、朝、曦等来描述。有些植物的景观特点也与之相关连。如牵牛花的一朝荣华、西湖的苏堤春晓、葛岭朝暾、昙花一现等。

再如傍晚、晚间，这是人们感受一天中最后的时光，文学词语用夕、夜、月来描述。很多植物就与这段时光相伴成景，如避暑山庄的梨花伴月、水月庵；西湖的平湖秋月、三潭印月、雷峰夕照；绮园的风荷夕照、夜来香花等。

二、植物与阴晴

阴晴圆缺乃天相常有，但伴着植物景观则另有别样。我国的园林文化有着深厚底蕴，文人墨客对景生情，并在园林空间留下了许多与天相有关的植物景点。如拙政园的听雨轩、峨嵋山的洪椿晓雨、退思园的菰雨生凉、雨打芭蕉、留得残荷听雨声、松涛吼等。

第三节 植物景观设计的基本原理

一、适地适树原理

适地适树是植物景观设计的基本原则，因为植物的生长发育是以自然环境为基础，科学选材，合理用材，充分考虑植物的生物学特性，空间要求，环境适应性，相伴植物种类，才能发挥植物的景观功能。

二、动态设计原理

如果说建筑是永恒的艺术，那么植物则是变化的音符。植物景观完成后仍然继续在每年中发生季相变化，在生长过程中还要发生体量大小变化及树形变化，这些变化设计师必须先知，并有所估计。因为，季相设计图是组织景观的依据，最低限度的冬季植物景观是设计的基点，最佳季相（春季、夏季、秋季）景观是设计效果的高潮。每一位设计师在设计前，要对稳定的植物景观目标（树形、大小）作出正确判断，对冬季景观作出估计，对最佳景观给出预测，以便正确表达在植物种植设计图中。

三、艺术性原理

植物的茎、叶、花、果都有色调、色相、明暗之变化，有的柔和，有的强烈，充分抓住植物的艺术魅力，运用协调、对比、强调、统一变化等手法，结合当地物质条件和植物生物学特征，可以产生最大的造景艺术感染力。达到"园林巧于因借，自成天然之趣，不烦人事之工。"

四、功能设计原理

满足功能设计要求是植物造景的一大目标。第一次世界大战以后，德国造园界开始重视植物的功能作用，并影响全球至今。于是出现了"功能栽植"的名词，希望将功能栽植设计建立在更为科学的基础上。由于植物种类繁多，可以根据不同功能选择不同植物，进行防噪声、防风滞尘、降温增湿、阻隔辐射等功能设计。

五、经济性原理

花费最少的资金，获得最大的功能与景观效果，是业主的初衷，也是设计师的愿望。要做到这一点，必须坚持适地适树，多用乡土树种，减少管理费用。节约并合理使用名、特、贵重树种，降低造价成本。在城郊结合部要强调风景林与经济林结合，经济林与生态林结合，取得生态、生活、社会、经济多重效益。

第四节 植物景观设计的基本形式

一、树木设计的基本形式

（一）规则式

植株的株行距和角度按照一定的规律进行种植。可分为左右对称及辐射对称两大类：

1. 左右对称（图 7-29）

（1）对植：常用在建筑物门前，大门入口处，用 2 株树形整齐美观的种类，左右相对配植。

（2）列植：树木呈行列式种植。有单列、双列、多列等方式。其株距与行距可以相同亦可以不同。多用于道路上行道树、植篱、防护林带、整形式园林的透视线、果园、造林地。

（3）三角形种植：有等边三角形或等腰三角形等方式。实际上在大片种植后乃形成变体的行列式。等边三角形方式有利于树冠和根系对空间的充分利用。

2. 辐射对称（图 7-30）

（1）中心式：包括单株及单丛种植。

（2）圆形：又包括环形、半圆形、弧形以及双环、多环、多弧等富于变化的方式。

（3）多角形：包括单星、复星、多角星、非连续多角形等。

（4）多边形：包括各种连续和非连续的多边形。

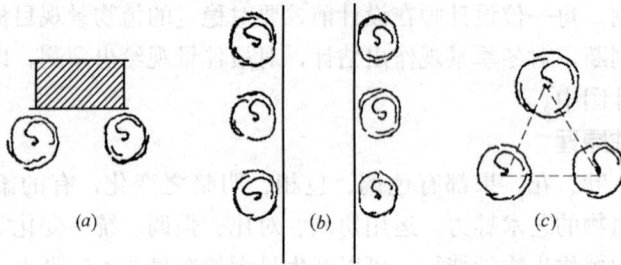

图 7-29　规则式左右对称配植

（a）对植；（b）列植；（c）三角式

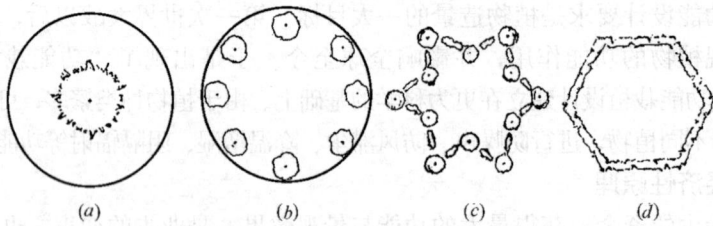

图 7-30　规则式辐射对称配植

（a）中心式；（b）环形；（c）多角形；（d）多边形

（二）自然式

植株的株行距不统一，形式不统一的一种植物配植形式（图 7-31）。

1. 独植（孤植）

为突出显示树木的个体美，常采用本法。通常均为体形高大雄伟或姿态奇异的树种。一般均为单株种植，西方庭园中称为标本树，在中国习称独赏树（孤赏树、孤植树）。对某些种类则呈单丛种植，如迎春等。

独植的目的为充分表现其个体美，所以种植的地点不能孤立的只注意到树种

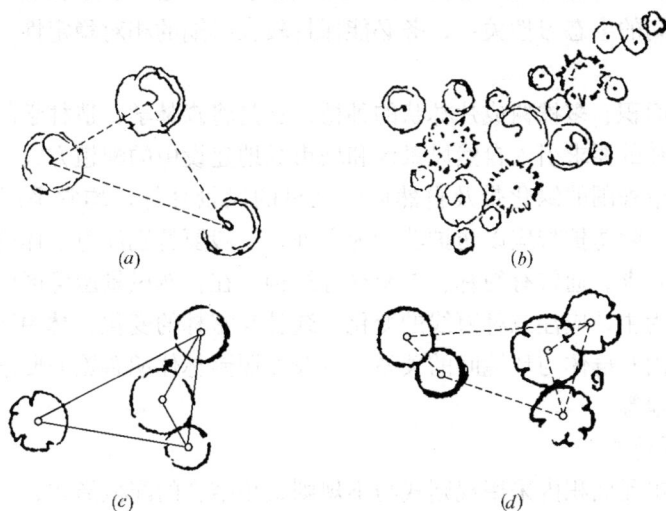

图 7-31　自然式配置

(a) 3 株丛植；(b) 镶嵌式丛植；(c) 4 株丛植；(d) 5 株丛植

本身，而必须考虑其与环境间的对比及烘托关系。一般应选择开阔空旷的地点，如大片草坪上、花坛中心、道路交叉口、道路转折点、缓坡、平阔的湖池岸边等处。

用作独植的树种有：雪松、白皮松、油松、圆柏、黄山松、侧柏、冷杉、云杉、银杏、南洋杉、栎类、悬铃木、七叶树、臭椿、枫香、槐、栾、柠檬桉、金钱松、凤凰松、南花楸、香樟、广玉兰、白玉兰、榕树、海棠、樱花、梅花、山楂、白兰花、木棉等。

2. 丛植

两三株至一二十株同种类的树种较紧密地种植在一起，其树冠线彼此密接而形成一个整体外轮廓线的称为丛植。丛植有较强的整体感，少量株数的丛植亦有独赏树的艺术效果。丛植的目的主要在发挥集体的作用，它对环境有较强的抗逆性，在艺术上强调整体美。

3. 聚植（组植）

由两三株至一二十株不同种类的树种组配成一个景观单元的配植方式称聚植，亦可用几个丛植组成聚植。聚植能充分发挥树木的集团美，它既能表现出不同种类的个性特征，又能使这些个性特征很好地协调地组合在一起而形成集团美，在景观上是具有丰富表现力的一种配植方式。一个好的聚植，要求园林工作者从每种树的观赏特性、生态习性、间间关系、与周围环境的关系以及栽培养护管理上等多方面的综合考虑。

4. 群植（树群）

由二三十株以上至数百株左右的乔、灌木成群配植时称为群植，这个群体称为树群。树群可由单一树种组成亦可由数个树种组成。树群由于植株数较多，占地较大。在园林中可作背景、伴景应用，在自然风景区中亦可作主景。两组树群相邻时又可起到透景框景的作用。树群不但有形成景观的艺术效果，还有改善环境的效果。在群植时应注意树群的林冠线轮廓以及色相、季相效果，更应注意树木间种类间的生态习性关系，务必能保持较长时期的相对稳定性。

5. 林植

是较大面积、多株树成片林状的种植。这是将森林学、造林学的概念和技术措施按照园林的要求引入自然风景区和城市绿地建设中的配植方式。工矿场区的防护带，城市外围的绿化带及自然风景区里的风景林等，均常采用此种配植方式。在配植时除防护带应以防护功能为主外，一般要特别注意群体的生态关系以及养护上的要求。通常有纯林、混交林等结构。在自然风景游览区中进行林植时应造风景林为主，应注意林冠线的变化、疏林与密林的变化、林中下木的选择与搭配、群体内及群体与环境间的关系，以及按照园林休憩游览的要求留有一定大小的林间空地等。

（三）混合式

在一定单元面积内采用规则式与不规则式相结合的配植形式。

二、花卉设计的基本形式

1. 花坛（图 7-32）

是规则式花卉设计应用的形式，其主要特征为：具有一定几何轮廓的种植床，种植各种不同观赏花卉而构成一幅华丽纹样或鲜艳色彩的图案画。具有很强的装饰性，主要强调平面图案或开花时华丽的构图，强调群体美。

类型：模纹花坛：以表现浮雕图案纹样为特色。标题花坛由文字、图徽、绘画、肖像等组成，通过艺术形象表达一定的主题思想。位置：坡面上，凹地或倾斜地。草坪花坛：主要用于铺装道路，广场中间应用。

图 7-32 花坛（一）

2. 花丛、花群、花地

这是自然式花卉设计的形式，主要特征是以量、规模、地形取胜，形成单种花丛，或多花丛的花群，或连绵不断的花群构成花地。

3. 花境（图 7-33）

这是半自然式花卉设计的形式，它源于英国古老而传统的私人别墅花园，它没有规范的形式，主要种植宿根花卉，形成沿长轴方向演进的带状连续构图，是模拟自然林地边缘多种野生花卉交错生长的自然景观状态。特点：以墙、篱、树丛为背景，从构图的平面和立面欣赏植物，一年四季均有花可赏。植床两边平行或具有一定的几何曲线。

类型：多年生草花花境、球根花卉花境、混合花境、单面观赏花境、双面观赏花境等。

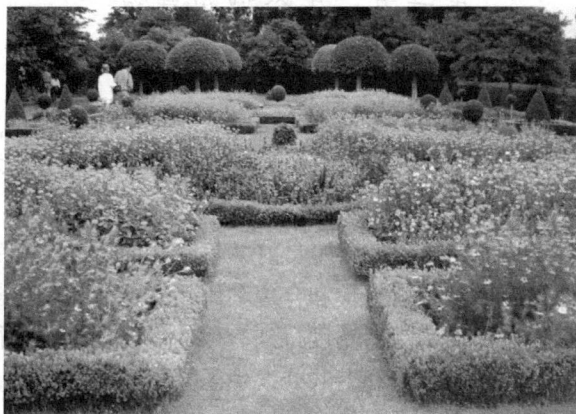

图 7-33　花境（二）

思考题

1. 试述植物景观设计的基本形式。
2. 试述常绿植物与落叶植物的景观特征。

第八章 植物、生态、防灾

第一节 生态城市建设

一、定义

生态城市（含地级行政区）是社会经济和生态环境协调发展，各个领域基本符合可持续发展要求的地市级行政区域。生态城市是地市级生态示范区建设的继续、发展和最终目标。

生态城市的主要标志是：生态环境良好并不断趋向更高水平的平衡，环境污染基本消除，自然资源得到有效保护和合理利用；稳定可靠的生态安全保障体系基本形成；环境保护法律、法规、制度得到有效的贯彻执行；以循环经济为特色的社会经济加速发展；人与自然和谐共处，生态文化有长足发展；城市、乡村环境整洁优美，人民生活水平全面提高。

二、生态城市的基本条件

1. 制定了《生态市建设规划》，并通过市人大审议，颁布实施。

2. 全市80%以上的县达到生态县建设指标，城市建成区通过国家环保模范城市考核验收并获命名。

3. 全市县级（含县级）以上政府（包括各类经济开发区）有独立的环保机构，并为一级行政单位，乡镇有专职的环境保护工作人员。环境保护工作纳入县（含县级市）党委、政府领导班子实绩考核内容，并建立相应的考核机制。

4. 国家有关环境保护法律、法规、制度及地方颁布的各项环保规定、制度得到有效的贯彻执行。

5. 污染防治和生态保护与建设卓有成效，三年内无重大环境污染和生态破坏事件。

三、生态城市建设指标

生态城市建设指标包括经济发展、环境保护和社会进步三类，共30项指标。见表8-1。

生态城市建设指标 表8-1

	序号	名 称	单 位	指 标
经济发展	1	人均国内生产总值 　经济发达地区 　经济欠发达地区	元/人	≥30000 ≥20000
	2	年人均财政收入 　经济发达地区 　经济欠发达地区	元/人	≥3600 ≥2400

续表

	序号	名　　称	单　位	指　标
经济发展	3	农民年人均纯收入 　经济发达地区 　经济欠发达地区	元/人	≥7500 ≥5500
	4	城镇居民年人均可支配收入 　经济发达地区 　经济欠发达地区	元/人	≥16000 ≥13000
	5	第三产业占 GDP 比例	%	≥50
	6	单位 GDP 能耗	吨标煤/万元	≤1.4
	7	单位 GDP 水耗	m^3/万元	≤150
	8	规模化企业通过 ISO-14000 认证比率	%	≥20
环境保护	9	森林覆盖率 　山区 　丘陵区 　平原地区	%	≥70 ≥40 ≥15
	10	受保护地区占国土面积比例	%	≥17
	11	退化土地恢复治理率	%	≥90
	12	城市空气质量 　南方地区 　北方地区	好于或等于 2 级 标准的天数/年	≥330 ≥280
	13	城市水功能区水质达标率 近岸海域水环境质量达标率	%	100,且城市无 超 4 类水体
	14	主要污染物排放强度 　二氧化硫 　COD	kg/万元(GDP)	<5.0 <5.0 不超过国家主要污染 物排放总量控制指标
	15	集中式饮用水源水质达标率 城镇生活污水集中处理率 工业用水重复率	%	100 ≥70 ≥50
	16	噪声达标区覆盖率	%	≥95
	17	城镇生活垃圾无害化处理率 工业固体废物处置利用率	%	100 ≥80,并无危险废物排放
	18	城镇人均公共绿地面积	m^2/人	≥11
	19	旅游区环境达标率	%	100
	20	环境保护投资占 GDP 比例	%	≥3.5
社会进步	21	城市生命线系统完好率	%	≥80
	22	城市人均铺装道路面积	m^2/人	≥8
	23	城市化水平	%	≥50
	24	城市气化率	%	≥90
	25	城市集中供热率	%	≥50
	26	恩格尔系数	%	<40
	27	基尼系数		0.3~0.4
	28	高等教育入学率	%	≥60
	29	科技、教育经费占 GDP 比重	%	≥7
	30	环境保护宣传教育普及率 公众对环境的满意率	%	>85 >90

第二节　植物与城市防灾避险

城市防灾减灾体系越来越重视绿地的功能，防灾避险体系明确提出，由城市公园、广场旷地、体育场馆、道路、街头绿地等多种空旷用地构成。在以往研究中，人们更多关注城市防灾减灾场所的位置和规模，而忽略了减灾场所的重要构成要素——植物。不同的植物种类，对各种自然或人为灾害，具有不同的功效。一些栓皮层厚，含水量高，燃点高的植物是防止火灾的天然优良阻隔材料，如法国冬青，其含水量极高，全树被熏黑也不会发生火焰；木荷、青栲、交让木、石楠、大叶黄杨，这些植物的叶与木质部燃点高，很难被明火点燃起火。一些深根性乔、灌木组成一定宽度的城市滨江防风林，可以使台风、暴雨等自然灾害造成的损失减小到最低程度。根系庞大的植物，由于对土地紧实的固着性，能缓解因地震造成的地面开裂；某些植物对有毒有害气体具有较强的忍耐力，有些能将重金属富积在自身体内，或降解成可利用形式，从而达到降低对土壤和空气的污染。

我国地处世界两大自然灾害带交汇地区（环太平洋带、北半球中纬度带），大多数经济发达城市或区域，位于江河湖畔或海滨地，极易遭受台风、暴雨、浓雾、地震、高温等自然灾害，以及火灾、噪声、有害气体等人为灾害的影响。研究培育城市防灾减灾植物种类，试验植物带设计的形态和宽度，是城市防灾减灾体系中的重要环节。

城市防灾减灾植物种类的调查研究，将有助于了解本地区抗性植物的类别和资源状况，为城市避灾绿地树种规划提供新的认识和科学且经济的途径，为城市利用植物防灾减灾研究提供可选择的树种材料。各城市应有城市防灾减灾体系建设的示范工程和实践研究，做到有备无患，应对各种城市自然灾害。

一、植物的防灾避险功能

1. 固土护岸

植物具有盘根错节的根系，通过根系固着土壤，保护沿海城市的堤岸，起到紧固砂土石砾，防止水土流失，防止山塌岸毁，从而达到减少地面径流的作用。

2. 降低自然灾害

城镇周围及沿海城市滨江绿带的防风林，可以减缓台风的袭击，降低自然灾害造成的损失。据测定，城郊防风林冬季可以降低风速20%，夏季可以降低风速50%～80%，自然降雨时，将有15%～40%水量被树冠截留或蒸发，占50%～80%的水量被林地上厚而松的枯枝落叶层吸收，逐渐渗入土壤中，形成地下径流，起到了保护自然景观的作用。

3. 阻隔放射性物质

植物能过滤、吸收和阻隔放射性物质，减低光辐射的传递和冲击杀伤。在战争时期，还能阻挡弹片的飞散，对重要建筑、军事设施起隐蔽作用。

4. 阻止火灾蔓延

有些绿色植物的枝叶含有大量水分，难以着火，通过绿化形成绿色防火墙，从而可以阻止火灾快速蔓延，减少人民群众的火灾损失。

5. 绿地是大型灾害的应急避难地

城市绿地在一般情况下起着生态、美化、建造等作用，一旦发生大型灾难，城市绿地及大型广场空地也是地震、火灾的避难地。1976 年，由于唐山大地震，在北京有 15 处公园绿地的 400 多公顷园地上，疏散了 20 多万的居民；2008 年 5 月 12 日四川汶川大地震，成都市各种绿地成了市民临时避险的重要空间，大家离开建筑，来到公园、绿地，相互交流信息和避险知识、互相鼓励坚强应对自然灾害。

二、城市防灾重点场所

以上海市为例，根据城市主要自然灾害和人为灾害发生的特点，主要集中在以下场所：

1. 城市公共设施及活动场所

城市公共设施及活动场所是人们聚会活动较集中的地方，如歌舞厅、演出会场、体育场（馆）、大型超市和百货商店、网吧、宾馆酒店等，都是城市火灾容易发生的场所。

2. 居民集中居住小区

居民生活娱乐必定要用到火源、电源，正是为这样，意外火灾、电线起火或其他事故引起火灾在居民小区中时有发生，因此，居住区是火灾事故易发场所之一。

3. 沿海城市岸堤冲击

我国沿海城市既是经济快速发展地，同时也是自然灾害直接受损最大的地方，2005 年几次台风袭击上海、杭州，给两大城市造成巨大损失，从而再次提醒人们，滨江绿化的重要意义。

4. 工矿企业园区

化学化工、生物化工企业是化学污染的重点单位，但也是城市经济的支柱，重视对这些工业园区的特殊绿化，选用对有毒有害气体和重金属有极强抗性的植物，形成一定宽度的防护隔离带，达到减少污染，净化空气的目的。

5. 城市基础设施用地

城市公共设施如加油站、煤气站、电厂、高压走廊等，都是极易发生火灾或发生其他危险之地，防护隔离绿地能有效缓冲危险蔓延，给救援工作提供了时间。

三、城市绿地防灾避险规划

1. 城市主要灾害类型

（1）地震地质灾害

由于地壳活动，引发地域性地质活动，给人民生命和财产造成极大损失，如四川汶川 5.12 大地震。

（2）旱涝：有些城市降雨受季风影响，时空分布不均匀，年降水主要集中在汛期，易形成洪涝灾害；汛期结束后降水稀少，旱灾频繁发生。

（3）火灾：随着城市的快速发展，工业区及居民区的增加，城市火灾的危险系数也将越来越高，因此城市防火也将成为城市防灾的重点。

（4）化学污染：城市的化工企业、食品工业，难免发生安全事故，对城市的空气，水源造成污染。

（5）垃圾填埋场：垃圾填埋场是城市基础设施之一，也是重污染场所之一。城市垃圾处理不当，也会会成为城市公共卫生的隐患，因此，需要对垃圾的有效处理与填埋加以足够的重视。

（6）突发性公共卫生事件：不可预测的城市公共卫生突发事件，常常会造成市民心理恐慌，如 SARS、禽流感等公共卫生事件。因此，必须建立完善的疾病防治公共卫生体系。

2. 城市防灾绿地规划原则

城市防灾绿地规划，是在城市绿地系统建设的基础上，按照防灾避险的功能要求，规划合理的防灾公园、临时避险绿地、紧急避难场所、隔离缓冲绿带、避难通道等，特别要做好老城区防灾避险绿地改造，构建完善的城市防灾避险体系。

（1）综合防灾统筹规划

将城市绿地防灾系统与其他公共空间与交通廊道统一规划考虑。

（2）以人为本均衡布局

根据城市人口分布密度，科学布置防灾绿地，方便市民就近避险。

（3）因地制宜方便通达

防灾场所的布置要有利于居民疏散，到达或进入，特别要充分考虑紧急时徒步前往防灾区域的绿色通道。

（4）以平为主平灾结合

将公园原有的休闲、娱乐、健身功能与防灾避险功能相结合，使城市公园成为兼具生态环境、休闲娱乐、防灾避险双重功能的综合体。

3. 规划指导思想

以最大限度减少人员伤亡和财产损失为宗旨，保障市民灾时能有安置空间及生活必须场所，保障社会稳定。

4. 防灾绿地指标

（1）人口指标

人口指标一般参考城市总体规划中远期人口规模测算数字，作为规划的人口基础。常以户籍人口为主，一些流动人口较大的城市（上海、北京、广州等）应酌情考虑，通过系数值的测算，获得较为合理的人口规划指标。

（2）服务半径指标

中心防灾公园：服务半径 2～3km，满足步行 0.5～1.0 小时之内到达的距离要求。

片区防灾公园：服务半径 500m，以步行 5～10 分钟到达为宜。

临时、紧急避难绿地：服务半径为 300～500m，在社区周边步行 3 分钟距离，设置紧急防灾绿地。

（3）防灾场所指标

参照日本和我国台湾地区防灾避险人均最小占用面积，结合我国具体情况，防灾场所面积指标规划如表 8-2 所示。

中心城区防灾场所规划一览表　　　　　　　　　　表 8-2

分　区	人均防灾面积（m²／人）	备　注
老城区	1.5	
新城区	2.0～2.5	
公共设施建筑	0.5～1.0	临时应急

5. 城市绿地防灾避险体系

城市防灾避险绿地体系由城市中心防灾公园、片区防灾公园、临时避险绿地、紧急避险绿地、隔离缓冲绿带、绿色疏散通道等组成。各城市根据人口集中分布情况，选择具备一定条件的大型综合公园和区级公园构成城市的主要防灾避险绿地，并通过道路系统连成网络。

（1）防灾公园

防灾公园是指由于地震、火灾等引发时，为了保护国民生命财产、强化大城市地域的防灾功能，而建设的绿色、平坦、空旷的防灾据点。防灾公园要按照防灾需要，规划不同的功能空间。如应急救援指挥中心、抢救与急救中心、生活供给中心、咨询中心、物资储备中心、避灾休息场所等。根据中心城区人口集聚特点，防灾公园按等级分布。

1）中心防灾公园

场地面积较大，灾难发生时可作为城市的防灾指挥部与核心防灾区域，其功能分区见表 8-3。

防灾公园功能分区细则　　　　　　　　　　表 8-3

公 园 分 区	主 体 功 能	兼 顾 功 能
应急救援指挥中心	指挥中心	调度室，广播，治安，医疗，信息发布，对外联络
防灾公园入口	1. 主要入口区	（1）输送，救援出入口；（2）消防出入口
	2. 灾民入口区	连接紧急避难道路，是紧急无障碍出入口，有标识性植物景观设计，起到引导疏散作用
灾民安置区	应急篷宿区	以疏缓草坪或空旷广场为主，平时作为休闲草坪，体锻广场；配有应急供水、供电设施，饮用水井眼
应急设施	应急取水点	平时掩盖，灾时开启的井眼，或地下水取水口，或公园景观水体
	应急厕所及垃圾收集点	灾时增加的厕所及垃圾存放处，平时植以树木遮挡，要求有严格管理措施
	宣传演练区	公园中心广场区域，平时作为防灾宣传及演练场
应急车辆停靠区域	停车	位于园区内主要疏散通道旁

2）片区防灾公园

大城市或特大型城市往往由多个片区组成，片区防灾公园就是服务于该片区的市民，其规划设计仍属防灾公园的重要组成部分。作为城市片区中的防灾公园，在灾难发生后，市民可从紧急、临时避难所向该公园转移。

（2）临时避险绿地

指场地面积相对较小、距离居住区较近的城市广场绿地与交通岛，在灾害发生时可以供部分居民就近避险的绿地空间。

（3）紧急避险绿地

紧急避险绿地是灾害发生时，短时间（约3分钟）内，市民寻求紧急躲避的场所。主要针对个人自发性避难行为，因此，区域内所有的开放空间都可作为避险场所。包括设置在居民区、商业区等附近的集中绿地、广场、道路、小区公园、游园和其他空旷地坪。

（4）隔离缓冲绿带

各个城区间的隔离绿带，以及市政设施所设立的绿化隔离带。其作用是在灾害发生时，能将灾害范围缩小，阻止其迅速扩散，减小灾害造成的损失，保障人民财产安全。

1）隔离火灾的缓冲绿带（表8-4）

主要针对市内各加油站（场），易发生火灾的工厂、仓储用地等。

防火隔离绿带规划　　　　　　　　　　　　表8-4

防火场所	绿带宽度(m)	备注
新建加油站	5～10	
已建加油站	尽可能宽	无扩建用地
改建加油站	5～10	宜宽则宽宜窄则窄
天然气门站	尽可能加宽	
仓储用地	10	
化工厂	10	

2）防化学污染隔离绿带

在市内的化工、医药、食品企业外围设置防化学污染隔离绿地，同时根据离生活区的远近设置隔离带。绿带宽度标准，参见国家相关标准和规范要求。

3）城市卫生隔离绿化带

卫生隔离绿带不同于生产防护绿带，主要功能是卫生防护，尤其是防护病菌、细菌、真菌等具有传染性疾病的快速传播所设置的绿化隔离带。

在各个城市功能区之间、居住区之间甚至小区之间都应设置绿化卫生隔离带。城市环卫设施与其他城市用地之间按规定留出一定防护绿带用地，布置为卫生隔离绿化带（见8-5）。

334

（5）绿色疏散通道体系

卫生隔离绿化带规划 表 8-5

基础设施场所	隔离功能	绿带宽度标准(m)
自来水厂	卫生防护	10
污水处理厂	隔离污染空气	10
垃圾填埋场	隔离污染扩散	10

在大型灾害来临时，绿色疏散通道应承担起将居民安全引导进入避难场所，以及保证灾害区域与外界联系的通道，同时，将救灾物资快速及时运抵灾害发生区，将伤病员尽快送达救治医院。主要利用城市次干道及支路将防灾公园及紧急、临时避险绿地连成网络，形成防灾避险绿色通道网络。主要包括：

1）城市救灾通道

灾害发生时城市与外界的交通联系，也是城市救灾的主要线路。主要救灾通道的红线两侧，应规划宽度 10～30m 内无障碍物，保证发生灾害时道路通畅。

2）居民避难通道

为防止城市居民避灾地、城市自身救灾和对外联系等发生冲突，居民避难通道应尽量不占用城市主干道。为保证灾害发生后避难道路的通畅和避灾据点的可达性，沿路的建筑应后退道路红线 5～10m，高层建筑后退红线的距离还要适当加大。

（6）市公共卫生中心（表 8-6）

城市公共卫生中心，应满足疾病预防控制、卫生监督执法、医疗紧急救援等三大功能，同时，也是突发公共卫生事件指挥中心、信息中心和物资储备中心。一般设置在近郊或城市外围，必须与城市绿色通道相连。

城市公共卫生中心布局 表 8-6

名 称	位 置	功 能
城市疾病预防与控制中心	城市内	承担城区市民紧急医疗以及全市公共卫生工作预防控制的信息发布与指挥中心
城市公共卫生中心	近郊或城市外	承担突发公共卫生事件的治疗和隔离场所

四、防灾功能苗木基地建设

1. 防灾苗木快速繁殖试验基地

建立快速苗木繁殖试验基地，用于减灾植物种类的筛选、试验、研究。对不同减灾功能性植物作出适宜性评价，有选择地应用于不同的功能绿地中。

2. 防火树种苗源基地

选取含树脂少、枝叶含水量高、不易燃烧、萌生力强、着火时不易产生火焰的树种。上海地区防火树种的种类：罗汉松、女贞、棕榈、银杏、毛白杨、加杨、旱柳、龙爪柳、垂柳、麻栎、枫香、悬铃木、槐、刺槐、臭椿、泡桐、海桐、蚊母、构骨、大叶黄杨、厚皮香、山茶花、八角金盘、夹竹桃、珊瑚树等。

3. 防化学污染树种苗源基地

选取抗化学污染强，或有自身解毒功能的植物。如构树、榆树、泡桐、珊瑚树、女贞、楝树、臭椿、栾树、雪松、悬铃木、槐树、刺槐、臭椿、夹竹桃、杨树、木槿、海桐、朴树、火棘、八角金盘等。

4. 防风林树种苗源基地

选取深根性乔木或根系强大的低矮灌木，作为防护林种树规划的基调树。沿海城市岸线绿地规划设计，应将防灾与景观并重考虑，提高绿化景观的防灾安全系数，保证人民财产免受损失，减少遭受自然灾害（如台风、暴雨等）的损失。上海地区防风林绿化树种：樟树、广玉兰、女贞、枇杷、桂花、青桐、臭椿、无患子、栾树、香椿、枫杨等。

第三节 城市森林

由于城市的发展，产生了一系列生态环境问题，而将森林引进城市。使城市坐落在森林之中，使城市居民在享受现代社会的信息便捷、工作高效、生活舒适的同时，享受森林带来的安静、平和、清新、健康的自然环境。城市森林是城市、森林和园林的有机结合，在城市内既有森林的生态环境，又具有园林的艺术效果，满足人们生理、心理以及视听需求。

一、城市森林的概念

自 1965 年加拿大多伦多大学 Eric Jorgenson 首次提出城市林业概念近 50 年来，城市林业作为一个新兴行业得到了世界范围的广泛承认和接受，作为城市林业的经营对象——城市森林的存在成为世界各国政府、林业和环境科学学者的共识。各国相继开展了城市森林培育与经营理论研究和具有各自特色的城市林业建设实践，但各国对城市森林的定义各有不同。

美国学者 Rowantree（1974 年）指出：如果某一地域具有 $5.5 \sim 28 m^2/hm^2$ 的立木地径面积，并且具有一定的规模，那么它将影响风、温度、降雨和影响动物的生活，这种森林可成为城市森林。Miller（1996 年）认为城市森林是人类密集居住区内及周围所有植被的总和，它的范围涉及市郊小区直至大都市。美国林业工作者协会对于城市森林的定义为"城市森林是森林的一个专门分支，是一门研究潜在的生理、社会和社会福祉学的城市科学，目标是城市包括城市水域、野生动物栖息地、户外娱乐场所、园林设计、城市污水再循环、树木管理和木质纤维的生产。"Gobster（1994 年）把城市森林定义为"城市内及人们密集的聚居区域周围所有木本植物及与其相伴的植物，是一系列街区林分的总和。"

德国 Flack（1996 年）提出了广义的城市森林的概念，即"城市森林是包括城市周边与市内的所有森林"，但此定义不包括传统的城市绿地、公园、庭园、行道树等。

针对具体国情，我国的学者也纷纷从不同的角度提出了不同的城市森林概念。如郝敏等（1995 年）认为城市周围或附近一定范围内以景观、旅游、运动和野生动物保护为目的的森林均称为城市森林。张庆费等（1999 年）认为城市森林是建立在改善城市生态环境的基础上，借鉴地带性自然森林群落的组成、结构特点和演替规律，以乔木为骨架，以木本植物为主体，艺术地再现地带性群落特征的城市绿地。王木林（1997 年）等认为"城市森林是指城市范围内与城市关系密切的，以树木为主体，包括花草、野生动物、微生物组成的生物群落及其中的建筑设施，包含公园、街头和单位绿地、垂直绿化、行道树、疏林草坪、片林、林带、花圃、苗圃、果园、菜地、农田、草地、水域等绿地。"朱文泉等（2001 年）认为城市森林不能单纯考虑其结构，它所发挥的生态效益是问题的关键，因而认为城市森林是在功能上发挥巨大生态效益，位于人类聚居区内及周围的所有植被。刘殿芳（1999 年）认为，就"城市森林"的本身含义，从有利于直观认识和便于实践与普及出发，可理解为生长在城市（包括市郊）的对环境有明显改善作用的林地及相关的具有一定规模、以林木为主体，包括各种类型（乔、灌、藤、竹、层外植物、草本植物和水生植物等）的森林植物、栽培植物和生活在其间的动物（禽、兽、昆虫等）、微生物及它们赖以生存的气候与土壤等自然因素的总称。彭镇华等认为：城市森林是指在城市地域内以改善城市生态环境为主，促进人与自然协调，满足社会发展需求，由以树木为主体的植被及其所在的环境所构成的森林生态系统，是城市生态系统的重要组成部分。具体是指城市地域内的各种树木及其相关植被。它对城市环境有明显的改善作用，能平衡和补偿城市环境负效应，并相对于城市建没用地在面积上占有优势，是中国森林生态网络体系建设的重要组成部分。因而，城市森林的组成成分包括城区全部的绿地和各种水体，郊区的片林、护路林、河道林、农田防护林、水体等。对于每一种类型来说，城市森林是其从属的环境母体，它们共同构成一个以城市为服务对象、以林地为核心的森林生态系统。

二、城市森林指标

当今，世界平均森林覆盖率为 31.7％，《中华人民共和国森林法实施细则》（林业部，1984 年）将全国森林覆盖率的标准定为 30％，其中山区森林覆盖率为 70％以上，丘陵区 40％以上，平原区 10％以上。1993 年建设部根据国务院《城市绿化条例》制定了《城市绿化建设指标的规定》，正式颁布了城市绿地建设指标（部颁标准），规定在人均建筑用地小于 75％的地区，城市绿化覆盖率与城市绿地率在 2010 年不得低于 35％。随着城市化进程的加快，城市森林覆盖率总量的确定，从长远角度考虑，可参照此项标准。《国家园林城市标准》也提出居住区绿地率应达到 30％以上，道路绿化长度普及率分别在 95％以上。国内评选出的几个森林城市，平均森林覆盖率达 40％以上。联合国环境卫生组织指出，一个城市人均森林面积需达到 $60m^2$ 以上，其城市污染方可得到净化，卫生情况才有保证。

许多发达国家的大城市，早在 20 世纪中叶就面临人口过度密集，环境严重污染，交通拥挤和住房困难等我们今天所面临的问题，经过长期的努力和实践，生态环境都有很大改善，在城市生态环境建设、管理和调控对策方面积累了许多成功的经验，特别是在建设城市森林改善生态环境方面，取得了令世人瞩目的成绩。虽然这些国家与我国的国情不同，文化背景、社会经济发展状况以及自然条件都有很大的差异，但这些城市的发展经验也是人类认识自然、建设社会和发展经济的宝贵财富，他们在城市森林建设方面的经验对于我国的城市林业发展有重要的参考价值。

　　我国的城市森林建设要借鉴国外的成功经验，也要结合我国的实际，继承中国城市生态环境建设特别是山水园林建设的一些精髓。国外许多城市由于人口少，城市周围保存有很多大片的天然林，城市森林建设的水平比较高。根据联合国生物圈生态与环境组织要求，城市绿地人均达到 50m² 以上方为最佳居住环境。城市森林的成分比较复杂，它的衡量指标也不是惟一的。根据国际上通用的衡量城市森林的指标，结合我国的实际情况，对我国城市森林的衡量指标主要采用林木覆盖率这一指标。美国 1988 年提出把城市林木覆盖率由 30％提高到60％。现在城市林木覆盖率达到或超过 30％的城市在世界上已较普遍。按林木覆盖率，目前世界上林木覆盖较好的大都市有，美国的华盛顿（33％）、加拿大的渥太华（35％）、俄罗斯的莫斯科（35％）、奥地利的维也纳（44％）、日本的东京（37.8％）、意大利的罗马（74％）、瑞典的斯德哥尔摩（66％）、德国的柏林（42％）、西班牙的巴塞罗那（40％）。2000 年，北京市的林木覆盖率达到了43％，城市绿化覆盖率达到了 36％，人均绿地达到了 33m²，人均公共绿地达到9m²，而我国大多数城市人均绿地面积不足 4m²，世界平均为 30～40m²。在"十五"期间，北京市的林木覆盖率将达到 50％，其中山区林木覆盖率达到70％，平原达到 25％。近年来，上海在城市生态环境建设方面投入了大量的人力和财力，环境质量特别是绿化水平有了明显的提高，目前上海正在制定林业发展规划，在"十五"期间，上海市造林 100 万亩。林木覆盖率由 2001 年的10.4％提高到 20％左右，郊区林木覆盖率达到 15％。到 2020 年，全市绿化覆盖率和林木覆盖率分别达到 35％和 30％。城市化地区人均公共绿地达到 10m²以上。

思考题

1. 植物有哪些防灾避险功能？
2. 城市绿地防灾避险体系主要包括哪些内容？

新 增 植 物

一、木本类

1. 东方杉（图 B-1）

杉科

(*Taxodium mucronatum* Ten. ×*Cryptomeria fortunei* Hooibrenk ex Otto)

形态：东方杉是墨西哥落羽杉与柳杉杂交试验后获得的属间杂交种。属半常绿高大乔木，树冠椭圆形或圆柱形为主。长叶的侧生小枝为螺旋状散生，叶条形扁平，长约1cm，排列紧密成二列羽状，通常在一个平面上。树干基部圆整，主干常分成两至多个分叉，无板状根和根肿。

分布：目前主要分布在南京、上海、武汉、九江等城市。

习性：在pH值8～9或以下碱性土壤中能正常生长，含盐量达3.9%的盐碱地也能正常生长，耐盐碱能力较强，同时具有很强的抗风能力。

观赏功能及园林用途：孤植、列值、群植，或作背景屏障。

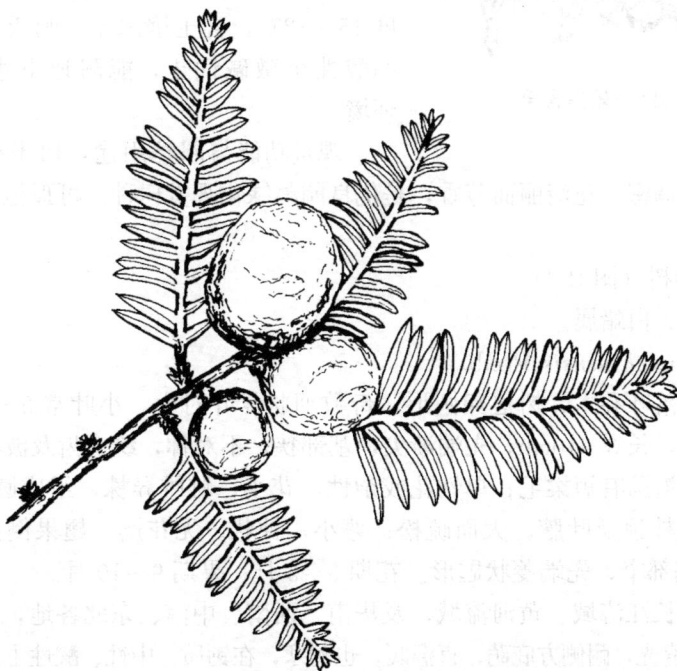

图 B-1　东方杉

2. 蓝冰柏

柏科、柏木属。

Cupressus blueice

形态：常绿乔木，生长迅速，10 年苗高达 8m，枝叶紧凑整洁，直立向上，树形呈锥形，全年叶色呈霜蓝色。

分布：欧美较多。

习性：喜疏松湿润土壤条件，对土壤酸碱性适应范围大，可耐 pH 值 5～8，耐寒，也耐高温，生长适宜温度－25～35℃。

观赏特性及园林用途：蓝冰柏树姿优美，霜蓝色迷人，是欧美传统的彩叶树种，可孤植、丛植，或作隔离树墙，绿化背景，更适合作圣诞树。

3. 乐昌含笑（南方白兰花、广东含笑）（图 B-2）

木兰科、含笑属。

Michelia chapensis Dandy

形态：常绿乔木，高 15～30m，树皮灰色至深褐色，小枝无毛，叶薄革质，倒卵形至圆状长卵形，先端短尾尖，基部楔形，花被 6 片，黄白色带绿色，芳香，花期 3～4 月。

分布：湖南、江西、广东、广西、贵州。

习性：喜温暖湿润，喜光，生长适宜温度 15～32℃，喜土壤深厚、肥沃、排水良好的酸性至微碱性土，能耐地下水位较高的环境。

图 B-2　乐昌含笑

观赏功能与园林用途：树干挺拔，树形壮丽，枝叶稠密，花清丽而芳香，是优良园林绿化观赏树种。可孤植、丛植，作行道树。

4. 白蜡树（图 B-3）

木樨科、白蜡属。

Fraxinus chinensis Roxb.

形态：落叶乔木，树冠卵圆形，奇数羽状复叶对生，小叶常 5～9，椭圆至椭圆状卵形，长 3～10cm，先端渐尖，基部狭，不对称，缘有齿及波状齿，表面无毛，背面沿脉有短柔毛；单性花或杂性，花小，雌雄异株，组成圆锥状花序，生于当年生枝顶及叶腋，大而疏松；萼小，钟状，无花瓣；翅果倒披针形，长 3～4cm，基部窄，先端菱状匙形。花期 3～5 月；果期 9～10 月。

分布：长江流域、黄河流域，及华南、西南、中南、东北各地，均有分布。

习性：喜光，耐侧方庇荫，喜温暖，也耐寒，在钙质、中性、酸性土上均可生长，并耐轻盐碱，耐低温，耐干旱，抗烟尘，深根性，萌蘖力强，生长较快，耐修剪。

观赏功能及园林用途：作庭荫树、行道树及堤岸树。材质优良，枝叶可放养白蜡虫。

5. 白梨（图 B-4）

图 B-3　白蜡树

蔷薇科、梨属。

Pyrus bretschneidert Rehd.

形态：落叶小乔木，小枝粗壮，叶卵形或卵状椭圆形，叶缘有刺芒状尖锯齿，幼时两面有绒毛，后脱落。花白色，花期 3～4 月，果卵形或近球形，黄色或黄白色，果熟 8～9 月。

分布：河北、河南、山东、山西、甘肃、陕西、青海等省，栽培遍及华北、东北南部、西北以及江苏北部、四川等地。

习性：喜干燥冷凉气候和肥沃湿润砂壤土，在平原生长最佳，耐水湿，抗寒力较强，但开花期忌阴雨与寒冷。

观赏功能及园林用途：白梨树姿优美，春天开花，满树雪白。孤植、丛植均可。

同属植物：

（1）杜梨（图 B-5）

P. betulavfulia Bunge

枝有长刺，枝芽均密生灰白色绒毛，叶卵形，边缘有粗尖锯齿，花白色，果实小，近球形，褐色，有皮孔。喜光，耐寒，耐干旱瘠薄及碱土，耐涝性在梨属中最强，产黄河和长江流域。杜梨白花繁多美丽、可植于庭园观赏、华北可作防风林及沙荒造林树种。

（2）豆梨

P. calleryana Decne. .

小枝有刺，褐色，叶广卵形，叶缘有圆钝锯齿。花白色，果近球形，黑褐色，有皮孔，喜温暖潮湿，不耐寒，抗病力强，不择土壤。产于长江及珠江流域各省。

（3）栽培品种：天津鸭梨、辽宁秋白梨、莱阳慈梨、秦安长把梨、砀山酥梨、苍溪雪梨等。

图 B-4　白梨

图 B-5　杜梨

6. 黄连木（图 B-6）

漆树科、黄连木属。

Pistacia chinensis Bge.

图 B-6　黄连木

形态：落叶乔木，高达 30m，树冠近球形至圆柱形，偶数羽状复叶，小叶披针形或卵状披针形，基部偏斜，全缘，揉碎有香气；雌雄异株，圆锥花序，先叶开放，雄花序紫红色，核果径近 6mm，初为黄白色，后变红色至蓝紫色。花期3～4 月，果期 9～11 月。

分布：产中国，分布广泛，北至黄河流域，南至两广、西南各省及台湾地区。

习性：喜光不耐阴；喜温暖，畏严寒；耐干旱瘠薄，对土壤要求不严，微酸性、中性和微碱性的沙质、黏质土均能适应，而以肥沃湿润而排水良好的石灰岩山地生长最好，深根性，抗风力强；萌芽力强，生长较慢，寿命长达 300 多年；抗二氧化硫、氯化氢和煤烟。

观赏特性及园林用途：黄连木树形雄伟，枝繁叶茂，早春嫩叶红色，入秋叶变成深红色或橙黄色，红叶期长达 70 多天；红色的雌花序及果序亦极美观。宜作庭荫树、行道树及山林风景树；孤植、丛植或与枫香、槭树等混植成红叶林，蔚为壮观。对有毒气体抗性强，也是优良的厂矿绿化树种。嫩叶有香味，可制香袋或腌制作蔬菜食用；叶、树皮可供药用。

7. 檵木（图 B-7）

金缕梅科、檵木属。

Loropetalum chinense （R. Br.）Oliv.

形态：常绿灌木或小乔木，高达 10m，小枝、嫩叶、花萼均有锈色星状毛，叶全缘，卵形或椭圆形，花3～8 朵组成头状花序簇生小枝端，花瓣 4，带状条形，黄白色，4～5 月开花。

分布：华东、华南及西南各省区，日本、印度也有分布。

习性：稍耐阴，喜温暖气候及酸性土壤。

观赏功能及园林用途：花繁密而显著，宜植于庭园观赏。

图 B-7　檵木

栽培变种红花檵木 var. Rubrum Yieh，叶暗紫红色，花也紫红色；产湖南，是优良的常年紫叶和观花树种，常宜于园林绿地或栽作盆景观赏。

8. 大花六道木

Abelia × grandiflora （Andre）Rehd.

忍冬科、六道木属。

形态：半常绿灌木，嫩枝纤细，红褐色，初短柔毛，聚伞花序，花白色至红色，花丝细长，伸出花冠筒外，萼片红色，花期初夏到仲秋。

分布：长江以南各省市广泛分布，以北的公园、庭园、植物园也有栽培。

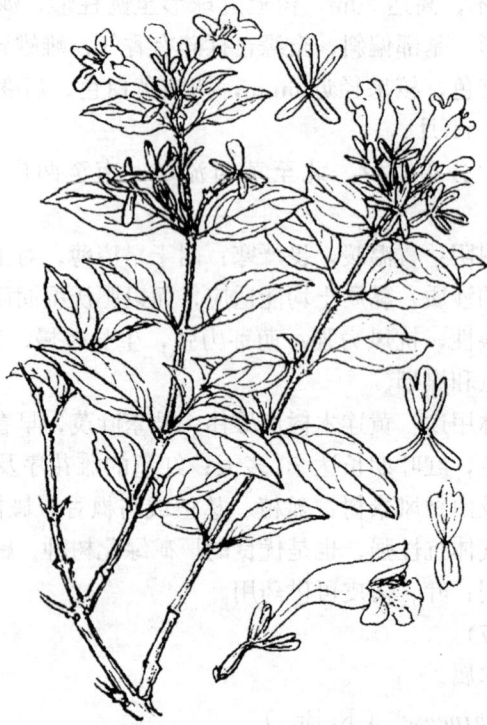

图 B-8　金叶大花六道木

习性：能耐寒，适应性强，萌芽力强，耐修剪。华东、华南可露地栽培。

观赏功能及园林用途：本种花多而密集，开花期长，红色萼片可宿存至冬季，可作绿篱和开花下木，是优美的观赏植物。

同属植物

金叶大花六道木：（图 B-8）

形态：半常绿灌木，是大花六道木的栽培种。高可达 1.5m，幼枝红褐色，有短柔毛，叶卵形至卵状椭圆形，在阳光下呈金黄色，光照不足叶色转绿。圆锥状聚伞花序，白色略带粉，繁茂而芬芳，花期6～11月。

习性：喜光，耐热，对土壤适应性强，发枝力强，耐修剪，耐移栽，生长期和早春需加强修剪。

观赏功能与园林用途：阳性彩叶地被

9. 红千层 （图 B-9）

桃金娘科、红千层属。

Callistemon rigidus R. Br.

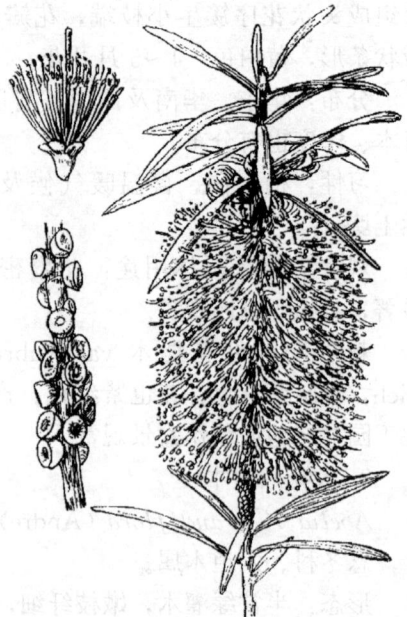

图 B-9　红千层

形态：常绿灌木，高 1～3m，叶条形互生，长 5～8cm，宽 3～6mm，中脉及边脉明显，全缘，叶质坚硬，穗状花序密集，生于近枝端，但中轴继续生长而成一具叶的新枝。雄蕊鲜红色，整个花序似试管刷。花期 5 月（上海）。

分布：原产大洋洲，现华南有栽培，上海多有应用。

习性：不耐寒，移栽不易成活。长江流域及以北地区常盆栽。上海基本可以露地栽培。

观赏功能及园林用途：花序美丽，硕大，可用于街头绿地及室内观赏。

10. 双荚决明（图 B-10）

豆科、决明属。

Cassia bicapsularis L.

形态：落叶灌木，高达 3.5m，羽状复叶，倒卵至长圆形，先端圆钝，叶面灰绿色，花金黄色，花期 9 月至翌年 1 月。

图 B-10　双荚决明

分布：原产热带美洲，我国台湾及华南地区有栽培。

观赏功能及园林用途：枝叶秀丽，花金黄灿灿，花散长，可作花篱。

11. 麻叶绣线菊（白花绣线菊）

蔷薇科、绣线菊属

Spiraea cantoniensis Lour.

形态：落叶丛生灌木，高 1.5m，枝细长，拱形，叶菱状长椭圆形，单叶互生，叶缘有齿或裂，花小白色，成半球状伞形花序，生于新枝端，花期5～6月。

分布：我国东部及南部地区，在日本长期栽培。

习性：喜光，也稍耐阴，忌湿涝，比较耐旱。对土壤要求不严，可在山石瘠地生长，肥沃土地上生长更茂，不太耐寒，分蘖力强。

观赏功能及园林用途：枝叶繁密，玉花攒聚，宛如积雪。国内各地作庭园栽培，可丛植于池畔、山坡、径旁或草地角隅，也可在建筑物或大路边沿，列植成花篱。同属其他植物：

(1) 粉花绣线菊（日本绣线菊）（图 B-11）

S. japonica L. f.

形态：落叶丛生灌木，高 1.5m，枝光滑，叶卵形，缘有缺刻状重锯齿，叶背灰蓝色，花淡粉红至深粉红色，偶有白色，复伞房花序生于新枝端，花期6～7月。

分布：原产日本，我国华东有栽培。江西庐山、湖北、贵州有大量野生。

习性：性强健，喜光，抗寒，耐旱。

观赏功能及园林用途：花色娇艳，花朵繁多，可在花坛、花境、草坪及园路角隅等处构成夏日佳景，亦可作基础种植之用。

(2) 金山绣线菊

S. × *bumalda* 'Gold mound'

矮生落叶灌木，高 30～40cm，蓬径 70～80cm。新叶金黄色，夏季渐变黄绿色，伞形总状花序，粉红色。长江流域以南多在 12 月落叶，喜光和温暖湿润气候，较耐寒，抗旱，怕水涝，适于东北南部、华东北部。常作花篱、色带、色块，是较受欢迎的常年观叶植物。

图 B-11 粉花绣线菊　　　　图 B-12 中华绣线菊

（3）金焰绣线菊

S. x bumalda 'Gold Flame'

落叶小灌木，高 60～80cm。春天的叶有红有绿，夏天全为绿色，秋天叶变铜红色，花粉红色，每次花期 15～20 天，长达 4 个月，可多次开花。喜光和温暖湿润气候，耐修剪，怕涝。花期长，花量多，可用于花坛、花境、草坪、池畔，丛植、列植、片植、花篱。金焰绣线菊叶色有丰富的季相变化，是花、叶俱佳的新优小灌木，可单株修剪成球形，或群植成色块、色带，或与常绿小灌木配置。冬季落叶后即行修剪。

（4）中华绣线菊（图 B-12）

Spiraea chinensis Maxim。

形态：半常绿或落叶灌木，高 1.5～3m，小枝拱形，叶菱状卵形至倒卵形，花小白色，16～26 朵聚集成伞形花序，花期 3～6 月。

分布：西北、华北、长江流域及两广和西南各地。

习性：耐旱，耐瘠薄，适应性广。

观赏功能及园林用途：花期长，花姿可爱，野趣味强，可丛植装饰路缘，片植于坡地。

12. 醉鱼草（图 B-13）

醉鱼草科、醉鱼草属。

Buddleja lindleyana Fort. ex Lindl

图 B-13 醉鱼草

形态：落叶灌木，高达 2m，小枝四棱形，略有翅，嫩枝、叶背及花序均有褐色星状毛。叶对生，长 5～10cm，全缘或疏生波状齿。花冠紫色，顶生花序，扭向一侧，花期 6～7 月。

分布：长江流域及以南地区。

习性：性强健，较耐寒。

观赏功能及园林用途：花序硕大，美丽色艳，庭园观赏或瓶插室内。

同属其他植物：

（1）大叶醉鱼草

Buddleja davidii Franch.

花色从玫瑰紫到淡蓝紫色，花期 6～9 月。

（2）白花醉鱼草（驳骨丹）

Buddleja asiatica Lour.

高达 2～6m，小枝圆柱形，幼枝、花序和叶背密生灰色或淡黄色短绒毛。花白色，花期 2～10 月。我国西南、东南部及台湾均有分布。上海等地常植于温室作冬季插花材料。

13. 平枝栒（图 B-14）

蔷薇科、栒子属。

Cotoneaster horizontalis Decne.

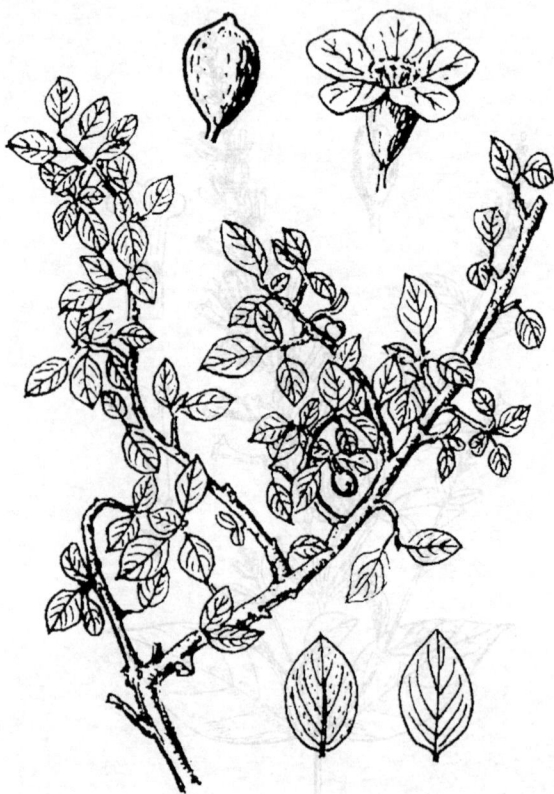

图 B-14　平枝栒

形态：落叶或半常绿灌木，高约 0.5m。枝水平开展成整齐 2 列，宛如蜈蚣。叶小，长 0.5～1.4cm，厚革质，近卵形或倒卵形，先端急尖，表面暗绿色，无毛，背面疏生平贴细毛。花小 5～7mm，无柄，粉红色，花瓣直立，倒卵形。果近球形，径 4～6mm，鲜红色，经冬不落。

分布：原产中国，分布于陕西、甘肃、湖南、湖北、四川、贵州、云南等省。多散生于海拔 2000～3500m 灌木丛中。

习性：喜光，也稍耐阴，喜空气湿润和半阴环境；耐土壤干燥、瘠薄，也较耐寒，但不耐涝。

观赏特性及园林用途：枝叶横展，叶小紧凑，花密集枝头，晚秋时叶色红亮，红果累累，常用于岩石园、斜坡、角隅，也可作基础种植和制作盆景。

14. 扶芳藤（图 B-15）

卫矛科、卫矛属。

Euonymus fortunei（Turcz.）Hand.-Mazz.

形态：常绿藤木，茎匍匐或攀缘，能随处生细根。叶薄革质，长卵至椭圆状倒卵形，长 3～7cm，缘具钝齿，叶柄短。聚伞花序，多花密集成团，花期 6 月。

分布：华北以南地区均有分布。

习性：常匍生于林缘岩石上，耐阴，喜温暖，耐寒性不强。

观赏功能及园林用途：叶色油绿，入秋变为红色，有极强的攀缘能力，用

图 B-15　扶芳藤

以掩覆墙面、山石或老树干，均很优美。其变种有：

爬行卫矛 var. radicans Rehd　叶较小，长1.5~3cm，叶缘锯齿尖而明显，背面叶脉不明显。

花叶爬行卫矛'Gracilis'（'Variegatus'），叶似爬行卫矛，但有白色、黄色或粉红色边缘，各地常盆栽。

二、草本类

1. 芭蕉（甘蕉、扇仙、绿天）（图B-16）

芭蕉科、芭蕉属。

Musa basjoo Sieb. et Zucc.

形态：粗壮高大多年生宿根草本，干茎（假茎）高4~6m，叶螺旋状排列，长约3m，宽约40cm，夏秋开花，花后结实，果实形似香蕉，但不能食用，可供观赏。

分布：原产两广、福建、台湾和云南等地，现长江流域以南地区广为种植。

习性：喜暖喜光又耐阴，耐寒力不强，冬季老叶枯萎，茎秆尚在，翌年春后重新发新叶。抗风力较差，好生于湿润环境和土层深厚、疏松、排水良好的黏土或砂土，忌积水。

繁殖方法：分株法，冬季连根挖起，春后将幼株从老株上分开，分别种植。

观赏功能及园林用途：树姿优美，叶如巨扇，翠绿秀美，盛夏能遮阳避雨。宜布置在庭园或窗前，具有诗情画意之美。

同属其他植物：香蕉，形似芭蕉，但植株较矮，高1.5~3.5m，果实有香味可食用。

图B-16　芭蕉

2. 再力花（图 B-17）

茗叶科、再力花属。

Thalia dealbata

形态：多年生水生植物，株高近 1m。叶片卵状披针形，花无柄，成对排成松散的圆锥花序，花瓣紫色，夏秋开花。

分布：原产南美洲，我国多有栽培。

习性：不择土壤，喜欢湿润潮湿的环境，在微碱性肥沃土壤上生长良好。

繁殖方法：分株繁殖。

观赏功能及园林用途：株形美观，叶色翠绿可爱，是水景绿化的上品花卉。

图 B-17　再力花

3. 梭鱼草

雨久花科、梭鱼草属。

Pontederia cordata

形态：多年生挺水草本植物，株高 80～150cm，根茎为须状不定根，长15～30cm，地下茎粗壮，黄褐色，有芽眼，叶丛生，叶柄圆筒状，叶片光滑，呈橄榄绿色。穗状花序顶生，高 5～20cm，小花密集约上百朵，蓝紫色或白色，带黄斑点，花径约 1cm，花被 6 枚近圆形，基部连接成筒状。果实初期绿色，成熟后褐色，果皮坚硬，花果期 5～10 月。

分布：原产北美，现我国各地均有栽培。

习性：喜温暖湿润，光照充足的生长环境，常栽于浅水池或塘边，最适生长温度 18～36℃，冬季需灌水保温或移至室内。

繁殖方法：播种繁殖，或地下茎带芽眼分株繁殖。

观赏功能及园林用途：叶片丛生，光滑雅丽，串串蓝花晶莹盛开，可盆栽或水景、池边点缀。

4. 大吴风草（图 B-18）

菊科、大吴风草属。

Farfugium japonicum

形态：多年生草本或常绿多年生草本，株高近 15～30cm。有极长的根状茎，颈部略膨大，被一圈密的长毛。茎花葶状，无叶或有少数苞片状叶。叶基生，幼时内卷成拳状，被密毛，莲座状。叶柄基部膨大成鞘状。叶片肾形或近圆肾形，叶脉掌状。头状花序，黄色。

分布：产湖北、湖南、广西、广东、福建、台湾。

习性：喜阴，不择土壤，耐寒性较强，自然生长于低海拔林下、山谷及草丛中。能在上海等地露地越冬。

观赏功能及园林用途：作荫处观叶观花用，也可作高架地被或林下观赏植物。国内外植物园和家庭皆有栽培。

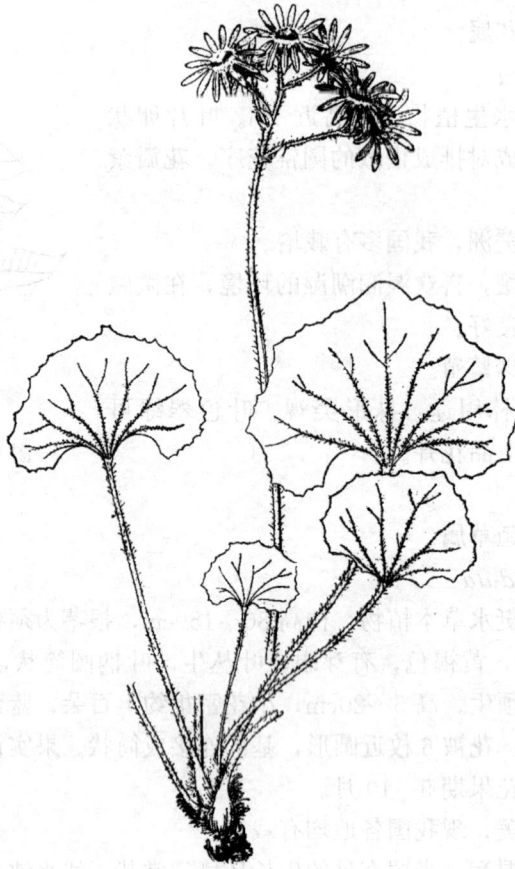

图 B-18　大吴风草

附一 园林植物形态与体量图

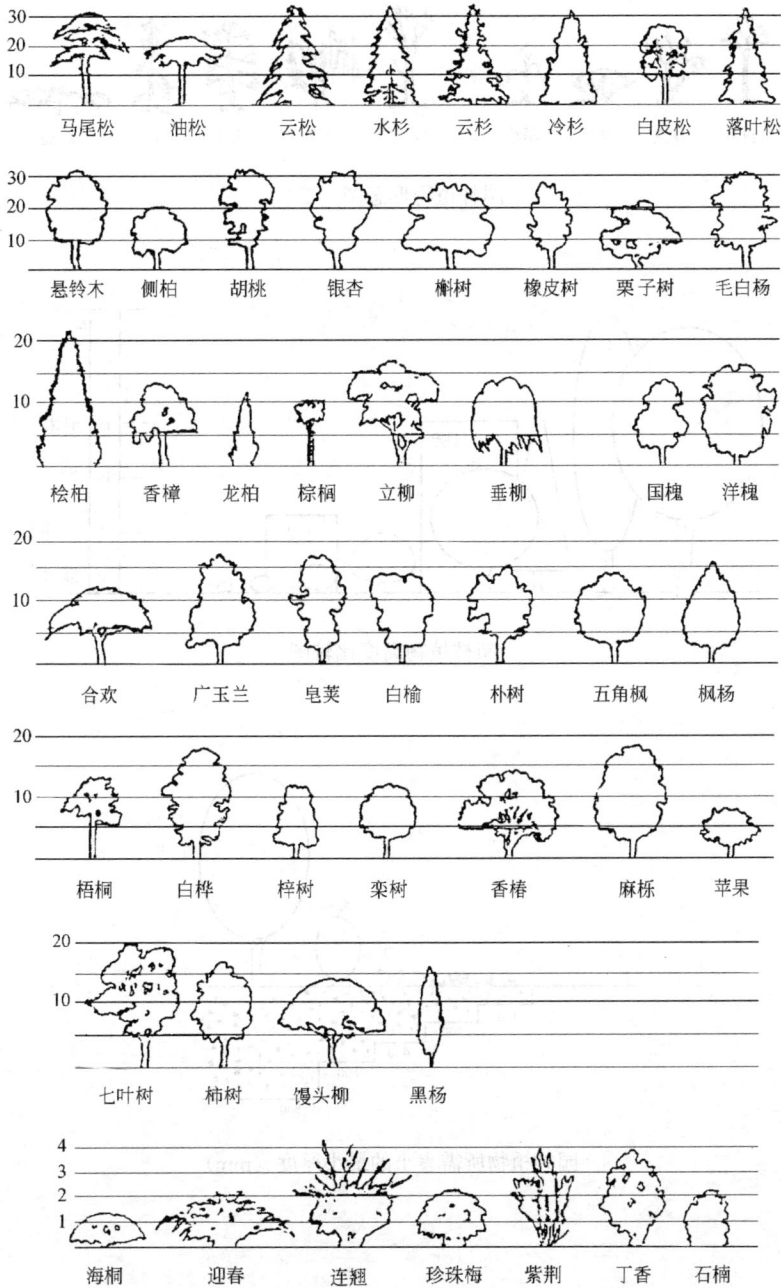

马尾松　油松　云松　水杉　云杉　冷杉　白皮松　落叶松

悬铃木　侧柏　胡桃　银杏　榭树　橡皮树　栗子树　毛白杨

桧柏　香樟　龙柏　棕榈　立柳　垂柳　国槐　洋槐

合欢　广玉兰　皂荚　白榆　朴树　五角枫　枫杨

梧桐　白桦　梓树　栾树　香椿　麻栎　苹果

七叶树　柿树　馒头柳　黑杨

海桐　迎春　连翘　珍珠梅　紫荆　丁香　石楠

园林植物形态图（一）

太平花　铺地柏　　荷花　　睡莲　　　　竹

直立　并立　丛生　攀缘　　向上　　下垂　　水平　　向下　匍匐

园林植物形态图（二）

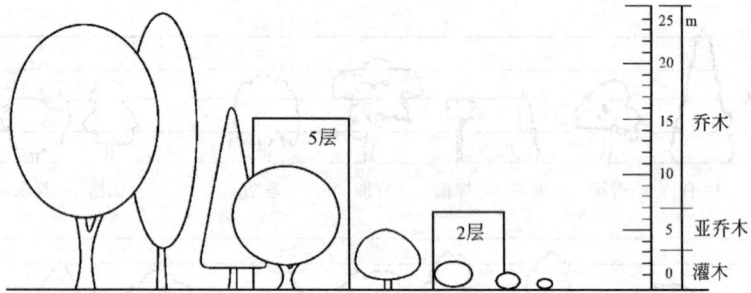

园林植物高度比较图

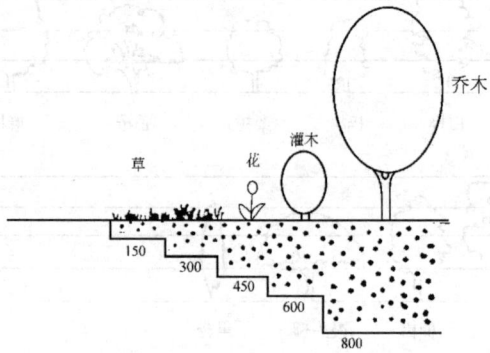

园林植物所需表土的最小厚度（mm）

附二 植物名称索引

357

附三 《园林植物与应用》实习指导书

实 习 须 知

实习是《园林植物与应用》课程的重要组成部分，它既有实习课的任务、要求和特点，又与《园林植物与应用》课程讲授的理论部分互为补充，密切联系。通过实习，学生从理性到感性全面认知植物，并在观察植物中抓住主要特点、认真分析思考，从而科学掌握园林植物应用的手法与形式。在实习中，通过观察分析，熟悉城市常用植物的季相动态特征，强化对生命景观设计元素——植物的认识，进一步加深对课堂讲授内容的理解。每一位同学在实习课前请认真阅读下列须知：

1. 实习前必须认真预习实习指导，熟悉实习目的、原理、方法和步骤，结合课堂讲授相关内容，实习中能独立操作，并能分析实习内容，将结果写出实习报告。

2. 实习时要求严肃认真，做好实习记录，仔细观察，反复思考实习中观察的每一种植物，包括体量大小、生活型（常绿、落叶、木本、草本等）、分枝点高低、配置相邻植物种类等。

3. 自觉爱护实习场地的一草一木，做到不践踏植物，不攀摘花、果，不损害植物生长环境。在实习过程中要保持安静，不高声喧哗，不做与本实习无关的事，不妨碍其他同学的实习观察。

4. 实习用具和仪器是学校的公共财产，爱护实习用具和仪器，是每一位同学应尽义务和责任。在使用前应仔细检查，如有缺少或损坏，应立即报告老师，不得自己移拿或修拆。

5. 以实习小组为单位完成的实习报告，要求注明小组成员在实习中的具体分工（记录、查资料、拍照、整理统稿等）。实习报告可以为：①纸质，②电子文件等。

6. 个人实习报告，必须根据个人自己的观察记录，实事求是独立完成，不抄袭他人报告和资料，如有抄袭，将不予登记成绩。实习报告于下一次上课时交老师批阅。

7. 对实习内容和安排不合理的地方，可提出改进意见，对实习中出现的反常现象，应分析讨论，大胆提出自己的看法，做到生动、活泼、主动地学习。

实习一　植物动态性观察

1. 实习目的

通过校园植物的连续观察，充分认识植物景观元素的动态性特征和季相最佳期，为植物景观设计储备实景信息。

2. 实习地点

校园绿地、附近公园及城市绿地。

3. 实习方法

选择实习观察地内 1～2 种植物作为定点观察对象，根据天气情况，择时连续观察植物的叶、花、枝的生长动态变化，并将观察结果记录分析，从而获得观察植物的动态特征和季相景观的实景信息。

叶的观察：叶芽萌动——幼叶展开（叶色）——成年叶（叶色）——落叶

花的观察：花芽萌动——低于 50％的花蕾打开（初花）——超过 70％花蕾打开——超过 50％花谢花落

4. 实习报告

（1）简单描述观察植物的基本情况，包括：植物名称、别名、英文名称、拉丁名、形态特征、文化意义、情感意义或自编植物小故事。

（2）用图表形式说明观察时间、观察器官、观察结果。

（3）选择代表性明显的变化期的植物形态特征，绘制 2～5 幅植物生长黑白示意图。

（4）简单谈谈体会与收获，即在今后规划设计中如何应用。

5. 第 15 周上课时交实习报告。

实习二　认知植物类群与植物器官

一、目的意义

植物类群由于亲缘关系的远近和演化规律，必然在外部形态上表现出一些相似性状，认识高等植物各大类群的相似性状，可以达到举一反三，认识同类植物的目的。学习和掌握辨识植物类群共性与个性的基本方法，为后期学习植物与应用做好基础性铺垫。认识种子植物的根、茎、叶、花、果实的外部形态及类型，学习和掌握从主要器官特征识别植物种类的方法及技巧。

二、实习内容

1. 观察认识蕨类植物

地球上生存的蕨类有 12000 多种，其中绝大多数为草本植物。我国约有 2600 种，多分布在长江流域以南各省区及我国台湾地区。很多蕨类植物是观叶植物，可盆栽观赏或作切花配饰，有些可作地被植物。日常所见到的植株体是它们是孢子体，多年生，有根茎叶分化，当蕨类植物生长发育到一定时期，它在叶背或近叶缘处生有许多褐色小突起，叫孢子囊。蕨类植物只产生孢子，不产生种子，这是有别于种子植物的最大不同之处。大多数蕨类适于林下、山野、沟谷或溪边、沼泽地等较阴湿的环境。观赏用的蕨类植物有：肾蕨、翠云草、巢蕨、桫椤（树蕨）、鹿角蕨、铁线蕨等。

2. 观察认识裸子植物

裸子植物是种子植物中的一类，因种子裸露而得名，其形成种子的胚珠没有被心皮包被，所有的裸子植物均不形成果实。它们大多数是多年生木本植物，而且多为常绿单轴分枝的高大乔木，少有灌木，无草本类型，其枝条有长枝、短枝之分。叶多为针形、条形、鳞形、刺形，极少数为扁平的阔叶，叶表面有较厚的角质层和下陷的气孔带，常见有苏铁纲、银杏纲、松柏纲、红豆杉纲等种类。

3. 观察认识被子植物

被子植物是种子包被在果实内的一类种子植物，是植物界发展到最高级、最繁荣和分布最广的植物类群，现已知有 126000 多属，25 万多种，占植物界 1/2。我国有 3100 多属，约 3 万多种，是被子植物种类最丰富的地区之一。它们的主要特征为：具有真正的花，胚珠包藏于子房内并形成果实，避免了昆虫的咬噬和水分的丧失，在保护种子、帮助种子散布方面优于裸子植物。生长形式有木本植物的乔木、灌木、藤本，更多的是草本植物，包括多年生、二年生和一年生植物，还有短生植物。

4. 认识根的主要类型及对土壤的要求；观察茎的主要特征及分枝类型；学会识别叶的形态、叶序、叶脉、单叶与复叶；了解花的构造、单花与花序；认识果实的主要类型。

三、方法与步骤

1. 以学校苗圃内的铁线蕨、肾蕨，以及校园内苏铁科、松科、柏科、杉科、银杏科、榆科、樟科、豆科、百合科等植物为观察对象，选取健康正常生长的植株，观察它们的生活型、树形、分枝特点、叶形、果实、种子等特征。

2. 记录观察结果，并填入下列附表 3-1 中。

植物类群观察记录表　　　　　　　　　　　　　　　　　　　附表 3-1

植物类群	植物名称	主　要　特　征		备　注
蕨类植物				
裸子植物				
		双子叶类	单子叶类	
被子植物				

3. 选取蒲公英和麦冬做根系观察，认识直根系及须根系的异同；选取常春藤观察根的变态；选取校园内正常健康生长的雪松、圆柏、水杉，观察其分枝形式和树形特征；选取校园内正在开花的白玉兰、迎春花、金钟花，观察其茎、叶、花的形态与结构；以南天竹、桔树为例，观察叶序、单叶和复叶；回忆或选取柿、橙、西红柿、桂圆、梅子、苹果、菠萝、草莓等植物果实，对照教材认识它们的异同，并将观察结果填入表 3-2 中。

植物器官观察记录表 附表 3-2

植物名称	茎	叶（单叶/复叶）	花（序）	备　注

四、绘出 2 种裸子植物和 2 种被子植物的树形和叶形示意图。

五、思考题

1. 试述被子植物与裸子植物的区别。

2. 怎样认识被子植物在景观设计中的重要性？

3. 在所观察植物中哪些是常绿植物？哪些是落叶植物？

4. 比较梧桐/悬铃木、迎春花/金钟花茎有什么区别？

5. 仙人掌的刺是哪个器官的变态？

6. 在所观察植物中，哪种植物有异型叶性现象？

7. 写出 10 种你认识的春季开花植物名称（按开花时间顺序）。

8. 以白玉兰、迎春花为例说明其开花特性（先叶开花），及配置要求。

9. 在所观察植物中哪些是单花？哪些是花序？哪些是单叶？哪些是复叶？

实习三　记录校园某绿地的植物布局

一、意义

记录测绘和抄录绿地植物的配置与布局，增加对植物体量的感性认识，了解植物平面设计图的主要内容。

二、作业内容

选择校园内某绿地，用平面图记录绿地中植物的布局，并做简单分析说明。

三、作业要求

1. 图纸比例：1∶200～300

2. 图例：2 种上木（常绿木本、落叶木本）、2 种下木（常绿、落叶）、1 种草坪或地被。

3. 标注内容：植物名称、乔木 cm（胸径 ϕ、高度 H）、灌木 cm（蓬径 P、高度 H）、草坪或地被 m^2（面积 S）

4. 苗木表：统计图纸中的植物种类、数量等。

例： **校本部"千秋园"植物配置苗木表**

种　类	植物名称	学　名	规格 cm			数量株/m²
			Φ	P	H	
乔木	樟		15			12
灌木	夹竹桃			200	250	2
草本	麦冬					510

四、交作业时间

第 15 周交作业，要求每个人独立完成。

实习四　认识先叶开花植物

一、实习目的

认识上海常见先叶开花植物种类，掌握这类植物的规划设计特点。

开花是植物的一个重要现象，而各种植物开花都有一定规律，掌握植物开花规律，有利于组织景观，实现设计，创造秀丽如画的景色。开花习性因植物而不同，有些植物先开花后展叶，这类植物称为"先叶开花植物"，有些植物先展叶后开花，称"先叶后花植物"，还有一些植物当芽打开后既有枝叶又有花，这类植物称为花叶同放植物。本次实习侧重先叶开花植物的观察和记录。

二、实习内容

观察认识校园及公共绿地内的先叶开花植物，如蜡梅、梅花、白玉兰、迎春花、贴梗海棠、结香、紫荆、紫藤等，充分认识它们的开花特征及开花时间，并掌握在景观设计应用中的要点与手法。

三、方法与步骤

选取蜡梅、梅花、白玉兰、二乔玉兰、迎春花、金钟花、贴梗海棠、结香、紫荆、紫藤等先叶开花植物，观察记录这类植物的花期、花色、花蕊、花文化、生活型、单花或花序、植株大小等，掌握这类植物应用环境与背景要求。

四、实习报告

将实习所观察的先叶开花植物的种类、名称、应用手法等，以书面报告或PPT形式，分析说明之。

五、思考题

1. 先叶开花植物多在哪个季节开花？

2. 先叶开花植物都是落叶植物吗？

3. 先叶开花植物在景观设计中应注意哪些问题？

4. 你所在的城市有先叶开花植物吗？写出它们的名称。

实习五　园林树木（荫木类）识别

一、实习目的

园林树木中的荫木，其景观价值并非艳花嘉果，而是具有单纯的色相，可以构成葱茏的森林之美。本次实习主要熟悉荫木类植物的主要类型，如针叶类、常绿阔叶类、落叶阔叶类，认识各类型的主要种类以及在景观设计中应用手法，掌握这类植物的基本识别方法。

二、实习内容

1. 观察校园及城市公园内的针叶乔木、灌木；

2. 观察校园及城市公园中的常绿阔叶乔木、灌木、木质藤本植物；

3. 观察校园及城市公园里的落叶阔叶乔木、灌木、木质藤本植物。

三、观察步骤

1. 观察下列针叶植物的主要特征

雪松：松科常绿大乔木，塔形树形，大枝平展，小枝微下垂，针叶质硬端尖，在短枝上簇生，在长枝上散生，淡绿色或蓝绿色，姿态端庄，挺拔苍翠，适宜草坪孤植或群植，常用景观树种。

黑松：松科常绿乔木，冬芽银白色，叶2针1束，是海滨绿化的优良树种。

日本五针松：松科常绿乔木，叶较细，5针1束，长3～6cm，宜作盆景或小环境空间绿化。

华山松：松科常绿乔木，树皮栗褐色，叶5针1束，长8～15cm，是高林风景区优良景观树种。

白皮松（虎皮松、蛇皮松、白骨松）：松科常绿乔木，树皮淡灰绿色间粉白色，呈不规则鳞片状剥落，叶3针1束，是特产我国的珍贵树种，北京古都园林中多有栽培，上海引种时间不长，少有大树。

金钱松：松科落叶乔木，树体大形，广圆锥形，叶条形，在长枝是互生，在短枝上轮状簇生，入秋叶变为金黄色，著名观赏树种。

水杉：杉科落叶乔木，主干挺直，圆锥树形，叶交互对生，条形，扁平，冬季与无芽小枝一起脱落。秋叶棕褐色，常列植、群植、林植等，生长迅速，是郊区、风景区重要绿化树种。

池杉：杉科落叶乔木，主干挺直，基部膨大，在低湿地常有"膝根"出现，当年生小枝绿色细长，略下弯垂，树冠较窄呈平滑塔形。秋叶棕褐色，是观赏价值很高的园林树种，适宜水滨湿地片植、丛植作为园景树，生长较快，抗性强。

落羽杉：杉科落叶乔木，幼年树冠圆锥形，成年树开展呈伞形，1年生小枝褐色，叶条形，扁平，入秋变古铜色，是良好的秋色树种。

日本柳杉：杉科常绿乔木，饱满塔形树冠，叶钻形直伸，原产日本，我国广泛引种，冬季叶转锈红色，园艺品种有灌木状。

柳杉（孔雀杉）：杉科常绿乔木，树冠圆锥形，小枝细长，明显下垂，叶线状锥形，微向内弯，树姿优美，绿叶婆娑，常用园林树种。

圆柏：柏科常绿乔木，树冠尖塔形，老树呈广圆形，树皮纵裂成长条状剥落，异型叶性，鳞叶交互对生，刺叶3枚轮生。

龙柏：圆柏的栽培变种，树冠圆柱形，小枝旋转向上，鳞叶深绿色，华东地区常见园林树种。

匍地龙柏：柏科常绿灌木，植株匍地生长，以鳞叶为主，是庐山植物园用龙柏侧枝扦插繁殖偶然发现的变异体。

塔柏：圆柏的栽培变种，树冠圆柱形、塔形，枝密集，全为刺叶，灰绿色，长江流域城市园林绿地中常栽培观赏。

球柏（球桧）：柏科常绿灌木，圆柏的栽培变种，丛生球形或半球形灌木，高约1.2m，枝密生，通常全为鳞叶，偶有刺叶。

侧柏：柏科常绿乔木，小枝片状竖直排列，鳞叶，幼树塔形，老树广圆形。浅根性，生长较慢，寿命长，是长江以北，华北石灰岩山地的主要造林树种之一。

千头柏：柏科常绿丛生灌木，侧柏的栽培变种，树冠紧密，近球形，小枝片状排列。

蓝冰柏：柏科常绿乔木，紧凑锥体树形，树冠整齐而直立，叶常年呈现霜蓝色，春夏景观效果最佳。极耐寒，也耐高温，但不耐水渍，10年高度可达5~8m，根系浅。

罗汉松：罗汉松科常绿乔木，树冠广卵形，叶线状披针形，表面深绿色，有光泽，背面灰绿色，叶螺旋状互生，种托深红色。

2. 观察下列常绿阔叶植物的主要特征

广玉兰：木兰科常绿乔木，树冠圆柱形，芽及小枝有锈色柔毛，叶倒卵状长椭圆形，革质，叶面光泽，叶背有铁锈色短柔毛，花白色，杯形极大，径达20~25cm，花期6月。

白兰花（缅桂、白兰）：木兰科常绿乔木，干皮灰色，新枝及芽有浅白色绢毛，花白色极芳香，4~9月开放不断，著名香花树种，花朵作襟花佩戴。

含笑：木兰科常绿小乔木或灌木，高2～5m，小枝及叶柄密被锈色绒毛，花直立淡黄色，浓烈香蕉香味，花期3～4月。

樟树：樟科常绿乔木，树冠圆球形，叶卵圆形，全缘，离基三出叶脉，植株有樟脑味。

女贞：木樨科常绿乔木，树冠圆球形，叶革质，宽卵形全缘，叶质脆，圆锥花序顶生。

蚊母：金缕梅科常绿灌木或小乔木，树冠开展，叶厚革质，全缘，顶芽歪桃形。

油橄榄：木樨科常绿小乔木，小枝四棱形，叶长椭圆形，全缘，边略反卷，叶面深绿色，叶背银白色，中脉在两面隆起。

珊瑚树（法国冬青）：忍冬科常绿灌木或小乔木，叶长椭圆形，表面深绿有光泽，叶背浅绿色，常用绿篱植物。

海桐：海桐科常绿灌木或小乔木，叶厚革质全缘，倒卵形，叶面绿色，叶背苍白色，新叶黄嫩，伞形花序顶生。

小叶女贞：木樨科半常绿小乔木或灌木，叶全缘对生，纸质，常用绿篱植物。

月桂：樟科常绿小乔木或灌木，分枝点低，革质叶矩圆披针形，树体有香气，有斑叶品种。

洒金桃叶珊瑚（洒金东瀛珊瑚）：山茱萸科常绿灌木，叶革质，缘疏生粗齿，叶两面有光泽，正面有黄色斑点，城市常用极耐阴抗性树种。

石楠：蔷薇科常绿灌木或小乔木，叶长椭圆形，缘有细尖锯齿，革质有光泽，幼叶鲜红色，为常用春色叶植物。同属植物还有光叶石楠、椤木石楠。

胡颓子：胡颓子科常绿灌木，叶椭圆形，叶面淡绿色，叶背银白色，为观赏双色叶植物。

枸骨（鸟不宿）：冬青科常绿灌木或小乔木，枝密生，叶硬革质，矩圆形，叶缘有3枚大尖硬刺。

十大功劳（狭叶十大功劳）：小檗科常绿灌木，奇数羽状复叶互生，小叶5～9枚，狭披针形，无柄，革质有光泽，耐荫，观赏和药用植物。

阔叶十大功劳：小檗科常绿灌木，奇数羽状复叶互生，叶卵形，边缘反卷，有大刺2～5个，坚硬革质，表面灰绿色，背面苍白色。长江流域庭园观赏植物，植株可入药。

八角金盘：五加科常绿灌木或小乔木，单叶互生，叶掌状7～11裂，叶大，径达20～40cm，叶柄长，基部膨大，夏秋开花，伞形花序。耐荫下木。

火棘：蔷薇科常绿灌木或小乔木，枝拱形下垂，有枝刺，叶倒卵状长椭圆形，长1.6～6cm，先端圆，锯齿疏钝，复伞房花序白色，果红色，多篱植。

黄杨（瓜子黄杨）：黄杨科常绿灌木或小乔木，叶倒卵形，生长缓慢，耐修剪，篱植，可用作基础栽植或整形植物等。

雀舌黄杨：黄杨科常绿灌木，叶狭长倒披针形，叶柄极短，生长极慢，常作绿篱或花坛边缘栽植，或作盆栽观赏。

大叶黄杨：卫矛科常绿灌木或小乔木，小枝略四棱形，叶革质有光泽，椭圆形。栽培变种很多，如金心大叶黄杨，金边大叶黄杨，银边大叶黄杨，银斑大叶黄杨，斑叶大叶黄杨等。

桂花（木樨）：木樨科常绿灌木或小乔木，树皮灰白色，不裂。芽叠生，叶长椭圆形，全缘或上半部有细齿，花簇生叶腋，黄白色，浓香，常用芳香植物。栽培变种有：丹桂、金桂、银桂、四季桂。

厚皮香：山茶科常绿小乔木或灌木，叶革质，倒卵状椭圆表，中脉下凹，侧脉不明显，叶柄红色。植株树冠整齐，常作庭园观赏栽培。

榕树（细叶榕、小叶榕）：桑科常绿乔木，枝上有下垂须状气生根，叶全缘或浅波齿，革质无毛，隐头花序腋生，喜暖热多雨环境及酸性土壤。

3. 观察下列落叶阔叶植物的主要特征

银杏：银杏科落叶大乔木，主枝斜出近轮生，叶扇形，顶端常 2 裂，二叉状叶脉。雌雄异株，无花被，种子核果状。

旱柳：杨柳科落叶乔木，树皮灰黑色，纵裂，大枝直伸或斜展，叶披针形，花单性异株，无花被。栽培变种：龙须柳（龙爪柳），枝/叶扭曲向上，生长势较弱，树体小，易衰老，寿命短。

垂柳：杨柳科落叶乔木，树冠倒广卵形，小枝细长下垂，叶狭披针形至线状披针形，花单性异株，无花被。

枫杨：胡桃科落叶乔木，羽状复叶之叶轴有翼，小叶 9～23 枚，长椭圆形，缘有细锯齿，顶生小叶有时不发育。坚果具两长翅，果序下垂。

榆树：榆科落叶乔木，树皮暗灰色，纵裂，粗糙，叶卵状，缘有不规则锯齿，叶基不对称，早春先叶开花，簇生于去年生枝上，翅果近圆形。

榔榆：榆科落叶或半常绿乔木，树皮斑驳状，叶较小而质厚，缘有锯齿，叶基不对称，花簇生叶腋，花期 8～9 月。

榉树：榆科落叶乔木，树皮深灰色不裂，小枝细有毛，叶卵状椭圆形，表面粗糙被面密生浅灰色柔毛。

朴树：榆科落叶乔木，树冠扁球形，小枝幼时有毛，后渐脱落，叶卵状椭圆形，基部不对称，缘有钝锯，叶脉弧形。

桑树：桑科落叶乔木，树皮灰褐色，根鲜黄色，叶卵形，锯齿粗，花雌雄异株，聚花果（桑葚）圆柱形，熟时紫黑色、红色或近白色。

构树：桑科落叶乔木，树皮浅灰色不易裂。小枝密被丝状刚毛。叶互生或近对生，卵形，不裂或不规则 2～5 裂，两面密生柔毛。雌雄异株。

楝树：楝科落叶乔木，树冠近于平顶，皮孔多而明显，2～3 回奇数羽状复叶，花淡紫色，有香味，花期 4～5 月。

香椿：楝科落叶乔木，树皮暗褐色，条状剥落。小枝粗壮，叶痕大，偶数羽状复叶，有香气，小叶 10～20 枚。

刺槐（洋槐）：豆科落叶乔木，树皮灰褐色纵裂，枝具托叶刺，奇数羽状复叶，小叶 7～19 枚，总状花序白色芳香，荚果扁平，5 月开花。

槐（国槐）：豆科落叶乔木，圆形树冠，小枝绿色，皮孔明显，奇数羽状复叶互生，小叶 7～17，叶被有白粉及柔毛。花期 6～7 月，花黄白色，圆锥花序顶生，荚果念球状。

龙爪槐：槐的变种，小枝弯曲下垂，树冠呈伞形。

泡桐：玄参科落叶乔木，树冠宽卵形或圆形，树皮灰褐色。小枝粗壮，叶卵形全缘，稀浅齿，表面无毛，背面被白色星状绒毛。聚伞花序，花冠漏斗状，花乳白色至微带紫色，春季先叶开花。

梓树：紫葳科落叶乔木，树冠开展，叶广卵形或近圆形，通常 3～5 浅裂，圆锥花序顶生，花冠淡黄色，花期 5 月，蒴果细长，似长豇豆。

楸树：紫葳科落叶乔木，主枝开阔伸展，多弯曲，浅细纵裂，叶三角状卵形，顶端正尾尖，全缘，总状花序顶生，花冠浅粉紫色，花期 4～5 月，蒴果长 25～50cm。

喜树：珙桐科落叶乔木，单叶互生，羽状脉弧形而下凹，叶柄及背脉均带红晕。花杂性同株，头状花序球形，具长总梗，中国特产。

四、观察方法

在校园中选好观察树种，先看树体，包括树形、树冠、树高等，再选取正常生长的枝、叶、花（序）、果（序）仔细观察其主要特征，并思考该植物在绿地环境中的主要作用及景观效果。

五、记录观察结果

针叶植物观察记录表

序号	植物名称	科　名	树　形	叶　形	备　注
1	雪松	松科			浅根，孤植，丛植常绿

常绿阔叶植物观察记录表

序号	植物名称	科　名	树　形	叶(形、单、复)	备　注
1	十大功劳	小檗科			

落叶阔叶植物观察记录表

序号	植物名称	科　名	树　形	叶(形、单、复)	备　注

六、比较下列几组植物的异同

① 枸骨

阔叶十大功劳

② 海桐

蚊母

③ 月桂

桂花

④ 大叶黄杨

瓜子黄杨

⑤ 榆树

榔榆

⑥ 榉树

榆树

七、思考题

1. 常绿阔叶植物与落叶阔叶植物各自特点有哪些？如何区别？

2. 在所观察的植物中哪些是乔木？哪些是灌木？哪些宜孤植？

实习六 园林树木（叶木类）识别

一、实习目的

叶木类是指一类观叶植物，它们奇特的叶形、夺目的叶色可以装点城市，美化环境，成为五彩缤纷的植物景观。正确辨识这类植物，掌握其叶片特有的形态和叶色变化规律，更好、更准确的运用于城市景观设计中。

二、实习内容

1. 辨识叶形有观赏性，且在春季叶色有变化的植物；

2. 辨识叶形有观赏性，且在秋季叶色有变化的植物；

3. 辨识叶形有观赏性，且在生长期叶片保持鲜艳色彩的植物；

4. 辨识叶形有观赏性的一类植物。

三、实习步骤与观察方法

选取生长正常的叶木类植物，以树冠外围中上部叶片为观察对象，观察其叶形、叶色，包括叶缘、叶基、叶尖、叶脉等；春、秋季叶色变化的植物，其观察须根据不同植物叶片变色的季节进行。指导教师可带领学生先认识这类植物，教会学生进行跟踪观察，记录观察结果，正确区别春季色叶、秋季色叶植物，以及它们的应用形式与方法。

1. 主要叶形有观赏性，而且在春季叶色有变化的植物

石楠：蔷薇科常绿小乔木或灌木，叶椭圆形，缘有细尖齿，革质有光泽，早春嫩叶鲜红色，似朵朵红花挂在树梢上，秋冬又有红果，是美丽的观赏树种。同属植物应用的还有：椤木石楠（树篱、刺篱）、光叶石楠（树丛）等。

香椿：楝科落叶乔木，偶（稀奇数）数羽状复叶，春天嫩叶红艳，是人们熟悉的春天观叶树种。嫩枝叶可食用。

三麻杆：大戟科落叶灌木，茎直常为紫红色，有绒毛，叶圆形或广卵形，早春嫩叶鲜红色，十分醒目美观，是园林中常见观叶树种之一。

2. 主要叶形有观赏性，而且在秋季叶色有变化的植物

金钱松：松科落叶乔木，树体高大，浙江天目山有一株高达 59m，树冠阔圆锥形，大枝不规则轮生，平展，叶条形，在长枝上互生，在短枝上轮状簇生，入秋叶变为金黄色。

五角枫：槭树科落叶乔木，叶掌状 5 裂，裂片全缘，翅果开成钝角，入秋叶色变为红色或黄色。

三角枫：槭树科落叶乔木，树皮条片状剥落，卵圆形树形，小枝细，叶常 3 裂，有时不裂，裂片全缘，翅果开展成锐角，入秋叶色变为暗红色。

鸡爪槭：槭树科落叶小乔木，伞形树冠，枝开张，叶掌状 5～9 裂，翅果开展成钝角，入秋叶色变红。

细叶鸡爪槭（羽毛枫）：鸡爪槭的栽培变种，其特征是掌状深裂的裂片再羽状细裂，树冠开展，枝略下垂，通常树体矮小，秋叶深黄或橙红。

元宝枫（平基槭）：槭树科落叶小乔木，树皮灰黄色，浅纵裂，叶掌状 5 裂，

翅果扁平，两翅展开略成直角，嫩叶红色，秋叶变成橙黄色或红色，北方重要之秋色叶树。

栾树：无患子科落叶乔木，树冠近圆球形，皮孔明显，奇数羽状复叶，小叶7～15，春季嫩叶多为红色，入秋叶色变成黄色。

无患子：无患子科落叶或半常绿乔木，枝开展成广形或扁球形树冠，树皮平滑不裂，偶数羽状复叶互生，小叶8～14，全缘，秋叶金黄色。

乌桕：大戟科落叶乔木，树冠圆球形，树皮浅纵裂，小枝纤细，叶纸质，菱状卵形，全缘，叶端尾尖，入秋叶色红艳可爱。

枫香（枫树）：金缕梅科落叶乔木，树形广卵形，叶掌状3裂，缘有锯齿，深秋叶色红艳，是南方著名秋色叶树种。

鹅掌楸（马褂木）：木兰科落叶乔木，树冠圆锥状，叶马褂形，花黄绿色。叶形奇特，花美而不艳，秋叶黄色。

梧桐（青桐）：梧桐科落叶乔木，树冠卵圆形，树干端直，树皮灰绿色，叶大形美，3～5掌裂，裂片全缘，秋季叶色变为黄色。

黄栌：漆树科落叶灌木或小乔木，树冠圆形，小枝紫褐色，被蜡粉，叶倒卵形，单叶互生，先端圆或微凹，全缘，叶柄细长，秋叶红色，鲜艳夺目，著名的北京香山红叶即为本种。

海滨木槿：锦葵科落叶灌木，高可达1～2m，分枝多，树皮灰白色，叶近圆形，两面密生灰白色星状毛，厚纸质，花冠钟状，花期5～7月，入秋叶鲜红色。

北美枫香：槭树科落叶乔木，叶掌裂，夏末初秋叶逐渐变色，呈红、黄、紫等多种混合色彩。落叶时间迟，夏季高温叶缘易枯焦，为中慢性树种。

南天竹：小檗科常绿灌丛，2～3回羽状复叶，球果鲜红色。秋冬叶色变红，红果经久不落。

银杏、水杉、池杉等植物仍是秋季色叶植物，其主要特点见实习四。

3. 主要叶形有观赏性，而且生长期保持色叶的植物

红花檵木：金缕梅科常绿或半常绿灌木或小乔木，檵木的变种，叶卵形或椭圆形，全缘，背面密生星状柔毛，花瓣带状线形，淡紫红色，苞片线形，花序顶生或腋生，花期4～5月（有些植株春秋两季都可开花）。

金叶女贞：木樨科半常绿灌木，叶色金黄，单叶对生，叶薄革质，长椭圆形，端锐尖或钝，基部圆形或阔楔形，圆锥花序，花梗明显，裂片镊合状排列，花冠筒比花冠裂片短，花白色。

紫叶小檗：小檗科半常绿或落叶小灌木，小檗的变型，叶匙形或倒卵形，全缘，节上有针刺。在阳光充足情况下，叶常年紫红色。

红细叶鸡爪槭（红羽毛枫）：鸡爪槭的栽培变种，其特点同羽毛枫，惟叶色常年红色或紫红色。

紫红鸡爪槭（红枫）：鸡爪槭的栽培变种，叶常年红色或紫红色，株态、叶形同鸡爪槭。

红叶李（紫叶李）：蔷薇科落叶小乔木，叶卵形，紫红色，缘重锯齿尖锐，花淡粉红色，果球形，暗酒红色。

红叶石楠：蔷薇科常绿小乔木，叶革质，平滑，长椭圆形，边缘有细齿，可作灌木地被片植。

4. 叶形有观赏性的植物

苏铁：苏铁科常绿乔木，茎干直立通常单生不分枝，叶羽状深裂，集生茎端，雌雄异株，慢生长寿树种。

棕榈：棕榈科常绿乔木，茎干直立通常单生不分枝，叶集生茎端，圆形，径50～70cm，叶柄长40～100cm，掌裂深达中下部。

银海枣：棕榈科常绿乔木，茎具宿存的叶柄基部，叶全羽裂，灰绿色。

加拿利海枣：棕榈科常绿乔木，茎单生不分枝，通直雄伟，树形舒展。

四、记录观察结果

叶木类观察记录表

序号	植物名称	科 名	生活型	叶形/叶色	观赏期

五、思考题

1. 哪些植物在秋季变为红色？哪些变为黄色？

2. 色叶植物中哪些是乔木？哪些是灌木？

实习七　园林树木（花木类）识别

一、实习目的

花木是指一类以花器官为主要观赏特色的木本植物。凡列入花木类的树木，必有艳丽清香的花器官，开花之际，或鲜艳夺目，或芬芳扑鼻，成为景观构成的重要因素。认识、熟悉这类植物，掌握其开花季节、开花期长短、花之色彩、花之香型等特点，正确运用于景观规划设计中。

二、实习内容

辨识江、浙、沪常见开花木本植物，掌握其最佳观赏期。

三、实习步骤与观察方法

以校园内开花树木为主要观察对象，先观察树态，包括树形、树高，再观察其花或花序的特点，比较开花期、花色、花径、着花部位、是否有香味等。开花期没到的植物，由指导教师带领学生先认识，要求学生进行跟踪观察，记录观察结果，正确区别这类植物，以及它们的应用形式与方法。

1. 白玉兰（望春花、木花树、玉兰）木兰科落叶乔木，早春先叶开花，花大纯白色，芳香，花期8～12天，叶倒卵状椭圆形。

2. 紫玉兰（木兰、辛夷）：木兰科落叶大灌木，小枝紫褐色，叶椭圆形或倒卵状长椭圆形，花大形，花瓣6，外面紫色，内面近白色，先叶开花，花期3～4月。

3. 二乔玉兰（朱纱玉兰）：木兰科落叶小乔木或灌木，花大呈钟状，内面白色，外面淡紫色，有芳香，先叶开放，花期与白玉兰相似。

4. 结香：瑞香科落叶灌木，枝三叉状，棕红色，叶长椭圆形表面疏生柔毛，早春先叶开花，头状花序黄色，芳香，花被筒状，外被绢状柔毛。

5. 迎春花：木樨科半常绿或落叶灌木，枝长拱形四棱状，三出复叶对生，花单生，黄色，先叶开放，花期2～4月。

6. 金钟花：木樨科落叶灌木，枝直立黄绿色，四棱，叶椭圆状矩圆形，中部以上有粗齿，花1～3朵腋生，先叶开放，花期3～4月。

7. 云南黄馨：木樨科常绿灌木，枝细长拱形，柔软下垂，绿色有四棱，三出复叶对生，叶面光滑，花黄色单生，成重瓣或半重瓣，花期4月。

8. 连翘：木樨科落叶灌木，枝开展拱形下垂，小枝黄褐色，稍四棱，皮孔明显，单叶有时为三小叶对生，卵形，缘有粗齿，花黄色先叶开放，通常单生，稀3朵腋生，花期4月。

9. 海棠花：蔷薇科落叶小乔木，树形峭立，小枝红褐色，叶椭圆到长椭圆形，有托叶，花蕾时甚红艳，开放后呈淡粉色，单瓣或重瓣，总状花序，花期4月左右。

10. 垂丝海棠：蔷薇科落叶小乔木，树冠疏散，叶卵形，叶柄常紫红色，花4～7朵簇生于小枝端，鲜玫瑰红色，花萼/花柄紫色，花柄细长下垂。

11. 西府海棠：蔷薇科落叶小乔木，树态峭立，叶质硬实，花紫红与白色相间，花梗与花萼均具柔毛，果红色。

12.贴梗海棠：蔷薇科落叶灌木，枝开展，有刺，叶卵形至椭圆形，托叶大，花3～5朵簇生于2年生枝上，花色朱红、粉红、白色，先叶开放，花期3～4月。

13.日本贴梗海棠（倭海棠）：蔷薇科落叶矮灌木，高不及1m，枝开展有刺，托叶大，3～5朵簇生，砖红色，3～4月先叶开放。

14.木瓜：蔷薇科落叶小乔木，树皮斑驳状，叶革质，花单生叶腋，粉红色，叶后开放。

15.棣棠：蔷薇科落叶丛生灌木，小枝绿色，光滑有棱，叶缘有尖锐重锯齿，花金黄色，单生于侧枝顶端，花期4～5月。

16.碧桃：蔷薇科落叶小乔木，花重瓣，淡红色、白色。

17.洒金碧桃：花重瓣，同一株上花有二色，或同一花上有二色，乃至同一花瓣上有粉、白二色。

18.郁李：蔷薇科落叶灌木，高达1.5m，枝细密，冬芽3枚，花粉红色或近白色，春天与叶同放。

19.樱花：蔷薇科落叶乔木，树皮暗栗褐色，光滑，横裂皮孔明显，叶卵形，叶端尾尖，花白色或淡红色，花期4月。

20.日本晚樱：蔷薇科落叶乔木，小枝粗壮而开展，新叶略带红褐色，花形大而芳香，单瓣或重瓣，常下垂，粉红或近白色，1～5朵排成伞房花序，花期长，4月下旬开放。

21.杜鹃花：杜鹃花科，有落叶的春鹃和常绿的夏鹃，春鹃多在4月中旬开花，花色有红、白、紫、复色，夏鹃多在5月开花，花色多红色。

22.溲疏：虎儿草科落叶灌木，树皮薄片状剥落，小枝中空，单叶对生，叶面粗糙，花白色，花期5～7月。

23.海仙花：忍冬科落叶灌木，高达5m，小枝粗壮，叶阔椭圆形，叶尖尾尖，边缘具钝齿，花数朵成聚伞花序腋生，初时白色、黄白色或淡玫瑰色，后变为深红色。花期5月。

24.锦带花：忍冬科落叶灌木，高达3m，小枝细弱，叶椭圆形，端锐尖，花1～4朵成聚伞花序，花玫瑰红色，花期4～5月。

25.木槿：锦葵科落叶小乔木或灌木，花单生叶腋，淡紫、红、白色，花期6～9月。

实习八　园林树木（果木类）识别

一、实习目的
认识城市绿地中常用的果树类植物，了解其应用形式及设计手法。

二、实习内容
观察校园及同济新村绿地中的果树类植物，了解其开花期，结果期，果色、果形等，学习应用方法。

三、实习要求

记录所观察的果树类植物名称、学名、查实每种植物的英文名称，描述其主要特征，绘出树形示意图。

四、作业

将记录结果整理成完整的作业，并附上树形示意图。

实习九　园林树木（木质藤本类）识别

一、实习目的

掌握木质藤本的主要特征，认识常见木质藤本植物。

二、实习内容及方法

观察、记载、描述、绘制常见木质藤本植物，以校园医学院广场为主要观察现场，选择茎、叶、花等做仔细观察，掌握他们的主要功能作用及设计手法。

三、实习要求

记录观察植物的生活型、开花期、茎、叶花的主要特点及应用手法。

四、实习报告形式

每人描述所观察藤本植物的名称、生活型、花期等。查实它们的学名、英文名、其他别名等。

实习十　园林花卉及草坪地被植物识别

一、实习目的

认识草本观赏植物的种类，学习其应用方式。

二、实习内容及观察认识方法

参观城市某绿地中的当季草本花卉及草坪地被植物，认识其主要种类，了解其识别要点，并学习其应用方法。

三、实习教学要求

记录观察绿地中草本植物种类，分析其应用草花及地被植物的生态及景观意义。

四、实习作业

以实习小组为单位，用 PPT 形式，将观察结果分析说明之。

五、思考题：草本观赏植物的主要类型有哪些？

实习十一　综　合　实　习

一、实习目的

通过观摩大型城市绿地，学习常见园林植物的主要设计手法和功能作用。

二、实习内容及方法

参观上海市某大型绿地，自己选择一块印象深刻的绿地，记录其中所用植物种类。用 1：100～300 比例的平面图表示该绿地中有特色的设计，注明每一种植物名称、数量，说明该绿地的主要特点及不足之处。

三、教学要求

以一种绿地类型或一块绿地为观察对象，分析其植物配置的手法，用平面图表示，要求有图、表、说明等。创新处不限。

四、实习作业

每人绘制一张特色绿地平面图。

主要参考文献

[1] 中国植物志编辑委员会主编. 中国植物志. 北京：科学出版社，1983.

[2] 王全喜，张小平主编. 植物学. 北京：科学出版社，2004.

[3] 马丹炜，主编. 植物地理学. 北京：科学出版社，2008.

[4] 云南大学生物系. 植物生态学. 北京：人民教育出版社，1980.

[5] 同济大学，重庆建筑工程学院，武汉城建学院合编. 城市园林绿地规划. 北京：中国建筑工业出版社，1982.

[6] 陈有民著. 园林树木学. 北京：中国林业出版社，1992.

[7] 陈俊愉，刘师汉等编. 园林花卉. 上海：上海科学技术出版社，1988.

[8] 赵家荣，秦八一主编. 水生观赏植物. 北京：化学工业出版社，2003.

[9] 胡中华，刘师汉编著. 草坪与地被植物. 北京：中国林业出版社，1996.

[10] 郑师章等编著. 普通生态学. 上海：复旦大学出版社. 1994.

[11] 丁文魁著. 风景科学. 上海：上海科技教育出版社，1993.

[12] 陈俊愉，程绪珂主编. 中国花经. 上海：上海文化出版社，1993.

[13] 王祥荣著. 生态与环境. 南京：东南大学出版社，2002.

[14] 赖尔聪著. 观赏树木. 北京：中国建筑工业出版社，2005.

[15] 俞孔坚等译. 景观设计学. 北京：中国建筑工业出版社，2000.

[16] 冯钟粒，张宋先等译. 草坪科学与管理. 北京：中国林业出版社，1992.

[17] 余树勋著. 园林美与园林艺术. 北京：科学出版社，1987.

[18] 文震亨原著. 长物志校注. 南京：江苏科学技术出版社，1984.

[19] 刘庭风编著. 广东园林. 上海：同济大学出版社，2003.

[20] 朱钧珍著. 中国园林植物景观艺术. 北京：中国建筑工业出版社，2003.

[21] 彭镇华著. 中国城市森林. 北京：中国林业出版社，2003.

[22] 张天麟编著. 园林树木1200种. 北京：中国建筑工业出版，2005.

[23] 张家骥编著. 中国园林艺术大辞典. 太原：山西教育出版社，1997.

[24] 李德华主编. 城市规划原理. 北京：中国建筑工业出版社，2001.

[25] 北京林业大学园林系花卉教研组. 花卉学. 北京：中国林业出版社，1992.

[26] 程世抚，程绪珂著. 程世抚和绪珂论文集. 上海：上海文化出版社，1997.

[27] 王晓俊编著. 风景园林设计. 南京：江苏科学技术出版社，1993.

[28] 熊济华主编. 观赏树木学. 北京：中国农业出版社，1998.

[29] 陈树国等主编. 观赏园艺学. 北京：中国农业科技出版社，1991.

[30] 程绪珂主编. 生态园林论文集. 园林，1997.

[31] 苏雪痕编著. 植物造景. 北京：中国林业出版社，1994.

[32] 刘少宗主编. 植物景观规划设计. 天津：天津大学出版社，2003.

[33] Theodore D. Walker PLANTING DESIGN New York 1991.

[34] Susan M. Lammers ALL ABOUT HOUSEPLANTS America 1982.